이스라엘의 군사혁신

THE ART OF MILITARY INNOVATION:
Lessons from the Israel Defense Forces

by Edward N. Luttwak and Eitan Shamir

이스라엘의 군사혁신

이스라엘 방위군을 정예 강군으로 만든 군사혁신 16

에드워드 러트웍 · 에이탄 샤미르 지음 | 정홍용 옮김

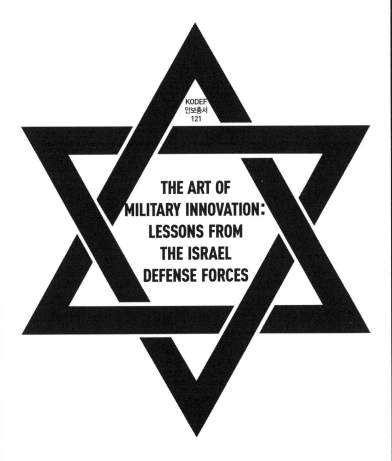

KODEF
안보총서
121

THE ART OF
MILITARY INNOVATION:
LESSONS FROM
THE ISRAEL
DEFENSE FORCES

플래닛미디어
Planet Media

추천사

선진형 군대 중 우리 군이 참고해볼 만한 사례는 독일과 미국, 그리고 이스라엘 등이며, 이 중에서도 이스라엘이 가장 눈여겨보아야 할 국가라고 생각된다. 이스라엘은 작은 나라이지만 6일 전쟁, 10월 전쟁, 레바논 전쟁, 엔테베 작전, 오시라크 원전 파괴 작전, 시리아 핵시설 파괴 작전 등을 통해 군사 강국의 위상을 입증했다. 우리와 비슷한 전략 환경에 처해 있는 작은 나라인 이스라엘군은 어떻게 군사 강국이 될 수 있었을까? 그 배경에는 바로 '실전 중심'의 도전 정신과 창의력, 책임의 하향화 등 이스라엘 방위군만의 독특한 문화와 끊임없이 혁신을 지속하는 가운데 유대인 고유의 안보 의지가 뿌리를 내렸기 때문이라고 할 수 있다.

이스라엘 지도자들은 어떤 상황에서도 타국이 이스라엘에 파병하거나 전투에 참여하는 것을 거부했다. 이스라엘인들은 동맹보다 '행동의 자유' 확보를 더 소중히 여긴다. 그 배경에는 첫째, 이스라엘은 인구가 작고, 국토가 협소할 뿐 아니라, 3면이 아랍 국가에 의해 포위되어 있고, 둘째, 내선 상에 위치하여 단기 속전속결 전쟁을 수행해야 하며, 셋째, 주변 아랍 국가들과 수 개의 정면에서 가해지는 위협에 동시적으로 대처하기 위해서는 공세적 전략을 선택해야 하며, 넷째, 선제적 기습공격이 행동의 자유를 보장할 수 있는 가장 유효한 방안임에도 불구하고, 이스라엘군이 동맹체제를 구축하면 외세의 간섭으로 상황에 맞설 수 있는 적시적인 행동의 자율성을 보장받을 수 없기 때문이다.

이스라엘과 한국은 제2차 세계대전 이후 같은 시기에 건국했으며, 세계 현대사에서 가장 성공한 대표적인 국가라는 공통점을 가지고 있다. 우리는 경상북도 크기의 면적을 가진 이스라엘이 우리보다 우월한 전력과 전비 태세를 갖춘 그 이유를 찾아내야 한다. 그 이유가 바로 우리 군을 정예 강군으로 변환시킬 수 있는 열쇠가 될 수 있기 때문이다. 그러나 설사 찾아냈다고 하더라도 그대로 모방해서는 성공할 수 없다. 이스라엘 방위군의 혁신을 성공으로 이끌 수 있었던 의식 구조와 사회적 환경, 제도 등은 우리의 실정과 거리가 있기 때문이다. 우리는 벤치마킹은 하되, 우리의 사회적 환경과 여건에 맞도록 한국화 과정을 거쳐서 명확한 개념화와 올바른 방향성을 가지고 강력한 리더십으로 끈기 있게 추진해야만 성공할 수 있다.

이러한 시각에서 당대의 저명한 저술가인 러트왁^{Luttwak}의 저서인 『이스라엘의 군사혁신』은 우리의 의문에 대해 여태껏 찾아내지 못했던 명쾌한 답변을 연대별로, 사건별로 속속들이 꼼꼼하게 풀어내고 있다.

아이언 돔$^{Iron Dome}$을 불과 5년 만에 개발한 다니엘 골드$^{Daniel Gold}$ 박사는 감사국의 감사를 받았다. 그러나 그는 수많은 규정 위반과 독선적인 업무 추진에도 불구하고 면책되었으며, 이스라엘에서 가장 권위 있는 상 중 하나인 '이스라엘 국방상'을 받았으며, 이스라엘 국방부와 방위군의 과학기술 개발을 주도하는 국방연구개발관리국^{MaFat}의 책임자로 임명되었다. 한국에서 동일한 방식으로 개발했다면 아이언돔의 개발자들은 모두가 예외 없이 법정에 섰을 것이다. 그 차이는 무엇이고, 어디에서 오는 것일까? 바로 러트웍의 저서가 오늘날의 한국 정치권과 정책결정자들에게 그 해답을 제시해줄 것이다.

이 책은 저자가 스스로 밝혔듯이 이스라엘의 전쟁사도, 이스라엘군의 역사도 아니다. 지난 80여 년간 크고 작은 국가적 위기를 겪으면서 이스라엘 정·군 지도층이 어떻게 오늘의 이스라엘군을 만들어왔는가 하는 군대의 구성과 군사력 건설의 여정을 유대계 미국인의 시각에서 다양한 자료 조사를 통해 써 내려간 글이다. 한국군이 2006년부터 5개 정부를 거쳐오면서 오랫동안 국방혁신을 추진해오고 있는데, 관계자들에게 많은 교훈을 줄 것으로 믿는다. 아무쪼록 이 책을 통해 국방혁신 업무를 추진하는 주체들이 영감을 얻길 바란다.

– (전) 국방부 장관 조영길 –

이 책은 이스라엘 독립 과정에서부터 현재까지 추진해온 이스라엘의 군사혁신을 조사해 기록한 책이다. 이 책에 제시된 이스라엘의 16가지 군사혁신 사례는 국가 생존을 위한 처절한 몸부림과 절박함 속에서 그들이 추구해온 생생한 기록이기도 하다. 우리 군이 이 책을 통해 많은 영감을 받고 정예 강군으로 거듭나는 좋은 기회가 되기를 소망한다.

– (전) 국방부 장관 한민구 –

이스라엘은 독립 이후, 수많은 도전과 역경 속에서 국가의 생존과 번영을 추구해왔다. 특히, 이스라엘이 군사 분야에서 이룩한 혁신은 세계 각국의 모범적인 사례로 널리 알려져 있으며, 우리 군도 많은 부분에서 참고할 필요가 있다. 이 책은 오랫동안 국방개혁을 추진해왔던 우리에게 진정한 혁신이 무엇인가를 생각하게 하며 많은 시사점과 중요한 이정표를 제공해줄 것이다.

– (전) 육군참모총장 김용우 –

이 책은 실전 경험과 작전 능력에서 세계 최고 수준으로 평가받고 있는 이스라엘 방위군의 발전 과정과 군사혁신을 입체적으로 다루고 있다. 특히 이스라엘 공군이 1973년 욤 키푸르 전쟁의 굴욕을 딛고 1982년 레바논 전쟁의 빛나는 승리를 쟁취하기까지의 과정은 미래 공군력 구축을 위한 공군의 노력에 많은 방향성을 제시해줄 것이다.

– (전) 공군참모총장 정상화 –

역자 서문

이 책을 저술한 에드워드 러트웍은 대전략, 군사전략, 지구경제학, 전쟁사 및 국제관계 등에 관한 폭넓은 지식을 토대로 여러 저서를 남긴 미국의 저명한 저술가이다. 그는 1942년 루마니아의 유대인 가정에서 태어나 영국에서 자랐으며, 영국에서 공부한 이후에 1967년 제3차 중동전쟁에서는 자원봉사자로 일했다. 특히, 그는 1967년 제3차 중동전쟁과 1973년 제4차 중동전쟁 사이의 소모전 기간에는 이스라엘 방위군에서 복무했으며, 이스라엘 공군이 곤경에 처해 있던 공중 정찰의 제한을 극복하기 위해 '가시선 밖 정찰' 용도의 원격조종항공기^{RPV, Remote Piloted Vehicle}에 카메라 장착을 제안하기도 했다. 이 아이디어는 그 혼자만의 생각은 아니었지만, 오늘날 정찰용 드론의 원조가 되었으며, 정찰용 드론으로부터 기만용 드론, 공격용 드론, 유무인 복합체계로 발전하는 직접적인 계기가 되었다. 그는 1972년에 미국으로 이주했다.

생생한 삶의 경험이 바탕이 되어서인지 건국 이후부터 이스라엘이 쌓아온 군사혁신의 실체적 사례를 바로 곁에서 지켜보듯 써 내려간 이

책은 국가전략이나 지구 경제를 다룬 그의 다른 저술과는 달리, 단숨에 읽어버릴 만큼 흥미롭고 살아 있는 이야기로 그득하다. 1940년대 말 포화 속에서 그 형태가 드러나기 시작한 이스라엘 방위군의 태생부터 오늘날 전무후무한 혁신의 모범이 되는 군대로 자리매김할 때까지 이스라엘 방위군이 자원과 물자의 결핍 속에서 어떻게 살아남았는가, 그리고 미래에도 어떻게 살아남을 것인가에 대해 독자들에게 설득력 있게 전하고 있다.

이 책은 ―저자가 '서문'에서 밝혔듯이― "상대적으로 작고 열악한 이스라엘 군대가 오랫동안 유난히 혁신적이었던 이유는 무엇일까?"라는 단순한 질문에서 출발하여 그 질문에 대한 답을 조사해 기록한 것이다. 국가 수호를 가로막는 일상적인 장애를 극복하기 위한 혁신적인 해법, 숨 막힐 듯 조여오는 다변적 위협에 대해 유연한 맞춤식 작전 수행, 전장에서 가장 적합한 체계와 장비의 개발, 그 속에서 자리 잡은 수평적인 군 조직 문화 등 독립전쟁 이후 경험한 여러 차례의 크고 작은 전쟁과 작전에서 실증되고 축적된 사례들을 기록하고 있다. 그렇다고 해서 이스라엘 방위군의 혁신 사례만을 다루고 있지는 않다. 저자의 국제 정세에 대한 해박함과 미국과 러시아, 영국, 프랑스, 독일 등 군사 강국들의 상황 대응과 해법에 관한 폭넓은 지식은 이스라엘 사람들의 혁신 노정이 왜 남달랐는가를 잘 설명해주고 있다.

이스라엘의 군사혁신은 건국 이후부터 안보 상황과 맞물려 추진해왔던 16가지의 실증적 사례를 중심으로 소개되고 있다. 한 꼭지 한 꼭지 읽다가 보면 독자들은 이스라엘 방위군이 왜 예비군 중심의 군대가 되었는가, 여러 차례의 전쟁과 반복되는 무장 도발을 극복해가는 과정에서 어떻게 창의적인 아이디어들을 발굴했는가, 이에 더해 국제적 고립과 재정난 속에서 이스라엘만의 독특한 군사혁신을 어떻게 끌어낼 수 있었는가를 이해할 수 있을 것이다. 각각의 실증 사례는 봉착하는 위기 때마다 이스라엘 방위군 내부에서 찬성과 반대, 현실 답습과 도전적 아이디어가 어떻게 서로 부딪쳐가며 결국에는 이스라엘의 현실에 적합한 도약적인 혁신으로 나아갈 수 있었는가를 보여준다.

이스라엘은 가브리엘Gabriel 미사일과 아이언 돔, 메르카바Merkava 전차 등을 개발하는 과정에서 많은 혁신과 성과를 거두었다. 프로젝트의 성공적 수행을 위한 권한의 위임과 업무 여건을 보장하고, 융통성 있는 프로세스 운용 등을 통해 목적 지향적인 업무 자세를 권장하고 있다. 또한 추구하는 목표가 합목적적이라는 공감이 뒷받침되면 법적 통제 범위 안에서도 절차와 규정 위반 등 관료적인 일탈과 월권행위마저 용인했다. 그러나 아무리 좋은 제도라고 하더라도 우리의 여건에 맞지 않으면 본받을 수 없고, 기대하는 성과도 거둘 수 없다.

우리에게 과연 이스라엘과 같은 연구개발 환경과 여건 보장이 가능할 수 있을까? 우리의 인식과 정서 등 사회적 환경, 문화에서는 불가능하다. 그렇기 때문에 이스라엘의 혁신 사례가 아무리 우수하다고 해도 그대로 접목할 수가 없는 것이다. 이스라엘 사례에 대한 벤치마킹은 그들의 환경과 의식 구조, 문화를 이해하고 우리에게 맞도록 한국화하는 과정을 반드시 거쳐야만 한다.

역자는 1993년 합동참모본부의 전력 증강 부서에서 실무자로서 근무를 시작했고, 2005년에는 국방개혁(초안) 작성 과정에도 참여했다.

2007년 국방개혁 업무가 국방부로 이전되면서 국방개혁 업무를 직접 다룰 기회는 많지 않았지만, 그 논의 과정에는 꾸준히 참여했다. 1993년부터 2012년 전역할 때까지 19년간을 군사전략과 군 구조, 군사력 증강 분야에 근무하면서 다양한 군사 기획 업무를 다루었으며, 업무를 수행하는 과정에서 다양한 국가의 군사 기획 사례를 접할 수 있었다. 미국의 시스템은 워낙 방대하여 부분적으로 벤치마킹하는 것은 직접적인 도움을 기대하기 어려웠고, 설사 부분적으로 도입을 한다고 해도 논리체계를 구성할 수 있는 조직과 인력 등 자원이 늘 부족하고 많은 공백이 발생하여 효율적이지 못했다. 또한 영국의 시스템은 미국의 시스템을 영국화하는 과정을 거쳐 적용하고 있었으며, 독일은 독자적인 논리체계와 고유의 흐름을 가지고 있지만, 우리가 벤치마킹하기에는 적절치 않았다. 따라서 자연스럽게 작은 국가이면서도 독창적인 국방개혁을 추진해온 이스라엘의 사례에 관심을 가지게 되었다.

이스라엘은 제4차 중동전쟁 초기 전투에서 정보 실패에 기인한 막대한 피해와 국가 존망의 위기를 겪었다. 그 후, 이스라엘은 정보에 대한 관점과 접근법을 근본적으로 바꾸기 위한 대대적인 노력을 기울였다. 그들은 정보를 'On Going War'라고 재정의하면서 근본적인 체질 변화를 모색했다. 그럼에도 불구하고, 현재 이스라엘이 직면하고 있는 하마스[Hamas]와의 전쟁도 정보의 실패로부터 촉발되었다. 이 번역서가 발간되는 지금의 시점에서도 여전히 진행형인 가자[Gaza] 사태는 혁신을 추구하는 일이 얼마나 힘든 일인가를 방증해준다.

역자에게 제4차 중동전쟁의 초기 전투는 오래전부터 풀리지 않는 의문 중 하나였다. 이스라엘이 초기 전투에서 절체절명의 위기를 극복하고 불과 2~3일 이후부터 전세를 역전시키고 승리할 수 있었던 동력은 어떻게 구축되었고 어떻게 발휘될 수 있었을까? 또한 거듭하고 있는 이스라엘 방위군의 혁신 동력은 어디에서 기인하는 것일까? 특히 제4차 중동전쟁사를 반복해서 거듭 읽어도 이러한 의문들은 마무리하지 못한 보고서처럼 머리에 남아 있었다.

이스라엘을 둘러싼 수수께끼 같은 의문점들은 2010년 합동참모본부의 전력기획부장으로서의 첫 출장에 이어 2015년 국방과학연구소장 시절까지 네 차례 연이어 이스라엘을 방문하는 계기가 되었다. 특히 2010년 11월 북한의 연평도 포격 도발 직후, 이스라엘 방위군의 총참모부 기획참모부장과 군사전략 과장 등 주요 인사들과 10시간여에 걸친 심층 토의 과정에서 많은 의문을 해소할 수 있었으며, 그들의 군사전략 기조에 대해 깊이 이해할 기회가 있었다. 그 후에도 세 차례의 현지 방문을 거쳐 그들의 군사혁신에 대한 흐름을 더욱 깊이 이해하려고 애썼고, 이스라엘 방위군의 고위층 면담과 총참모부를 방문할 때마다 그 전모를 파악하기 위해 꾸준히 노력했다. 그 과정에서 우리 정·군 지도층의 혁신 역량 부족, 국방혁신에 대한 이해 부족과 미흡한 방향성, 개혁 주체가 되어야 할 장교단의 아쉬운 결기, 우리 사회의 변화에 대한 저항성, 깊이 뿌리박혀 있는 이기주의 등에 대해 깊은 실망과 좌절을 겪기도 했다.

이스라엘 방위군이 건국 시점부터 수많은 전쟁을 치르면서, 또 끈질 긴 저항 속에서도 꾸준히 혁신을 이끌어내고 국가의 생존과 번영을 지켜낼 수 있었던 배경은 무엇일까? 반면에 우리는 창군 이래 수많은 사람이 선진국 사례를 벤치마킹해왔고, 최근 이스라엘의 혁신 사례에 대해 많은 관심을 가졌으면서도 왜 이렇다 할 성과를 내지 못했을까? 수년간 많은 자료 검토와 현지 방문, 담당자들과의 대화 등을 통해 역자는 이스라엘인의 절박함이 그 차이를 만들었다는 결론에 도달했다. 즉, 종교적 신념으로 무장된 적대적 환경에 둘러싸여 내일을 보장할 수 없는 국가의 생존에 대한 이스라엘인들의 절실함과 꾸준한 혁신을 지속하지 않으면 국가의 생존을 보장할 수 없다는 절박함이 직접적인 동인이 된 것이었다.

그렇다면 우리는 국가 차원에서 군사혁신의 필요성에 대해 얼마나 절박해했던가? 우리는 왜 그들처럼 절실하지 못했을까? 우리가 이스라엘만큼 절박했더라면 아마 훨씬 더 적은 비용과 노력으로 이스라엘 못지않은 성과를 거두었을 것이다. 왜냐하면 그들 못지않게 우수한 자질을 가지고 있을 뿐만 아니라, 가용할 수 있는 인적 · 물적 자원이 그들보다 훨씬 더 많았기 때문이다. 우리가 해방 전후의 혼란과 6 · 25 전쟁 등 많은 어려움을 겪으면서도 절박함을 가지지 못했던 원인은 모두 우리 내부에서 비롯되었다. 우리는 절박함보다는 집단적 갈등과 이익에 매몰되어 많은 사회적 에너지를 소모했으며, 지금도 그 연장선에서 벗어나지 못하고 있다. 우리가 진정한 혁신을 이뤄내기 위해서는 선언적 의미의 말 잔치나 그럴듯한 계획이 필요한 것이 아니다.

국가의 안위를 지키고 번영을 지속하기 위해 국방 태세를 일신하는 것은 정치 및 군사 지도층이 함께 해결해야 할 과제이지, 군인들에게만 책임이 부여되는 과제가 아니다. 심지어 오늘에 이르러서도 정치 지도층은 국가 안보보다 사사로운 개인 또는 집단적 이익에 매몰된 인기영합주의에 빠져 병역 의무 기간을 단축하겠다는 공약을 경쟁적으로 제안하고 있다. 이런 가운데 우리에게 과연 올곧은 군사혁신이 가능할 것인가? 나아가 자유로운 대한민국의 생존을 온전히 보장할 수 있을까? 강대국에 둘러싸인 안보 현실 속에서, 핵 카드를 내세워 대남 도발을 입버릇처럼 되풀이하는 북한을 코앞에 두고서도 절실함과 절박함을 살려낼 수 없다면 과거에 수없이 겪었던 수모를 반복할 수밖에 없을 것이다. 또다시 수모를 당하지 않으려면 올바른 상황 인식과 더불어, 어떻게든 살아남아야 한다는 절실함과 변화하지 않으면 생존할 수 없다는 절박성이 전제되지 않으면 안 된다.

* * *

우리 군도 창군 이래 지난 70여 년의 여정에서 많은 우리 자신만의 독특한 자산을 축적해왔다. 그러나 문제는 그 과정에서 겪었던 시행착오에 대한 진솔한 검토와 오류에 대한 냉철한 반성이 제대로 없었다는 데 있다. 그럼에도 우리 군에는 다른 국가에서 부러워하고 벤치마킹하고자 하는 소중한 자산이 곳곳에 축적되어 있다. 잘한 것은 잘한 대로의 분석과 반성이 필요하며, 잘못한 것은 잘못한 대로 우리에게 주는 메시지와 교훈이 있다. 잘한 것과 잘못한 것들을 냉철하게 분석하고 교훈을 도출할 줄 모르는 군대라면 미래도 없고, 희망도 없다. 지금은 우리 스스로 우리가 어디에 있고, 무엇을 해야 하며, 어느 방향으로 갈 것이며, 어떻게 노력해야 할 것인지에 대해 냉철하게 진단할 필요가 있다. 이를 위해서는 개인이든, 집단이든 이기적 생각을 내려놓고 허심탄회하게 논의를 이어가야 할 것이다.

　이 책을 읽으면서 우리가 명심해야 할 것은 어느 특정 사례에 매몰되어 사례 중심의 교훈을 도출하고 이를 본보기로 삼지 말아야 한다는 것이다. 참고할 개별 사례에 대해서는 비교 분석을 통해 그 이면의 의미를 이해하는 과정이 필요하다. 이 책에 제시된 16가지의 혁신 사례는 이스라엘이 직면한 전략적 환경과 그들의 사회적 배경, 의식 구조, 문화 등을 깊이 이해해야만 비로소 그 의미를 알 수 있는 것들이다. 그들과 우리의 사회적 배경과 의식 구조, 문화의 차이를 이해하고, 한국화하는 과정을 거친 후에 적용해야만 성공 가능성을 높일 수 있다. 그동안 우리는 과학 영재를 육성하기 위한 프로그램인 이스라엘의 탈피오트Talpiot 제도를 도입하려 시도했거나 시도하고 있지만, 새로운 병역 특례제도 이상의 성과를 내지 못하고 있다. 외국의 우수한 제도를 본받고자 하면서 제도의 취지와 목적, 탄생 배경과 적용 환경 등에 대해 검토하는 과정을 거치지 않고 외형만 모방하는 것은 무모한 일이다. 우리 눈에 매력적인 제도를 운용하고 있는 국가는 흔히 사회적 배경과 의식 구조, 문화 등에서 우리와 커다란 차이가 있다. 한 걸음 더 나아가, 그들 자신도 수없이 많은 오류와 저항을 극복하고 난 후에 제도를 구축한 것이기 때문에, 우리가 깊은 고민 없이 그 결과만 보고 외형적 제도를 수용하는 것은 시작부터 중단이나 실패를 예약하는 것이나 다름없다. 그럼에도 불구하고, 일부 정치 및 군사 지도층이 화려한 외형과 눈앞의 성과에 매몰되어 이러한 현상이 반복되고 있는 것은 참으로 안타까운 일이다.

앞서 겪은 수많은 유사 사례에 관한 실패의 원인과 배경에 대한 통찰이 없다면 앞으로도 시행착오는 되풀이될 것이다. 이스라엘의 사례를 교훈 삼아 우리가 추구하는 변화를 이뤄내기 위해서는 'ctrl+c', 'ctrl+v'와 같은 형식의 벤치마킹이나 제도의 도입은 아무런 의미가 없다. 역자가 우리글로 옮기는 과정에서 이 책을 읽는 이들이 낯설어할 이스라엘만의 전략과 전술, 제도와 인력 운용, 체계 개념 등을 설명하기 위해 100개 넘는 역주^{譯註}를 단 이유도 바로 이 때문이다.

우리는 장기적인 관점에서 '국방개혁'을 추진해왔고, 현 정부에서는 2023년부터 '국방혁신 4.0'을 추진하고 있다. 개혁과 혁신의 사전적 의미는 크게 다르지 않다. 개혁은 "제도나 기구 따위를 새롭게 뜯어고침"이며, 혁신은 "묵은 풍속, 관습, 조직, 방법 따위를 완전히 바꾸어서 새롭게 함"이다. 두 단어는 의미가 근본적으로 비슷하지만, 개혁은 그 대상이 특정 제도나 기구로 한정되는 경향이 있는 반면, 혁신은 관련 분야의 전반에 대해 근본적 변화를 추구하는 것이다. 이런 측면에서 엄밀히 말하면, '혁신'이라는 용어가 더 적합하기는 하지만, '개혁'이든 '혁신'이든 간에 어떤 용어를 쓰더라도 국방 분야에서 추구하고자 하는 목표는 크게 다르지 않다. 그러므로 사용하는 용어가 무엇이든 간에 그 출발점은 면밀한 '자기 진단'과 치열한 '자기 반성'에서부터 시작되어야 한다. 왜냐하면 혁신 대상이나 주체에 대한 정확한 진단 없이 뜯어고치는 것은 매우 위험하기 때문이다. 또한 현재의 기반이 올바르게 다져지지 않은 상태에서 미래로의 변화를 추구하는 것은 많은 부실과 위험이 뒤따를 수 있다. 그러므로 현재의 상태에서 무엇이 진부해진 부분이고, 무엇이 왜곡된 부분이며, 무엇이 잘못된 부분인지를 명확히 알아야 뜯어고치든 새롭게 하든 기대하는 변화를 올바르게 추구할 수 있다.

우리는 그동안 2030년 또는 2040년이라는 장기적 관점에서 국방 분야의 혁신적 변화를 추구해왔다. 그러나 장기 기획은 많은 변수와 위험이 뒤따르는 매우 어려운 작업이다. 미래 예측도 쉽지 않을 뿐만 아니라 안보 상황이 수시로 바뀌기 때문이다. 우리도 2005년 말에 2020년을 목표로 하는 국방개혁을 추진하기 위한 계획을 수립했지만, 천안함 피침, 연평도 포격 도발, 북한의 핵실험 등 한반도 안보 환경에 커다란 영향을 주는 사건이 연달아 발생하면서 여러 차례에 걸쳐 계획을 수정해야 했다. 그럼에도 수정한 계획이 과연 올바른 것인지 확인할 방법도, 여유도 없었다. 국방개혁을 추진해온 지난 20여 년간 목표 연도 또한 2030년으로 변경되었고, 지금은 목표 연도를 2040년으로 새롭게 변경하여 '국방혁신 4.0'을 추진하고 있다.

많은 국가가 미래를 준비하기 위한 대응 전략을 수립하면서도 예측 가능한 기간 내에 추진할 수 있는 부분으로 한정하는 이유는 안보 상황의 급속한 변화, 점차 빨라지는 기술 발전 속도 등 많은 영향 요소로 인한 미래 예측의 어려움 때문이다. 미국도 여러 분야에서 다양한 전략을 수립하지만, 10년 이상의 장기 기획은 함부로 수립하지 않는다. 이스라엘도 긴박하게 변화하는 안보 환경을 고려할 때 장기 기획의 무의미함을 깨닫고 5년 단위의 계획 이외에는 수립하지 않는다. 역자는 새로운 정권이 출범할 때, 해당 정부의 임기 안에서 역동적으로 추진할 수 있는 '국방혁신 5개년 계획'을 수립하여 정권 출범과 동시에 강력하게 추진해야 함을 주장해왔다. 그 이유는 우리가 수립된 국방개혁 계획을 안보 상황의 변화에 따라 수차례에 걸쳐 수정하는 과정을 겪어왔음에도 수정된 계획과 기존 계획의 차별성, 실천적 차원의 유효성 여부를 가늠하기 어려웠기 때문이다. 따라서 우리가 여전히 2040년, 2050년 등 장기 목표를 수립하여 국방 분야의 혁신적 변화를 추구하는 것이 과연 합당한 것인지 냉정하게 되짚어볼 필요가 있다.

우리는 지난 2005년 '국방개혁 추진계획'을 수립한 이래, 새로이 출범하는 정권 모두가 국방개혁을 추진해왔음에도 불구하고 그 성과가 무엇인지에 대해 특정하기가 매우 어렵다. 모든 정권이 국방 분야의 혁신적 변화를 추구하면서도 '그동안의 추진 과정에서 이렇다 할 만한 성과를 낼 수 없었던 원인은 무엇일까?', '명시적인 성과를 내기 위해서는 어떻게 해야 할 것인가?' 등에 대한 해답을 찾는 노력은 향후 국방 분야에서 혁신적 변화를 추구하고 중요한 진전을 이뤄내기 위한 핵심적 요소가 될 것이다. 따라서 우리는 국방 분야의 혁신적 변화를 추구하기 위해 무엇을, 어떻게 해야 할 것인지에 관한 방법론부터 되짚어볼 필요가 있다.

그런 의미에서 이 책은 오늘날 긴박해지고 있는 군사적 긴장 확산 추세에 대응해야 하는 우리 군에게 어떤 관점에서 군사혁신에 접근해야 하며, 어떤 절차와 방식으로 군사혁신 과제를 선정하고 추진하여야 하는지를 깨우쳐줄 수 있는 하나의 지표를 제공하고 있다. 2023년 후반기에 발간된 러트웍의 책을 가능한 한 빨리, 번역 오류나 오해 요소 없이 국내에 소개하고자 지난 3개월 끊임없이 옮기며 생각하고, 읽으며 또 고치고, 그리고 다시 한 번 더 읽고 다듬었다.

우리나라의 국가 안보 정책 결정자와 군 지휘관들, 특히 우리 군의 미래를 열어나갈 젊은 후배들에게 이 책이 ―단순히 남의 나라 이야기가 아니라― 우리 가까이 있는 '혁신'의 공기를 들이키고, 행동으로 옮길 수 있는 '용기'를 얻는 데 밑거름이 되었으면 한다.

차례

혁신 1 ━━━━━━
포화 속에서
군대를 육성하다 · 33

혁신 2 ━━━━━━
결핍이 어떻게
혁신을 촉진하는가 · 63

저자 서문

이 책은 이스라엘 군대의 역사도, 이스라엘 전쟁의 역사도 아니다. 이
책은 '상대적으로 작고 열악한 이스라엘 군대가 오랫동안 유난히 혁신
적이었던 이유는 무엇일까?'라는 단순한 질문에서 출발하여 조사한 것
들을 기록한 것이다.

전쟁의 긴박한 압박 속에서도, 그리고 위협이 잠잠해졌을 때에도 이
스라엘 방위군IDF, Israel Defense Forces은 처음에는 군 내부에서 자체적으로,
그 다음에는 이스라엘의 초기 군수 산업 및 신생 연구 센터와 협력하
여 혁신을 지속해왔다.[1] 건국 초기에는 이 두 곳 모두 이스라엘 방위군
의 예비역들이 중심이 되어 이끌어갔다. 수년에 걸쳐 그들은 공중, 해
상, 특공대의 급습, 기갑전 등에서 새로운 전술을 창안했다. 특히 1973
년 제4차 중동전쟁에서의 전차전 사례는 미 훈련교리사령부TRADOC의
분석을 거쳐 1977년에 발간된 미 육군 야전 교범에서 수적으로 우세
한 기갑부대를 성공적으로 방어하는 모델로 채택되었다.[2]

그보다 더 높은 작전 수준에서 이스라엘은 얼리 어댑터$^{early\ adopter}$*로서 새로운 기술을 종종 활용하기도 했지만, 재래식 전력을 최대한 활용하기 위해 때로는 완전히 새로운 제병협동작전을 고안하기도 했다.[3] 1967년 6월 5~6일에 벌어진 아부 아게일라$^{Abu-Agheila}$와 움 카테프$^{Umm Qatef}$ 전투에서 보병대대와 전차대대, 대규모 야전 포병과 공수부대가 견고한 참호로 방비되고 잘 무장된 적을 향해 서로 다른 방향에서 일제히 공격했는데, 이는 언뜻 봐서는 이스라엘 방위군에게 엄청난 규모의 재앙을 안겨줄 것처럼 보였다.

이러한 시도는 승리를 위해 제병협동의 시너지 효과를 노린 것이었다. 공수부대는 백병전에 전혀 대비하지 않은 이집트군 포병부대 사이로 헬리콥터를 타고 후방으로 침투했다. 보병부대는 이집트군의 참호선을 정면으로 공격하는 대신, 도저히 통과할 수 없을 것만 같았던 모래언덕을 넘어와 무방비 상태에 있던 이집트군의 참호선을 뚫고 진입했다. 한편, 전차들은 이집트 참호선을 방호하던 대對전차 지뢰로 인해 가까이 접근할 수 없었음에도 불구하고, 정면 공격과 위협사격으로 이집트군을 위축시키고 주의를 분산시킴으로써 참호선을 따라 진입하는 이스라엘 보병의 맹공에 대응할 수 없도록 만들었다. 그 결과, 이스라엘군의 제병협동 공격이 효과가 발휘되기도 전에 이집트군은 스스로 붕괴했다.

1967년에 시작되어 1973년 휴전으로 끝난 뒤 1979년에 일명 '용감한 자들의 평화$^{peace\ of\ the\ brave}$'라고도 불리는 이집트와의 평화조약이 체결되기까지 두 차례나 대규모 재래식 전쟁을 치르는 동안, 이스라엘 방위

---

* 얼리 어댑터: early(빠른)와 adopter(채택하는 사람)의 합성어로, 남들보다 신제품을 빨리 구매해서 사용해야 직성이 풀리는 소비자군을 일컫는데, 여기에서는 선구자 또는 선도자라는 의미로 사용되었다.

군의 작전은 기발한 군사행동을 계획해 불가피하게 큰 위험, 때로는 지나치게 큰 위험을 감수하면서 적을 기습하려고 시도하는 특징을 보였다.

이스라엘 방위군은 지상, 해상, 공중에서 실시된 수많은 특공대 작전에서도 크고 작은 방식으로 고위험의 전술적 혁신을 추구했다. 일례로 슈퍼 프렐론Super-Frelon 헬기가 최대 왕복 항속거리를 초과하는 멀리 떨어진 지점까지 병력과 장비를 수송하고 연료가 거의 바닥난 채로 돌아와서는 연료를 재보급받아 다시 병력을 복귀시키기 위해 출동하는 식이었다.[4]

이스라엘 사람들에게 이 같은 고위험 감수 작전 이외의 다른 대안은 항상 용납할 수 없었다. 제2차 세계대전 이후 이스라엘 방위군이 수천 대의 전차와 포, 수백 대의 전투기를 동원해 최대 규모의 전투를 수년간 치르면서 직접적인 저위험 정면공격을 고수했다면 수많은 사상자가 발생했었을 것이다.

이스라엘 방위군은 소규모 특수작전뿐만 아니라, 대규모 전투에서도 대담하고 위험한 혁신을 통해 수많은 인명을 구했다. 위험을 감수한 가장 극단적인 사례는 1973년 10월 수에즈 운하 도하 공격으로, 이러한 시도는 전쟁의 기본 원칙을 위반한 것이었다. 이스라엘 방위군이 수에즈 운하를 건너 이집트의 후방에서 이집트군을 공격했는데도 이스라엘의 전쟁 지도부는 이들을 통제하지 않았다. 이 작전의 주역인 사단장 아리엘 샤론Ariel Sharon 장군은 동료들로부터 무모한 도박꾼이라는 비난을 받았지만, 결국 승리를 거두었다.

그러나 가장 잘 알려진 이스라엘 방위군의 혁신은 전술이나 작전보다는 기술 영역에서 일어났다. 1960년대 당시 이스라엘은 인구 200만 명의 농업국가로 산업이 거의 발달하지 않은 상태에서 서방 세계 최초의 대對함 미사일인 가브리엘Gabriel을 개발했다.[5] 빠른 개발 과정을 거쳐 1973년 10월 전쟁에 맞춰 등장한 가브리엘 대함 미사일은 이집트와 시리아의 함정 19척을 침몰시켰다. 이스라엘 방위군이 단 한 척의 함정 손실 없이 해상에서 승부를 결정짓는 데 크게 이바지했던 것이다.

이는 단순히 기존에 존재하던 것을 새롭게 개선한 것이 아니라 그전까지 전혀 존재하지 않았던 무기나 기술을 개발하는 진정한 혁신, 즉 거시적 혁신macroinnovation*의 첫 번째 사례였다. 1970년대에 거시적 혁신은 최초로 등장한 소형 원격조종비행체RPV, Remotely Piloted Vehicles의 경우처럼 처음에는 미시적이었다. 소형 원격조종비행체는 처음 등장한 이후로 상공 관측에서부터 다양한 형태의 공격, 심지어 수송에 이르기까지 그 용도가 계속 확장되었고, 곧 무인항공기UAV, Unmanned Aerial Vehicles로 이름이 바뀌면서 오늘날 아주 흔한 드론Drone으로 발전했다.

오늘날 이스라엘은 여전히 중요한 드론 사용자로서 글로벌 산업으로 성장한 드론의 주요 공급업체로 자리매김했다. 초소형 수동 발사형부터 상당한 무기를 탑재하고 장거리 공격 임무를 수행할 수 있는 대형 드론에 이르기까지 다양한 모델을 개발해 수출하고 있다. 또한 1970년대에 개발한 메르카바Merkava 전차는 모든 주력전차의 전형적인 모델인 후방 엔진 배치에서 벗어나 전방에 엔진을 배치한 유일한 주력전차이다. 메르카바 전차의 전투 중량은 65톤으로, 현대의 주력전차 중에서는 매우 무거운 전차에 속하지만, 방호력은 가장 뛰어난 것으로 평가받고 있다.

1982년 6월 이스라엘은 공군력을 보강하기 위한 다양한 공중 발사 디코이decoy**를 최초로 공개했으며, 새로운 종류의 전술·전략 잠수함

---

* 거시적 혁신: 조직 운영 간에 나타나는 제반 문제 해결을 위해 새로운 시각에서 완전히 바꾸어 새롭게 함으로써 적이 기술적·전술적 또는 운용적 대응책으로 반응하기 이전까지 새로운 역량을 제공하여 효과적으로 대응하지 못하도록 '대응 공백'을 추구하는 것을 의미한다.

** 디코이: 일반적으로 적의 레이더 탐지기를 교란하기 위한 기만용 물체(미사일이나 금속편 따위)를 의미하나, 여기서 공중 발사 디코이의 의미는 기만용 UAV를 의미한다.

개발 프로젝트들은 여전히 비밀에 싸여 있다. 로켓 및 미사일 방어 시스템인 아이언 돔$^{\text{Iron Dome}}$*은 2014년 로켓에 대한 전례 없는 요격률을 달성하면서 세계적으로 유명해졌고, 2021년 5월에는 가자^{Gaza} 지구에서 벌어진 이스라엘과 하마스 간의 전투에서 하마스가 쏜 약 4,000발의 로켓 공격의 피해를 최소화하는 큰 성과를 거두었다. 그 무렵 이스라엘이 개발한 헬멧 장착형 디스플레이 시스템$^{\text{HMD, Helmet Mounted Display}}$**은 여러 국가가 협력하여 개발한 다목적 전투기인 F-35 시리즈가 내세우는 혁신 요소가 되었다. (발명이 아니라) 또 다른 혁신인 기갑차량 방호를 위해 개발된 트로피^{Trophy} 능동방호체계는 날아오는 대전차 미사일과 대전차 로켓을 레이더로 감지하여 자가단조탄$^{\text{self-forging munition}}$***으로 파괴한다.[6] 현재 미 육군과 다른 나라의 군대들은 전투차량의 방호를 위해 또 다른 이스라엘 경쟁사의 능동방호체계인 아이언 피스트$^{\text{Iron Fist}}$를 통합한 트로피를 채택하고 있다. 이처럼 주목할 만한 혁신적 체계들 이외에도 전투차량을 더욱 안전하게 방호하는 폭발형 반응장갑^{ERA}부터 다목적 제트 전투기 개념에 이르기까지 수많은 혁신이 있었다. 특히 다목적용 제트 전투기는 1950년대 후반 이스라엘 공군이 다른 나라 공군들과 비교해도 턱없이 작고, 그 지휘관들도 다들 젊었을 시기에 고안해낸 개념이었다.

이처럼 짧은 기간 내에 혁신을 이뤄낸 놀라운 역량은 이스라엘 방위

---

* 아이언 돔: 라파엘사(Rafel Advanced Defense Systems Ltd.)와 이스라엘 항공우주산업(IAI)이 개발한 이스라엘의 이동식 전천후 방공 시스템으로, 발사된 단거리 로켓과 포탄을 4~70km 거리에서 요격하고 파괴하도록 개발되었다.

** 헬멧 장착형 디스플레이 시스템: 조종사가 비행 정보를 한눈에 볼 수 있도록 비행과 임무 수행에 필요한 이미지 또는 기호 등을 광학장치를 이용하여 헬멧에 장착된 디스플레이에 투사하는 장치이다.

*** 자가단조탄: 발사 후 연질금속으로 된 탄체가 폭약의 폭발력으로 일정 방향으로 나아가면서 중심부가 폭발 방향으로 튀어나오고 주변부는 뒤로 접히면서 원추형 관통자를 형성해 목표물을 관통하도록 만든 성형작약탄의 일종으로, 폭발성형관통탄(Explosively Formed Penetrator)이라고도 한다.

군의 독특한 조직 구조 덕분에 촉진될 수 있었다. 물론 이스라엘이 처한 안보 위협 속에서 더욱 가속화된 점도 없지는 않지만, 이스라엘 최고 교육기관인 이스라엘 방위군의 교육적 영향력이 또 다른 요인으로 작용한다. 역사적으로 모든 나라의 군대는 오랜 기간 신체가 건강한 사람들을 예외 없이 징집하여 교육하는 강력한 교육기관으로서 기능해 왔다. 미군의 경우에도 제2차 세계대전을 겪으면서 그제서야 병사 개개인 위생의 중요성이나 오른발과 왼발의 길이나 폭이 반드시 같지만은 않다는 기본적인 사실에서부터 자동차의 운전을 비롯해 빠른 속도로 기능이 고도화되던 컴퓨터의 사용에 이르는 다양한 기술들을 가르쳐왔다.

이와 마찬가지로 이스라엘 방위군도 글을 읽거나 숫자를 셀 줄 모르는 젊은이들까지 징집할 수밖에 없는 사회적 여건 속에서 그들에게 글 읽기를 가르치고 초등 산수를 깨치도록 하는 것은 물론, 고급 대학원에 진학하는 장교들의 연구비까지도 지원하고 있다. 그러나 이스라엘 방위군은 여기에 독특한 요소를 하나 더 추가했다. 자칫 과신으로 변질될 수도 있지만 유난히 혁신에 대해서는 열려 있는, 아주 즉흥적인 '할 수 있다는 문화'가 바로 그것이다. 이는 즉 공식적인 학위나 직위가 없더라도 누구든지 새로운 아이디어를 위한 공청회를 열고, 심지어 개발 자금을 확보할 수 있다는 것을 의미한다. 이러한 문화가 많은 이스라엘인과 일부 비이스라엘인들 사이에 확산되기까지는 몇 년의 시간이 더 흘러야 했다.[7]

혁신
1

포화 속에서
군대를 육성하다

건국 초기, 65만 명에 불과한 작은 인적 자원 이외에는 국가를 이룰 만한 기본적인 자원조차 부재한 가운데, 이스라엘 지도자들이 가장 고민했던 것 중 하나는 국가의 생존을 지켜낼 군대를 만드는 것이었다. 당시 이스라엘 지도자들이 어떤 정체성을 가진 군대를 만들고자 했던 것인지에 대한 그들의 생각과 노력, 고민이 고스란히 여기에 담겨 있다. 또한 이스라엘이 역경 환경 속에서 당면 위기를 극복하고 아랍 연합군의 공격으로부터 생존하기 위해 점진적 혁신보다는 거시적 혁신을 추진하면서 그들만의 문화를 형성해나가는 과정을 엿볼 수 있다.

이스라엘 방위군은 1948년 5월 창군 시점[*]부터 전 세계의 그 어떤 국가와도 다른 독특한 조직으로 시작되었다. 이스라엘 방위군은 육·해·공군별로 군종을 구분하거나(훨씬 나중에 부분적으로 통합이 취소된 캐나다군 제외) 미 해병이나 이탈리아의 카라비니에리^{carabinieri**}와 같은 제4군종까지 운영하는 많은 국가와는 달리, 육·해·공 3군이 모두 같은 사령부 아래에 있는 단일 군 체제로 통합·창설되어 오늘날까지 유지되고 있다.

이스라엘 방위군은 남성뿐만 아니라 (면제가 더 쉽게 허용되기는 하지만) 여성도 징집하는 독특한 군대이기도 하다. 수류탄 투척부터 소화기 사격, 전차 포술, 미사일 및 포 운용에 이르기까지 모든 전투 훈련을 오랫동안 여성 교관이 수행해왔다. 따라서 이스라엘 방위군의 여군은 다른 나라 군대에서는 주로 남성 교관들이 수행하는 역할을 하고 있으며, 전투 훈련 교관들만큼이나 많은 여군이 실내에서 행정 업무를 수행하기도 한다. 또 다른 여군들은 다른 병사를 훈련하는 교관직을 마다하고 전투 부대에 자원하기도 하고, 그중 일부는 항공기 조종사나 해군 함정 전투원으로 복무하고 있다.

원래 여군의 징집은 단순히 병력 자원의 부족에서 시작되었다. 65만 명 남짓한 유대계 민간인들이 모여 건국한 이스라엘로서는 여러 아랍 국가의 공격에 직면하여 인적 자원을 극대화하기 위해서는 여성까지 징집해야만 했다. 여성에게 가능한 한 많은 비전투 임무를 할당함으

---

* 이스라엘 방위군(IDF)은 1948년 5월 26일에 창설되었다.

** 카라비니에리: 이탈리아의 헌병이다. 군사경찰 및 민간경찰의 역할을 모두 수행한다. 본래 사르데냐 왕국의 경찰조직으로 창설되었다. 이탈리아의 통일 과정에서 신생 이탈리아군에 편입되었다. 베니토 무솔리니 정권 하에서는 독재정권의 수족 역할을 했으나, 무솔리니 정권의 몰락에도 일조했다. 2001년 이래로 육군, 해군, 공군과 함께 이탈리아군의 4대 조직을 이루고 있다.

●●● 1948년 5월 26일 창설된 이스라엘 방위군(IDF)은 건국 이래 주변국과 여러 차례 전쟁을 치르면서 작지만 강한 군대로 거듭나게 되었다. 이스라엘 방위군은 다른 나라의 군대와 달리 처음부터 육·해·공 3군이 모두 같은 사령부 아래에 있는 단일군으로 창설되었다. 이스라엘은 18세 이상의 남성과 여성을 징집하는 의무복무제도를 운용하고 있다. 남성은 3년간, 여성은 2년간 이스라엘 방위군에서 복무해야 하며, 이는 해외에 있는 국민에게도 적용된다. 여성은 단순히 부족한 병력 자원을 보충하는 역할에서 벗어나 다른 병사를 훈련하는 교관이나 전투부대원, 항공기 조종사나 해군 함정 전투원으로 복무하고 있다. 이러한 이스라엘 방위군의 실전 경험과 작전 능력은 세계 최고 수준으로 평가받고 있다.

로써 더 많은 남성을 전장에 투입할 수 있었다. 하지만 해를 거듭하면서 여성들이 단순히 부족한 인력을 채우는 역할뿐 아니라 신병들에게 수류탄 투척과 같은 위험한 훈련을 시키는 과정에서 두려움을 줄여주고 고난도의 기술을 습득하는 과정에서 거의 모성애에 가까운 인내력을 심어주는 특별한 능력이 있음이 밝혀졌다. 이 두 가지 사례는 남녀를 동일시하지 않고 그 차이를 인정한 데서 얻어진 성과였다.

또 다른 근본적인 이스라엘 방위군의 혁신은 스위스 군대에서 영감을 받았지만, 이스라엘은 이를 훨씬 더 발전시켰다. 이스라엘 방위군은 처음부터 예비군 중심의 군대로 창설되었다.[1] 1948년 징집병들이 제대로 훈련도 받기 전에 전쟁이 발발했기 때문에 '예비군 중심의 군대'는 이론에 불과했었다. 훈련된 병사들은 제대한 후에야 예비군으로 소집될 수 있었지만, 1956년 전쟁 이전까지는 예비역들로 채워진 예비군 제대의 수가 현역 부대보다 더 많았고, 그 비율은 1963년과 1973년에 이르러 더욱 증가했다.

물론 예비군 중심의 군대는 현역으로만 구성된 전통적인 군대보다 훨씬 더 큰 규모를 유지할 수 있다는 매우 바람직한 장점이 있다. 그러나 예비군 중심의 군대는 병력 동원을 하기 위해 사전 경고에 크게 의존해야 하며, 이는 최고 정보기관도 보장할 수 없는 매우 까다로운 요건이라는 점에서 상비군 중심의 군대보다 훨씬 더 취약할 수 있다.

1973년 10월 6일, 전면전으로 전화轉化되었던 이집트와 시리아의 기습공격을 이스라엘 군사정보기관이 미처 예측하지 못한 것이 가장 대표적인 사례이다. 쓰라린 전쟁을 치르고 나자, 이스라엘 국민들은 대치 중인 적국들이 군사력을 계속 키우고 있고 전쟁을 계획하고 있다는 수많은 정보가 있었음에도 불구하고 자국의 군사정보기관 책임자들이 그들의 판단을 한번도 재고再考하지 않았다는 사실을 비난했다. 그러나 예비군 중심의 군대에 의존하는 이스라엘은 '언제든지 기습공격이 정확하게 예측되면 이스라엘 방위군을 동원해 적이 기습공격을 포기하도록' 만드는 불가능한 임무를 설정할 수밖에 없었다. 적의 기습공격이 임박한 시점에, 기습공격의 위험을 부인하는 정보 왜곡의 지표가 맞는 것으로 입증되고, 반면에 적 진영 내에 잠복해 있는 요원을 포함하여 적의 공격을 정확히 예측한 기술적·인간적 지표들이 믿을 수 없는 것으로 드러난다. 이처럼 '양치기 소년'과 같은 일이 반복적으로 발생하면 정보 시스템은 무력화되고, 적의 기습공격이 성공할 확률은 더욱더 높아질 수밖에 없다.

1973년에 바로 그런 사태가 일어났다. 전쟁이 임박했다는 징후가 있었지만, 전쟁은 일어나지 않았다. 그 후 1973년 5월 이스라엘이 점령한 시나이Sinai 반도를 마주하고 있는 수에즈 운하에 이집트가 대규모 병력을 증강하자, 이스라엘 방위군 예비군과 개인의 대규모 동원이 이루어졌다. 이로 인해 이스라엘 경제는 큰 타격을 받았다. 며칠이 지나도 이집트군이 공격하지 않자, 큰 혼란 속에서 재소집해야 할지도 모르는 위험을 감수하고서라도 예비군들을 집으로 돌려보내 일상에 복귀시킬 것인가, 아니면 비용 부담을 감수하면서 더 기다릴 것인가를 놓고 소위 '동원 해제 딜레마'에 빠지게 되었다. 이처럼 예비군 중심의 군대는 커다란 이점이 있는 반면에 내재된 위험도 동시에 가지고 있다. 같은 해 10월, 민주주의 국가인 이스라엘의 의사결정자들은 5월에 있었던 '불필요한 동원'에 대한 언론의 비판을 의식하고 상황을 악화시키지 말라는 미국의 경고도 유념해야 했다. 결국 그들은 동원령을 내리지 않았고, 적은 공격을 개시했다.

이스라엘 방위군의 모든 혁신 중 가장 중요한 것은 아마도 단일화된 군 구조일 것이다. 기본적으로 경제적 이점은 분명하지만, 자금력이 풍부한 군대에서는 그다지 중요하지 않을 수 있다. 물론 하나의 본부 구조, 하나의 유니폼, 하나의 행정 구조 및 관행 등을 갖는 것이 재정적 지출을 더 줄여주기는 하지만, 단일 군제의 진정한 장점은 통합이 혁신을 촉진한다는 데에 있다. 제2차 세계대전이 끝난 후, 미국을 포함한 대부분 국가에서 서서히 진행되어온 육·해·공 3군 통합이 많은 논란을 불러일으키며 아직도 결론을 내리지 못한 것과는 달리, 이스라엘 방위군은 처음부터 단일화된 군 구조로 창설되었다. 제각기 작전할 수 있는 별개의 군종으로 나눠져 있지도 않았고, 다른 정치 장관이 담당하는 별도의 민간 부처에도 책임과 권한이 없었다. 특히 1947년 이전까지 미국의 해군부 장관과 육군부 장관, 영국 제1해군부 장관, 전쟁부 장관, 공군부 장관은 ―어떤 다른 국가의 장관들도 마찬가지였겠지만― 자신이 국방부 장관 한 사람의 부하가 될 수밖에 없는 국방부의 창설을 반대했다.[2]

1948년 5월 15일 국가를 수립하기가 무섭게 공격을 받은 팔레스타인 지역의 유대인들은 새로운 국가를 방어할 수 있는 무장 병력도, 전쟁을 준비할 육군, 해군, 공군도 없다는 큰 어려움에 봉착했다. 그러나 수십 년이 흐르면서 육군, 해군, 공군의 부재라는 가장 위험한 상황 이면에서 찾아낸 이점은 바로 이스라엘 방위군이 새롭게 단일 조직으로 출발함으로써 다른 국가에서는 아직 이루지 못한 통합을 일궈냈다는 것이다.

군사 조직은 전장에서 필요한 높은 수준의 충성심과 임무에 대한 헌신을 창출하고 유지할 수 있을 만큼의 응집력을 갖고 있지 않다면 아무런 가치가 없다. 그러나 바로 그러한 정서로 인해 군사 조직은 변화에 대한 저항력이 강하며, 변하지 않으려는 성향으로 인해 변화를 강요받더라도 이전의 상태로 돌아가려고 할 수 있다. 이스라엘 방위군과 같은 단일 군 구조를 채택하려고 시도한 유일한 조직인 캐나다군에서 그런 일이 일어났다. 1968년 국방법이 제정되면서 그 전까지만 해도 영국 모델처럼 분리되어 있던 캐나다 육군, 해군, 공군은 통합되었는데, 이 법은 "캐나다에 의해 육성된 여왕의 군대는 캐나다군^{Canadian Armed Forces} 또는 Forces Armées Canadienne이라는 하나의 군대로 구성된다"라고 명확히 규정하고 있었다.[3]

캐나다인들은 3군을 통합함으로써 가격이 다른 세 가지 양말을 구매하던 이전과 달리 이제 한 가지 색상으로 단일 구매할 수 있고, 수백만 개의 군수물자 경우에도 유사한 비용 절감 효과를 얻을 것이라고 기대했었다. 그리고 모든 관계자가 같은 어휘, 습관 및 절차를 사용하고 같은 제복을 입은 동일 집단에 소속해 있으면 합동 차원의 전쟁 계획의 수립과 전투에서의 통합 지휘도 훨씬 쉬워질 것으로 기대했었다.

캐나다군도 역시 각 군 간의 이해 부족으로 인해 전투에서 손실을 입는 쓰라린 경험을 했다. 처음에는 모두가 같은 연두색 군복을 입었기 때문에 모든 일이 잘 진행되는 듯했다. 그러나 각 군 간의 정체성 경쟁은 수면 아래에서 격렬하게 지속되었고, 결국 군 통합을 감행한 지 43년 만인 2011년 8월 16일, 항공사령부 대신 캐나다 왕립공군, 해군사령부 대신 캐나다 왕립해군, 지상군사령부는 —원래 '왕립^{Royal}'이라는 형용사가 붙지 않았던— 캐나다 육군이라는 본래 명칭으로 되돌아갔다.

전통을 제대로 살린다는 명분 아래 군복은 빨간색이나 파란색, 금색 매듭 줄 등으로 장식한 정복까지 모두 1968년 시점의 색상과 패턴으로 되돌아갔다.[4] 작전적 관점에서 보면, 이러한 회귀는 전혀 중요하지 않다. 실제로 분리된 군은 공식적으로 복원되지 않았다. 그러나 캐나다군의 사례는 조직에 대한 강한 충성심이 객관적인 비용-편익 계산보다 더 중요하다는 것을 보여주었다. 군대 정신과 충성심은 사기와 결속력(달리 표현하면 소속감)을 고양한다. 무장한 적과 실제로 싸울 수 있는 소수의 군대와, 행진만 할 줄 알고 비#무장 민간인을 공격하는 다수의 군대를 구분 짓는 것은 아주 중요한 이 두 가지 무형 요소이다. 군종 간 다른 군복은 제각기 다른 무기 개발 프로그램, 제각기 다른 훈련 시설, 이따금 중복되기도 하는 제각기 다른 행정조직들 간에 일어나는 진정으로 심각한 문제들을 상징할 뿐이다.

싸우겠다는 의지를 유지할 만큼 강한 소속감과 충성심은 그 강도가 세면 셀수록 혁신을 가로막는 장애로도 작용할 수 있다. 아무리 특출한 아이디어라고 해도 이해당사자들의 임무, 지위, 정신 또는 자기 이미지와 충돌할 수 있기 때문이다. 이것이 바로 단일 군 구조를 가진 이스라엘 방위군이 혁신을 쉽게 수용하는 비결이기도 하다. 군종들로 나뉘어 있지 않은 이스라엘 방위군에서는 그 어떤 자군 이기주의도 소속군의 이미지에 대한 집착도 찾아볼 수 없다. 가장 명확한 사례는 무인항공기 분야에서 보여준 이스라엘의 초기 리더십이다.

당시 모든 국가에서 조종사들이 거의 모든 공군력을 장악하고 있었던 것처럼 이스라엘 방위군의 항공부대도 조종사들이 장악하고 있었지만, 그렇다고 해서 항공부대가 별개의 군종에 속해 있는 것은 아니었다.[5] 공군 사령관이 이스라엘 방위군 총참모장의 지휘 아래 예속되어 있는 가운데, 설령 조종사들은 무인항공기 도입을 반대할 수 있었다고 하더라도, 이스라엘 방위군 총참모부는 그렇지 않았다. 이러한 조직적 요인 덕분에 이스라엘은 인구 300만 명의 가난한 저개발국이었던 1970년부터 무인항공기의 설계, 개발, 운용 도입에 있어서 세계 선두 주자가 될 수 있었다.[6]

이스라엘 이외의 국가들에서 무인항공기 프로젝트는 조종사가 장악하고 있는 공군에 의해 보기 좋게 저지당했다. 장난감 제조업체까지도 군용으로 사용할 수 있을 만큼 충분한 항속거리와 적재량을 갖춘 원격 조종 항공기를 신속하게 제공할 수 있을 정도로 요소 기술이 충분히 확산될 때까지도 상황은 바뀌지 않았다. 실제로 반세기가 지난 지금도 대륙간 항속거리를 가진 초대형 무인항공기를 포함하여 다양한 종류의 무인항공기가 운용되고 있지만, 전 세계 공군은 무인항공기 도입을 거부하고 조종사에게 전투기와 폭격기 운행을 맡기려고 하고 있다. 무인기는 이따금 별로 빛나지 않는 임무인 미사일 발사를 제외하고는 영웅적이지 않은 관측용으로만 쓰려고 한다. 전투기를 설계하는 시점부터 인간의 탑승 조건을 배제하면 비용을 대폭 절감하는 동시에, 내구성과 기동성을 크게 높일 수 있다는 사실을 모두가 알고 있음에도 불구하고 이러한 관행은 지속되고 있다.

인간의 중력 적응 한계로 인해서 그레이 아웃grey out*, 터널 효과tunnel-effect**, 시야 차단blackout vision*** 사고와 G-LOC**** 등으로 인한 의식 불명 및 사망 사고를 방지하기 위해 전투기는 다양한 제약 속에서 설계된다. 민첩성과 속도가 생명인 전투기가 인간의 중력 한계 때문에 바로 그 민첩성과 속도에 엄청난 제약을 받는다. 반면에 무인항공기의 경우, 주어진 임무를 수행할 만큼 기체가 제대로 작동하기만 하면 문제될 게 없다. 이런 상황에서도 무인 전투폭격기는 오늘날까지 단 한 대도 생산

---

* 그레이 아웃: 빛과 색상이 어두워지는 것을 특징으로 하는 일시적인 시력 상실로서, 때로는 주변 시력 상실을 동반하기도 한다.

** 터널 효과: 실험 심리학에서 단일 물체가 폐색 물체를 넘어 이동한 다음 적절한 시간이 지나면 반대편에 다시 나타나는 지각 효과를 의미하는데, 터널 시야는 중심 시야가 유지되면서 주변 시야가 상실되어 수축된 원형 터널과 같은 시야가 생긴다.

*** 시야 차단: 일시적으로 시야가 어두워지거나 눈이 멀어지는 현상을 의미한다.

**** G-LOC: 중력에 의한 의식 상실을 의미한다.

되지 않고 있으며, 핵무기와 비핵무기를 모두 운반할 수 있는 미국의 미래형 대륙간 폭격기인 B-21 레이더^{Raider}조차도 유인 또는 선택적으로 무인화할 수 있도록 설계되어 있다. 그로 인해 B-21 레이더 폭격기는 인간의 탑승과 귀환 소요 비용에다 무인기로 운용하기 위한 비용까지 추가되어 극소수의 공군 장교가 해당 항공기를 조종하기 위해서는 엄청나게 많은 비용이 든다. 이 같은 일은 조종사들이 주도하는 공군에서나 선택할 수 있는 대안이다.   .

칭찬받을 만하고 필수적인 소속군에 대한 충성심으로 인해 생기는 혁신에 대한 저항은 공군보다도 해군에 더 큰 파장을 미치는 듯하다. 이는 해군의 기원이 훨씬 더 오래되었음을 감안하면 쉽게 이해할 수 있다. 해군의 고집스러운 소속군에 대한 충성심이 낳은 예산 낭비는 최근 들어 가파르게 증가하고 있다. 항공모함을 비롯한 모든 함정이 중국의 DF-21D 및 DF-26 미사일과 같은 탄도미사일에 탑재되는 기동성 있는 재진입체*를 포함해 모든 종류의 저가 무기체계로 쉽게 파괴될 수 있는 위험이 계속 증가하고 있음에도 불구하고 대형 및 초대형 수상 전투함은 계속해서 개발·생산되고 있다. 1948년 5월 14일, 유대력 5708년 이야르^{Iyar} 달** 다섯째 날, 이스라엘 국가가 출범할 당시만 해도 이집트, 요르단, 이라크, 시리아의 군대와 크고 작은 무장 단체에 맞서서 이미 발발한 전쟁을 육군, 공군, 해군도 없이 치른다는 것은 상상

---

* 기동성 있는 재진입체: 극초음속활공 비행체, 즉 HGV(Hypersonic Glide Venicle)를 의미하며, 로켓 부스터에 의해 높은 고도로 올라가서 부스터에서 분리된 이후, 대기권 내에서 진행 방향을 바꾸면서 마하 5 이상의 극초음속으로 비행하는 비행체를 말한다.

** 이야르 달: 이스라엘은 종교적 이유에서 태양력과 음력을 합친 유대력을 사용하는데, 유대력은 천지 창조의 해인 기원전 3761년 10월 7일을 기원으로 삼는다. 따라서 서기 연도에 3761년을 더한 것이 유대력 연도가 된다. 한 달은 신월(新月)의 날에 시작하고 한 해는 추분(秋分)의 즈음에 시작하는데 평년은 12개월, 윤년은 13개월이다. 19년을 주기로 하여 윤달을 두되 6월 뒤에 둔다. 이야르 달은 유대력에서 여덟 번째 달을 말한다.

조차 할 수 없는 미래의 일이었다. 바로 그때 전 세계 어디에서도 찾아볼 수 없었던 완전히 새로운 단일 군 구조의 이스라엘 방위군이 탄생했던 것이다.

당시 영국군—제2차 세계대전 중에 팔레스타인 유대인들이 가장 많이 참가했던 터라 그들에게 가장 잘 알려진 군대였다—은 해군, 육군, 공군이 행정적·문화적, 심지어 정치적으로 완전히 분리되어 있었으며, 외형뿐만 아니라 사고방식도 근본적으로 달랐다. 1940년 윈스턴 처칠Winston Churchill은 세계 최초의 '국방부 장관' 직책을 신설하고 현명하게도 자신이 그 자리에 취임했다. 그럼에도 불구하고, 1940년 노르웨이 작전 초기에 비참한 경험을 안겨준 소통 부재부터 1944년 단순한 의견 충돌에 이르기까지, 기나긴 전쟁 기간 동안 군종 간의 협력은 어려웠고 때로는 불가능했으며, 아주 더디게 개선될 뿐이었다.[7] 전쟁 기간 내내 전쟁성 장관secretary of state for war, 해군성 장관first lord of admiralty, 공군성 장관secretary of state for air right에게는 각각 별도의 공무원과 예산이 할당되었으며, 국방부 장관을 겸임하고 있던 처칠에게는 자체 참모진이나 예산이 할당된 실제 부서는 없었다. 1946년에 들어서서 국방부 장관의 참모가 배치되기는 했지만, 1964년까지도 3개 부처 장관이 쥐고 있던 통제력은 확고하게 유지되었고, 그 이후에야 비로소 통일은 아니더라도 통합이 시작될 수 있었다.

따라서 영국 모델은 단일군인 이스라엘 방위군과 관련이 없었고, 1947년 국가안보법National Security Act에 의해 확립된 새로운 미국의 모델

＊ 이야르 달: 이스라엘은 종교적 이유에서 태양력과 음력을 합친 유대력을 사용하는데, 유대력은 천지창조의 해인 기원전 3761년 10월 7일을 기원으로 삼는다. 따라서 서기 연도에 3761년을 더한 것이 유대력 연도가 된다. 한 달은 신월(新月)의 날에 시작하고 한 해는 추분(秋分)의 즈음에 시작하는데 평년은 12개월, 윤년은 13개월이다. 19년을 주기로 하여 윤달을 두되 6월 뒤에 둔다. 이야르 달은 유대력에서 여덟 번째 달을 말한다.

도 마찬가지였다. 미국은 군의 통합을 추진하는 대신 미 육군항공대^{US Army Air Forces}를 공군^{US Air Force}으로 전환해 육군 및 해군과 함께 별도의 군으로 편성하고 해병대를 해군으로부터 독립시켰다. 또한 1947년 국가안보법에 따라 단일 국방부가 설립되었지만, 사무국과 예산이 분리된 각 군의 장관실은 폐지되지 않았다. 따라서 역대 국방부 장관과 계속 늘어나는 국방부 직원들은 수십 년 동안 공동 계획과 구매를 위해 힘겹게 노력해야 했고, 연구개발 과정을 통합하는 일은 더욱더 어려웠다.

　1948년 이미 재앙적이라고 할 수 있을 정도로 무방비 상태에서 전쟁을 치른 경험이 있는 이스라엘에게 아주 중요한 사항이었던 전시 미국의 군사 지휘 구조 역시 분리되어 있었다. 1942년 영국의 참모총장위원회^{British Chiefs of Staff Committee}를 모델로 하여 뒤늦게 설립된 미국 합동참모본부는 기껏해야 각 군의 개별 계획과 지휘를 조율하는 정도에 그쳤는데, 이는 말 그대로 실제 책임자가 없었기 때문이다. 합동참모본부의 수장은 최고사령관인 대통령도, 집행위원장도 아니었다. 합동참모본부의 수장인 합참의장이 처음으로 등장한 것은 40년 후인 1986년에 전면적인 개혁이 이루어지면서부터이다.[8] 직속 작전참모도, 군사행정 관료도 없었던 초대 합참의장 윌리엄 D. 리히^{William D. Leahy}는 미 육군 참모총장, 미 해군 참모총장, 미 육군항공대 사령관에 대한 실질적인 권한이 없었기 때문에 전쟁의 직접 수행보다는 대통령의 개인 고문으로서 광범위한 전략에 더 많은 영향을 미쳤다.

　따를 만한 유효한 군 지휘 구조 모델은 없는 것 같았다. 당시 미국과 영국은 자국의 군 지휘 구조 덕분에 전쟁에서 승리한 것이 아니라 그런 군 지휘 구조에도 불구하고 전쟁에서 승리한 것이라는 자조 섞인 말을 계속했다. 반면에 많은 주목을 받았던 붉은 군대에 대해서는 알려진 바가 거의 없었다.[9] 따라서 1948년 이스라엘인들은 모든 관행과 전통을 대담하게 무시하고 하나의 군, 하나의 참모부를 편성하여 국방부 장관 직속으로 두되, 전쟁 수행과 관련한 중대한 사안의 결정은 내각 전체 권한 아래 두며, 장관은 내각의 일원으로서 전쟁 수행과 관련한 중대 사안의 결정에 참여하면서 총리를 보좌하고, 군사 작전은 총참모장이 수행하는 독창적인 구조를 창안해냈다. 다른 모든 영국의 식민지 국가들은 제2차 세계대전의 종전에 맞춰 독립하는 과정에서 영광스러운 승리를 거둔 영국 군대의 권위 있는 모델을 따랐지만, 이스라엘은 그렇지 않았다. 이스라엘의 지도자들은 이전에는 볼 수 없었던 완전히 독창적인 단일 군 구조의 이스라엘 방위군을 택함으로써 미지의 세계로 뛰어들었다.[10] 요컨대 이스라엘은 다른 나라들이 그들만의 이유로 시간을 두고 따라올 군 통합의 길로 가장 먼저 모험을 떠났던 것이다.

눈에 잘 안 띄기 때문에 쉽게 간과하기 쉬운 한 가지 중요한 사실은 이스라엘 방위군이 합동지휘본부를 유지하면서 서로 다른 군종을 조화시키려고 애쓸 필요가 없었다는 점이다. 이는 군종 간의 적절한 직위 할당과 지휘권의 공정한 배분을 둘러싸고 군 내부에서 끊임없이 벌어졌을지도 모르는 논쟁으로 에너지를 허비하지 않아도 되었음을 뜻한다. 실제로 이스라엘 방위군은 구조적으로 '합동성'을 갖추고 있어서, 평시는 물론이고 전시에 지상의 병사, 공중의 전투기, 해상의 함정이 완전히 다른 시계에서 아주 다른 작전 시간에 유효 사거리가 수백 m에서 수천 km에 이르는 다양한 무기를 사용하더라도 서로 다른 군종이 조직적으로 협력하는 데 훨씬 더 용이하다.

따라서 공·지 합동 전투가 여전히 많은 계획과 훈련이 필요하지만, 적어도 이스라엘 방위군에서는 서로 다른 군종 간의 역기능적인 장벽으로 인해 방해받지 않는다. 미 해병대가 지상에서 싸우는 해병의 항공 지원을 공군이나 해군 조종사에게 맡기지 않고, 해병대 자체 전투기로 근접 항공 지원을 제공하고자 '항공단^{air wings}'를 편성하는 것은 이런 문제를 사전에 피하기 위해서이다.

동료 해병들 사이에서도 서로 다른 환경적 관점과 일정을 조율해야 할 필요성은 여전히 존재하지만, 같은 군대 내에서는 의사소통이 더 쉽고, 지상과 공중에 있는 해병들은 전투 위험을 공평하게 분담할 가능성이 더 높다. 해병 소속의 조종사는 지상의 동료들을 방호하기 위해 위험도 기꺼이 감수할 것이고, 그 반대의 경우도 마찬가지이기 때문이다. 이 같은 사례는 지난 한국전쟁에서 명백히 입증된 바 있다. 1950년 11월 27일부터 12월 13일까지 수적으로 열세였던 미 해병대 제1사단이 장진호에서 남하하는 과정에서 해병 조종사들은 북한군이 쉬지 않고 쏘아대는 대공기관총 사격에도 아랑곳하지 않고 지상에 있는 동료 해병들을 지원하기 위해 최대한 저고도 비행으로 목표 지점에 정확히 폭탄을 투하했다.

1973년 10월 6일부터 10일까지 이스라엘 공군은 골란 고원^{Golan Heights}에서 진격하는 시리아군을 공격하기 위해 전폭기를 출격시켰지만, 소련이 제공한 대공 미사일들을 이겨낼 도리가 없었다. 수적으로 열세였던 이스라엘 지상군은 많은 조종사들이 목숨을 잃는 대가를 치르고서야 겨우 대항할 수 있었다. 미 해병대와 마찬가지로, 이스라엘 방위군에는 조종사들이 자신의 생명을 걸고서라도 지상 병력을 도우려는 충동을 가로막을 만한 군종 간의 장벽은 없다.

통합 구조와 혁신

혁신과 관련된 이스라엘 방위군의 제도적 통합의 이점은 직접적이다. 기존에 운용 중인 무기체계와 차량과 센서, 특히 미 육군의 전차, 미 해군의 항공모함과 잠수함, 미 공군의 전투기와 폭격기처럼 각 군을 상징하는 대표적인 플랫폼의 성능 개량을 위한 연구개발 자금을 각 군에게 나눠 할당하지 않기 때문이다. 수년에 걸쳐 특정 결함을 개선하거나 (노후된 제트 엔진을 같은 용량의 신형 제트 엔진으로 교체하는 것처럼) 구형 하위 시스템을 신형으로 교체하는 점진적 혁신^{incremental innovation}*은 거시적 혁신보다 실패 확률이 훨씬 더 낮다. 왜냐하면 이전에 없던 완전히 새로운 것을 연구·개발하는 일은 극복할 수 없는 기술 격차나 순전히 끝없이 증가하는 예산 소요만으로도 중단될 수 있기 때문이다.

게다가 거시적 혁신에는 또 다른 중대한 단점이 있다. 완전히 새로운 것을 개발하려면 유지보수시설을 재정비하고 인력을 재교육해야 하며, 운영 인력을 처음부터 교육해야 하므로 그 자체로 많은 비용과 시간이 소요된다는 점이다. 그러나 거시적 혁신은 점진적 혁신에 비해 모든 위험과 비용을 능가할 수 있는 매우 큰 이점을 가진다. 즉, 무기나 장비가 정말 새로운 것이라면 적군이 이미 사용 중인 대응책이나 대응 무기가 모두 무용지물이 될 것이기 때문이다. 새로운 무기나 장비에 대한 대응력의 부재는 적이 어떤 공격을 시도하는가를 주시하고 무력화할 수 있는 기력과 사기를 모두 무너뜨림으로써 전투와 전쟁에서 승리를 예단할 수 없도록 만든다.

이와 같은 '새로운 무기나 장비에 대한 대응책 부재' 상황이 서부 전선의 캉브레^{Cambrai} 전투 개시일인 1917년 11월 20일에 일어났다. 이날 거시적 혁신의 상징이라 할 수 있는 영국군의 마크 4^{Mark IV} 전차 378대가 처음으로 한꺼번에 모습을 드러냈다. ─다음 전쟁에 등장한

---

* 점진적 혁신: 조직 운영 간에 나타나는 제반 문제에 대해 상당 기간에 걸쳐 꾸준히 개선책을 발전시켜 나가면서 조금씩 결함을 개선하여 새롭게 함으로써 시스템의 결함 또는 기능을 개선하는 것을 의미한다.

대전차 로켓이나 그 이후에 등장한 대전차 미사일은 고사하고— (낮은 포탑에 장갑을 뚫을 수 있는 고속 포탄이 장착된) 대전차포와 대전차지뢰가 아직 개발되지 않아서 378대의 마크 IV 전차는 그동안 수많은 보병의 공격을 막아온 철조망을 간단히 돌파한 후, 이전 같으면 공격하던 보병들을 학살했을 소총병과 기관총사수가 숨어 있던 참호 위로 돌진했다. 그들을 향해 발사된 총알과 포탄 파편은 전차 장갑에 맞아 튕겨나갈 뿐이었다. 1년 전 솜^{Somme} 전투에서 최초로 전차가 투입된 이래, 영국군의 공격에 사용된 전차는 매번 수십 대에 불과했고, 독일군은 대전차용 구축 전차를 개발하려고 전력을 다하고 있던 중이었다. 모든 대응책 중에서 전차에 직접 발사하는 경포가 가장 효과적인 것으로 입증되었다. 실제로 대전차포 1문으로 캉브레에서 영국군 전차부대의 전진 속도를 늦출 수 있었다. 그러나 전선에 배치된 몇 개의 포대로는 수백 대의 전차가 투입되는 대규모 공격을 막아낼 수 없었다.

이것이 바로 거시적 혁신이 안겨주는 보상이다. 군 지휘관들이 전례 없이 새로운 것에 중요한 자원을 할당하는 위험을 감수하고 적정 규모로 운용하면 특정 전투뿐만 아니라, 심지어 전역 전체에서도 거시적 혁신을 추구할 수 있다. 그러나 대부분 군의 지휘관들은 그런 일을 벌이지 않는다. 왜냐하면 전차와 같이 정말 새로운 무기라고 하더라도 현존 군사력의 수준을 높여주거나 그들이 익숙해 있는 기존의 전쟁 방식에 어울리지 않기 때문이다.

그러한 이유로 기관총이 개발되고 난 다음에도 한참 동안 도입이 거부되어 전력화되지 못해 당시 기존의 군대에서는 어느 누구도 사용할 수 없었다. 보병이 전투에 들고 나가기에는 너무 무거웠고, 말에 장착하기에도 적절하지 않았다. 포탄을 쏘아대던 포병에게는 단순한 총알을 장착한 기관총은 아무런 가치가 없었다. 전차도 마찬가지였는데, 당시 지배적인 위치에 있던 기병의 자리를 위협하고 보병의 지위를 깎아내리는 동시에, 포병의 화력을 빼앗을 수 있다는 이유로 영국군은 전차에 투자하기를 꺼렸다. 영국 육군을 통제하고 있던 3개 군종의 지휘부는 이 아이디어를 거부했고, 결국 윈스턴 처칠의 고집에 따라 최초의 전차는 해군에 의해 개발되었다.

이스라엘 방위군은 단일 군종이나 군종들의 연합체가 아니라 군종들이 통합된 군대이기 때문에 이미 존재하는 군대의 희생을 감수하면서 거시적 혁신을 수용하고 자금을 지원할 수 있다. 각기 정체성을 가진 군종으로 분리된 군대는 쉽게 통제할 수 없기 때문이다. 이것이 이스라엘의 군사혁신을 길게 설명하는 궁극적인 이유이다. 1948년 5월 15일 전쟁이 시작될 시점을 뒤돌아보면, 낙후된 농업 경제에다 산업기반이라고는 거의 갖추지 못했던 65만 명 남짓한 유대인들은 직물과 의류, 통조림 식품, 농업용 수공구 등을 생산하는 소수의 대장간, 용접·기계 작업장을 제외하고는 그 어떤 것도 개발하거나 생산할 수 없었다.

그러나 적어도 무엇을 개발하고 생산할 것인지에 대한 선택은 사실상 쉬웠다. 초기 이스라엘 방위군이 손에 쥔 것이라고는 1931년 정치적 분열의 결과로 지배 세력이었던 하가나Haganah와 훨씬 더 작은 라이벌인 이르군Irgun이 비밀리에 축적한 빈약한 무기고뿐이었기 때문이다. 하가나는 모든 연령대의 남녀를 헤일 하미쉬마르Heyl HaMishmar(경비대)에, 건장한 젊은이들을 헤일 하사데Heyl HaSadeh(야전부대)에, 그리고 수천 명을 일부 플러그트 마하츠Plugot Mahatz(팔마흐Palmach 타격대)에 등록했다.[11] 훨씬 규모가 작은 이르군 츠바이 레우미Irgun Tsvai Leumi(국민군 조직)는 조직화된 부대가 몇 개에 불과했고, 시인 야이르 스턴Yair Stern의 스턴 갱Stern Gang으로 알려진 로하메이 헤루트 이스라엘Lohamei Herut Israel(또는 레히Lehi, 이스라엘의 자유를 위한 전사들)은 300명을 넘지 않았다. 권총, 리볼버, 기관단총, 다양한 구경의 소총, 산탄총, 기관총 몇 자루를 제외하고는 철판을 씌워 볼트로 고정한 트럭과 버스 몇 대뿐이었다.

유대인들은 1948년 5월 15일 영국의 통치가 끝날 때까지 합법적으로 무기를 수입할 수 없었고, 유엔의 금수 조치로 인해 5월 15일 이후에도 이 신생 국가는 무기를 수입할 수 없었다. 4개 아랍 국가의 침공이 진행 중이었음에도 미국 정부의 강력한 지원을 받은 영국은 표면적으로는 폭력을 제한한다는 명분을 내세우고 실제로는 이미 장비를 갖춘 침략 아랍 군대의 승리를 보장하기 위해 어떤 무기도 전달되지 않도록 봉쇄정책을 취했다. 이 같은 영국의 이중적인 태도는 영국 비밀정보국의 공인된 역사에 분명히 나온다.[12] (정보기관의 행동에서 정부 정책과의 인과관계를 찾기는 힘들지만, 정보기관의 업무는 외교적 선언보다 실제 정책의 목표를 훨씬 더 정확하게 반영한다.)

제2차 세계대전 중에 유럽에서 수백만 명의 유대인들이 겪은 일을 고려할 때, 현지 유대인에 대한 영국의 정책은 가혹했지만, 그 동기가 고의적이거나 악의적이지는 않았다. 당시 영국은 이집트 운하 지대에 대규모 군사 기지와 수에즈^Suez 동쪽에 제국의 영토가 있었기 때문에 현실적인 판단을 내렸던 것이었다. 영국은 텔아비브^Tel Aviv로 진격할 태세를 갖추고 있던 파루크^Farouk 국왕의 이집트 군대를 훈련시켰다. 영국은 영국인 존 바곳 글러브^John Bagot Glubb 경("글러브 파샤^Glubb Pasha")과 노먼 올리버 라쉬^Norman Oliver Lash 대위가 지휘하는 트란스요르단의 하심 왕국^Hashemite Kingdom of Transjordan의 소규모 아랍 군단에도 자금과 훈련, 장비를 지원했다. 또한 예루살렘을 정복하려고 요르단^Jordan강을 건너 팔레스타인을 침공하여 유대인 거주지를 공격했던 부대를 지휘했던 것도 35명이나 되는 영국 장교들이었다.[13]

요르단보다 훨씬 넓고 이미 석유를 본격적으로 생산하고 있던 이라크 역시 영국이 앞세운 하심 왕국의 왕이 통치하고 있었다. 이라크 군대 역시 영국이 장비를 지원하고 훈련을 시켰으며, 이라크 정부 내에서도 영국의 이익을 대변하던 누리 알 사이드$^{Nuri\ al-Said}$가 살해당하기 전까지 10년 동안 실권을 장악했다.

한쪽에 자국의 귀중한 자산이 여전히 남아 있고 석유가 나지 않는 다른 한쪽에는 65만 명의 유대인이 있는 상황에서, 영국으로서는 아랍을 지원하고 신생 이스라엘 국가에 무기를 제공하지 않는다는 결정은 상당히 합리적인 것이었다. 5성 장군이자 전 육군 참모총장이었으며, 훗날 노벨상을 받게 되는 미 국무장관 조지 캐틀렛 마셜 주니어$^{George\ Catlett}$ $^{Marshall\ Jr.}$의 결정도 마찬가지로 합리적이었다. 그는 1948년 5월 15일 해리 트루먼$^{Harry\ S.\ Truman}$ 대통령이 이스라엘의 독립을 즉각 승인한 것은 큰 실수로서 빠른 시간 안에 아랍권 국가들이 이스라엘을 궤멸함으로써 바로잡힐 것이라고 믿고 영국 편에 서서 백악관에 맞섰던 국무부 관리들을 지지했다.[14] 그에 앞서 영국 외무장관 어니스트 베빈$^{Ernest\ Bevin}$과 같은 사람은 비현실적인 시오니스트^{Zionist}의 꿈이야말로 유대인 학살의 불가피한 원인이 될 것이라고 예언하듯 비난한 바 있었다.

그러고 보면, 1947년 1월부터 1949년 1월 사이의 마셜 재임 기간이 이스라엘의 가장 중요한 시기와 거의 정확히 일치했다는 것은 매우 불행한 일이었다. 반유대주의는커녕 개인적인 적개심도 없었지만, 마셜의 반대는 절대적이고도 집요했다.[15] 이스라엘 특사가 접견을 요청했을 때도 마셜은 바쁘다는 핑계로 거절했다. 그는 냉전 상황에 대처하느라 너무 바빴기 때문에 곧 사라질 임시 정부를 위해 시간을 낭비할 수 없었던 것이다.

이러한 시각은 전략가로서 마셜이 내린 예측이었고, 그의 판단에 대해 신설된 중앙정보국$^{CIA,\ Central\ Intelligence\ Agency}$도 전적으로 동의했다. 전

세계의 미국 외교관은 이스라엘에 무기를 들여오는 것을 막으려고 했던 영국의 노력에 적극 동참했고, 마셜 자신도 많은 노력을 기울였다.[16] 당시 유럽에는 소총, 대포, 전차부터 작동하거나 수리 가능한 전투기에 이르기까지 온갖 종류의 무기가 여전히 버려진 채 방치되어 있었다. 만약 영국과 미국의 제재가 없었더라면 전후 가난에 직면한 유럽의 정부들은 1948년 5월 15일부터 원하는 무기를 구매할 수 있는 법적 권리를 갖게 된 신생 국가인 이스라엘에 보유하고 있던 모든 무기를 열심히 팔아넘겼을 것이다. 그러나 거래와 관련한 정보를 손에 넣기가 무섭게 영국과 미국 외교관들은 당시 막강한 권위를 앞세워 성공적으로 개입해 체코슬로바키아를 제외하고는 모두 성공적으로 차단했다.

체코슬로바키아는 세계적으로 유명한 소형 무기 공장을 보유한 작은 나라로, 사업 의욕이 넘쳤다. 신생 이스라엘이 밀수꾼들이 들여오는 소량의 다양한 구경의 무기, 그것도 오래되어 낡았거나 부품이 없는 무기로 효과적인 군대를 갖출 수 없었기 때문에 이것은 정말 중요한 일이었다. 또한 밀수꾼들은 전투기, 장갑차, 야포 등 너무 커서 탐지되지 않고서는 통과할 수 없는 무기의 반입을 기대할 수도 없었다. 1948년 5월 15일 아랍의 침공이 시작되자, 무기의 필요성은 극에 달했다. 1948년 5월 15일부터 21일까지 엿새 동안 시리아군 침공에 맞서 가장 전략적인 비중을 가진 무기는 겨우 조준경도 없는 프랑스제 65mm 곡사포(Canon de 65 M 1906년형) 2문이었다. 이 곡사포는 330m/s의 느린 총구 속도로 10파운드(4.4kg)의 약한 포탄을 발사하는 데 지나지 않았으나, 요르단강 데가니아Degania 지역을 방어해야 하는 최전방에 투입된 전략적으로 중요한 무기로 여겨졌다.

체코슬로바키아의 연합 정부가 영국과 미국의 압력을 무시하고 1938년 이전 대규모의 혁신적인 군수 산업에서 생산한 무기와 나치의 전시 지시에 따라 생산한 무기 등 방대한 무기 재고를 이스라엘에 판매하지 않았다면 전략가로서 마셜이 내린 예측은 정확히 맞았을지도 모른다.[17] 체코슬로바키아의 용감한 자원봉사 조종사들은 전세 수송기를 몰아 이스라엘인들이 체히^{Czehi}라고 부르는 독일제 마우저^{Mauser} 소총 3만 4,500정과 MG-34 중형 기관총 5,515정, ZGB-33 경기관총 500정, ZB-53 중형 기관총 900정, 탄약 100만 발 이상을 제공했다.

그뿐만 아니라 체코는 판매할 전투기들도 보유하고 있었다. 즉, 영국 공군 예하의 자유 체코슬로바키아 공군에 편성되어 1948년에도 여전히 일선 항공기로 사용되고 있던 영국제 스핏파이어^{Spitfire} Mk IX 61대, 독일군이 영국 전투를 수행하는 과정에서 양대 주력기였던 체코 생산의 메서슈미트^{Messerschmitt} Bf 109와 아비아^{Avia} S-199 등을 25대나 보유하고 있었다.[18] 또한 체코는 81명의 조종사와 함께 69명의 지상 요원을 훈련시켰고, 이스라엘로의 이송을 위한 비행장을 제공했다. 물론 이 모든 물자를 합해도 아랍 군대의 재고에 비하면 많지 않았고, 현지에서는 풍부한 장갑차를 경수송기로 공수하는 것도 불가능했다. 그러나 이스라엘군 야전부대들을 소형 무기들로 무장시키고 지역 방위 부대들에게 수년간 축적된 잡다한 무기들을 공급하는 등 체코의 공급품들은 매우 중요한 역할을 했다.

티토^{Tito}의 유고슬라비아 정부가 제공한 비밀 급유 활주로 덕분에 모든 전투기가 위험한 이동에서 살아남은 것은 아니었지만, 용감한 조종사들이 이집트 공군을 상대로 즉시 공세에 나설 수 있을 만큼의 전투기는 확보할 수 있었다. 수년 동안 영국으로부터 장비와 훈련을 제공받은 이집트 공군의 1948년 5월 18일 텔아비브 중앙 버스 정류장 폭격으로 41명이 사망하고 60명이 부상을 당했는데, 이는 오늘날까지 70년간 간헐적으로 이어진 아랍의 어떤 공습보다 더 많은 사상자 수를

기록했다.[19]

무엇보다도 중요한 것은 아랍군 침공에 대항하고 공세로 전환하는 데 반드시 필요했던 대포와 장갑차가 체코의 선적 물량에 포함되어 있지 않았다는 사실이다. 그렇게 해서 이스라엘 국방 연구개발의 역사는 기술적인 야망보다는 필요성에 의해 시작되었고, 독창성을 확보하기 위한 노력보다는 매우 엄격한 기술적 한계를 극복하기위한 새로운 설계로 시작되었다.

이스라엘이 독자적으로 개발한 최초의 무기인 다비드카Davidka 박격포는 이 두 가지 특징을 잘 보여준다. 영국군에서는 3인치 박격포(실제로는 3.209인치/81.5mm)가 표준이었으며, 다비드카 역시 포판과 3인치 포신이 있었다. 그러나 3인치 포탄은 공급이 원활하지 않았고, 현지 작업장에서는 치명적인 포신 내 폭발을 배제하는 데 필요한 정밀도를 갖춘 폭탄을 생산할 수 없었다. 이스라엘이 찾아낸 매우 독창적인 해결책은 박격포의 포신에서 안전하게 발사할 수 있는 구경 크기의 봉을 이용해 초구경 포탄을 만드는 것이었다. 영국군이 사용하던 3인치 박격포탄의 4배에 달하는 폭발력을 가진 다비드카는 폭발음이 매우 컸지만, 정확도와 사거리가 부족해서 적의 방어 진지를 파괴하기보다는 적을 겁주는 것으로 더 큰 쓸모가 있었다. 단 7개가 만들어졌지만, 별다른 성과를 거두지 못했다. 전투차량의 경우, 영국군이 마지막 철수할 때 호의적인 영국군 조종수가 훔친 크롬웰Cromwell 전차 2대와 영국군이 남기고 간 잔해에서 조립한 결함이 있는 미국제 M4 셔먼Sherman 전차 3대를 제외하고는 트럭이나 버스에 철판으로 사격 창구를 만들어서 볼트로 고정한 즉석 장갑차만 있었고, 일부는 장애물을 뚫기 위해 전방 충돌 기구를 장착하기도 했다.

합판, 콘크리트, 고무, 심지어 얇은 금속판 사이에 유리판을 끼워넣는 오늘날의 복합 장갑에 대한 초기 형태도 예상할 수 있었다. 다양한 밀도로 구성되는 재료들은 총알을 빗나가게 하는 동시에, 총중량을 줄임으로써 엔진에 무리를 주고 차체에 과부하가 걸리는 것을 방지하는 역할을 했다. 그러나 표면 경화* 강판을 수입할 수 있게 되자마자 이 강판을 훨씬 선호했다.[20]

지프는 장갑으로 덮을 수 없었지만, 무장을 탑재할 수 있었다. 이스라엘 방위군은 일부 지프에 분당 1,200발을 발사하는 강력한 MG-34/41 기관총 2문을 장착했는데, 이것은 짧은 시간 안에 매우 강력한 화력을 뿜어냄으로써 적의 저항을 압박하고 진압하기 위한 빠른 기습용으로는 이상적이었다. 이러한 것들은 나중에 장군이 되어 총참모장, 국방부 장관을 지낸 모셰 다얀Moshe Dayan이 창설하고 지휘한 제89특공대대에 전력화됨으로써 치고 빠지는 기습으로 영토를 확보하는 데 큰 성공을 거두었다.[21]

영국과 미국의 집요했던 봉쇄 조치에도 불구하고 지프들은 반입될 수 있었다. 그것은 유럽의 잉여 군수물자 야적장으로부터 원래 군용 차량이었다고 해도 무장이 없는 차량까지 수입되는 것을 막을 수는 없었기 때문이었다. 이 범주에는 조향용 앞바퀴와 추진용 뒷바퀴를 결합한 얇은 장갑, 보호된 앞좌석과 개방형 뒷좌석 화물칸으로 구성된 10톤급 미국산 M-3 반*궤도차량half-tracks이 포함되어 있었다. 미 육군은 모든 반궤도차량을 서둘러 완전 궤도 차량으로 빠르게 교체했지만, 이스라엘 방위군은 1982년 레바논 전쟁에서도 여전히 많은 반궤도차량을 사용했고, 일부는 그 이후에도 10년 동안이나 계속 사용했다.

---

* 표면 경화: 강판의 내마모성, 피로강도, 내식성, 내소착성 향상을 위해 철강의 표면을 잠금질만으로 물리적으로 경화시키거나 강판 표면의 화학 성분을 변화시켜 경화하는 방법 등이 있다.

이스라엘 방위군은 수년에 걸쳐 3,000대 이상의 반궤도차량을 수입했는데, 처음에는 장갑 병력 수송 차량으로 사용했다. 나중에는 무전기와 전방 윈치를 추가한 지휘 차량, 중기관총, 81mm 박격포, 현지에서 제작한 120mm 박격포, 20mm 히스파노-수자Hispano-Suiza HS-404 쌍열포, 로켓과 지뢰 제거용 벵갈로Bengalore 어뢰, 대전차 미사일, 전투공병차량, 구급차 등 목적에 맞는 역할을 할 수 있도록 다양하게 개조했다. 반궤도차량이 이처럼 다양한 용도로 개조될 수 있었던 이유는 다른 장갑차에 비해 가격이 저렴하고 물량이 풍부했으며, 상단이 개방된 화물칸을 무기 장착이나 부상자 수송용 차량 등 다른 용도로도 쉽게 개조할 수 있었기 때문이었다. 반궤도차량이 다양한 개조를 거치면서 겪은 과정은 수리 부속과 유지보수 체계가 완전히 갖춰진 신형 무기가 도착한 지 수십 년이 지난 후에도 꾸준히 지속되는 중고 군사 장비를 수리·개조하여 원래 의도한 목적에 맞게 또는 완전히 다른 용도로 사용할 수 있을 때까지 재활용하는 이스라엘 방위군의 문화적인 성향을 보여준다.

1967년부터 1973년까지 대규모 전쟁이 벌어지는 동안 이스라엘 방위군의 무기는 전장에서 노획한 무기로 크게 강화되었기 때문에, 이러한 성향은 파급 효과가 매우 컸으며, 전략적으로도 중요한 의미가 있었다. 일례로, 미국산 M48 패튼 전차는 요르단에서 노획한 것과 서독이 훨씬 더 현대적인 레오파드Leopard 전차로 교체하면서 서독으로부터 도입한 것이 합쳐져 이스라엘군의 주력전차가 되었다. 시간이 지남에 따라 요르단에서 노획된 M48 전차와 서독으로부터 도입된 M48 전차 모두 주포가 새로운 105mm 주포로 개량되었고, 불이 너무 쉽게 붙는 가솔린 엔진 대신 강력한 디젤 엔진으로 교체되었다. 이러한 변화로 인해 이스라엘의 M48 전차는 이스라엘 방위군이 훨씬 후에야 획득한 최신

●●● 1948년 독립전쟁을 수행하고 있는 이스라엘인들. 1948년 5월 15일 국가를 수립하기가 무섭게 공격을 받은 팔레스타인 지역의 유대인들에게는 새로운 국가를 방어할 수 있는 무장 병력도, 전쟁을 준비할 육군, 해군, 공군도 없었다. 〈출처: WIKIMEDIA COMMONS | CC BY 4.0〉

형 M60 전차와 거의 동등한 성능을 갖추게 되었다.

1967년에 노획한 소련 T-54/T-55 전차 중 상당수는 필요에 따라 새로운 전차부대를 무장하기 위해 동류 전환 또는 수리되었고, 시간이 지나면서 새로운 105mm 주포, 공축 기관총, 무전기 및 기타 부품으로 업그레이드되어 티란Tiran 시리즈 전차로 재탄생했다. 전장에서 전리품으로 얻은 AK-47을 비롯한 소련의 우수한 소화기는 극히 일부 개조하거나 또는 전혀 하지 않고도 전체 부대를 무장시킬 수 있는 무기로 탈바꿈했으며, 노획한 소련제 포, 특히 130mm 포의 개량도 이루어졌다.

이스라엘 방위군이 1967년 이후 이집트, 시리아, 이라크 기갑군의 급속한 팽창을 따라잡기 위해서는 노획한 소련 전차를 재활용하는 것이 전략적으로 중요했다. 이때는 미국이 한 달에 M60 패튼Patton 전차를 30대만 생산할 수 있고, 영국이 초기에 이스라엘과 공동으로 개발했던 치프텐Chieftain 전차를 이란과 아랍 군대에만 제공하던 시기였다. 1973년 10월, 용감한 이집트 보병부대는 소련의 대전차 미사일과 로켓 발사기RPG 덕분에 다가오는 이스라엘 전차와 교전하여 일부 전차를 파괴하고 더 많은 전차를 움직이지 못하게 만들었으며, 이라크 기갑부대가 전투에 참가하기 위해 도착한 시점에서는 이스라엘의 기갑부대가 눈에 띄게 줄어들었다. 이스라엘군은 티란 전차뿐만 아니라 다른 소련 전차들을 노획하여 열흘 만에 새로운 기갑사단을 편성하는 등 기적 같은 재편 능력을 보여줬다. 고령 예비역을 소집하고, 전차를 잃은 전차 승무원들을 신속하게 재교육하며, 행정 업무에 배치되어 있던 전차 승무원과 기타 병사들을 전환함으로써 당시 필요한 전차 승무원과 기타 모든 필수 인력을 확보할 수 있었다.

소총부터 항공기까지 버려진 장비를 수리·개조·개량하여 복구해야 한다는 절박한 필요성에서 비롯된 '할 수 있다'라는 즉흥적 사고방식은 수십 년 동안 더 첨단화된 실험실과 공장을 확보하는 동안에도 변함없이 유지되었다. 이는 주로 유럽과 미국에서 무기 개발을 빙하처럼 느리게 진행하는 '위험을 감수하지 않는zero-risks' 사고방식과는 정반대로, 위험을 감수하면서 신속하게 행동하려는 의지로 나타났다.

오늘날 이스라엘은 전 세계에 정교한 무기를 판매할 수 있을 만큼 충분히 발전했기 때문에 미국을 위해 장비를 개발·생산·개조할 때 미국의 방식과는 완전히 다른 방식을 받아들여야 한다. 미국 의회가 군사 조달의 "낭비, 사기 및 잘못된 관리"를 방지하기 위해 의무화한 수많은 규정에 의해 형성된 이 프로세스는 단계마다 철저한 문서화와 "객관적인" 테스트를 강요하고 있다. 개념 입증* 프로토타입을 빠르게 만들고 테스트하여 다음 테스트 전에 빠르게 수정할 수 있는 결함을 발견하는 대신, 엔지니어는 외부 테스트 및 평가 기관에서 결함을 찾아내어 평가하므로 프로토타입 단계에서도 완벽한 제품을 만들기 위해 필요한 모든 시간, 때로는 몇 년을 투자해야 한다. 왜냐하면 결함을 찾는 것으로 그들의 가치를 증명하는 외부의 테스트 및 평가 기관이 평가하기 때문이다. 그들은 모든 날씨와 모든 조건에서 모든 발생 가능성을 염두에 두고 시간을 들여 철저하게 테스트한 후 보고서를 작성하는 데 더 많은 시간을 할애한다.

그래야만 테스트 실패 후에도 보고서를 근거로 프로젝트가 취소되지 않아야 개발 프로세스를 재개할 수 있다. 예를 들어, 1972년에 개발이 시작된 록히드Lockheed의 MQM-105 아퀼라Aquila가 13년 후인 1985년 9월에 149개의 성능 요구 사항 중 21개를 충족하지 못해 개발이 중단되었기 때문에 미국은 1991년 걸프 전쟁에 맞춰 이스라엘산 항공기를

---

* 개념 입증: 기존 시장에 없었던 신기술 및 개념을 도입하기 전에 이를 검증하는 과정이다.

구입할 때까지 원격 조종 정찰 항공기가 없었다. 이 수치 자체가 무리한 사항을 요구하는 경솔함을 입증하는 것이다.

2007년 첫 자금 지원부터 연구개발, 가공 및 생산, 훈련, 배치, 2011년 4월 처음으로 전투 사용의 성공에 이르기까지 아이언 돔$^{Iron\ Dome}$ 체계 개발의 경이로운 속도는 이스라엘 방위군의 혁신 문화가 여전히 잘 작동하고 있음을 보여준다. 4년 만에 새로운 미사일을 개발한다는 것은 전례가 없는 일이지만, 여기에는 사람 또는 매우 귀중한 목표를 타격할 것으로 예상되는 로켓에 대해서만 요격 미사일을 발사하여 모든 차이를 만드는 특별한 소프트웨어도 있었다. 이와 같은 사례는 경이적인 성공을 거둔 아이언 돔이 자체 연구개발 조직이 없는 지상군이나 공군, 해군이 아니라, 이스라엘 방위군 전체를 지원하는 유일한 연구개발 조직에서 개발한 것이기 때문에 1948년의 또 다른 혁신의 유산이 여전히 유효하다는 것을 보여준다.[22] 장갑차 및 기타 지상 무기 개발에 우선순위를 두는 지상군 장교나 지상전과 대잠전을 염두에 둔 해군 장교, 공세적 공군력이 모든 문제의 해결책으로 생각하는 공군 장교들이라면 당연히 아이언 돔을 개발하지 못했을 것이다. 정말 새로운 것은 기존 군종의 역할에 적합하지 않을 가능성이 높을 것이다. 각 군종의 책임자가 각자의 우선순위에 집중하기 때문에 정말 새로운 것을 연구하고 개발해 운영 상태로 만드는 데 필요한 노력을 기울이지 않을 것이다.

이스라엘군이 없었다면 아이언 돔을 둘러싸고 일어났을 일은 그 어느 군에서도 일어나지 않았을 것이다. 자체 예산으로 개발할 의사가 없고 자체 예산은 기존 장비를 개량하는 데 쓰고자 했던 미 육군, 해군, 해병, 공군이 자신에게 매우 중요한 군사위성을 개발하지 않은 것과 같은 이치이다. 1957년 10월 4일 소련이 최초의 인공 지구 위성인 스푸

트니크^{Sputnik}를 타원형의 지구 저궤도에 쏘아 올려 엄청난 충격을 안겨 줄 때까지 이런 상황은 계속되었다. 아이언 돔의 경우는 상황이 달랐다. 이스라엘의 국방 연구개발 자금은 각 군별로 사전 할당되지 않아 아직 군별 지지자가 없는 완전히 새로운 거시적 혁신에 사용될 수 있었기 때문이다. 거시적 혁신은 방치되는 대신 일단 그 잠재력이 인정되면 개념 입증 자금을 확보할 수 있으며, 이후 새로운 역량이 입증되면 프로젝트는 생산 및 배치 단계로 발전할 수 있다. 이것이 정말로 큰 발전을 이룰 수 있는 유일한 방법이다. 왜냐하면 새로운 장비는 이전 장비의 설계 한계에 의해 제한되지 않으며, 훨씬 더 중요한 것은 적이 기술적·전술적 또는 운용적 대응책으로 반응하기 이전까지 "대응책 부재"의 혜택을 누릴 수 있기 때문이다. 거시적 혁신이 전략적 경쟁에서 매우 중요한 이유는 무엇보다도 이러한 이유 때문이다. 거시적 혁신은 대응 조치를 취하기 이전의 초기 상태에서 새로운 역량을 제공하며, 때때로 이 새로운 역량은 적으로 하여금 자원을 다른 임무에서 거시적 혁신에 대한 대응 조치로 전환하게 만듦으로써 전쟁 또는 심지어 평화 시에도 결정적인 역할을 할 수 있다.

혁신
2

결핍이 어떻게
혁신을 촉진하는가

제2차 세계대전이 끝나고 난 후, 세계 각국은 임무에 맞는 다양한 유형의 폭격기와 전투기를 갖는 것이 최선의 방법이라고 믿었으나, 이스라엘 공군의 생각은 달랐다. 이스라엘 공군의 젊은 지휘관들은 초음속 전투기와 공대공 미사일이 등장하면서 기관포가 불필요하다고 배제되던 시기에 기관포의 필요성을 정확히 인지했다. 이스라엘 공군은 기관포 장착을 결정함으로써 제3차 중동전쟁의 전술적 성공을 이끌었고, 소규모 공군임에도 불구하고 전술 공군 분야에서 혁신을 이끈 주체가 될 수 있었다.

이상하게도 이스라엘의 첫 번째 주요 거시적 혁신은 이스라엘이 주도했지만, 직접 설계하거나 제작한 것은 아니었다. 그들은 단지 물건을 구매했을 뿐이지만, 구매 과정에서 원하는 구성 요소와 보조 시스템을 지정하는 것만으로 다목적 제트 전투기를 탄생시켰다. 지금은 거의 모든 전투기가 다목적 전투기이지만, 사실 이 전투기는 1950년대 후반 이스라엘 공군이 아직 규모가 미미하고 자원이 턱없이 부족했던 시절인 1967년 대규모 공중전의 승리의 명성을 아직 얻기 전 이스라엘 방위군의 주도로 개발된 전투기였다.

이스라엘 방위군이 다른 전투기나 폭격기와의 공대공 전투와 폭탄, 로켓, 공대지 미사일의 투하를 모두 수행할 수 있도록 설계된 다목적 전투기 개발을 주도하게 된 이유는 당시 미국, 소련, 영국 등 당시의 주요국 공군들이 제2차 세계대전에서 모두 각각의 역할에 특화된 다양한 항공기를 보유하고 있었기 때문이었다. 각 기종은 설계된 목적 이외의 다른 역할에 있어서는 그다지 뛰어난 능력을 발휘하지 못했고, 냉전 기간 동안, 막대한 예산을 지원받으면서 이러한 항공기별 역할의 차별화를 오랫동안 유지했다. 미국·소련·영국 공군은 모두 경輕폭격기, 중中폭격기, 중重폭격기를 혼합하는 것이 다양한 목표물에 대해 다양한 사거리에서 폭탄을 효율적으로 투하하는 최선의 방법이라고 믿었다. 공중전에서도 세 가지 종류의 전술 항공기, 즉 빠르게 이륙하여 날아오는 적 폭격기와 교전할 수 있지만 지상의 목표물을 폭격하거나 공격할 능력이 거의 또는 전혀 없는 초고속 요격기, 아직 1인승으로는 불가능한 레이더를 탑재한 2인승 야간 전투기, 폭격기 편대를 추적하고 보호할 충분한 항속거리를 가진 호위 전투기가 필요하다고 생각했다. 이들 세 종류의 전술 항공기는 더 큰 항공기로서 폭탄을 직접 운반할 수도 있었고 전투 폭격기가 될 수 있었지만, 그것들을 개발하기 위한 특별한 노력은 없었다.

1948~1949년 이스라엘의 독립전쟁에서 이스라엘 공군이 위태롭게 출발했을 때, 제2차 세계대전 당시의 영·미 공군의 승리는 규모가 아주 작더라도 중(中)폭격기는 제외하고 요격기, 야간 전투기, 경폭격기와 중(重)폭격기를 모두 갖춘 균형 잡힌 공군이 되어야 한다는 완전히 입증된 모델을 제시했다.[1] 미국과 영국이 전투기를 전혀 판매하지 않아 국제 무기 시장에서 판매되는 모든 전투기를 구매해야만 했기 때문에 이모델은 최초이자 최장기 전쟁인 이스라엘의 독립전쟁이 진행되는 동안에 거의 적용되지 못했다. 1948년 5월 15일부터 1949년 휴전협정이 체결될 때까지 전쟁 기간 내내, 대부분 독학으로 배운 현지 정비사들의 피나는 노력과 해외에서 온 참전 용사들의 값진 전문 지식, 그리고 다양한 종류의 항공기를 과감하게 동류 전환했기 때문에 매일 2, 3대의 항공기가 항공 작전을 위해 준비될 수 있었으나, 대대 규모를 넘지는 못했다. 그럼에도 불구하고 이스라엘 공군은 점차 공중전 우위를 확보해나갔다. 역설적이게도 1949년 1월 7일 시나이(Sinai) 사막 상공에서 초계비행 중이던 영국 공군의 스핏파이어 전투기 3대와 템페스트(Tempest) 1대가 이스라엘 공군의 스핏파이어 전투기들에 의해 격추되면서 이스라엘 공군의 공중전 능력이 분명하게 드러났다. (영국 공군 전투기가 정부의 승인을 받지 않고 이스라엘과 이집트 간의 전투 중에 개입했던 터라 영국 측의 보복은 없었다.)[2]

1949년 휴전 이후에야 이스라엘 공군은 매일같이 벌어지는 전투의 긴박함에서 벗어나 제대로 된 공군을 건설하기 시작했다. 물론 영·미식 모델을 모방하려 했고, 이를 위해서는 폭격기, 전폭기, 요격기, 레이더를 장착한 야간 전투기가 모두 필요했지만, 현실적으로는 기종별로 1대 또는 최대 2대로 편성된 소규모 편대로 구성되는 작은 규모의 공

●●● 1953년 32세의 전투기 조종사 댄 톨코브스키가 이스라엘 방위군의 공군 사령관으로 취임하면서 전투기와 폭격기를 모두 갖춘 균형 잡힌 군대의 모습이 드러나기 시작했다. 위 사진은 1953년 6월 라마트 다비드(Ramat David) 공군기지에서 톨코브스키 공군 사령관(오른쪽 첫 번째)이 117비행대의 출범을 축하하고 있는 모습이다. 이 축하 행사에 참석한 벤 구리온 총리(왼쪽 두 번째)와 시몬 페레스(왼쪽 첫 번째)가 보인다. 〈출처: WIKIMEDIA COMMONS | CC BY-SA 3.0〉

군만 가능했다. 인구가 200만 명도 안 되는 가난한 나라, 그것도 유럽, 북아프리카, 이라크에서 온 무일푼의 난민이 대부분인 이 나라에서 그런 야망을 실현할 만한 자금은 없었다. 1953년, 비록 수리 부속이 부족해서 출격률이 매우 낮았지만, 이스라엘 공군 출신으로 영국식 억양을 구사하는 32세의 전투기 조종사 단 톨코브스키[Dan Tolkowsky]가 이스라엘 방위군의 공군 사령관으로 취임하면서 전투기와 폭격기를 모두 갖춘 균형 잡힌 군대의 모습이 드러나기 시작했다.[3]

1953년 당시, 항공부대는 포병에 비해 독립성이 거의 없었기 때문에 톨코브스키는 보병 장교로만 구성된 참모부 동료들의 승인 없이는 큰 결정을 내릴 수 없었다. 이는 해군 부대의 상황도 마찬가지였다. 사실 이러한 점이 문제가 되었는데, 이것은 톨코브스키가 미국·영국·프랑스·소련 공군이 매일 점검하는 '균형 잡힌 공군력'을 위한 합의를 단호하게 거부했기 때문이었다. 그는 곧 모든 전투기에 레이더가 장착될 것이기 때문에 야간 전투기는 쓸모없다고 선언했다. 한 걸음 더 나아가, 그는 이스라엘 공군이 폭격기나 전투기, 요격기를 보유할 필요가 없으며, 모든 전투 임무를 수행할 수 있는 단 한 종류의 전술기만 보유해야 한다고 확신했다.

당시 미국은 델타^{Delta} 형태의 요격기와 놀랍도록 빠른 F-104 스타파이터^{Starfighter} 초음속 공중 우위 전투기를 개발 중이었지만, 지상 공격이나 폭격을 위한 준비는 전혀 없었다. 영국도 라이트닝^{Lightning} 요격기를 중간 고도까지 가속하기 위해 2개의 엔진을 장착했지만, 폭격을 위한 준비는 없었다. 이스라엘에 항공기를 판매할 가능성이 있는 유일한 국가인 프랑스 역시 요격기의 속도를 늦추는 기관포, 동체의 폭탄장착대, 날개 밑 무장장착대 등이 없는 전투기, 즉 소련 폭격기에 공대공 미사일을 발사할 수 있을 정도로 빠르게 상승하는 전투기를 설계하고 있었다. 이스라엘 방위군의 총참모부를 장악하고 있던 육군 장교들이 청문회를 열어준 것은 젊은 톨코브스키가 제2차 세계대전에서 승리한 영국의 공군 원수들과 미국 장군들의 주장에 반대하면서, "방어적 소모전으로 단편적인 공중전을 벌이는 것이 아니라, 공군기지에 대한 전면적인 기습공격으로 지상에서 적 항공기를 파괴함으로써 공중 우위를 차지할 수 있다"라고 주장했기 때문이었다. 기습공격으로 공중 우위를 차지하기 위해서는 모든 전투기가 동원되어야 했으며, 모든 전투기는 폭탄을 탑재할 수 있어야 했다. 이는 주요국의 공군들이 우선시했던 요격기를 배제하는 것을 의미했다.

이어진 논쟁에서 양측은 1940년 영국 전투를 예로 들면서 자신들의 주장을 증명하려고 했다. 톨코브스키는 독일군이 만약 비행장, 출격 대기 항공기, 장병들 숙소, 조종사 대기실, 정비 격납고 등을 계속 폭격했다면 그들이 승리했을 것이며, 공격 목표를 영국 공군기지에서 런던 폭격으로 조기에 전환했기 때문에 패배했다고 주장했다. 하지만 그의 의견에 반대하는 측은 "영국 전투의 가장 큰 교훈은 멀리서 날아온 항공기들로부터 자국 영공을 방어하기 위해 연료를 가득 채운 영국 공군의 스핏파이어와 허리케인Hurricane이 독일 공군Luftwaffe 항공기들을 끊임없이 격추했다는 사실"이라고 주장했다. 또한 톨코브스키는 악천후로 인해 공습이 무산될 수도 있고, 조기 탐지에 성공한 적이 매복함으로써 기습이 무위로 돌아갈 수 있는 등 여러 가지 이유로 잘못될 수 있는 적 비행장에 대한 단 한 번의 전면 공격single all-out strike보다 훨씬 더 신뢰할 수 있는 방법이라는 논리를 폈다. 결국 톨코브스키와 그의 2인자이자 훨씬 더 활기찬 전직 공군 조종사였던 에제르 바이츠만Ezer Weizman은 총참모부를 설득하여 높은 위험을 감수하면서 탁월한 성과를 지향하는 작전 방식을 실행에 옮기도록 했다. 잘못될 경우 거의 아무것도 남기지 않고 모든 자원을 투입하여 전면적인 공격을 감행하는 작전 방식은 1967년 6월 5일에 실행한 '모케드 작전Operation Moked'의 기초가 되었다.

토론에서 승리한 톨코브스키와 바이츠만은 다른 항공기와 싸우면서도 폭탄을 적재할 수 있는 다목적 전투기로만 구성된 전투 편대를 실제로 구축해야 하는 어려운 과제에 직면하게 되었다. 1953~1954년 당시에는 이 임무를 수행할 수 있는 유일한 항공기가 피스톤 엔진이 장착된 P-51 머스탱Mustang이었기 때문에 불가능해 보였다. 이 항공기는 전쟁 중에 우연히 개발되어 공대공 및 공대지 전투에서 모두 탁월한 효과를 발휘하는 것으로 입증되었지만, 제트기 시대에는 아무도 모방하지 않으려 했던 뜻밖의 행운이었다.[4] 미국이 그러한 항공기를 개발하지 않았다는 사실은 직접적인 관련이 없었다. 왜냐하면 매우 뛰어난 소련의 미그MiG 전투기가 아랍 공군에 인도되기 시작했음에도 불구하고 전투기는 말할 것도 없고, 여전히 이스라엘에 무기를 판매하지 않는 것이 미국의 정책이었기 때문이었다. 또한 영국은 "폭격은 폭격기로 해야 한다"라는 생각에 사로잡혀 제트 요격기를 제안하면서도 판매는 거절했다.[5] 그 결과 미국과 영국의 항공기 제조업체에 비해 명성이 좀 떨어졌지만, 누구에게나 판매하기를 열망했던 프랑스만 남았다.

이스라엘은 소량이지만 아음속 1세대 우라강Ouragan 전투기, 초음속에 가까운 미스티어Mystère, 그리고 이후 초음속 쉬페르 미스티어Super-Mystère를 정식으로 구매했다. 이스라엘은 이것들을 보유하게 되어 매우 기뻤다. 왜냐하면 소련이 아랍 공군에 놀랍도록 빠르고 기동성이 뛰어난 미코얀 그레비치Mikoyan & Gurevich의 전투기들, 그중에서 특히 미그기의 절정으로 길이 이름을 남길 MiG-21을 공급하고 있었기 때문이다.[6] 프랑스 역시 폭격 전용 폭격기를 선호했고, 전투기를 설계할 때 많은 무기를 탑재할 수 있도록 기체 하부에 무장장착대를 설계하지 않았다. 또한 엔진도 폭탄을 적절히 탑재할 수 있을 만큼 강력하지 않았기 때문에 야심 찬 전면 공격 계획에 비해 너무 적은 수의 항공기로 너무 작은 폭탄을 탑재해야 하는 산술적 불리함이 여전히 남아 있었다.[7] 1958년 미래형 프랑스 미라주Mirage III 전투기의 프로토타입으로 해결의 실마리가 보였을 때, 댄 톨코브스키가 (투자 은행가로서 이스라엘의 기술 발전을 이끌기 위해) 가장 활기 있고 왕성한 나이인 37세에 은퇴하자, 그 후임은 훨씬 젊은 34세의 에제르 바이츠만이 맡게 되었다.[8]

이스라엘 공군이 마침내 필요한 항공기를 확보한 것은 바이츠만의 8

●●● 1958년 이스라엘 방위군 공군 사령관 댄 톨코브스키가 37세에 은퇴하자, 그의 후임으로 훨씬 젊은 34세의 에제르 바이츠만(사진)이 공군 사령관이 되었다. 이스라엘 공군은 바이츠만의 8년 재임 기간 중에 마침내 필요한 항공기를 확보하게 되었다. 델타익의 미라주 III CJ는 설계자들에게 이스라엘의 요구 사항을 충족하도록 요구한 바이츠만의 끈질긴 노력 덕분에 우연히 개발된 머스탱 이후 세계 최초의 진정한 다목적 전투기가 되었다. 〈출처: WIKIMEDIA COMMONS | CC BY–SA 3.0〉

년 재임 기간 중이었다. 델타익delta-winged의 미라주 III CJ는 설계자들에게 이스라엘의 요구 사항을 충족하도록 요구한 바이츠만의 끈질긴 노력 덕분에 우연히 개발된 머스탱 이후 세계 최초의 진정한 다목적 전투기가 되었다. 이 전투기는 강력한 MiG-21과의 공중전에서 충분히 민첩하면서도 30mm 기관포 2문과 3톤이 넘는 폭탄을 적재할 수 있어 지상 공격에도 적합했다. 그러나 1958년 7월 취임 당시에 바이츠만이 직면한 문제는 결국 매우 적합한 미라주 III CJ가 실제로 존재하지 않는다는 것이었다. 왜냐하면 프랑스 공군은 미국 및 영국 공군과 마찬가지로 기관포 대신 공대공 미사일을 사용하고 폭탄장착대가 전혀 없이 고고도까지 극도로 빠르게 추진하기 위한 혁신적인 액체 추진 부스터* 로켓을 갖춘 요격기를 원했기 때문이었다. 이러한 항공기는 톨코브스키의 대규모 공습 구상에는 쓸모가 없었을 것이다. 프랑스 항공기는 1958년 10월에 유럽에서 기록적인 속도인 마하 2.2에 도달할 수 있는 좋은 엔진을 갖고 있었다. 그리고 초음속 비행에 적합한 말벌 허리 같은 단면적, 우수한 공중 요격 레이더, 필요한 모든 항공전자장치, 착륙거리를 단축하는 드래그 슈트drag chute** 등 최신 기술을 모두 갖추고 있었다.[9]

그 결과, 서로 다른 의견을 가진 반대자들 사이에 치열한 논쟁이 이어졌다. 프랑스 제조업체인 다소Dassault는 이스라엘의 주문이 절실히 필요했다. 스파르타식 주택, 유니폼, 식량 등 모든 분야에서 절약하고 긁어모은 덕분에 이스라엘 방위군은 72대의 항공기를 한꺼번에 주문할 수 있었으며, 이는 당시 소규모 회사였던 다소에게는 큰 주문이었다. 그러나 다소의 관리자와 항공 엔지니어들은 바이츠만의 사양을 진지하게 받아들일 수 없었다. 그는 눈부시게 혁신적인 액체 로켓 부스터 대신 폭탄장착대를 선호하고, 막 출시된 현대식 공대공 미사일 대신, 구식 30mm 기관포를 고집하는 등 혁신적인 미라주를 과거로 되돌리려는 것처럼 보였기 때문이다. 처음에 프랑스는 이스라엘의 나이 많고 현명한 지도자들이 자신들의 항공기를 망치고 싶어하는 34세의 조종사를 제압할 것이라고 확신했다. 다소의 관리자들은 이스라엘이 생사를 가를 수 있는 결정을 젊은 에제르 바이츠만에게 위임했다는 사실을

---

* 액체 로켓 부스터: 액체 연료와 산화제를 사용하여 추가 추진력을 제공하거나 운반할 수 있는 총탑재량을 늘리기 위해 적용한다.

** 드래그 슈트: 항공기 또는 우주선의 움직임을 늦추고 조종사에게 조종성과 안정성을 제공하기 위해 개발된 장치이다.

서서히 깨달았는데, 더욱이 이는 전문성에 의존하는 60대의 프랑스 4성 장군들을 상대하는 데 익숙한 남성들에게는 불안한 일이었다.[10]

바이츠만은 어떤 구매자와도 비교할 수 없는 강력한 영향력을 가지고 있었고, 비록 그것이 잘못된 결정이었을지라도 남들보다 훨씬 대담했기 때문에 결국 그의 요구를 관철할 수 있었다. 마침내 이스라엘은 1967년에 미라주와 구형 프랑스 항공기들로 구성된 공군력으로 대포와 단 몇 발의 미사일만을 사용하여 약 50시간의 공습으로 이집트, 요르단, 시리아, 이라크의 약 400대 항공기를 파괴하는 놀라운 성공을 거두었다.

이러한 성공은 공중전을 어떤 종류의 항공기로 어떻게 치러야 하는지에 대한 톨코브스키와 바이츠만 이론을 입증하는 계기가 되었다. 참고로, 다소는 큰돈을 벌었고, 이스라엘에서는 아니지만 전 세계에서 매출이 크게 증가했다. 1967년 6월 당시, 프랑스 대통령이었던 샤를 드골Charles de Gaulle은 갑자기 입장을 바꿔 이스라엘이 지정하고 양국이 공동 서명한 미라주 V 전투기의 이스라엘 배송을 전면 중단하고 아랍 공군에 판매했다.[11]

그 여파로 인해 전 세계의 모든 공군은 미사일뿐만 아니라, 기관포로 무장한 다목적 전투기를 원했다. 이를 통해 이스라엘은 여전히 작은 규모의 이스라엘 공군을 전술 공군력 분야의 혁신적인 글로벌 리더로 성장시켰으며, 이는 이스라엘이 개발한 공중전 기술에 의존하는 F-35의 역할로 이제 재확인되었다. 미 공군 수뇌부는 곧 새로운 다목적 전투기 개념의 타당성을 인정했지만, 기존의 항공기—F-104와 F-106는 순수 요격기였으며, 무거운 F-105 전투폭격기는 공중전에서 기동성이 떨어져 베트남 상공에서 MiG-21에 제대로 대응하지 못했다—가 모두 특화되어 있었기 때문에 미 공군은 오래전에 퇴역한 머스탱 이후 최초의 다목적 전투기인 해군의 다용도 F-4 팬텀^{Phantom}을 도입해야만 했다. 큰 굴욕감을 느낀 미 공군은 수십 년 동안 생산될 차기 미 공군 전투기인 F-16을 바이츠만의 미라주 III의 성공에서 영감을 받아 개발했다. 이후 놀라운 벌어졌다. 이스라엘 방위군의 구조는 혁신을 장려했으며— 그들의 이중 경력 원칙 덕분에 장군들은 젊었으며— 소규모 공군은 아직 존재하지 않는 항공기 없이는 승리할 가망이 없었기 때문에, 1967년 이전의 이스라엘 공군이 아직 세계 항공 분야에서 미미한 존재였음에도 불구하고, 이 젊은 공군 사령관은 상업적 힘을 이용해 유럽 항공기 제조업체를 굴복시켜 전술 항공기의 글로벌 모델이 된 항공기를 생산하도록 만들었다.

젊은 장교단

이스라엘 방위군의 형성기에는 경험 있는 인적 자원의 확보가 불가능했기 때문에 거의 모든 지휘관이 30대였다. 이스라엘 방위군은 정신적으로 젊고 유연하며, 육체적으로 민첩하고 젊은이의 용기를 가진 군대로 만들기 위해 꾸준히 노력했다. 그 결과, 미국이나 유럽 등 서방 측의 군대보다 10년 정도 젊은 장교단으로 구성했다. 이러한 노력은 책임의 하향 평준화로 이어졌다. 결국 장교를 양성하는 사관학교도 없고, 전문성을 갖춘 부사관 계층도 없는 젊은 군대가 만들어졌다. 이스라엘 방위군의 하급 장교들은 서방 측보다 나이도 젊고 교육 수준도 낮지만, 미군 장교보다 3배 이상의 군사교육을 받는다.

다목적 전투기 혁신의 중요한 요소는 다른 많은 이스라엘 방위군의 혁신과 마찬가지로 너무 원론적이어서 그 깊은 의미를 놓치기 쉽다. 당대의 혁신가였던 2명의 역대 이스라엘 공군 사령관은 지휘관으로 취임할 당시, 30대 초반으로 다른 국가의 공군 수뇌부보다 최소 20세 이상 젊었다. 국가 존망의 책임을 짊어진 군은 위험을 감수해야 하는 일을 쉽게 결정할 수 없기 때문에 검증된 인력과 검증된 방법에 의존하려는 경향이 있다. 따라서 군 경력의 진로는 장교가 계급별로 진급하면서 책임 범위에 상응하는 전문 경험을 쌓을 수 있도록 하기 위한 것이다. 그러나 이 과정에서 장교들은 젊음의 무모함보다는 지혜와 신중함을, 검증되지 않은 혁신의 불확실한 이점보다는 과거의 건전한 관행에 대한 적절한 존중을 습득하게 된다. 일반적으로 사람들은 나이가 들수록 자신의 방식에 더 익숙해지고 용기가 줄어들면서 새로운 것을 시도하려는 경향도 함께 줄어든다. 따라서 기존의 질서를 불완전하고 개선할 수 있는 것으로 볼 가능성이 줄어들며 혁신 과정의 첫 단계인 새로운 것이 기존의 것보다 훨씬 나을 것이라는 희망으로 기꺼이 위험을 감수하려는 의지에 대해 덜 개방적으로 변한다.

1950년대와 1960년대 초, 이스라엘 방위군의 형성기에는 거의 모든 지휘관이 30대였다. 시나이 전역이 시작되기 직전인 1956년, 현장 최고 책임자였던 지역 사령관 아사프 심초니Asaf Simchoni 소장은 34세, 여단장 아리엘 샤론Ariel Sharon은 28세, 이스라엘 방위군 총참모장 모셰 다얀Moshe Dayan 중장은 41세였다. 고위직에도 아직 경험이 부족한 젊은 장교들이 배치되어 있었다. 다얀 자신도 아직 경험이 부족한 작전 책임자였을 때, 매우 영리하고 젊은 장교이자 미래의 군사정보국장이 될 아하론 야리브Aharon Yariv에게 프랑스와 영국에 있는 국방대학과 같은 이스라엘의 국방대학을 설립하고 지휘를 맡아달라고 요청했다. 야리브는 자신이 제의받은 직책을 감당하기에는 아직 필요한 지식과 경험이 부족하다고 대답했다. 하지만 당시 이스라엘은 신생 국가였고, 대부분 주요 직책은 경험이 없는 사람들이 맡고 있었다. 다얀은 "이츠하크 벤 즈비Yitzhak Ben Zvi가 대통령이 되고, 모셰 샤렛Moshe Sharet이 총리가 되고, 마클레프Maklef가 총참모장이 되고, 내가 작전국장이 된다면 당신은 국방대학장이 될 수 있습니다"라고 대답했다.[1]

신생 국가에는 경험 많은 베테랑이 없다는 말을 단순히 나이만으로 설명하는 것은 맞지 않다는 것을 이스라엘 방위군은 입증해 보였다. 1948년에 탄생한 신생 이스라엘의 군대는 톨코브스키와 바이츠만이 그랬던 것처럼 1950년대에 30대가 된 20대의 장교들로 시작되었다. 그러나 당시 통상적인 진급이 이루어지지 않았다. 만약 그렇지 않았다면, 시간이 흐르면서 미국과 유럽 군대의 경우처럼 1970년대 후반에 제독과 장군이 60대 초반, 대령이 50대 후반이 되는 정상적인 연령 구조가 되었을 것이다. 1953년부터 1958년까지 총참모장을 지낸 모셰 다얀은 중등학교 이상의 교육을 받은 장교가 거의 없던 당시, 이스라엘 방위군이 장교들에게 30대에 조기 전역한 후 민간에서 제2의 인생을 시작할 수 있도록 중도 휴직을 허용하는 이중 경력 원칙을 도입했다. 다얀은 장교단을 정신적으로 젊고 유연하며, 육체적으로 민첩하고, 젊은이의 용기를 가진 군대로 만들고 싶다는 목표를 명시적으로 밝혔다.[2]

다얀은 이에 따라 43세에 총참모장직에서 물러났지만, 자신의 정책적 선호를 법에 근거한 영구적인 관행으로 바꾸려고 하지는 않았다. 그러나 최고 야전사령관이었던 이갈 알론Yigal Allon이 30세 때인 1948년 이후, 이스라엘 방위군의 정상 연령 구조로의 불가피한 진행이 계속되지 않았기 때문에 선례가 만들어졌다는 것이 밝혀졌다. 이스라엘 방위군 총참모장 아비브 코차비Aviv Kochavi 중장은 2019년 1월 15일, 총참모

●●● 1953년부터 1958년까지 총참모장을 지낸 모셰 다얀은 중등학교 이상의 교육을 받은 장교가 거의 없던 당시, 이스라엘 방위군이 장교들에게 30대에 조기 전역한 후 민간에서 제2의 인생을 시작할 수 있도록 중도 휴직을 허용하는 이중 경력 원칙을 도입했다. 장교단을 정신적으로 젊고 유연하며, 육체적으로 민첩하고, 젊은이의 용기를 가진 군대로 만들고 싶다는 목표를 밝힌 다얀은 43세에 총참모장 직에서 물러났다. 〈출처: WIKIMEDIA COMMONS | CC BY-SA 3.0〉

장 중 최고령인 54세 나이에 취임하여 미국이나 유럽 장군들보다 10년 정도 젊은 장교단을 지휘했다. 그의 전임 총참모장 가디 아이젠코트 Gadi Eisenkot도 임기 시작과 함께 장교단의 연령을 낮출 필요성을 역설했고, 평균 은퇴 연령을 47세에서 42세로 낮추는 데 성공했다.[3]

상대적으로 젊어진 생물학적 현실은 의심할 여지 없이 노련한 지혜를 감소시키고 때로는 심각한 결과를 초래하기도 하지만, 혁신의 여지를 넓히는 데는 분명 도움이 되는 것 같다. 물론 젊음의 활기와 낙관주의가 새로운 것을 고려하려는 의지만을 보장할 뿐 그것을 발명할 수 있는 정신적 능력을 보장하지는 않지만, 대부분의 군대에서는 새롭게 시도되지 않은 것에 대한 단순한 관용조차도 부족한 것이 사실이다. 심지어 혁신의 발전을 사명으로 하는 연구개발 부서조차도 기존의 플랫폼과 무기 구성의 업데이트 버전을 계속 제안하면서 새로운 것을 단호하게 거부하는 전통의 보루가 되는 경우가 많다. 과거에 비해 미래가 짧아진 노년층 장교들은 다른 곳에서는 더 많은 혁신을 요구하는 목소리에 동참하면서도 자신이 속한 조직, 자신의 임무 영역을 상징하는 플랫폼과 무기의 영속성을 요구할 가능성이 훨씬 높기 때문에 새로운 것에 대한 자금 지원을 거부할 수도 있다.

또한 거시적 혁신의 위대한 교훈은 새롭게 개선된 것이 아니라, 진정으로 새로운 것이어야만 전임자들이 만들어낸 새로운 무기나 기술보다 대응 무기와 대응 전술로부터 '대응책의 부재'라는 큰 보상을 얻을 수 있다는 것이다.[4] 1925년 더글러스 헤이그 Douglas Haig 영국 육군 원수가 "비행기와 전차는 나름대로의 용도가 있지만, 그것들은 사람과 말의 부속품일 뿐"이라고 설명하면서 "시간이 지나면 병사들은 과거에 그랬던 것처럼 잘 길러진 말을 더 많이 사용하게 될 것이라고 확신한다"라고 덧붙였을 때 영리한 영국인들은 웃음을 터뜨렸다고 한다.[5] 1915년부터 서부 전선에서 영국군을 지휘하면서 헤이그는 잘 사육된 말과 병사가 기관총으로 인해 움직이지 못하는 상황을 목격했고, 기관총 탄환을 무시하고 전진하는 전차의 최초 승리를 지켜본 경험도 있었다. 따라서 전투에서 말의 미래에 대한 그의 생각은 그가 시대착오적이었음을 보여주는 사례였다. 그는 1900년에나 있을 법한 일을 1925년에 말했지만, 그의 말은 이미 1904년 러일전쟁 동안 뤼순旅順항에서 러시아의 기관총과 철조망에 의해 틀렸다는 것이 입증되었다.

거의 한 세기가 지난 오늘날에는 시대착오적인 사례들이 이전보다 크게 눈에 띄지 않았지만, 지금도 쉽게 찾아볼 수 있다. 예를 들어, 미 공군의 미래형 장거리 전략 폭격기인 B-21 레이더Raider의 경우, 앞서 언급했듯이 선택적으로 승무원이 탑승하거나 무인화할 수 있다. 따라서 이 항공기를 운용하기 위해서는 인력 운용 비용과 귀환 비용에 로봇 비용을 더해야 하므로 공군 장교 몇 명이 이 항공기를 조종하기 위해서 아주 많은 비용을 지불해야만 한다. 이러한 시대착오적 발상은 헤이그의 시대착오적 발상과 맞먹는다. 왜냐하면 무인 자율주행 트럭이 하늘보다 훨씬 더 복잡한 환경인 애리조나 고속도로에서 이미 시험운행되고 있었는데도 불구하고 B-21은 여전히 유인 폭격기로서 엔지니어링 개발 단계에 있었기 때문이다.

시대착오는 1825년 9월 26일 조지 스티븐슨George Stephenson의 증기기관차가 스톡턴Stockton과 달링턴Darlington 철도의 개통과 함께 시작된 혁명적 기술 변화 시대의 모든 군대에서 고질적인 문제였다. 이 문제에 대한 이스라엘 방위군의 해법은 젊은이들에게 의존하는 것이다. 젊은이들은 과거보다 미래를 훨씬 더 중요하게 여겨서 새로운 것의 출현을 막고 여전히 사용 중인 과거의 상징적인 무기와 개념에 문화적으로나 지적으로 시간이나 노력을 덜 쏟기 때문이다.

의도적으로 줄인 고위 장교 수

장교들에게는 젊음도 중요하지만, 장교의 부족 문제 역시 중요하다. 전쟁 중에는 전투 병과, 특히 보병 병과에서 하급 장교가 많이 필요한데, 하급 장교는 탄약과 같아서 적의 공격에 맞서 전진하기 위해 소모될 수 있기 때문이다. 그러나 고위 장교가 부족한 경우는 거의 없다. 실제로 고위 장교가 너무 많은 경우를 흔히 볼 수 있지만, 이스라엘 방위군의 경우는 그렇지 않다. 이스라엘 방위군의 장교단은 나이가 젊다는 것만큼이나 극도로 압축된 계급 구조로 유명하다.

이와 같은 계급 인플레이션에 대해 세계 다른 곳―나토 회의에는 참여 국가의 3성 및 4성 제독과 장군이 모두 참석하고, 미국의 경우에는 의회에서 장군의 수를 제한하는 법을 제정할 정도로 장군의 수가 너무 많았다―에서 비판의 소리가 터져나오는 것과 달리, 이스라엘 방위군은 만성적인 고위 장교의 부족으로 인해 상대적으로 낮은 직위의 장교에게 큰 책임이 할당되는 경우가 많다.[6] 이스라엘의 최고위 장교인 총참모장은 3성 장군이고, 그 위에 4성 장군이나 제독이 없다는 점을 고려한다면, 계급의 하향 압박은 불가피하다. 이것은 아주 심할 정도이다. 현재 2성 장군이 지휘하는 이스라엘 공군은 4성 장군인 공군 대장이 지휘하고 그 아래에 3성 및 2성 장군이 여러 명 있는 영국 왕립 공군보다 더 많은 항공기를 운용하고 있다.

더 높은 계급에 대한 동일한 압박이 존재하지만, 이스라엘 해군에서는 덜 두드러진다. 이스라엘 해군은 세계 기준으로 보면 여전히 규모가 작은 편이지만, 공군과 달리 상당한 규모의 잠수함 전단과 4척의 초계함, 8척의 대형 미사일 함정, 수많은 초계함 등을 보유하고 있어 더 이상 작은 규모의 해군이 아니다. 해군 사령관은 해군 소장으로 번역되는 히브리 계급의 알루프^{aluf}로서 2성 장군이며, 전 세계에서 그보다 능력이 떨어지는 해군을 담당하는 그의 또래 중 상당수는 3성 제독이나 4성 제독일 경우가 많다.[7]

공군 및 해군 사령관 외에 현역으로 근무하는 이스라엘 방위군 소장^{alufim}은 17명에 불과하다. 이스라엘의 국방부에 해당하는 텔아비브에 있는 이스라엘 방위군 총참모부인 하키르야^{HaKirya}는 다른 어떤 군대의 총사령부보다 적은 9명의 소장이 이끌고 있다.[8] 이들을 지휘하는 부참모장은 위협 수준이 극심할 때 총참모장과 같은 방에 있어서는 안 되며, 전투가 임박했거나 진행 중일 때 실제 총참모장의 역할을 한다. 최고사령관은 총참모장이라고 불리지만, 미군의 관행과 달리 실제로는 모든 지상군, 해군, 공군을 직접 지휘하는 총사령관 역할을 하며, 대부분 부총참모장에게 총참모장의 조정 기능을 맡긴다.[9]

지휘체계의 다음 단계는 공군 및 해군 사령관과 같이, '지상군 사령부'의 수장인 미프케데트 즈로아 하야바샤^{Mifkedet Zro'a ha-Yabasha}가 평시에는 지상군의 발전을 총괄하고 전시에는 야전부대의 전선 배치를 관장한다. 다시 말해, 이스라엘 방위군이 완전히 동원되면 약 65만 명에 달하는 세계 최대 규모의 군대가 되지만, 전체 이스라엘 방위군의 최고 작전 지휘는 총참모장, 부총참모장, 지상군·해군·공군 사령관 등 단 5명의 장교가 담당하고 있다.

이스라엘 방위군도 다른 모든 국가처럼 1871년부터 1888년까지 독일군 참모총장을 역임한 헬무트 칼 베른하르트 그라프 폰 몰트케^{Helmuth Karl Bernhard Graf von Moltke}가 만든 19세기 프로이센의 고전적 모델을 기반으로 21세기적 요소가 추가된 참모 조직을 구성하고 있다. 작전부서인 아가프 미브차임^{Agaf Mivtza'im}(G-3)은 전시에는 작전을 조정하되 지휘하지는 않고 평시에는 대략적인 계획을 수립한다. 군사정보부서인 아가프 하모디인^{Agaf HaModi'in}(G-2), 약어로 AMAN은 간혹 낭만적인 이야기의 소재가 되기도 하는데, 주로 정보 분석 업무를 담당한다. 프로이센 시대 이후 기술 및 병참부서인 아가프 하테크놀로지아 베 하로지스티카^{Agaf ha'Technologia ve ha'Logistica}(G-4)는 옛 프로이센 시대 군수부서의 후신으로, 악명 높은 통조림 미트로프^{meatloaf}(당나귀 고기 전투식량으로 약어로 'LUF'라고 함)를 포함한 모든 것을 공급한다. 인사부서인 아가프 코치 아담^{Agaf Koach Adam}(이스라엘 방위군이 역사상 가장 많은 여성을 보유하고 있다는 점을 감안할 때 '맨 파워^{man power}' 부서라고 부르는 것은 특히 형편 없는 번역일 것이다)이 그 뒤를 잇고 있다. 이스라엘이 아직 대규모 재래식 군대의 위협을 받던 시절보다 훨씬 어려운 동시에 훨씬 더 쉽기도 한 미래의 안보 상황을 예측하고, 이스라엘 방위군의 미래 요구에 대한 대처 방법을 고안하는 기획 및 전력 개발 부서인 아가프 하티크눈^{Agaf ha'Tichnun}, 그리고 이스라엘 방위군이 1964년 IBM 360 컴퓨터가 처음 도입한 직후부터 지속적으로 중요성을 높여가고 있는 21세기 컴퓨터 지원 부서인 아가프 하틱슈브^{Agaf ha'Tikshuv}가 있다. 마지막으로, 이란의 위협에 집중하기 위해 2020년 신설된 전략 부서, 아가프 에스트라테지아 브마아갈 쉬리쉬^{Agaf Estrategia Vma'agal Shlishi}가 새로 추가되었다.[10]

총사령부 외에도 북부(피쿠드 차폰^{Pikud Tzafon}), 중부(피쿠드 메르카즈^{Pikud Merkaz}), 남부(피쿠드 다롬^{Pikud Darom})의 지역 사령부를 각각 3명의 장군이 담당하고 있다. 그들은 수천 명에 달하는 예비군들이 동원되어 도착하게 되면 전투에 투입될 수 있도록 준비가 된 전차는 물론, 제복, 무기, 수송 수단, 중화기 등을 인수하는 모든 보급 및 동원 기지를 포함한 예비군들의 주둔지 울타리 관리와 순찰, 전방 경계 감시 책임을 지고 있다. 대규모 전투가 벌어지는 전시에는 지역 사령관이 전선 사령관 임무를 수행하며, 총참모부로부터 할당받은 병력을 배치하고 작전을 조정할 책임을 맡는다.

3명의 지역 사령관 모두 이스라엘 국경 너머의 군사 작전에 집중하고 있고, 내부 위협이 산적한 상황에서 또 다른 소장은 국토방위사령부 Home Front command(피쿠드 하오레프$^{Pikud Ha'Oref}$)를 이끌고 있다. 그다지 의욕적이지는 않지만, 팔레스타인인이 대부분 거주하는 서안 지구$^{West Bank}$에서 부대를 운용해야 하므로 또 다른 소장은 '정부 활동 조정관^{Coordinator} of Government Activities in the Territories(메타엠 하페울로트 바쉬타크하임 $^{Me'ta'em ha'Pe'ulot}$ $^{ba'Shtakhim}$)'이라는 신중하게 표현된 직함을 가지고 있다.

이 모든 직책은 단 16명의 소장으로만 채워져 있으며, 여기에는 워싱턴 D. C.의 국방무관도 포함되어 있다. 워싱턴 D. C.의 국방무관은 역시 제2차 세계대전 당시의 영국군 전투복과 유사한 야전복으로 만족해야 하는 고국의 동료들과는 달리, 외국군처럼 금색 끈이 없는 제대로 된 정복을 입는 사치를 누리고 있다.[11] 미군의 규모가 7배나 크고, 더 중요한 것은 전장과 동맹군 사령부 모두에서 담당하는 그들의 기능이 세계적 범위에 걸쳐 있는 점을 고려할 때, 이스라엘의 유일한 중장과 소수의 주요 장군들을 미군의 144명의 2성, 68명의 3성, 39명의 4성 장군 및 제독과 비교하는 것은 무의미하다. 강력한 나폴레옹군과 싸울 때, 가능한 모든 동맹국을 모집하여 개와 고양이를 최대한 많이 동원하고, 쥐 몇 마리를 던져 사자와 싸우는 영국의 공식을 모방한 미국의 대전략은 가능한 한 많은 동맹을 유지할 것을 요구한다. 이를 위해서는 매우 인내심 있고 지속적인 군사 외교가 필요한데, 이것은 대부분 고위급 장교의 책임이다. 그럼에도 불구하고 이스라엘의 3성 장군 1명과 2성 장군 24명은 그들이 보유하고 있는 전투부대, 군함, 항공기 수보다 훨씬 많은 수백 명의 장군으로 구성된 유럽의 축소된 군대와 비교하면 합당하다고 할 수 있다.[12]

상부의 숫자가 중요한 이유는 상부의 희소성이 필연적으로 지휘계통의 책임을 아래로 끌어내려 혁신에 매우 긍정적인 영향을 미치기 때문이다. 이스라엘 방위군에서 이것이 어떻게 작동하는지 설명하는 것은 간단하지 않지만, 한 가지 측면은 분명하다. 40대의 장군 자체가 너무 적기 때문에 혁신에 대한 결정은 대부분 과거에 얽매이지 않고 미래에 대해 훨씬 더 개방적인 30대의 부하들이 한다는 것이다.

책임의 하향화

이스라엘 방위군 전체에서 중장은 단 한 명, 소장은 극소수에 불과한 상층부부터 시작되는 계급의 압축은 하층부까지 이어진다. 전 세계의 현대 군대에서는 3개 여단이 1개 사단을 구성하고, 소장 밑에 1만~2만 명의 병력이 배치되지만, 이스라엘군의 현역 사단장은 공식적으로 준장으로 번역되는 1성 장군인 타트 알루프^{tat aluf}이다. 소규모 해군과 대규모 공군을 포함하여 이스라엘 방위군 전체에는 약 75명의 장군이 있다. 특히 이스라엘 공군은 유럽 공군보다 더 많은 전투기를 운용하고 있다.

이스라엘 방위군은 미군의 글로벌 배치 구조도, 유럽군의 정교한 관료적 자산도, 물려받은 유서 깊은 시설도 없다. 그러므로 이스라엘 방위군의 지상군은 전체 규모에 비해 전투부대의 비율이 매우 높은 편이다. 지상군에는 현재 나토 군대보다 더 많은 2,000~3,000명의 병사로 구성된 약 36개의 현역 또는 예비역 여단이 있다. 이 여단들은 대부분의 군대와 마찬가지로 대령이 지휘하지만, 이스라엘의 대령들은 특히 젊어서 대부분 40세 미만으로 구성되어 있다. 일반적인 여단의 예하 3개 대대는 대부분의 군대와 마찬가지로 중령이 지휘하지만, 평균 연령이 30세 전후로 훨씬 젊다. 일반적인 현역 대대의 3개 중대는 대부분의 군대에서와 마찬가지로 대위가 지휘하지만, 평균 연령은 25세 정도로 다른 군대보다 낮다.

고위 장교의 수가 매우 적어 불가피하게 책임이 아래로 내려가면서, 이미 더 중요한 일에 전념하고 있는 장군들이 수행할 수 없는 업무와 책임을 중령, 대령 또는 심지어 소령들이 맡게 되는 연쇄 효과가 시작된다. 또한 최대 동원 병력이 60만 명을 넘는 이스라엘 방위군은 대령이 약 450명 수준으로, 일반적인 기준으로 볼 때 야전 장교가 너무 적어서 더 많은 책임이 많은 하급 장교에게 넘어가게 된다. 따라서 20대의 대위들은 나이가 많고 확실히 계급이 더 높은 장교들이 맡아야 할 임무를 일상적으로 맡을 수밖에 없다.

고위 장교의 부족, 그에 따른 계급의 압축, 책임의 하향 추진은 결국 수많은 하급 장교의 모순에 부딪히게 된다. 왜냐하면 하급 장교는 미국과 다른 나라처럼 다년제 사관학교의 희귀하고 값비싼 산물이 아니기 때문이다. 오히려 이들은 사회적으로 중요한 성취인 이스라엘 방위군의 까다로운 장교 과정에 지원하기 위해 1년 더 복무하기로 서명한 젊은 징집병들이다. 18세의 신병으로 시작해 3년간의 의무 복무를 위해 입대한 후, 장교 후보생으로 선발되면 장교 양성 과정을 이수한다. 장교 양성 과정의 이수를 위해서는 의무 복무를 마친 후, 1년의 추가 복무가 더 필요하며, 총 4년 반 동안 군복을 입어야 한다. 물론 장교가 될 기회가 주어졌다고 해서 모두가 장교로 임관할 수 있는 것은 아니다.

이때 이스라엘 방위군 장교단의 또 다른 특징이 나타난다. 다른 나라에서 흔히 개탄하는 중위급 장교가 넘쳐나는 것과는 달리, 이스라엘 방위군은 세계 기준으로 볼 때 터무니없이 적은 수의 중위급 장교를 보유하고 있다. 소년 시절이나 소녀 시절에서 불과 1~2년밖에 지나지 않은 이스라엘 중위는 엄청나게 비싸고 파괴력이 강한 항공기를 일상적으로 담당하는 공군의 비행 장교로 봉사하지 않는 한, 30명으로 구성된 소대, 여러 대의 전차, 승무원이 있는 포병 포대, 해군의 순찰선 등을 지휘하면서 다른 많은 사람의 생명을 책임진다. 물론 이것은 모든 군대가 유사하지만, 실제 전투가 벌어지면 젊은 중위들은 막중한 책임을 져야 한다. 하지만 이스라엘 방위군이 다른 군대와 다른 점은 전문 부사관이 없다는 것이다. 이스라엘 방위군을 제외하고, 부사관은 일반적으로 미국, 영국, 러시아, 중국, 인도 등 거의 모든 군대의 중추로서, 나이가 많고 경험이 훨씬 더 많은 상사 또는 준위이다. 부사관들이 곁에 있으면 젊은 장교들은 결코 혼자가 아니다.

기존 군대에서 장교와 부사관은 소득 격차가 크지만, 장교가 될 수 있는 능력은 있으나 부사관으로 만족하는 하위 계층 사이의 사회적 거리가 존재하지 않는 이스라엘의 상황에서는 의미가 없으므로 이스라엘 방위군에서 부사관이라는 중간 간부가 존재하지 않는다.[13] 어쨌든 이스라엘 방위군은 대학 졸업자를 장교로 양성하는 사관학교가 없으며, 사회적으로 우수하고 경험이 많고 더 숙련되어도 하급자로 남기도 한다. 따라서 아주 젊은 이스라엘 방위군의 장교들조차도 그들을 직접 지도해줄 상급 장교나 숙련된 부사관 없이 혼자서 위험하고 미묘한 상황에 대처해야 한다. 필연적으로 이 젊은이들은 섬세한 일보다는 위험한 일을 처리하는 데 훨씬 더 적합할 수밖에 없다.[14]

미래의 보병 장교를 위한 일반적인 과정은 모든 신병이 이수해야 할 28주에서 30주간의 기본 훈련을 마친 후, 12주간의 특별 보병 훈련으로 시작된다. 그 다음에는 특정 대대에 배치되어 12주 동안 일상적인 보안 및 전투 훈련을 받는다. 신병은 총 40주간의 야전 기술, 무기, 전술 훈련 중 24주를 집중적으로 이수해야만 전투가 가능한 병사로 인정된다. 18세 청년을 언제든 전투에 투입할 수 있는 군인으로 만드는 데는 그리 많은 시간이 필요하지 않다고 생각할 수도 있다. 그러나 미래의 보병 장교를 위한 일반적인 과정은 미 육군이나 해병대가 입대 보병에게 제공하는 기본 및 고급 보병 훈련을 합쳐 총 23주 또는 그 이하의 보병 훈련보다 더 많은 훈련을 포함하고 있다. 미 육군은 최근에야 보병의 초급 훈련을 14주에서 22주로 연장했다.[15]

1년 차 정도의 신병 중에서 우수한 성적을 거둔 이스라엘 방위군 병사들은 14주간의 분대장 과정인 쿠르스 마킴^{kurs makim} 과정에 선발된다. 이 과정은 하가나에서 물려받은 가장 중요한 전통으로, 훈련이 거의 전부라고 할 수 있다. 쿠르스 마킴은 19세에서 20세 사이의 젊은이들이 이해하기 어려운 내용이지만 냉철한 내용이기도 한 하급 제대의 전투 리더십, 전술적 임무와 전투 기술을 강조하는 동시에, 또 다른 전술 훈련을 추가한다. 쿠르스 마킴 훈련은 일반 훈련생보다 더 높은 수준의 훈련과 강렬한 동기 부여로 인해 이전 훈련보다 더 가치 있는 과정이다. 쿠르스 마킴을 성공적으로 통과한 모든 훈련생은 최소 3개월 동안 분대장으로 복무한다. 일부는 징집 복무가 끝날 때까지 대대에서 병장으로 남고, 다른 일부는 다른 종류의 전문 분야로 전환하지만, 우수자는 많은 젊은이들이 바라마지 않는 30주간의 장교 훈련 과정인 바하드 에하드^{Ba'had Ehad}에 참여하여 장교가 될 기회를 얻게 된다.

이미 언급한 바와 같이, 미국과 영국의 군대는 특히 20살이나 어린 갓 임관한 소위들을 지도하기 위해 경험이 풍부한 부사관에게 크게 의존하고 있다. 이스라엘 방위군에는 이러한 부사관 계층이 없으므로 배치된 젊은 장교들은 첫날부터 모든 책임을 져야 한다. 전역 후에는 같은 예비군 중대에서 15년 또는 20년을 복무하는 것이 일반적인 관행이기 때문에, 예비군 부대가 특수 훈련이나 전쟁에 동원될 때만 이스라엘 방위군은 전투에서 단련된 노련한 계층을 확보할 수 있다. 그러나 일반적으로는 도와줄 노련한 예비군이 없으면 장교 훈련 과정의 신입생들은 모든 것을 스스로 감당해야 하는데 이는 대단한 일이다. 왜냐하면 인력이 부족한 이스라엘 방위군의 지휘 구조로 인해 명령이 끊임없이 아래쪽으로 위임되는 막중한 책임과 싸워야 하는 큰 부담을 감당해야 하기 때문이다.

반엘리트주의와 냉방 시설 속에서 안온한 청소년기를 보낸 젊은이들이 과연 사막의 무더위 속에서 행군이나 할 수 있을까 하는 우려 때문에 바하드 에하드의 입학 자격은 엄격히 유지되고 있다. 바하드 에하드의 입학 기준은 수준 높게 유지되지만, 탈락률이 그리 높지 않은 이유는 우수한 인재를 끌어들이려는 이스라엘 방위군이 높게 평가하는 심층 심리 테스트를 포함한 까다로운 선발 과정을 거치기 때문이다. (훗날 노벨경제학상을 받은 다니엘 카네만^{Daniel Kahneman}은 1955년에 21세의 '심리학 장교'로서 선발 과정에 실무 테스트를 도입했다.[16])

졸업과 동시에, 신임 소위는 소대를 지휘하는 임무를 부여받는다. 그때까지 거의 2년 동안 병사 및 하급 지휘자로서 경험을 쌓고, 강도 높은 훈련을 받게 된다. 모든 것이 순조롭게 진행되면 중위로 진급할 수 있으며, 징집병에게 주어지는 단순한 용돈이 아닌 적당한 급여를 받는 1년의 추가 복무로 군인 경력이 시작된다.[17] 외형적으로 이스라엘의 젊은이들은 국경 보안 감시 임무와 전투에서 병사를 지휘하고 평시에 훈련을 총괄하는 기본 임무를 수행한다는 점에서는 미국이나 유럽의 젊은이들과 유사하다. 제복만 입고 다니는 것이 아니라 실제로 무장한 적과 싸워야 하는 전 세계의 다른 군대와 마찬가지로, 이스라엘 방위군의 하급 장교에게도 전투 리더십은 직업의 본질이다. 이는 전선의 앞에 서서 군대를 이끄는 것을 의미한다. 다른 군대와 마찬가지로 "전진하라"가 아니라 "나를 따르라"라는 것이 이스라엘 지휘관들의 전형적인 명령이다.

하지만 유사점은 여기서 끝이 아니다. 첫째, 앞서 언급했듯이 이스라엘 방위군에는 웨스트포인트West Point나 아나폴리스Annapolis 같은 사관학교가 없다. 또한 2년, 3년, 4년의 대부분 학과 교육을 받은 졸업생 또는 거의 졸업 단계에 있는 학생이 병사로 입대하지 않고 장교로 임관하는 영국 왕립 육군사관학교Sandhurst나 프랑스 생시르 군사학교École spéciale militaire de Saint-Cyr와 같은 사관학교가 없다. 사관학교의 존재 자체는 상당 부분 시대에 뒤떨어진 계급 구분을 반영한다. 한때는 상류층의 젊은이들이 대부분 교육받지 못했거나 심지어는 문맹이라서 군사교육을 받기에 적합하지 않은 미숙한 병사들 사이에서 훈련하고 생활할 수 없다고 생각했다.

전통적인 사관학교는 미국·영국·프랑스 군대의 미래 고위 장교를 많이 배출했지만, 역사적으로 대학 졸업생과 선발된 부사관 모두에게 열려 있는 장교 후보생 과정은 장교의 대부분을 배출해왔다. 장교 후보생 과정은 사관학교에서 제공하는 장기간의 민간인 교육이 아닌 몇 달에 걸친 속성 교육을 통해 장교를 양성한다. "미 육군의 16개 기본 병과의 소위들을 훈련시키고 자질을 평가하며 능력을 평가하고 개발하기 위해 고안한 엄격한 12주 과정"이라고 광고하는 미 육군의 장교 후보생 양성 제도는 부사관뿐만 아니라 10주간의 기본 전투 훈련 과정을 이수한 대학 졸업생에게도 제공되며, 입대일로부터 총 22주 만에 소대를 지휘할 수 있는 장교를 배출한다.[18]

사관학교가 없는 이스라엘 방위군의 노골적인 엘리트주의는 평등주의 사회에서는 전혀 어울리지 않는데, 대학 교육을 받지 않았거나 부사관 경력이 없는데도 장교로 진급시키는 관행과 맞물려 역설적인 결과를 초래한다. 이스라엘 방위군의 하급 장교들은 외국 장교들보다 훨씬 젊고 교육 수준도 훨씬 낮지만, 첫 지휘를 맡기 전에 미군 장교보다 3배 이상

많은 군사교육을 받는다. 이는 포탄이 난무하는 고강도 전쟁의 참혹함과 실전 훈련이 부족한 현대 전쟁에서 큰 차이를 만들어낸다. 이라크, 아프가니스탄, 서안 지구에서 전쟁을 배우는 사람들은 잘 무장된 적과 싸우는 법을 배우는 것이 아니라 무기도, 포병도, 공군력도, 정보력도 없는 회복할 수 없을 정도로 약한 적과 싸우는 나쁜 습관만 익히기 때문에 끝없이 반복적으로 일어나는 대반란전은 오히려 비교육적이라고 할 수 있다.

이스라엘 공군 조종사들에게는 공군사관학교가 없으며 22세 이상의 대학 졸업 후가 아닌 18세에 군복을 입는다는 점은 단순한 차이가 아니라, 모든 것을 근본적으로 변화시키는 결과를 가져온다. 영국 및 모든 유럽 공군과 마찬가지로 미 공군에서는 미래의 조종사들이 전투기 비행을 시작하기 전에 장교 교육을 먼저 받지만, 이스라엘 조종사들은 원하는 경우 장교 교육을 받기 전에 먼저 조종사로 복무한다. 콜로라도 스프링스^{Colorado Springs}에 있는 4년제 미 공군사관학교와 영국의 크랜웰^{Cranwell} 왕립 공군사관학교의 경우, 32주 과정의 과목에 "변혁적 리더십과 윤리, 전략적 사고를 포함한 학문적 공군력 연구뿐만 아니라, 보다 원론적인 군사 기술, 필수 서비스 지식, 훈련 및 신체 훈련"이 포함되어 있어 대학 교육을 어느 정도 전제로 하고 있다.[19] 예를 들어, 비행 훈련은 경비행기 비행으로 시작하여 강력한 터보프롭 비행 훈련하는 '고속 제트기' 과정을 거친 후 제트 트레이너 과정을 이수한 다음 25세쯤에 최전방 전투기 조종사 훈련을 받기 위해 왕립 공군 작전 전환 부대^{Royal Air Force Operational Conversion Unit}*에서 진행된다.

---

* 왕립 공군 작전 전환 부대: 영국 왕립 공군(Royal Air Force)과 호주 왕립 공군(Royal Australian Air Force)에서 운용하고 있는 작전 전환 부대(OCU)는 훈련된 인력을 제공하여 특정 항공기 유형의 작전 임무 준비를 지원하는 역할을 하는 공군 부대로서, 조종사에게 항공기 조종 방법과 항공기와 무기의 성능을 가장 잘 활용할 수 있는 전술을 가르친다.

이스라엘의 경우에는 입대 후 6개월 이내에, 그것도 최대 19세에 경비행기를 조종하기 때문에 기초적인 조종 재능이 있는지 없는지 빠르게 판단할 수 있다. 소집에 합격하고 추가 군 의무 복무를 수락하면 2년 동안 보병 전투를 포함한 기술 훈련을 받으며, 비행 훈련을 계속하면서 다양한 학문 교육을 받는다. 미국과 유럽은 이제 막 시작하는 시기, 즉 군복을 입은 지 3년 차인 21세나 22세에 제트 전투기, 수송기, 정찰기 또는 헬리콥터를 포함한 기타 항공기의 작전 부대에 배치되어 완전히 훈련된 조종사로 탄생한다.[20]

　많은 적기를 격추하고 지상 공격에서 많은 표적을 명중시킨 우수한 젊은 조종사들을 배출했지만, 기술적으로 야심 찬 대규모 공군을 관리하기에는 충분한 교육을 받지 못한 조종사들을 많이 배출한 제도이다. 이는 비행사로서 의무 복무를 마친 후 이스라엘 방위군에 남아 필요한 고등 교육을 받을 수 있도록 급여를 전액 받으면서 넉넉한 학업 휴가를 받는, 상대적으로 소수의 직업 장교의 임무이다. 고위 장교가 부족하므로 중간 계급 장교가 책임을 맡아야 하는데, 미 공군에서는 3개 비행대대로 구성되는 비행단을 40세의 대령이나 별 하나짜리 준장이 지휘하지만, 이스라엘에서는 계급이 훨씬 낮고 10세 정도 어린 장교가 맡는다.

혁신
4

아래로부터의
혁신

혁신이란 "묵은 풍속, 관습, 조직, 방법 따위를 완전히 바꾸어서 새롭게 하는 것"이며, 미래의 비전이 아니라 철저한 자기 진단과 반성으로부터 혁신해야 할 주제가 식별되는 것이다. 또한 혁신은 주도권을 잡으려는 성향에서부터 표출되는데, 주도권은 간절함과 열세를 극복하고 행동으로 옮기려는 결심과 실천의 속도에 의해 결정된다. 모든 분야에서 이스라엘 방위군이 주도권을 장악하려는 노력은 선택의 문제가 아니라, 모든 구성원이 추구해야 할 필수 덕목이다. 또한 혁신은 기존의 해법이 비효율적이거나 비용이 많이 들 때, 완전히 새로운 방법을 찾고자 하는 원초적인 충동에서부터 시작된다.

고위급 장교의 만성적 부족으로 인해 이스라엘 방위군의 하급 장교들은 나이가 어리고 교육 수준이 낮음에도 불구하고 자신의 나이와 학식에 맞지 않는 책임을 지는 일이 일상이 되곤 한다. 특히, 복잡한 상황에 직면했을 때, 우연히 현장에 출동한 예비군 등 현장에 있는 선배 장교들의 즉각적인 지도가 불가능한 상황이라면, 후배 장교들은 예기치 않은 위험을 모면하거나 찰나의 기회를 활용하기 위해 스스로 행동 계획을 수립하고 실행함으로써 상황을 주도해야 한다. 이때 그들에게는 결단력과 대담한 리더십이 필요하다. 그러나 이런 자질은 젊은 장교가 훈련 중이거나 혹은 사전 지침에 기반한 임무를 수행하는 중에 전혀 예상하지 못한 상황이 발생하여 일련의 행동을 취해야 할 때 발휘될 수 있다.

물론 분쟁이 장기화하면 할수록 위협받는 상황과 살아남는 상황이 반복되면서 실질적인 훈련 과정이나 사전 작전계획의 교재가 될 수도 있다. 그러나 인간이라는 존재가 워낙 변덕스럽고, 전개될 수 있는 분쟁 상황도 워낙 다양하므로 어떤 사전 분석 과정을 통하더라도 주어진 상황에서 최선의 행동 방침을 결정하는 변수와 불확실성을 모두 빠짐없이 예측할 수는 없다.

따라서 현대의 모든 군대에서는 상황이 변하기 전에 행동 계획을 수립하고 실행함으로써 예측할 수 없는 상황에 최대한 유리하게 대응할 수 있도록 젊은 장교들에게 끊임없이 주도권을 잡을 것을 요구한다. 다시 말해, 모든 하급 또는 중급 장교는 복종해야 하는 상급 장교들로 구성된 위계적 지휘 질서 속에 속해 있지만, 모든 장교는 순간의 기회를 포착하고 갑작스러운 위험을 피할 수 있을 만큼 신속 대응하기 위해 전적으로 혼자서 생각하고 행동할 정신적 준비가 되어 있어야 한다. 미국 지휘관들도 초임 장교 시절부터 훈련 과정에서 항상 상황부터 장악할 자세를 갖추라는 말을 듣는데, 더 높은 직위로 올라가더라도 자신보다 더 높은 상관한테서 또다시 같은 말을 듣게 된다.

이 같은 지시가 한결같이 되풀이되는 데는 그만한 이유가 있다. 어떤 전쟁 상황에서나 수적 열세와 화력의 열세 속에서도 반드시 주도권을 장악하고 마는 우월한 성향보다 더 강력한 힘은 없다.[1] 이는 행동과 반응의 상대 속도와 관련된 문제이다. 발이 빠른 권투선수가 훨씬 강한 상대를 더 강력한 펀치로 제압할 수 있듯이, 하급 장교까지도 주도권을 잡을 수 있고 기꺼이 주도권을 잡으려고 시도하는 군대는 훨씬 더 민첩하게 행동할 수 있다. 이를 행동으로 실천할 수 있는 군대는 더 민첩하게 행동하고, 반응하여 적의 펀치를 피하면서 자신의 펀치를 날릴 수 있다. 더 큰 규모로 보면, 이러한 민첩성은 적의 강점을 의도적으로 우회하고, 탐지된 적의 약점을 공략하여 사상자를 최소화하면서 이득을 극대화하는 것을 목표로 하는 기동전 수행 능력을 향상시킨다. 이는 적의 힘에 정면으로 맞서는 소모전, 즉 물질적 손실과 인명 피해를 더 잘 견디는 쪽에 승리가 돌아가는 소모전과는 반대되는 전투 형태이다.

어떤 적도 상대가 자신의 강점을 회피하고 약점을 이용하는 동안 가만히 있을 리 없기 때문에 전투는 양측의 상대적인 행동 속도에 의해 결정된다. 다른 모든 조건이 같을 경우, 지휘계통의 위아래에 있는 장교들이 주도권을 잡고 행동하는 상대적인 성향에 따라 달라질 수 있다. 이스라엘의 전투와 군사작전에서 보듯이, 물질적 불균형보다 눈에 보이지 않고 측정할 수 없는 주도권의 불균형에 의해 더 많은 전투에서 승패가 결정되었다.

그러나 주도권을 가르치고, 장려하고, 독려하고, 심지어 요구하기까지 하는 것은 종종 쓸모없는 일이며, 상황을 스스로 판단하여 모든 위험을 감수하지 않으려는 장교들이 있는 군대에서는 역효과가 날 수 있다. 장교들은 다음과 같은 두려움 때문에 명령을 기다리는 동안 아무것도 하지 않을 것이다. 그들은 실패에 대한 두려움 때문에 의사결정권자에게 쓸모없는 존재가 될 수도 있으나, 상부에서 단순히 복종하라는 명령을 내리면 어느 정도 유용할 수도 있다. 그 이유는 간단하다. 실제 군대에서 장교가 행사할 수 있는 주도권의 범위는 무엇보다도 군대의 구조에 따라 달라지기 때문이다. 즉, 장교의 주도권 범위는 지휘통제 관행에서 그들이 말하는 것과는 반대로, 그들이 실제로 어떤 존재인지 또는 어떤 존재가 되기를 원하는지에 따라 달라진다.

미 육군, 해군, 공군, 해병대는 특히 야전 장교를 양성하는 지휘·참모 과정에서 솔선수범의 중요성을 되풀이해서 강조한다. "미국의 육군, 해군, 공군, 해병대를 능가하는 군대는 없다. 동시에 미군보다 전 세계 어느 군대도 상급 장교가 하급 장교를 감시할 수 있는 더 나은 감시체계를 갖추고 있지 않으며, 상급 장교가 하급 장교에게 지시를 내릴 수 있는 더 나은 통신체계, 즉 지휘통제체계를 갖추고 있지 않다. 마지막으로, 미군은 가장 체계적으로 조직되고 구조화되어 있으며, 특히 지휘체계는 가장 정교한 구조로 구성되어 있고, 지휘 단계별로 많은 인력이 할당되어 있다." 1980년대만 해도 독일군 사단의 소속 장교가 서너 명에 불과했던 것과 달리, 미 육군 사단 본부의 경우, 작전 부서에만 장교가 20명에 달했다.

바로 여기에 문제가 있다. 미군 장교들은 별다른 노력 없이 월급을 받는 데 만족하는 게으른 사람들이 아니다. 그들은 매우 강한 직업윤리를 가지고 있다. 만약 그들이 사단의 작전참모 장교로 배치되면, 그 아래 여단 사령부에 대한 세부 명령, 경고 및 지시 사항을 끊임없이 생성하기 위해 열심히 일할 것이다. 각 여단에는 똑같이 열심히 일하는 작전장교가 있으며, 그 여단의 대대를 위해 똑같이 일할 것이다. 후배 장교들이 솔선수범하고, 보고만 하고 명령을 기다리는 대신에 상황을 파악하고 신속하게 행동해야 한다는 모든 좋은 가르침과 권고를 들었음에도 불구하고 그 위에 있는 모든 장교가그들을 감시할 수 있는 장비를 갖추면 후배 지휘관이 누릴 수 있는 행동의 자유가 줄어들어 스스로 계획을 세우고 책임지고 실행하려는 경향이 줄어들 수밖에 없다.[2]

상급 지휘부의 끊임없는 간섭으로 인해 어떤 일을 스스로 할 수 있는 재량권이 거의 없는 상황에서 장교들에게 주도적으로 계획을 수립하고 실행 과정에서도 과감하게 행동하라고 권유해봤자 소용이 없다.[3] 다시 말해, 많은 군대에서 문화적으로 요구되는 경직성, 즉 하급 장교들이 항상 명령을 기다리며 대기하는 상황이 아니더라도 실제로 가장 중요한 주도권 문제는 군사학교에서 가르친다고 습득되는 것이 아니다. 오히려 그것은 각 계층의 지휘 구조에 따라 달라진다. 통상 장교가 많은 두터운 계급은 주도권을 아래로 제한하고, 장교가 적은 얇은 계급은 책임을 아래로 강요하게 된다.

이스라엘 방위군에서 주도권을 장악하는 것은 선택의 문제가 아니다. 인력이 부족한 사령부와 그 위에 인력이 부족한 참모부로서는 하위 지휘관에게 세부적이지 않은 광범위한 임무만 명령할 수 있다. 즉, "이 지역을 점령하라", "저 지역을 사수하라", "지역을 정리하라", "지뢰를 제거하라"와 같이 무엇을 해야 하는지만 말할 뿐, 어떻게 해야 하는지에 대한 지침은 제공하지 않는다. 이 같은 임무 명령의 대상인 현장 지휘관은 전쟁에 동원된 예비군 사단 전체를 지휘하기 위해 소환된 경험 많은 60세의 퇴역 장군일 수도 있고, 하나의 소대를 지휘하는 21세의 중위일 수도 있다.

장교 인력이 넘쳐나는 군대에서 참모부의 참모들이 바쁠 수밖에 없는 것은 바로 예하 부대에게 일반적인 임무 명령 몇 마디가 아닌 수많은 전술적 세부 사항부터 규정된 경로, 권장되는 행동 방식, 상세한 화력 지원 계획, 보급품 제공 등에 이르기까지 일일이 세부적인 명령을 내리기 때문이다.[4] 1948년 10월, 이집트군의 침공을 분쇄하기 위해 대대적인 반격 작전이 있었다. 당시 이스라엘 방위군이 창군 이래 최초로 감행했던 대반격 작전인 요하브 작전[Operation Yoav]을 앞두고 이갈 알론 전선 사령관이 써 내려간 명령서는 단 한 장이었다.

상세한 지침을 받은 예하 부대의 지휘관은 이를 실행하는 과정에서 예상치 못한 장애에 부딪혔을 때, —전쟁에서는 적들이 무엇을 하든 이를 차단하기 위해 노력해야 하기 때문에 항상 이런 일들이 발생한다— 단순히 임기응변으로 장애를 피해갈 방법은 없다. 그들은 세부 명령을 내린 본부에 다시 연락하여 예상치 못한 장애를 설명하고 새로운 지침을 내리도록 요청해야 한다. 상부의 지시를 기다리는 동안 부대는 잠시 멈춰야 한다. 따라서 전체적인 노력은 일련의 중단된 행동으로 이어지고, 이는 결과적으로 적에게 숨 쉴 틈을 제공하여 대응책을 강구하고 실행할 기회를 주게 된다. 이러한 군대에서 복무하는 병사들은 직속 지휘관이 지휘계통을 통해 보고하고 이동할 때마다 명령을 기다리는 동안 이동, 정지, 다시 이동, 다시 정지하는 순서에 빠르게 익숙해진다. (1943년과 1944년에 독일군을 격퇴하기 위해 이탈리아와 프랑스에 상륙한 미군의 경우에도 이 같은 상황이 벌어졌다. 조지 S. 패튼[George S. Patton]의 지휘를 받는 부대만 예외였다.)

각 지휘 계층의 주도권은 임무 명령과 그에 따른 위험을 감수하려는 사고방식으로 인해 상부의 지시를 대체하게 된다. 부대 지휘관은 본부에 다시 문의하거나 새로운 명령을 기다리기 위해 멈추지 않고도 주변으로 기동하거나 다른 적절한 조치를 취함으로써 예상치 못한 장애에 즉시 대응하는 등 스스로 행동할 수 있다. 부대 지휘관들이 저항에 부딫히면 지휘계통에 있는 하급 지휘관들이 최선의 방법을 찾거나 다른 방법을 시도하는 등 자유로운 주도권 행사에 기반한 적극적인 지휘 활동으로 빠르고 유동적으로 장애물을 연속해 우회할 수 있다. 전 세계 대부분의 군대가 그렇듯이 적이 엄격한 하향식 지휘체계를 갖고 있는 경우 각 계층의 지휘관들은 새로운 명령이 내려지기를 기다리며 새로운 움직임이 전개되는 동안에도 이전 움직임에 대응하는 과정에 묶여 있을 것이다.

이러한 비대칭성은 1973년 휴전으로 끝난 30년간 아랍과 이스라엘의 재래식 전쟁에서 분명히 드러났다. 1982년 6월 레바논에서 시리아군을 상대로 며칠간 벌어진 대규모 전투에서는 더욱더 두드러졌다. 그후 더 이상 전쟁이 일어나지 않자, 이스라엘 방위군은 반복적인 방위 작전에 매몰되어 주도권을 행사할 여지가 거의 없어졌다. 그러나 2006년 7월 12일부터 8월 14일까지 이른바 제2차 레바논 전쟁이 발발했고, 이후 공식 조사위원회가 구성되어 이스라엘 방위군의 성과와 정부의 의사결정 과정 전반에 대해 평가하는 임무를 맡았다.[5] 2008년 1월 30일에 발표된 최종 보고서는 특히 부하들의 주도권을 저해하는 '지나치게 중앙집권적인 지휘 스타일'에 대해 더할 데 없이 신랄한 비판을 담아냈다.

전쟁의 발발에서 승전에 이르기까지의 과정에서 일어난 오류들을 폭로하는 데 있어 명성이나 보안을 고려하지 않는 태도에 놀란 외국의 옵서버observer들은 다른 선진 군대에서 지극히 정상적인 관행이라고 간주하는 행태들을 과도한 중앙집권화라고 매도하는 태도를 접하고는 매우 당혹스러워했다.[6] 그러나 이스라엘 내부에서는 그 같은 비판은 폭넓은 공감을 얻었다. 왜냐하면 수많은 이스라엘인들이 전투 경험과 군사 문제에 대해 어느 정도 전문 지식을 갖고 있었고, 통신 기술의 발전

●●● 2006년 7월 12일부터 8월 14일까지 벌어진 제2차 레바논 전쟁에서 전투를 마치고 재충전을 위해 철수하는 이스라엘 방위군 장병들. 이스라엘은 전쟁을 치르고 나면 국가 차원에서 위원회를 구성해 덕망 있는 인사를 위원장으로 임명하고, 전쟁의 원인과 경과, 분석 등을 통해 교훈을 도출하여 보완하는 과정을 반드시 거친다. 2006년 제2차 레바논 전쟁이 종식된 이후에도 대법관을 역임한 위노그라드(Winograd) 판사를 위원장으로 하는 정부 차원의 조사위원회를 구성하여 분석하고 교훈을 도출했으며, 그 결과를 바탕으로 이스라엘 방위군의 혁신을 추진했다. 〈출처: WIKIMEDIA COMMONS | CC BY-SA 3.0〉

으로 인해 지휘계통의 하부 계층에 있는 병사들의 행동의 자유가 위축되는 부작용이 있지 않을까 우려했기 때문이다.

혁신으로 가는 길로서의 주도권

전투에서 주도권을 행사하는 이스라엘 방위군의 문화와 기술 혁신 사이에는 직접적인 관계가 있다. 주도권 잡는 방법을 배운 장교들은 임무형 명령에 익숙한 정신이 형성되어 군대 전술, 작전 방법, 절차, 부대에 지급되는 장비, 심지어 군복의 재단까지 주변의 모든 것을 비판적으로 바라볼 가능성이 훨씬 더 높고, 한계와 단점을 피할 수 없는 것으로 받아들일 가능성이 훨씬 적다. 이들은 물려받은 조직의 형태, 부대에 지급된 특정 무기, 규정된 전술, 표준 작전 절차 등을 받아들이거나 소중히 여기는 법을 배우는 대신, 모든 것에 의문을 제기하고 자신만의 더 나은 해답을 찾기 위해 노력하는 경향이 있다. 모든 혁신의 애벌레 단계, 즉 현존하는 것에 대해 점점 더 세밀하게 의문을 제기하고 대안을 마련하기 위한 준비 단계가 바로 이 단계이다.

많은 이스라엘 방위군의 젊은 장교들이 군 복무를 마치고 곧바로 동료 병사들과 함께 첨단 기술 분야뿐만 아니라, 스타트업Start-up에 뛰어드는 것은 놀라운 일이 아니다.[7] 이는 이스라엘 방위군의 기술 관련 부대에서 복무한 사람들뿐만 아니라, 일반 전투부대에서 복무한 사람들에게도 해당하는 이야기이다. 전 예루살렘 시장이자 크네세트Knesset* 의원인 니르 바르카트Nir Barkat는 제35낙하산여단에서 대위로 군 복무를 마

---

* 크네세트: 이스라엘의 입법부인 의회의 호칭이며, 명칭의 근원과 120명의 고정된 의원 수는 기원전 예루살렘에서 소집된 유대인 대표기구였던 크네세트 하게돌라(Knesset HaGdola: 최고회의)에서 비롯되었다.

친 후 소프트웨어 회사(BRM)를 설립하여 인터넷용 바이러스 백신 소프트웨어를 성공적으로 개발했다. 몇 년 후, 그는 군대에서 스타트업 세계로의 전환에 대해 다음과 같이 설명했다. "우리는 엘리트 집단에 속해 있고, 무엇이든 할 수 있다는 분위기가 팽배해 있었기 때문에 실수를 좀 하더라도 문제될 게 없다고 느꼈다. … 그런 생각이 드니까 나는 모든 것이 집에 있는 것처럼 편안해졌다. … 공수부대에서 복무했던 시절에도 그랬던 것처럼 과감한 행동이나 시행착오를 저질러도 괜찮다는 여유가 생겼다."[8]

1968년 9월, 저자 에드워드 러트웍은 당시 총참모부(현 기술 및 군수국)에서 군화부터 미사일까지 모든 보급을 책임지던 마티야후 펠레드 Mattityahu Peled(애칭 "마티Matti") 소장의 사무실을 방문했다(이후 펠레드는 저명한 아랍문학 교수이자 평화운동가로 활동하기도 했다). 펠레드는 보병용 신형 전투복의 첫 견본을 받았는데, 4개의 소총 탄창 주머니, 수류탄용 고리 4개, 구급상자 주머니, 물병 2개를 넣을 수 있는 구멍이 있는 경량 섬유 벨트로 매우 실용적으로 보이는 개방형 메시 나일론 조끼였다. 이 하네스와 벨트는 매우 뻣뻣하고 무거운 면직물로 만들어져 단추가 어색하고 끈이 맞지 않는 제2차 세계대전 당시 영국의 잉여 장비였던 기존의 띠, 탄창 고리, 수류탄 주머니, 벨트보다는 분명히 크게 개선된 것이었다.

결국 모든 이스라엘인의 상당수가 그 띠를 착용할 것이기 때문에 "디자인 프로세스를 시작하기 전에 제안받았느냐?"라는 질문에 펠레드는 웃음을 터뜨리며 어떤 공지도 하지 않았고 어떤 제안도 받지 않았다고 말했다. 하지만 어쨌든 소문은 퍼져나갔고, 군에 복무했던 보병의 대부분은 적어도 마음속으로는 이미 훨씬 더 발전된 자신만의 디자인이 있었다. 선정된 디자인에 대한 소식이 퍼지기 시작했을 때, 반응은 어땠

을까? 펠레드는 반응이 그저그랬다고 대답했다. 실제로 본 사람은 아무도 없었지만, 가연성 나일론, 허술한 그물망, 수류탄 주머니 대신 헐거워진 고리 등으로 인해 새로운 하네스가 완전히 실패작임을 이미 모두가 알고 있었다. 당시의 상황에서 비평가들의 예상은 틀렸다. 수류탄 고리를 파우치로 교체한 것을 제외하면 새로운 전투 장비는 큰 성공을 거두었다. 이는 이미 오래된 영국식 직물로 된 띠를 사용해 행군하고 싸우던 불편한 시절에 대한 창의적인 해법을 구현했기 때문이다.

그럼에도 불구하고 상비군의 대부분을 차지하는 젊은 징집병과 1~2년 더 '전문직'으로 복무하는 소수의 직업 장교가 아무리 활달한 연령대라고 해도 중요한 혁신을 생각해낼 수 있는 위치에 있지 않다는 것은 분명하다. 징집병은 기껏해야 고등학교 졸업자이고, 18세라는 한창인 나이에 예비역 경력을 많이 쌓을 수도 없다. 물론 군 복무 중 사용하는 각종 첨단 장비를 통해 기술적 창의성이 크게 자극될 수 있지만, 대학 교육을 받지 못했기 때문에 기술적 혁신을 적절한 정량적 방법으로 평가하는 데 한계가 있을 수밖에 없다. 대학 교육을 받은 직업 장교의 경우, 그 수가 적고 업무가 과중해서 본연의 임무가 아닌 혁신을 추구할 수 있는 능력이 떨어진다.

이스라엘이 누구와도 대화할 수 있고 어느 정도까지는 상대방의 말을 들어줄 준비가 된, 형식에 얽매이지 않은 사회라는 점은 도움이 된다. 새로운 아이디어가 합리적이라면 이스라엘 방위군의 최고위 지휘관을 찾아가 그것에 대해 말하는 것도 어렵지는 않다. 1970년 여름, 이스라엘 공군이 수에즈 운하를 가로질러 이집트 영토 상공을 비행하며 소련이 아낌없이 지원하던 첨단 대공 미사일 포대를 파괴하고 있을 때, 에드워드 러트웍은 예비역이 아닌 이스라엘 방위군에 갓 입대한 신참이었다. 대공 미사일 포대가 수에즈 운하 전선에 점점 더 가까이 배치되면서 이스라엘 공군의 전투기들은 수적으로 열세인 이스라엘 방위군을 하루에 수천에서 수만 발의 포탄을 끊임없이 포격하는 이집트 포병 포대에 대한 반격 능력과 이집트군의 운하 횡단 공세에 맞설 수 있는 능력이 약화되고 있었다. 지상군을 지원하는 효과적인 공중 작전을 위해서 하늘을 개방하려면 미사일 포대를 파괴해야 했고, 이를 위해서는 미사일 포대의 위치를 파악하여 신중하게 계획하고 정밀하게 타격해야 했다. 이집트 포병과 지대공 미사일 포대를 성공적으로 타격하기 위해서는 미사일의 완벽한 표적이 되는 중간 고도에서 일정한 속도로 직진하는 항공기가 표적 지역을 항공 촬영해야만 했다. 그러나 미사일을 피하려면 사진 촬영 임무를 중단하고 회피 기동을 위한 아찔한 곡예비행을 해야 했다. 그 결과, 이스라엘의 정찰기는 미사일에 의해 단 한 대만 파괴되었으나, 많은 임무가 중단되어 지상군에게 절실했던 공군의 지원 폭격은 제대로 이뤄지지 않았다.

아무런 자격증이 없던 러트웍은 이 충격적인 소식을 듣고 당시 이스라엘 방위군의 수석 과학자였던 수학자 아리예 드보레츠키Aryeh Dvoretzk를 찾아가 운하를 가로지르는 지형을 촬영할 수 있는 다른 방법, 즉 무선 조종 모형 항공기에 안정화된 비디오 카메라를 장착하는 방법을 제안했다. 드보레츠키는 열화상 왜곡이 문제가 될 수 있다고 언급하며 주의 깊게 메모했다. 3년 후인 1973년, 국영 타디란Tadiran 전자회사는 최초의 소형 원격조종비행체RPV인 '마스티프Mastif'를 공개했는데, 이는 이스라엘이 드론 분야에서 글로벌 리더로 자리매김하는 산업을 시작하는 계기가 되었다. 다른 사람들도 같은 아이디어를 제안했었음에도 1970년 드보레츠키의 제안이 여기에 어떤 영향을 미쳤다는 증거는 없지만, 이 사례는 이스라엘 방위군의 혁신을 촉진하는 개방적인 사고방식을 잘 보여준다.[9] 게다가 이 사례는 무엇이 혁신에 대한 요구를 불러일으키는지 보여준다. 이스라엘 방위군은 장애와 좌절에 대응하기 위해 더 열심히 노력하고, 그들의 교리는 정해진 목표를 추구할 때 무엇보다도 포기하지 말 것을 강력하게 강조한다.

대안이 마땅치 않은 상황에 직면한 이스라엘 방위군 지도자들이 방법이나 기술, 하드웨어, 소프트웨어 등 시급한 문제에 대한 새로운 해결책을 모색할 때 아이디어가 있는 예비역들은 기회를 얻게 된다. 리더들은 자연스럽게 해답을 제시할 수 있을 것으로 생각되는 예비역들을 찾는다. 민간인 신분으로 이스라엘의 효율성이 높은 기업에서 관리자로 일하고 있는 예비역들은 자연스럽게 경영 조언의 원천이 된다. 물론 예비군 스스로도 여전히 훈련 중인 거의 무료에 가까운 풍부한 유휴 인력, 꾸준히 노후화되는 장비 재고, 전쟁을 제외하고는 만성적으로 활용도가 낮은 시설 등으로 인해 필연적으로 발생하는 효율성의 격차를 줄이기 위해 끊임없이 노력하고 있다.

첨단 기술이나 경영 전문가가 아닌 다른 예비군들은 좀 더 소박한 형태의 전문 지식으로 이스라엘 방위군을 풍요롭게 한다. 예를 들어, 초소를 방문하면 아주 초보적인 야전 취사장에서 미식가이거나 요리사로 활동하는 예비군이 요리한 괜찮은, 심지어 꽤 맛있는 음식이 제공되는 경우가 종종 있다. 보초 근무를 서는 다른 예비군 중에는 중요한 회사의 CEO가 있을 수도 있다. 이 책의 또 다른 저자인 에이탄 샤미르 Eitan Shamir는 한때 예비군 기갑사단 본부에서 연례 소집 대상자인 나이 많은 예비역 병장과 함께 근무한 적이 있었는데, 그 병장은 작전참모부 작전 장교들을 위해 지도, 항공사진, 기타 계획 보조 자료를 수집하여 제시하는 평범한 사무직에 불과했다. 이 사단의 지휘관은 이 병장의 민간인 신분이 이스라엘 대기업의 CEO라는 사실을 알게 되자, 하찮은 임무하던 그를 그의 경영 능력을 활용할 수 있는 훨씬 더 중요한 직책으로 재배치했다. 그런데 연례 휴가 때마저 힘든 결정을 내려야 했던 CEO 출신 병장으로서는 이것이 전혀 달갑지 않았다.

젊고 경험이 부족한 징집병이 많고 주변에 직업 장교가 거의 없는 상황에서 이스라엘 방위군의 예비역이 연례 소집에 따라 복무할 때 가장 세세한 전투 기술까지 모든 종류의 전문 지식을 전수하는 것이 어떤 것인지 쉽게 상상할 수 있다. 물론 예비역들은 징집병들에게 냉소적이지 않으며, 경험에서 우러나오는 군사적 가치관을 전수한다. ─"상비군에서 전역한 지 몇 년이 지났지만, 여전히 복무를 위해 소집되는 우리를 보세요. 여러분도 현재에도 필요하지만, 미래에도 필요할 것입니다. 장교가 '아하라이aharai', 즉 '나를 따르라'라고 외치며 앞서 달려가면 여러분은 공격에 가담하고 싶을 것이고, 저항해야 하는 상황이라면 그렇게 하고 싶을 것입니다. 그러나 영웅이 되려고 일부러 기회를 찾지는 마세요."─ 이스라엘 방위군이 문제를 해결하는 것은 근육과 피가 아니라, 말 그대로 '두뇌', '지혜' 또는 '영리함'을 의미하는 세첼sechel, 더 정확하게는 '지성과 경험이 결합된 분별력'이다.

때로는 폭력적인 힘만이 통할 때도 있고, 폭력적인 힘으로 사용할 수 있는 능력이 없으면 생존할 수 없을 때도 있다. 그러나 예비군이 중심이기 때문에 필연적이고 고유한 민간 군대인 이스라엘 방위군에게 긴박한 상황에서 발현되는 해결법은 폭력적인 힘도, 부대 예규도, 군사적 전통도 아닌 세첼, 즉 '지성과 경험이 결합된 분별력'이다. 또한 혁신은 기존 해법이 비효율적이거나 비용이 너무 많이 들 때 완전히 새로운 해법을 찾고자 하는 원초적인 충동에서 시작된다.

이것이 바로 이스라엘 방위군의 창립 세대가 남긴 유산이다. 1953년부터 1958년간 총참모장과 196년부터 1974년까지 국방장관을 역임했고, 1966년 베트남에서 전투 중인 미 해병 부대를 방문했던 이스라엘의 외눈박이 전쟁 지도자인 모셰 다얀은 미 해병을 "대담하고 용감하며 불굴의 뛰어난 전사"라고 평가했다.[10] 그럼에도 불구하고 다얀은 워싱턴에서 열린 외교 회의 참석자들이 미 해병 의장대의 퍼레이드를 관람하던 날을 회상하며 이렇게 회고했다.

> "나 역시 그들의 뛰어난 의장 퍼레이드에 감탄하며 박수를 쳤지만, 내면 어딘가에서 전투 병력을 마리오네트로 사용하는 것에 대해 어떤 혐오감, 심지어 분노와 굴욕감을 느꼈다. … 군인의 임무는 싸우는 것이며, 적어도 오늘날에는 똑바로 규칙적인 대열과 정해진 리듬의 동작으로 전투를 수행하지 않는다. … 싸우는 사람을 군인이라고 부르고 군인들이 제복을 입는 것은 사실이지만, 전투는 모든 남성에게 개인의 능력을 최대한 발휘할 것을 요구하는 것이지, 버튼을 누르면 로봇처럼 다리를 움직이고 팔을 휘두르는 것을 요구하는 것이 아니다."[11]

'개인의 능력'을 최대한 발휘하는 것은 이스라엘 방위군에서 가장 엄선한 부대인 탈피오트Talpiot*의 목적이며, 사예렛 세첼Sayeret Seche('두뇌 특공대') 또는 사예렛 체노님Sayeret Chenonim('괴짜 특공대')이라는 별명을 가지고 있다.[12] 탈피오트 프로그램은 특히 새로운 군사 기술 개발을 위해 젊은 징집병들의 창의성을 활용하기 위해 존재한다. 이 부대의 훈련 과정은 표준 징병 의무 복무 기간인 3년보다 5개월 더 긴 41개월로, 이스라

---

* 탈피오트: 히브리어로 '최고 중의 최고'라는 뜻을 가진, 이스라엘의 과학기술 분야 전문가 양성 목적의 엘리트부대 제도이다. 탈피오트라는 단어는 사전적으로 '견고한 산성' 또는 '높은 포탑'을 의미하며, 구약성서에서는 리더십을 뜻하는 은유적 표현으로 쓰이기도 한다. 탈피오트 제도는 1979년부터 고교졸업자를 대상으로 소수의 엘리트를 선발하여 첨단 군사과학 인재로 육성시킴으로써 이스라엘을 현재의 강국으로 만드는 데 근간이 된 국방과학기술 전문 장교 육성제도라 평가받고 있다.

엘 방위군 중에서 가장 길다. 졸업생들은 히브리 대학교에서 이학사 학위와 중위 계급을 모두 취득한 후 직업 장교로서 6년간의 의무 복무를 시작하지만, 일부는 그보다 더 오래 복무하기도 한다.

이 부대는 매년 이스라엘 전체 고등학생의 상위 2%를 대상으로 입학시험을 치르고, 수학 및 물리학 분야의 까다로운 시험을 치르는 등 선발 과정을 극도로 엄격하게 진행한다. 이 단계에서 약 200명 규모의 후보자가 선발되며, 지원자들은 일련의 심리 및 적성 검사를 거쳐 50명 내외로 최종 후보자를 선발하여 프로그램을 시작하며, 이 중 40명 이하가 성공적으로 졸업한다.

신입생들은 대부분의 이스라엘 학생들과 마찬가지로 보병 기초 훈련을 받는 동안 시간제part-time로 수학과 물리학의 이중 학위 과정에 등록해 공부한 후 이스라엘 방위군의 각 부대에서 추가 훈련 과정을 거쳐 소총수, 전차 포수, 포반 사수, 무전기 운용병, 수병, 공군병 등으로 다양하게 복무하게 된다. 이 과정에서 훈련생들은 실험실이나 공장의 통제된 환경이 아닌 실제 상황에서 일반 병사들에게 지급된 무기와 기타 장비를 어떻게 사용하는지에 관해 학습한다. 이 프로그램은 과학과 기술 교육에 중점을 두지만, 기술적 문제 해결과 더불어 전술적·작전적 사고를 자극하기 위해 군사 교리 및 군사 역사 과정도 포함하고 있다. 전반적인 목표는 독립적인 사고와 창의력을 자극하는 것이지만, 참가자들에게는 이스라엘 방위군에서 실제 필요로 하는 새로운 전문 소프트웨어 개발, 복잡한 이벤트 준비 또는 특정 주제에 대한 대학 세미나 진행과 같은 실질적인 과제도 주어진다.

1,000여 명에 달하는 탈피오트 프로그램의 졸업생Talpion은 이스라엘 방위군과 사회 전반에서 탁월한 명성을 누리고 있다. 여기에는 이스라엘에서 가장 성공적인 기술 및 생명공학 기업의 창립자이자 선도적인

과학자들이 포함된다. 2010~2016년간 이스라엘 국방부 연구개발 부서의 전 국장인 오피르 쇼함Ofir Shoham은 1983년 탈피오트 졸업생으로, 30년 동안 이스라엘 방위군을 위해 근무하면서 다양한 참모, 지휘 및 연구개발 임무를 수행한 바 있으며, 한때 미사일고속정을 지휘하기도 했다.

탈피오트 프로그램은 필연적으로 위계적인 구조에서 비롯된 하향식 사고방식에 맞서 상향식 창의성을 합법화하는 데 기여했다. 특히 혁신에 있어 가장 중요한 탈피오트 프로그램의 존재는 이스라엘 방위군의 가장 기본적인 원칙인 "창의성이 경험에 우선한다"라는 원칙을 확인시켜주었다. 제2차 세계대전 당시 유능한 미 육군의 공군 사령관이었던 헨리 H. 아놀드Henry H. Arnold 장군이 1946년 3월 막 시작된 전례 없는 핵무기 시대에 새로운 아이디어를 제공하기 위해 프로젝트 RAND를 설립한 것도 바로 이러한 이유 때문이었다. 그는 막 끝난 전쟁에서 미 공군이 쌓은 전문성이 사라졌다고 보았던 것이다.

탈피오트의 성공은 다른 엘리트 프로그램, 특히 사이버 마법사와 고급 프로그래머를 양성하는 것을 목표로 하는 강도 높은 프로그램인 셰차킴Shechakim('하늘')의 설립으로 이어졌다. 또 다른 프로그램인 하바잘롯Havazalot('백합')은 대학 수준의 아랍어 또는 페르시아어 학습과 사내 특별 과정을 포함한 길고 힘든 과정을 통해 정보-연구 부서의 분석가가 되기 위한 최고의 후보자들을 양성한다.[13] 프로그램 졸업생들은 3년의 징집 복무에 더해 수년간 직업군인으로 복무하게 된다.

혁신을 추진하는 창의성은 위계질서에 대한 존중과 자연스럽게 충돌한다. 다른 조직과 마찬가지로 이스라엘 방위군도 변화를 끌어내기 위해서는 기존의 제도나 상명하복 관행이나 우선순위를 바꿔야 하는데, 이는 새로운 아이디어를 가진 부하들의 말에 기꺼이 귀를 기울이는 고위 장교들이 많을 때만 가능한 일이다. 탈피오트 프로그램은 군의 혁신을 이루기 위해 일반적으로 요구되는 위계질서 반전에 중요한 역할을 했다. 그러나 그 비중은 매우 적기 때문에 지위는 높지만 계급이 낮은 예비역이 많은 이스라엘 방위군에 퍼져 있는 계급에 대한 무감각한 태도가 혁신을 촉진하는 데 훨씬 더 큰 역할을 한다.

1978년 저자인 에드워드 러트웍은 다른 군대에서는 상상할 수 없는 극단적인 사례를 목격했다. 그는 1973년 10월 제7기갑여단의 극적인 승리 이후, 당시 이스라엘 방위군의 지상군 사령관이자 국민적 영웅이었던 아비그도르Avigdor "야노쉬Yanosh" 벤-갈Ben-Gal 소장과 함께 레바논 남부의 노출된 최전선 전초기지를 방문하고 있었다. 이 특정 지역에서 적이 선호하는 전술은 전초기지를 박격포 사격으로 잠시 포격하여 병사들을 방공 벙커로 몰아넣은 다음, 병사들이 벙커를 빠져나와 주변을 따라 사격 위치로 돌아가기 전에 즉시 보병 공격을 개시하여 진지를 점령하는 것이었다. 적 역시 벙커와 사격 위치 사이로 도망치는 병사들을 잡기 위해 박격포 공격을 중단했다가 곧바로 다시 시작할 수 있었기 때문에, 항상 헬멧과 무거운 방탄복을 착용하라는 대기 명령이 내려졌다.

벤-갈과 러트웍이 도착한 후, 실제 전투 상황은 일어나지 않았기 때문에 벙커에서 경계선까지 달리기 훈련이 진행되었다. 벤-갈은 병사중 한 명인 19세 이병이 방탄 재킷을 입지 않은 것을 발견했다. 그는 그 병사에게 벙커로 돌아가서 즉시 재킷을 입으라고 외쳤다. 그 병사는 전술적 전문성으로 특히 명성이 높았던 장군 앞에 서서 벙커와 사격장 사이의 공터를 최대한 빨리 달리는 것이 더 중요하며, 특히 대피소의 좁은 문을 빠져나갈 때 방탄 재킷이 심각한 장애가 된다고 침착하게 설명했다. 벤-갈은 그 명령이 본부의 장교들이 신중한 전술적 연구 끝에 내린 것이니 당장 따르는 것이 좋겠다고 대답했다. 그 병사는 복종하겠지만 그것은 계급이 낮기 때문이라고 대답했고, 벙커로 가서 방탄복을 입으면서도 적어도 특정 전초기지의 경우에는 대기 명령이 잘못되었다고 주장했다. 일부 군대에서는 군법회의나 최소한 지휘관의 즉결 처분이 내려졌을 수도 있지만, 벤-갈은 이스라엘 방위군에서는 피셔pisher(기저귀를 착용하는 여자라는 의미의 속어)도 참모보다 더 잘 안다고 농담했고, 21세의 담당 중위는 이 병사가 짜증나고 논쟁적이지만 꽤 괜찮은 군인이라고 평했다.

  이스라엘 방위군 병사들은 고위 야전 지휘관들과 전술에 대해 논쟁하지 않는 것이 일반적인 일이므로 이 에피소드는 뜻밖의 일이었다. 그러나 이스라엘 방위군이 창설되기 훨씬 전부터 모든 현대의 군대에서 공식적으로 받아들여졌던 장교의 책임이라는 더 높은 원칙에 따라, 장교는 자신의 책임 하에 올바른 일을 하기 위해 명령을 재해석하거나 심지어 아예 무시하려는 의지가 분명히 있다. 그러나 아마도 다른 곳보다도 이스라엘 방위군에서 더 자주 주장되는 것 같다.[14] 공교롭게도 방탄 재킷이 등장하는 이스라엘 방위군만의 에피소드가 또 하나 있다. 1982년 6월 10일, 시리아 제85여단과 제62여단 소속 특공대원들은 베이루트 대도시에 거의 맞닿은 언덕 마을이었던 카프르 실Kafr Sill에 진지를 구축했다.[15] 도론 아비탈Doron Avital 대위는 제35낙하산여단 202대대 소속 중대를 이끌고 언덕 위의 시리아 진지를 공격하고 있었다. 전투가 시작되기 전, 본부에서 전 대원에게 방탄 재킷을 착용하라는 명령이 내려왔다. 당시까지 낙하산부대원들은 조직이 제대로 갖춰지지 않은 팔레스타인해방기구PLO*를 상대로 진격 중이었고, 시리아군은 탄막으로 진지를 엄호하기 위해 포격을 가할 수 있었기 때문에 그런 명령이 내려진 것이었다.

그러나 아비탈은 이 명령이 병사들의 기동성을 지나치게 제한하여 전투의 효율성을 떨어뜨릴 것이라고 확신했다. 그는 지휘관들에게 명령을 재고해달라고 거듭 요청했지만 거절당했다. 당시 여름이었고 날은 유난히 더웠으며, 중대의 전투 계획에 따르면 진지를 구축한 시리아 특공대의 측면을 공격하기 위해서는 능선을 넘어 가파른 오르막길 행군이 필요했다. 아비탈은 병사들에게 명령이 내려졌음에도 불구하고 방탄복 없이 싸울 것이라고 말했지만, 방탄복 착용 여부는 병사들 각자가 결정하도록 했다. 거의 모든 병사가 착용하지 않았다. 이어진 전투에서 아비탈의 중대는 길고 가파른 오르막길에 지친 다른 중대보다 더 빠르게 움직이고 민첩하게 기동하며 뛰어난 활약을 펼쳤다.[16] 아비탈은 명령을 무시했다는 이유로 처벌받지 않았고, 오히려 진급하여 나중에 이스라엘 방위군의 가장 권위 있는 전투부대인 사예렛 마트칼^{Sayeret} $_{Matkal}$의 사령관이 되었다.[17]

이스라엘 방위군의 연대기에는 이러한 이야기가 많이 나오는데, 이스라엘 방위군의 문화도 확실히 모든 군대가 규정한 장교 책임의 원칙을 유지하고 있다. 그러나 전술적으로 하달된 명령이 정당할지라도 상황에 맞게 변형할 경우, 불복종으로 받아들이지 않는다. (스탈린 치하에서 적군 장교들은 무슨 일이 있어도 명령을 무시하면 총살당했는데, 이는 1941년 여름에 발생한 대규모 탈영과 전선 붕괴에 대한 반작용이었다.) 그러나 이스라엘 방위군에서 장교 책임의 원칙인 불복종적 적용을 용인하고, 나아가 주도권 장악을 긍정적으로 장려하는 사고방식이 주류를 이루는

---

* 팔레스타인 해방기구: 1964년 팔레스타인의 분리 독립을 위해 창립한 무장단체로서, 약칭은 PLO 이다.

한, 혁신은 계속될 것이며, 심지어 불편한 변화를 강요하는 파괴적인
혁신까지도 지속될 것이다.

예비군
혁신가들

이스라엘 방위군의 특성인 예비군 중심의 군대라는 개념은 독립전쟁 당시부터 불가피한 선택의 결과물이다. 인적 자원이 절대적으로 부족하고 외부로부터 가해지는 위협이 사라지면 생계로 돌아가야 하는 상황에서 규모가 큰 상비군 편성은 현실적으로 불가능했다. 이러한 구조적 특성으로 인해 예비군은 이스라엘 방위군의 핵심 축이며, 이스라엘 사회의 개방적 특성과 함께 어우러져 아이디어만 있으면 누구든 만나서 논의하는 데 제약이 없다.

즉흥성, 전술적 기술, "나를 따르라"라는 전투 리더십만으로 항상 모든 것을 해결할 수는 없다. 때로는 정규 교육이 모자라거나 숙련도가 낮을 경우, 현실적인 문제에 부딪히기도 하기 때문이다. 이스라엘 방위군은 소수의 인구에서 모집된 상비군이 공급할 수 있는 것보다 전투에 투입할 준비가 된 훨씬 더 많은 군인이 필요하다는 직접적인 필요성에서 시작되었지만, 우연히도 혁신가가 되고자 하는 청년들이 이스라엘 방위군이 가지고 있는 단점에 대한 최선의 해결책을 제공했다는 점에서 다른 군대에서는 찾아볼 수 없는 독특한 특징을 보여주고 있다.

이스라엘 방위군은 이스라엘의 독립선언 12일 후인 1948년 5월 26일 다비드 벤구리온David Ben-Gurion 총리가 발표한 법령에 따라 공식적으로 창설되었다. 이때 발표된 법령은 이미 현역 지상군의 주요 목적이 징집병을 훈련하는 것이 아니라 무기와 장비를 갖춘 예비군 중심의 구조를 표방하는 혁신 방안을 골자로 하고 있었다.[1] 따라서 전문성이 부족한 젊은 세대의 징집병과 소수의 경력직 장교는 이스라엘 방위군 내의 거의 모든 직무를 두루 섭렵했을 뿐만 아니라 천체물리학부터 동물학, 모든 형태의 공학, 경영학 등 다양한 민간 분야의 전문성을 갖춘 예비역들에게 수적으로 압도당하고 있다. 오늘날에도 예비군들의 아이디어는 좋은 내용이건 아니건 간에 이스라엘 방위군에 꾸준히 유입되고 있다.

사실 예비군 중심의 군대라는 새로운 아이디어는 독립전쟁 당시 적을 격퇴하는 과정에서 도입되었다.[2] 1948년 이전까지 몇 해 동안 새로운 국가가 어떤 유형의 군대를 보유해야 할지를 고민할 때, 가장 먼저 배제된 것은 상근직 군인과 장교로 구성된 전문 군대였다. 전 세계적으로 가장 일반적인 형태의 군대로 남아 있던 로마 시대의 유물은 이스라엘의 상황에 적합하지 않았기 때문이었다. 이미 여러 아랍 국가의 병

●●● 1948년 5월 14일 텔아비브 뮤지엄 홀(Tel Aviv Museum Hall)에서 다비드 벤구리온 총리가 독립선언문을 낭독하고 있다. 이스라엘 방위군은 이스라엘의 독립선언 12일 후인 1948년 5월 26일 다비드 벤구리온 총리가 발표한 법령에 따라 공식적으로 창설되었다. 〈출처: WIKIMEDIA COMMONS | CC BY-SA 3.0〉

력이 남쪽, 동쪽, 북쪽에서 국경을 침범하고 있는 상황에서 1948년 5월 15일 당시 65만 명 남짓한 유대인 인구를 가진 신생 이스라엘이 침략군들을 감당할 만큼 큰 규모의 군대를 운영할 수 없었던 것은 어쩔 수 없는 현실이었다. 설령 운영 자금을 마련할 수 있다고 해도, 한창인 나이의 남성뿐만 아니라 여성도 해마다 제복을 입고 봉사하게 될 것이고, 아주 어리거나 늙은 사람들만이 닥치는 대로 일하게 될 것이기 때문이었다.

독립선언이 있기 전 이미 시간제로 근무하는 자원봉사 민병대라는 대안이 있기는 했다. 이들은 1931년 정치적 분열로 인해 생겨난 2개 민병대 조직으로서, 우위를 점한 하가나^{Haganah}와 그 라이벌인 이르군^{Irgun}이다. 1948년 사태 이전과 그 이후에도 계속 이스라엘을 곤경에 빠트렸던 팔레스타인 세력을 포함한 적들에 맞서기 위해 이 두 민병대 조직의 분열상은 새로운 이스라엘에는 통합 대신 분열을 조장하는 정치적 동기를 가진 민병대가 아니라 국군이 필요하다는 점을 대중에게 납득시키는 데 충분한 빌미를 제공했다.

제멋대로 드나드는 사람들로 구성된 시간제로 근무하는 민병대는 전투 훈련을 제대로 받을 수가 없었다. 이스라엘 방위군이 공식적으로 창설되기 전까지만 해도 대부분의 전투는 단순한 보병 전투였으며, 심지어는 소총, 산탄총, 권총으로 가끔씩 서로를 향해 총을 쏘는 이상한 무리의 싸움에 불과했다. 그러나 1948년 5월 15일 독립선언 직후 아랍 국가들이 참전하자마자, 소수의 이스라엘 전투기가 약간의 피해를 입히고 아주 미미한 인상을 남긴 반면, 이집트군, 시리아군, 아랍 군단 소속의 소수 장갑전투차량은 방어자들에게 끔찍한 문제를 안겨주었다. 이스라엘 방위군은 모든 전투 지역에 배치된 많은 대전차 무기가 아닌 아주 짧은 거리에서 성형 작약 탄두를 부정확하게 발사하는 한심한 스프링 추진 방식의 프로젝터 보병 대전차포^{PIAT, Projector Infantry Anti-Tank}만을 소수 보유하고 있었기 때문에 그 자체만으로도 절망적인 일이었다.[3]

1948년 5월 15일자 《유나이티드 프레스^{United Press}》의 보도는 이 문제를 다음과 같이 간결하게 묘사했다.

"텔아비브발 통신: 오늘 팔레스타인 전투에서는 이집트, 트란스요르단, 시리아, 레바논, 이라크에서 온 군대가 공동 전선을 이뤄 유대인 방어군에 대적하고 있었다. 아랍 [이집트] 비행기가 텔아비브를 세 차례나 폭격했다. 보병과 포병으로 구성된 2개 이집트 지상군 부대가 국경을 넘어 침입했다. … 아랍군의 공격을 주도하며… 팔레스타인 남부 국경 두 지점에서 충돌했다. 시리아와 레바논의 군대는 150대의 장갑차를 타고 북쪽 국경을 넘어 전투에 돌입했다. 요르단의 압둘라^{Abdullah} 국왕은 아랍 군단과 이라크 정규군을 동부 국경을 가로질러 서쪽으로 보냈다. … 유대군은… 에이커^{Acre}와 예루살렘 대부분을 점령하고 하이파^{Haifa}와 자파^{Jafa}를 점령했다. … 이집트 비행기는 [텔아비브] 북쪽의 공항을 폭격해 에어프랑스사의 민항기 1대를 손상시켰다. … [아랍 부대] … 예루살렘에서 남쪽으로 10마일 떨어진 유대인 정착촌 네 곳을 점령해 큰 승리를 거뒀다. … 유대인 하가나^{h} 군대는 자체 공격을 감행했다. … 이르군… 군대는 아랍 마을 다섯 곳을 점령했다. … 이집트 비행기들은 전단을 뿌려 유대인들의 항복을 종용했다. 크파르 에지온$^{Kfar\ Ezion}$에서… [트란스요르단] 아랍 군단의 공격에 의한 유대인 패배에 대한 보도… 100여 명의 유대인 병력이 사망한 것으로 추정된다."[4]

다시 말해, 1948년 5월 15일 당시 유대인들은 소총 몇 자루만 가지고도 뛰어난 훈련과 응집력으로 현지 아랍인들을 물리칠 수 있었다. 그러나 소총만으로는 침략한 아랍 군대와 싸울 수 없었다. 아랍 부대의 기갑전투차량 중 가장 강력하지 않은 4×4 마몬–해링턴$^{Marmon-Herrington}$ Mk IVF 장갑차는 경전차보다 훨씬 작았지만 소총 탄환을 막을 수 있는 장갑을 갖추고 있었고, 40mm 주포는 담벼락과 임시로 구축한 진지를 무너뜨릴 수 있었다.

이스라엘 방위군에게는 중화기와 이를 운용할 유능한 승무원이 필요하며, 이는 시간제로 근무하는 자원봉사 민병대의 역량을 훨씬 뛰어넘는 장기간의 집중 훈련을 통해서만 얻어질 수 있다는 사실을 누구나 다 알고 있었다. 또한 이는 일부 사람들이 수년 전부터 지적해온 사실이기도 했다. 시간제로 근무하는 민병대나 전일제로 복무하는 정규군이라는 두 가지 대안은 이스라엘이 적절한 규모의 징집 군대를 운영할 인구가 부족했으므로 모두 배제되었다. 이에 따라 이스라엘은 필요한 경우 현역으로 소집될 수 있는 전역한 징집병이 배치되어 완전히 무장한 예비군으로 구성된 군대를 창설해야만 했다. 또한 동원되기 전에 예비군은 평범하고 생산적인 민간인 생활을 영위할 수 있어야 했다. 이렇게 하면 전시에는 불균형적으로 많은 군대를 배치하면서도 평시에는 현재의 징집병과 상대적으로 적은 수의 전문 장교 및 각종 전문가로 구성된 간부로만 유지할 수 있다. 그러나 예비군 부대를 만들고 유지하기 위해서는 각 예비군 부대에 많은 비용이 소요되는 무기, 차량, 통신 장비 등을 일 년 내내 유지보수하고 주기적으로 새로운 장비로 교체해야 하는 등 막대한 비용이 들 수밖에 없었다.

의무 복무 기간이 끝난 징집병을 예비군 명부에 올리는 것은 19세기 유럽 군대에서 이미 확립된 관행으로, 전쟁에 동원될 때 정규 상비군에 병력을 충원하기 위해 시행된 것이었다. 1914년 제1차 세계대전이 발발하기 훨씬 이전부터 전시 복무를 위해 소집된 징집병으로 구성된 예비 연대와 사단은 프랑스와 독일 군대의 큰 부분을 차지했다. 또한 징집병 또는 단기 복무 전문직으로 훈련받은 예비군이 현역으로 소집되어 특정 부대에서 복무할 수 있는 역할도 확립되었다.

예비군 중심의 군대, 즉 현역보다 예비군이 더 많은 군대라는 개념조차 이스라엘에서 창안된 것은 아니었는데, 이는 건국 초기인 1945~1948년에 이스라엘이 채택할 수 있는 군의 형태가 논의될 때 명시적으로 인용된 스위스 모델이 오랫동안 존재해왔기 때문이다. 하지만 여기에는 결정적인 차이가 있었다. 이스라엘의 경우 1948년 5월 이스라엘 방위군이 창설되었을 때 이미 전쟁이 진행 중이었기 때문에, 그 이전까지는 국가가 공격을 받으면 모든 예비군이 일시에 동원될 것이라는 스위스의 예상은 전혀 적용되지 않았다. 그 대신 이스라엘의 예비군은 전쟁 사이사이에 크고 작은 안보 위협이 끊이지 않는 상황에서 추가 전력을 제공하기 위해 소집되어야 했다. 그뿐만 아니라 전투 및 지원 부대에서 복무하는 예비군도 매년 소집되어 재교육을 통해 전투 준비 태세를 유지해야 했으며, 이전에 시행된 연례적 소집 이후 부대에 지급된 새 장비의 운용 및 유지보수 방법을 배우기 위해 다시 소집되기도 했다.

이스라엘에서 완전히 새로운 것은 예비군이 주를 이루는 군대를 설립하여 모든 직급을 소집된 민간인으로 충원하는 것이었다. 대규모 공군 또는 해군 예비군 부대를 편성하기에는 항상 최전선 항공기와 해군 전투 함정이 너무 적었지만, 지상군은 예비군이 현역 부대보다 훨씬 많았다. 1967~1973년의 주요 전쟁에서 예비군은 1967년 제55낙하산 여단의 예루살렘 구시가지 정복, 1973년 10월 제143 및 제162예비기 갑사단의 수에즈 운하 횡단, 제146 및 제210예비기갑사단의 골란 고원 반격 등 주요 전투의 주역이었다.

필요한 전투 기술을 유지하기 위해 예비군은 정규 징집병으로 처음 입대했을 때 매우 철저한 훈련을 받아야 했고, 이후에는 매년 한 달 동안 소집되어 재훈련을 받아야 했다. 특히 몇 주 동안 고객을 포기해야 하는 전문직 종사자와 소상공인들은 항상 큰 희생을 강요받았으며, 가족과 직장 생활에서 멀어진 민간인은 쓸모없는 훈련이나 제대로 운영되지 않는 훈련에 대한 인내심이 거의 없었다.

어쨌든 현역 대비 예비군의 비율이 높은 이스라엘 방위군은 모든 수준에서, 특히 거의 모든 국가에서 보편적 병역제가 폐지된 지금, 군대와 사회를 독특한 방식으로 연결하고 있다.[5] 게다가 이스라엘 방위군의 예비군들은 제안할 혁신적 방안이 있는 경우, 재교육을 위한 소집을 기다리지 않고 소속 부대에 다시 복귀한다. 수년에 걸쳐 반복적으로 함께 복무하는 예비군들은 지휘관의 이름을 알고 있으며, 진급한 전임 지휘관이 상급 사령부에서 근무하고 있으므로 혁신을 위한 제안을 적절한 곳에 쉽게 전달할 수 있다.

당연히 예비군은 이스라엘 방위군에서 중요한 혁신가였다. 1954년 초, 이스라엘 최초의 컴퓨터이자, 세계 최초의 대규모 프로그램 저장 컴퓨터 중 하나인 와이작Weizac, Weizmann Automatic Computer을 개발한 수학자 출신의 예비역은 적어도 군 지도자 중 일부가 컴퓨터의 군사적 잠재력을 이해하도록 만들었다. 일찍이 1959년에 이스라엘 방위군은 미국산 필코Philco 컴퓨터로 컴퓨터 부대를 창설했다.[6] 또한 신병들에게 프로그래밍 기술을 가르치는 과정이 시작되었는데, 처음에 1개 교실에 불과했던 이 과정은 수십 년에 걸쳐 현재 세계 최고의 고급 소프트웨어 전문가를 배출하는 본격적인 교육 기관으로 성장했다.

진공관 대신 트랜지스터를 사용한 최초의 필코 컴퓨터인 TRANSAC S-2000은 1964년 IBM의 첫 번째 360이 출시될 때까지 그 우위는 지속되었으며, 대부분 국가의 군대보다 훨씬 더 필요했던 예비군 중심인 이스라엘 방위군의 최신 인사 기록을 유지하기 위해 사용되었다. 그 후 더 많은 군사적 응용 분야를 찾아내면서 컴퓨터 기능을 새로운 방식으로 사용하는 이스라엘 방위군의 전통이 시작되었다. 1959년에는 고등 교육을 받은 이스라엘 방위군의 장군도 거의 없었고, 일부는 중등학교 도 마치지 못했다. 당시 전 세계 어디에도 컴퓨터에 대해 아는 사람이 거의 없었다는 점을 고려한다면, 바이츠만 연구소Weizmann Institute에서 일 하는 수학자 출신의 예비역들이 없었더라면 이스라엘 방위군은 수년 동안 컴퓨터가 없는 상태로 남아 있었을 것이 분명하다.

혁신의 연결은 매우 직접적일 수 있다. 과학자인 예비역이나 엔지니 어인 예비역뿐만 아니라, 모든 종류의 무기나 장비, 또는 머릿속에만 존재하는 어떤 장비의 부족에 대해서 불만을 품은 이스라엘 방위군의 예비역들은 종종 이스라엘 방위군 내부와 외부의 연구 센터 또는 국가 의 항공 우주 및 방위 산업에 종사하는 회사 중 하나에 연락하여 제안 을 시작한다. 그들은 항상 내부에서 동료 예비역이나 적어도 동료 예비 역의 친구를 찾을 수 있다. 그런 다음, 그들은 외부에서 압박을 가하기 시작하고, 관련 이스라엘 방위군 사령부가 평가를 받아들이거나 거절 할 때까지 계속 문을 두들기며, 그 후에도 문제를 계속 제기할 수 있다. 이스라엘인의 DNA 안에는 고집이란 게 있다. 예비역이 고리타분하고 쓸모없는 자라는 평판이 나 있지 않는 한,) 소속 부대의 문은 항상 열려 있고, 최고 직위의 장군을 포함한 이스라엘 방위군의 누구에게도 접근 하는 것은 어렵지 않다.

혁신 6

남다른
군산복합체

세계 주요국, 특히 미국, 프랑스, 일본 등 선진국은 정부와 군, 산업체 간의 경계를
이분법적으로 구분하지 않고 정부 기관, 연구소, 산업체에 공무원과 군인, 민간인이
함께 근무하면서 긴밀히 협력하고 있다. 물론 부정과 부패에 대한 우려는 어느 나
라든 공통적인 문제이기는 하지만, 각 개인의 양심과 조직 및 제도를 통한 견제와
감독에 의존하는 시스템을 운영하고 있다. 이스라엘의 사회적 환경은 수직·수평적
경계와 조직 간 이질감이 거의 없는 개방된 사회적 특성으로 인해 국가가 주도하는
군산복합체 간의 긴밀한 협력관계를 유지하고 있다.

새로운 무기, 새로운 플랫폼, 새로운 시스템의 개발과 생산에 있어 이스라엘 방위군은 예비역들이 이스라엘의 항공 우주 및 군수 산업체의 경영진, 연구 부서, 노동력 등의 분야에서 우위를 차지하고 있으므로 독특하고도 긴밀한 관계의 혜택을 누리고 있다.[1] 자신이 속한 회사가 전적으로 개인의 소유이든, 국영 기업이든, 아니면 그 중간 형태의 회사이든 간에, 직원들은 자신이 설계·개발·생산하는 제품이 해외에 수출될 수도 있지만 전쟁에 동원될 경우 자신 또는 자신의 아들딸이 사용할 것이라는 사실을 잊어서는 안 되며, 더 나은 장비가 사상자를 줄일 수 있다는 점에서 비용 효율성이라는 용어에 특별한 의미를 부여해야 한다. 1982년 제1차 레바논 전쟁 당시 정찰대 부대장으로 근무했던 엔지니어링 개발 프로젝트의 한 리더는 전쟁 중 적진 후방으로 파견되어 관찰하고 보고하는 매우 위험한 임무를 맡았다고 말했다. "병사를 그런 위험에 노출시키지 않고 '언덕 저편'을 볼 수 있는 다른 방법이 있을 것이라고 생각했습니다."[2] 전쟁에서 돌아온 그는 병사들을 위험에 빠뜨리지 않고 정찰 임무를 수행할 수 있는 일련의 전술 드론을 개발하기 시작했다.

감정적인 측면 외에도 대부분 이스라엘 방위군의 예비역들로 구성된 군 공급업체 간의 의사소통은 매우 원활하게 이루어지고 있어 공급하는 제품의 품질이 매우 뛰어나다. 전 세계적으로 이러한 소통은 신중하게 계산되고 보호되어야 하며 비밀리에 이루어져야 하는데, 그 이유는 막대한 금액이 연관되어 있고, 모든 군사 구매가 쉽게 정치적으로 논란이 될 수 있으며, 부패가 없는 곳에서는 부적절한 행위를 방지하고 엄격한 공정성을 보장하기 위한 많은 관료적 규칙이 있기 때문이다. 이러한 관료적 규칙은 미국에서 특히 더 중요한 요소인데, 거의 모든 중요한 군사 구매 시 입찰에 실패한 경쟁업체가 소송을 제기할 수 있기 때문이다.

어떤 용어를 사용하든 군의 모든 구매는 제안요청서[RFP, Request For Proposal]로 시작되는데, 이 제안요청서에는 군 고객이 진정으로 원하는 것이 무엇인지를 파악하기 위한 공급업체들의 치열한 노력이 담겨 있다. 국방부가 정치적 이유로 반대하거나 재무부 또는 산업부가 산업적 이유로 반대하여 군 구매자가 원하는 것을 자유롭게 지정할 수 없는 경우가 드물지 않기 때문에 군 구매자는 국방, 재정 또는 산업적 우선순위를 수용하기 위해 자신의 선호와 타협해야 한다. 예를 들어, 세계 주요국의 해군들은 실제 항공모함을 닮은 '항공기 운용이 가능한' 함정을 우선시한다. 반면에 국방부 관리들은 이름에 '항공'이 들어간 함정의 크기와 비용의 증가를 두려워하기 때문에 해군에 전형적인 구축함에 대한 제안요청서를 발행하도록 강요할 수 있다. 하지만 큰 갑판에 격납고만 있는 군함을 제안하는 것이 앞뒤에 무기가 있고 적당한 헬기 착륙장이 있는 진정한 구축함을 제안하는 것보다 계약을 따낼 가능성이 더 높다. 실제로 '갑판 통과형 구축함'이라는 명칭은 실제로는 소형 항공모함을 묘사하기 위해 만들어진 것이다.[3]

앞의 사례는 매우 어려운 문제를 매우 단순화한 것으로, 함정이라는 용어는 일반적으로 더 미묘하여 해석을 더욱 어렵게 만든다. 제안요청서의 모호한 세부사항은 특정 계약자, 일반적으로 유럽연합 국가들의 전통적인 국내 공급업체에 유리하도록 설계되는 경우가 많다. 유럽 연합의 국가들은 모두 엄격하게 능력에 맞는 공급업체를 선정해야 하지만, 규모가 큰 국가일수록 일반적으로 권총과 소총 제조업체인 베레타[Beretta], 제트엔진 제조업체인 롤스로이스[Rolls Royce], 항공기 제조업체인 다소[Dassault], 전차 및 기타 장갑차 제조업체인 크라우스 마파이[Kraus Mafei] 등과 같은 국가 기관에 충실한 현지 공급업체를 보유하고 있다. 감정적으로 퇴역 군인 및 조달 공무원에게 보수가 좋은 일자리를 제공하는 공급업체를 선호하기도 한다. 군사 조달의 규모와 효율성을 달성하기 위한 유럽의 노력은 치열했고, 군사 조달의 규모와 효율성을 달성하기 위한 유럽연합 국가들의 노력은 치열해서 파리와 베니스 같은 도시들에서 수많은 회의를 하면서 수많은 점심 식사와 심지어 저녁 식사까지 해야 했지만, 그와 같은 국가 공급업체들이 여전히 활발하게 사업을 영위하며 자국 시장에 좋든 나쁘든 장비를 공급하고 있었기 때문에 좋은 성과를 기대하기 어려웠다.

물론 미국에서는 모든 것이 다른데, 모두가 알다시피 미국은 법에 의해 통치되기 때문이다. 국방 조달에서 해외 경쟁을 막기 위한 미국산 구매법Buy America Act이 있기는 하지만, 이 법에도 불구하고 모든 제안요청서는 최소 2개의 경쟁자가 존재하며, 로비스트, 우호적인 자국 국회의원, 워싱턴 사무소, 컨설턴트들은 불리한 결정에 이의를 제기할 준비가 된 양측의 변호사 그룹과 함께 경쟁한다.[4]

따라서 유럽연합과 미국 모두에서 군수품 구매자와 산업 공급업체 간에 솔직하고 완전하며 지속적인 대화가 이루어질 가능성은 없다. 무기체계의 설계는 빠르게 변화할 수 있는 기술을 기반으로 하며, 매우 불행한 일이지만, 상대방이 다른 무기를 도입하거나 예상되는 분쟁 패턴이 변경되면 무기체계에 필요한 성능도 빠르게 변화할 수 있기 때문이다. 따라서 전체 무기 개발 프로세스는 변화를 신속하게 수용할 수 있도록 매우 유동적이어야 하며, 그렇지 않으면 무기체계가 실제로 생산되어 군에 인도될 때쯤에는 변화된 군사적 요구 사항에 더 이상 맞지 않거나 심지어 노후화될 수도 있다. 그러나 이러한 유동성은 계약상 의무와 필요에 따라 변경할 수 없는 세부 사양으로 인해 크게 제한된다. 엔지니어와 비용분석가뿐 아니라 변호사가 각 단계에 참여하여 법적으로 검증된 서신을 주고받으며 정교한 재협상을 거쳐야 하는 공식적이고 매우 상세한 '주문 수정' 없이는 변경이 불가능하다.

따라서 합의된 모든 변경 사항은 매우 느리게, 이견이 있는 경우에는 더 느리게 진행되기 때문에 개발 중인 무기체계를 최신 상태로 유지하기 위해 할 수 있는 일이 크게 제한된다. 구형 부품을 더 나은 신형 부품으로 교체하는 것은 단순한 상식처럼 보일 수 있지만, 계약 재협상이 없으면 아무 일도 일어나지 않으며, 실제로 일어나는 일은 거의 아무것도 없다. 왜냐하면 모두가 조달 계약의 재협상(이는 실패한 경쟁업체의 재입찰 요구를 촉발할 가능성이 있다)을 두려워한 나머지 개발 과정이 계속 지체되면서 점점 더 많은 부품이 몇 개월, 몇 년, 심지어 몇십 년 동안 노후화되기 때문이다. 따라서 대대적인 팡파르fanfare를 울리며 인도된 최첨단 제트 전투기의 일부 전자 부품이 최신 장난감보다 성능이 떨어지는 상태로 비행대대에 배치되는 일이 발생할 수 있다. 더 심각한 문제는 계약이 체결된 15년 또는 20년 전에는 초현대식이었음에도 불구하고 전체 설계가 더 이상 군의 요구 사항을 충족하지 못할 수 있다는 것이다.

이스라엘에서는 이와 대조적으로 구매를 담당하는 이스라엘 방위군의 현역 직원과 판매, 즉 연구, 개발, 제작, 테스트, 평가, 수정 및 재시험을 담당하는 예비역 직원이 실제 계약 체결 전후에 항상 서로 대화하며, 모든 작업이 완료되어 최종 계약서를 작성할 때를 제외하고는 변호사가 개입하지 않는다. 많은 구성 요소가 변경됨에 따라 모든 것을 최신 상태로 유지하기 위해서도 필수적인 설계 변경 계약을 재협상할 때까지 기다릴 필요도 없고, 주기적인 진행 상황 검토를 기다릴 필요도 없다. 대신 구매를 담당하는 이스라엘 방위군 부대와 장비를 개발하거나 실제로 생산하는 산업체 사이에 비공식적인 조정 채널이 존재하며,

국방부와 이스라엘 방위군이 공동으로 설립한 하나의 조정 기관인 '국방연구개발관리국^{MaFat}'이 중간에서 이스라엘 방위군 장비의 연구개발 및 생산에 참여하는 이스라엘 군수 산업^{IMI, Israel Military Industries}, 이스라엘 항공우주 산업^{IAI, Israel Aerospace Industries}, 라파엘^{Rafael} 첨단 방위 시스템, 생물학연구소, 우주국 등 모든 국유 기관을 조정·통제한다.

총참모부 소속인 국방연구개발관리국의 책임자는 준장이지만, 민간인 복장을 하고 있는 것을 보면 혼성 직책*임을 알 수 있다. 국방연구개발관리국의 목표는 국내 R&D 프로젝트와 해외 파트너와의 공동 프로젝트를 지휘하고, 특히 탈피오트 프로그램을 통해 우수한 인력을 양성함으로써 무기 및 인프라 분야에서 이스라엘 방위군의 질적 우위를 유지하는 것이다. 국방연구개발관리국의 내부 구조는 국방연구개발관리국이 조정해야 하는 분야의 다양성을 반영한다. 응용 과학은 기술 인프라 및 연구 부서의 영역으로, 우선순위를 정한 R&D 프로젝트에 유용한 응용 프로그램을 공급해야 하며, 우주 부서는 모든 위성의 연구개발, 제조, 발사, 궤도 배치 및 후속 운영을 담당한다. 이스라엘 미사일 방어 부서는 미국 국방부의 미사일방어국^{Missile Defense Agency}과 협력하여 모든 '대미사일 R&D 프로젝트**'를 총괄하고, 드론 부서는 무인항공기 역량과 기술을 발전시키는 역할을 하며, 그 외 다양한 부서에서 예산, 일회성 프로젝트, 해외 파트너와의 연락을 담당하고 있다.[5]

이것은 관료들이 좋아하는 모든 일, 즉 실제로 잘못되거나 비판을 받을 만한 일을 하지 않고 서류만 읽고 이 사무실 저 사무실로 옮기는 일

---

* 국방연구개발관리국은 국방부와 이스라엘 방위군을 동시에 지원하는 연구개발 기관으로서, 책임자인 국장은 2개 기관의 참모 임무를 수행한다.

** 대미사일 R&D 프로젝트: 이스라엘은 미국과 협력하여 대미사일 방어체계인 아이언 돔, 데이비드 슬링(David's Sling), 애로우(Arrow)-I/II 등은 개발을 완료했고, 에로우-III는 개발 중이다.

●●● 2022년 7월 이스라엘을 방문한 바이든 미 대통령과 악수하고 있는 국방연구개발관리국 수장 다니엘 골드(왼쪽). 악명 높은 반관료주의자이자 탈피오트 출신인 그는 매우 적은 비용으로 기적적인 빠른 속도로 놀라운 성과를 거둔 아이언 돔 프로젝트로 인정받았지만, 오만한 지휘와 수많은 행정법 위반, 빈번한 월권 행위 등으로 인해 전면적인 조사 대상이 되기도 했다. 〈출처: WIKIMEDIA COMMONS | CC BY-SA 3.0〉

을 하도록 적절히 구조화된 전형적인 다층적 스토브stove형으로 구획화된 관료제를 암시한다. 그러나 2016년부터 지금까지 국방연구개발관리국의 수장은 악명 높은 반관료주의자이자 탈피오트 출신인 다니엘 골드Daniel Gold 예비역 준장이다. 그는 매우 적은 비용으로 기적적인 빠른 속도로 놀라운 성과를 거둔 아이언 돔 프로젝트로 인정받았지만, 오만한 지휘와 수많은 행정법을 위반하여 전면적인 조사 대상이 되기도 했다.

국방연구개발관리국은 1971년 이스라엘 최초의 전차인 신형 메르카바 전차에 필요한 사격 통제 시스템을 놓고 이스라엘 방위군과 국방부 간에 벌어진 논쟁에서 탄생했다. 당시에는 국내 설계와 생산이 불가능했던 디젤 엔진처럼 전량 수입해야 할지, 아니면 이스라엘의 신생 전자 산업이 이를 감당할 수 있을지의 여부가 쟁점이었다.[6] 국방부 최고 과학자실과 이스라엘 방위군의 무기 개발 부서가 참여한 이 논쟁의 예상치 못한 결과는 두 부서를 민군 합동 R&D 부서로 통합하기로 하는 결정과 함께 전차용 사격 통제 장치를 국내에서 개발하기로 하는 것이었다. 이것이 1982년 아리엘 샤론Ariel Sharon 국방부 장관이 합동 R&D 부서에 조달 및 제조 부서를 추가하면서 탄생한 국방연구개발관리국의 전신이다. 국방연구개발관리국 구조의 가장 큰 혁신은 수장이 마치 장군처럼 이스라엘 방위군 총참모부 회의에 참석하고, 국방부 부서장 회의에는 행정관처럼 참석하는 혼성적 성격에 있다. 실제로 그는 예비역 장군인 동시에 민간 행정가이기도 하다.[7]

국방부의 또 다른 조직인 라파엘 역시 혁명적인 변화를 경험했다. 1948년 초, 개인 과학자들을 모아 절체절명의 위기에 처한 전투부대에 어떤 식으로든 도움을 줄 물건을 발명하기 위해 '과학단Science Corps'을 결성했지만, 기적은 일어나지 않았다. 1952년, 약간의 자금이 지원되면서 과학단은 연구 및 설계 부서를 겸하는 연구 및 설계국이 되었고, 연구 요소와 무기 개발 부서를 모두 갖추게 되었다. 1958년 '무기 개발 당국Authority for the Development of Armaments'의 히브리어 약자를 따서 라파엘로 재편되었고, 이후 2002년 유한회사로 설립된 현재의 '라파엘 첨단 방위 시스템 회사Rafael Advanced Defense Systems Ltd.'로 이름을 바꿨다. 라파엘은 여전히 전적으로 국영 기업이지만, 독립된 회사로서 국내 민간 기업의 공정한 경쟁자가 될 수 있다. 하지만 그 무렵 라파엘은 이미 진정한 혁

●●● 제2차 세계대전에서 활약한 구형 셔먼 전차를 성능 개량한 전차로 편성된 기갑사단의 사단장으로서 1973년 10월 골란 고원에서 영웅적인 방어전을 승리로 이끄는 데 큰 역할을 했던 모셰 무사 펠레드는 1987년 라파엘의 사장으로 임명되었다. 펠레드는 거시적 혁신 이외에는 아무것도 요구하지 않았다. 그는 실패할 수도 있는 위험 부담이 큰 새로운 것에 대한 도약을 요구했다. 그의 도적은 성공적이었고, 궁핍한 환경에서 성장한 라파엘은 자금이 풍부한 평범한 기업으로 안주하는 대신, 그 이전보다 더 도전적인 기업이 되었다. 〈출처: WIKIMEDIA COMMONS | CC BY-SA 3.0〉

신 기업으로 탈바꿈한 상태였다. 동종 업계에 비하면 여전히 매우 작은 조직이었지만, 어떻게든 공대공 미사일 파이썬^{Python} 시리즈, 발사 후 망각^{Fire & Forget} 방식의 지대지 미사일 스파이크^{Spike}, 핵무장 잠수함 발사 순항미사일의 기반이 될 것으로 추정되는 장거리 공대지 미사일 팝아이^{Popeye}, 저렴한 로켓은 물론 고가의 미사일도 저비용으로 요격할 수 있는 아이언 돔 시스템, 러시아가 앞서 개발한 드로즈드^{Drozd} 및 아레나^{Arena}에 이어 서방 세계 최초의 전투차량용 능동방호체계인 트로피^{Trophy}, 세계 최초인 운용 가능한 무인수상차량, 아이언 돔보다 사거리가 훨씬 긴 대미사일 시스템인 데이비드 슬링^{David's Sling} 등과 같은 수많은 신무기를 개발했다.

이스라엘 최초의 놀라운 공대공 미사일인 샤프리르^{Shafrir}의 개발 등 이미 많은 업적을 남긴 가치 있는 과학자들과 헌신적인 행정가들을 변화시킨 공로를 인정받을 수 있는 개인이 있다면, 그가 바로 퇴역한 소장이자 전·후임 엔지니어에 비해 다소 특이한 이력을 가진 모셰 무사 펠레드^{Moshe Musa Peled}이다. 제2차 세계대전에서 활약한 구형 셔먼^{Sherman} 전차를 성능 개량한 전차로 편성된 기갑사단의 사단장으로서 1973년 10월 골란 고원에서 영웅적인 방어전을 승리로 이끄는 데 큰 역할을 했던 펠레드가 1987년 라파엘의 사장으로 임명되었을 때만 해도 의외의 선택으로 보였다. 미국인, 유럽인, 러시아인을 포함한 기갑 장교들 사이에서 펠레드의 1973년 작전은 진정한 명작전—더 좋은 전차로 무장한 훨씬 더 큰 규모의 시리아군을 상대로 보유 병력이 많든 적든 지치거나 적의 저항으로 인해 잠시라도 주춤하지 않고 전력을 투입하여 국경을 넘어 계속 전진해 역동적인 기세로 몰아붙인 공격—으로 널리 알려져 있었다.[8]

펠레드는 새로운 직책에서 관료주의적 성향과 안일하게 대처하려는 경향에 맞서 또 한 번 끈질긴 공세를 펼쳤다. 그는 전 세계 R&D 지출의 90% 이상을 차지하는 점진적 혁신, 즉 실패의 위험을 최소화하기 위해 기존 플랫폼과 무기의 개선에 집착해 진정한 돌파구를 마련할 기회를 포기하는 방식은 가치가 없다고 생각했다. 펠레드는 거시적 혁신 이외에는 아무것도 요구하지 않았다. 즉 그는 실패할 수도 있는 위험 부담이 큰 새로운 것에 대한 도약을 요구했던 것이다. 그는 엔지니어들에게 이렇게 말했다고 한다. "모든 프로젝트가 성공한다는 것은 그만큼 대담하지 못하다는 뜻이다. 나는 전체 실패율을 50%로 예상한다."[9]

이는 궁핍한 환경에서 성장한 라파엘이 수출이 잘되어 이전보다 훨씬 더 많은 돈을 벌어들임으로써 이스라엘 방위군의 자금이 늘어나는 상황에서, 주변 정황이 평범한 일상으로 복귀될까 두려워했던 펠레드가 선택한 방법이었다. 라파엘은 극심한 자금난에 시달리던 과거와는 달리, 처음으로 새 가구가 완비된 괜찮은 건물로 본사를 이전했으며, 펠레드의 도전은 성공적이었다. 라파엘은 자금이 풍부한 평범한 기업으로 안주하는 대신, 그 이전보다 더 도전적인 기업이 되었고, 이는 기술적인 측면뿐만이 아니었다. 일례로 경영진들은 정부 자금이 승인되기도 전에 아이언 돔 시스템을 개발하기 위해 가능한 최대의 노력을 투입했다.

신속 개발:
미사일고속정부터
아이언 돔까지

건국 이래, 이스라엘은 다양한 체계를 개발해왔으나, 그 기저에는 국가의 생존과 직결되는 위험이 도사리고 있었다. 이스라엘은 무기 개발 과정에서 첨단보다는 설정한 운용 목적의 달성, 개발 기간 단축, 낮은 비용 해결 등을 선호해왔으며, 개발 과정에서 예상되는 문제 해결을 위해 효율성에 우선을 두고 있다. 일단 프로젝트가 시작되면 프로젝트를 주관하는 주체가 전권을 가지고 업무를 추진하는 등 권한 위임과 여건 보장, 융통성 있는 프로세스 운용 등을 통해 목적 지향적인 업무 자세를 권장하고 있다. 그뿐만 아니라, 개인적 비리를 범하지 않는 한, 프로젝트 수행 주체의 역동적인 활동 보장과 임무 완수를 위해 규정과 권한 범위에서 어느 정도의 월권행위를 용인하고 있다.

수십 년의 간격을 두고 개발된 서로 다른 2개의 미사일 시스템은 이스라엘의 미사일 획득 과정이 일반적인 방식과 어떤 차이가 있는가를 보여준다. 특히 적대적인 시험이나 검증 절차의 높은 비용과 끝없이 지연되는 절차 대신, 위험을 감수할 경우에 개발 과정이 크게 단축될 수 있음을 입증한다.

첫 번째는 대함 미사일 가브리엘로서, 이스라엘의 인구가 시칠리아의 절반에도 미치지 못하던 1962년에는 전기나 기계 산업은 거의 없고, 소규모 기계공구 공장, 정비소, 대장간 등이 소수에 불과했던 이스라엘의 신생 군수산업이 사격통제 레이더 및 유도 시스템과 함께 개발했다.

두 번째로 이스라엘의 최대 무기 개발 실패 사례인 라비^{Lavi} 제트 전투기는 빠른 개발 사례가 아니라 미국의 반대로 인해 좌절된 프로젝트이다. 1980년에 시작되었으나 시제기 비행을 두 차례나 하고서도 결국 미국의 압력으로 1987년 8월에 취소되었다.[1]

가브리엘 대함 미사일 개발을 추진했던 1960년대 초반의 이스라엘 상황은 미국의 기준으로는 말할 것도 없고, 유럽의 기준에서 봐도 참으로 빈한했다. 이외에도 당시 산업이 발달하지 못했던 배경에는 시오니즘^{Zionism} 이데올로기도 한몫했다. 시오니즘은 "육체노동으로 빼앗긴 땅을 되찾고, 이를 통해 디아스포라^{Diaspora}*의 약자인 유대인들을 구원한다"라는 명분으로 농업을 크게 선호했다. 이스라엘의 정치 지도자, 학자, 여론 형성자 대다수는 은행업부터 상점 운영까지 상업을 경멸했고, 이스라엘의 농업을 발전시키는 것이 그들의 큰 꿈이었기 때문에 산업도

---

*   디아스포라: 특정 민족이 자의 또는 타의에 의해 기존에 살던 땅을 떠나 다른 지역으로 이동하여 집단을 형성하거나 그러한 집단을 일컫는 말로서, 본토를 떠나 타국에서 살아가는 공동체 집단, 혹은 이주 그 자체를 의미한다.

무시했다. 이스라엘은 새로운 작물 개발, 훈증용 브롬 사용, 세계적으로 성공한 점적點積 관개* 분야에서 선두 주자가 되었다. 그러나 산업은 열정이나 리더십의 부족으로 크게 뒤처졌다.

소련 해군만이 보유하고 있던 미사일고속정의 꿈은 바로 이러한 불확실한 상황에서 시작되었다. 당시 이스라엘의 연구 및 설계국에는 자금이나 장비도 거의 없었고, 영국군이 쓰던 막사 몇 개에서 소수의 엔지니어가 일하고 있었다. 그러나 머지않아 조이스틱으로 수동 조종하고 포병과 공군이 사용할 수 있는 전술 지대지 미사일인 루즈Luz를 개발하기 위한 첫 번째 시도에 착수했다.[2] 1963년 포병과 공군 모두 자신들의 필요에 적합하지 않다고 판단하여 개발을 중단했다. 그러나 1964년 이집트와 시리아 해군이 강력한 P-15 스틱스Styx 대함 미사일로 무장한 소련제 오사Osa급 미사일고속정**을 구입했다는 소식을 접하기가 무섭게 이스라엘 해군은 이스라엘 항공 회사(현 이스라엘 항공우주산업IAI)와 함께 이 프로젝트에 착수했다.

가브리엘 미사일의 반능동 레이더 유도 방식은 발사 선박의 레이더가 표적을 지속적으로 탐지해야 하는데, 이는 당시 발사 선박과 표적 선박이 모두 이동 중인 상황에서는 불가능한 일이라서 초기에는 명중률이 낮았다. 처음에는 10km 이하의 단거리에서만 가능했다. 하지만 얼마 지나지 않아 즉흥적이고 우회적인 방법을 쓰는 일에는 일가견이 있었던 가브리엘 프로젝트의 책임 엔지니어인 우리 이브토브Uri Even-Tov

---

* 점적 관개: 호스에 일정 간격(10cm, 20cm, 등)으로 뚫려 있는 구멍으로부터 물방울을 똑똑 떨어지게 하거나 천천히 흘러나오도록 하여 원하는 부위에 대해서만 제한적으로 소량의 물을 지속적으로 공급하는 관개 방법이다.

** 오사급 미사일고속정: 1960년대 소련이 개발한 연안 함정으로, 대함 미사일을 장착하여 대형 함정에 대한 연안 방어를 목적으로 개발되었다. 최고속도는 40노트, 만재배수량은 200톤급이며, 무장은 스틱스(Styx) 대함 미사일 4기, 스트렐라(Strella) 대공 미사일 2기, CIWS 2문 등이다.

의 손을 거치면서 상황은 달라졌다.[3]

오사급 미사일고속정에 대항할 수 있는 유용한 전력 수단을 구축하기 위해 두 가지 개발 노력이 시작되었는데, 열악한 연구 여건 속에서 불과 몇 명의 엔지니어가 해낸 것이 아니었다면 두 가지 모두 대형 프로젝트라고 할 만한 것들이었다. 첫 번째 노력은 미사일 모터를 개선하여 사거리를 20km로 늘리는 것이었는데, 이 작업은 개발사인 이스라엘 군사 산업[IMI, Israel Military Industries](이하 IMI로 표기)에 맡겨져 엔지니어 몇 명과 함께 몇 차례의 워크숍을 거치는 것으로 끝났다. 두 번째 노력은 표적이 회피 기동을 하더라도 추적할 수 있는 능동형 레이더 탐색기를 개발하는 것이었다.

이 문제를 해결하기 위한 미사일의 설계는 3단계로 진행되었다. 초기 이륙 부스트 단계에서는 좌우 이동 명령을 통해 수동으로 미사일을 조종하고, 둘째, 미사일 자체에 탑재한 반능동 레이더가 작동하면 발사함에서 레이더 반사 신호를 포착해 유도 명령을 생성하고, 셋째, 목표물에서 몇 km 떨어진 곳에서 미사일이 바다를 스치듯 초저공 비행[sea-skimming] 궤도로 하강하면서 능동 탐색기를 켜서 목표물로 유도하는 단계로 이루어졌다. 전면에 장착된 레이더 수신기는 탑재된 레이더 송신기에 의해 탐지된 목표 선박을 조사하여 반사되는 신호를 지속적으로 감지하고, 자동조종장치에 입력하면 자동조종장치가 필요에 따라 미사일을 오른쪽이나 왼쪽으로 보내는 방향 신호를 생성했다. 미사일이 육안이나 레이더에 노출되는 것을 최소화하기 위해 고도계로 위 또는 아래로의 움직임을 조절하여 바다 위를 스치듯 비행하는 초저공 비행 유도 프로파일을 구현했다. 이스라엘 해군은 처음부터 폭격기처럼 비행하고 격추될 수 있는 스틱스 같은 대형 미사일을 원하지 않았다. 해상 레이더에 나타나는 해면 반사파[sea clutter]가 많아서 탐지하기 어려운 해상

●●● 1975년 사르(Sa'ar) 4급 미사일고속정에서 발사되는 가브리엘 대함 미사일. 이스라엘 방위군의 자금 지원과 밤낮을 가리지 않는 노력으로 1969년 말 가브리엘 미사일의 개발은 대부분 완료되었다. 그로부터 4년이 지난 1973년 10월 전쟁에서 가브리엘 미사일은 이집트와 시리아 군함 7척을 순식간에 침몰시키고 다른 군함들도 항구로 피신하게 만드는 엄청난 위력을 발휘했다. 미사일, 레이더, 사격통제 시스템, 그리고 아랍 2개국 해군의 소련제 스틱스 미사일 유도를 대부분 무력화시킨 전자전 대응 시스템으로 구성된 가브리엘 시스템의 빠른 개발은 놀라운 공학적 성과였다. 〈출처: WIKIMEDIA COMMONS | CC BY 3.0〉

에서 해수면을 스치듯 초저공 비행하는 소형 스키머^{skimmer}를 고집했다.

가브리엘 대함 미사일의 초기 개발은 자금 부족으로 인해 매우 더디게 진행되었다. 또한 총참모부를 장악했던 지상군 소속의 장군들은 해군 미사일 없이도 전투기와 폭격기로 어떤 배라도 침몰시킬 수 있다고 확신하는 공군 장교들의 의견에 동의했다. 그러나 1967년 6월 전쟁으로 이스라엘이 시나이^{Sinai} 해협을 장악한 후 휴전이 이루어진 1967년 10월 21일, 이스라엘 해군의 기함으로 활약하던 1944년 영국에서 건조된 구축함 '에일라트^{Eilat}'가 이집트의 사이드^{Said} 항구 앞 국제 수역에서 이집트 해군의 코마^{Komar}급 미사일고속정*에서 발사된 소련제 스틱스 대함 미사일 3발을 맞고 침몰했다. 199명의 승무원 중 총 47명이 사망하고 90명 이상이 부상을 입었다. 공격 67시간 후, 이스라엘은 박격포로 수에즈 항구를 포격하여 정유공장 두 곳을 파괴하는 보복을 가했다.

이 사건은 이스라엘 방위군 총참모부의 획득 우선순위를 바꾸기에 충분했다. 갑작스런 자금 지원과 밤낮을 가리지 않는 노력으로 1969년 말 가브리엘 미사일의 개발은 대부분 완료되었다. 그로부터 4년이 지난 1973년 10월 전쟁에서 가브리엘 미사일은 엄청난 위력을 발휘하여 이집트와 시리아 군함 7척을 순식간에 침몰시키고 다른 군함들도 항구로 피신하게 만들었다.

미사일, 레이더, 사격통제 시스템, 그리고 아랍 2개국 해군의 소련제 스틱스 미사일 유도를 대부분 무력화시킨 전자전 대응 시스템으로 구성된 가브리엘 대함 미사일 시스템의 빠른 개발은 놀라운 공학적 성과였다. 가브리엘 대함 미사일 시스템은 1960년 36세의 나이로 이스라엘 해군 사령관이 된 요하이 벤-눈^{Yohai Ben-Nun} 제독 자신이 이전부터 구체화해놓았던 작전 개념을 반영한 것이었다.[4] 요하이 벤-눈 제독은 큰 톤수의 현대식 전함, 구축함, 순양함에 그다지 큰 매력을 느끼지 못했다. 왜냐하면 그 같은 대형 함정은 작전 요건과 승조원 규모에 맞추느

---

* 코마급 미사일고속정: 1950년대에 소련이 개발한 미사일고속정으로, 대함 미사일을 장착하여 대형 함정에 대한 연안 방어를 목적으로 개발되었다. 최고속도는 40노트, 만재 배수량은 60톤이며, 무장은 스틱스 대함 미사일 2기, 3연장 25mm 기관포 1정 등이다.

●●● 가브리엘 대함 미사일 시스템은 1960년 36세의 나이로 이스라엘 해군 사령관이 된 요하이 벤–
눈 제독이 이전부터 구체화해놓았던 작전 개념을 반영한 것이었다. 요하이 벤–눈 제독은 현대식 코르
벳을 확보할 수 없는 상황에서 벤–눈이 내놓은 해결책은 재래식 군함과 함포를 모두 포기하고 대신
500톤 미만, 심지어 300톤 미만의 배수량으로도 적 함정을 격침시키거나 임무 수행 불가 상태로 만
들 수 있는 대함 미사일을 탑재한 고속정으로 구성된 해군을 건설하는 것이었다. 벤–눈의 선견지명은
1973년 10월 전쟁(제4차 중동전쟁)에서 미사일고속정과 가브리엘 미사일이 해상전에서 승리하고 해
상을 지배하면서 입증되었다. 〈출처: WIKIMEDIA COMMONS | CC BY–SA 3.0〉

라 운용상의 요구 사항이 더 많아졌고, 더 많아진 운용 조건 때문에 많은 승조원을 태워야 했으며, 함포의 사거리도 제한되어 있었다. 벤-눈은 에일라트 구축함이 침몰하기 훨씬 전부터 이러한 재래식 군함이 자국의 힘을 과시하는 데는 적합하지만, 훨씬 작은 미사일 함정에는 취약하다는 결론을 내렸다.* 결론적으로 벤-눈은 대형 재래식 함정들을 침몰시킬 수 있는 기동성이 뛰어난 소형 배들로 구성된 해군을 원했던 것이다.

이스라엘 최초의 전투잠수부combat frogmen** 중 한 명인 벤-눈은 영국이 관할하던 세계적 수준의 이탈리아 수중작전부대 출신 베테랑으로부터 비밀리에 훈련받았으며, 1949년에 샤예테트Shayetet(전단Flotilla) 13 해군 특공대를 창설했다. 그는 전후 정치적 제약으로 인해 재래식 기지에서 다소 비밀스런 방식으로 살아남은 이탈리아 수중작전부대Italian frogman unit의 묵인 아래 유인 어뢰를 비롯한 전시 잉여 장비를 비밀리에 수입했다.[5] 해상에서 대규모 아랍 해군과 맞설 수 없었던 이스라엘은 제대로 된 현대식 전함을 도입할 여력이 없었기 때문에, 이탈리아군이 알렉산드리아Alexandria와 지브롤터Gibraltar에서 영국 해군을 상대로 했던 것처럼 샤예테트 소속 수중특수부대를 파견하여 기뢰와 유인 어뢰로 정박 중인 아랍 해군의 전함을 공격해 침몰시키곤 했다.[6]

1960년 이스라엘 해군이 벤-눈의 지휘를 받게 되었을 때까지만 해도 가장 먼저 공군에 예산이 할당되었고, 그 다음 우선순위는 이스라엘을 침략으로부터 보호하는 데 필수적인 기계화부대였다. 그는 소수

---

* 우리 해군이 PKX-A/B를 도입하게 된 것도 이와 같은 배경에서 추진했던 것이다.

** 전투잠수부: 군대를 포함하는 전술적 능력으로 스쿠버 다이빙 또는 수중 훈련을 받은 사람으로 일부 유럽 국가에서는 경찰 업무가 포함된다. 이러한 인원은 전투 임무를 수행하는 잠수부의 공식적인 명칭으로도 알려져 있다.

의 현대식 군함조차 확보하고 운용할 수 없는 근본적인 문제를 극복하기 위해 완전히 다른 방법을 고안해냈다. 기뢰부설함, 어뢰정 및 기타 특수 함정을 제외하면 수상 전함 사이에는 위계가 존재했고, 그 위계는 여전히 함포의 성능에 따라 크게 좌우되었다. 수상 전함의 위계는 배수량 1,000톤 내외의 초계함부터 시작해서 그 위로 2,000톤 내외의 호위함, 3,000톤의 구축함, 5,000~6,000톤의 순양함 순이었으며, 각 함정은 점점 더 큰 함포를 탑재할 수 있게 되었다. 그 위로는 배수량은 적어도 톤당 가격이 훨씬 더 비싼 잠수함뿐만 아니라 항공모함에 이르기까지 훨씬 더 큰 군함들이 있었다.

현대식 코르벳corvette*을 확보할 수 없는 상황에서 벤-눈이 내놓은 해결책은 재래식 군함과 함포를 모두 포기하고 대신 500톤 미만, 심지어 300톤 미만의 배수량으로도 적 함정을 격침시키거나 임무 수행 불가 상태로 만들 수 있는 대함 미사일을 탑재한 고속정으로 구성된 해군을 건설하는 것이었다. 단거리 공격 함정에 불과했던 기존 어뢰정과 달리, 미사일고속정은 탑재 체계가 그다지 무겁지 않아 사거리와 내구성이 뛰어났기 때문이었다.[7] 하지만 벤-눈의 문제는 그런 미사일이나 함정이 존재하지 않는다는 것이었다. 미사일 문제는 1962년 말 시작된 가브리엘 프로그램으로 해결되었다. 이때 오두막집에서 시작된 이스라엘의 라파엘사는 오늘날 첨단 공대공·공대지·지대지 탄도 및 지대함 등 다양한 유형의 미사일 공급업체로 발전했다.

하지만 가브리엘 미사일을 탑재할 플랫폼인 선박을 자체 제작하는 것은 불가능했다. 당시 이스라엘의 유일한 조선소는 기껏해야 선박을

---

* 코르벳: 연근해에서 초계 임무를 수행하기 위해 경무장한 군함으로서, 초계함이라고 불린다. 초계함은 국가별로 차이가 있으나, 호위함(Frigate)보다 작고 고속정(Fast Attack Craft)보다 크며, 대략 500톤에서 3,000톤 규모의 전투수상함을 일컫는다.

수리하고 바지선을 건조하는 정도였다. 벤-눈은 이스라엘 수중 특수요원들을 훈련시키기 위해 이탈리아의 선배 베테랑들에게 연락을 취했던 것처럼, 신뢰할 수 있는 대리인을 앞세워 유럽 전역의 조선소를 정찰했다. 벤-눈이 원했던 것은 당시 필요한 항해 범위와 속도, 적재 능력 등을 모두 충족할 수 있는 최대 배수량 200톤 정도의 작은 선박이었으며, 소형 구축함 1척 가격으로 적어도 12척은 살 수 있어야 했다.

새로 부활한 서독의 조선업체가 최고의 선체 설계와 최고의 엔진을 생산하고 있었다.[8] 따라서 독일이 설계하고 독일이 동력을 공급하는 재규어Jaguar 어뢰정을 기반으로 하되, 원래의 목재 선체 대신 이스라엘이 지정한 강철 선체를 사용하고 선체 길이를 2.4m(7피트 10인치)를 더 늘리고 내부 구획을 수정했다. 가브리엘 미사일 발사대와 사르Sa'ar 3급으로 지정된 기타 무기 및 관련 시스템은 선박이 도착하는 대로 이스라엘에서 장착할 예정이었다.[9]

제2차 세계대전 당시, 빠른 속도로 유명했던 독일 해군의 S-보트Schnell boot*에서 파생된 재규어가 이스라엘 해군의 플랫폼으로 가장 적합했다는 사실은 역사적 아이러니이다. 전쟁과 홀로코스트Holocaust가 끝난 지 15년 만에 이스라엘 해군 장교들은 나치 제복을 입고 복무했던 독일 장교 및 엔지니어들과 활발한 기술 토론을 벌였고, 그중에는 전범에 가까운 행동을 저질렀던 인물들까지도 포함되어 있었다.[10]

개발 계약이 체결되자, 이스라엘 대표단은 1965년까지 서독과 수교하지 않았기 때문에 독일 조선소에 도착해 극비리에 필요한 수정 사항을 논의했다.[11] 수정 사항은 광범위했다. 목재 선체를 강철로 교체하는 것 외에도 무기와 전자 시스템을 수용하기 위해 더 긴 프레임이 필요

---

* S-보트: 제2차 세계 대전 당시 독일이 운용했던 고속공격정이다.

했고, 마스트도 달라져야 했다. 이스라엘 대표단장이 독일 측에 이스라엘의 요구 사항 목록을 제시하자, 독일 팀장은 "단장님, 갑판에 그랜드 피아노도 설치하겠습니까?"라고 물었고, 순간 침묵이 흘렀다.[12]

독일 조선소 측은 이스라엘이 원하는 변경 사항을 모두 수용하는 데 주저했다. 협상이 더 이상 진전을 보이지 않자, 이스라엘 대표단장인 슐로모 에렐Shlomo Erell 해군 제독이 수석 엔지니어와 직접 협상할 것을 제안했다. 주저하던 독일 조선소 측은 마침내 동의했고, 두 사람 사이의 의기투합으로 이스라엘 방위군의 사양에 맞게 설계가 빠르게 진행되었다.[13] 독일 조선소는 이스라엘에 재규어급 고속공격함 12척을 공급하기로 합의했다. 그러나 1964년 서독 정부가 아랍의 외교 및 통상 압력으로 인해 합의를 거부하면서 단 3척만 인도되었다. 다만 서독의 엔지니어링 설계에 충실하게 제3국의 조선소에서 건조한다는 합의가 이뤄졌다. 이스라엘에 공급할 준비가 된 국가는 프랑스뿐이었기 때문에 나머지 9척의 '라 콩바탕트La Combattante'급 함정은 셰르부르부르Cherbourg에 있는 소규모 민간 조선소인 메카니크 드 노르망디Mécaniques de Normandie,에서 건조되었으며, 이스라엘은 사르 1Sa'ar 1이라고 명명했다.

1967년 4월 이스라엘로 향하는 첫 번째 함정이 출항했고, 한 달 뒤에는 또 다른 함정이 출항했다. 그러나 6월 5일 전쟁 발발 며칠 전인 1967년 6월 2일, 샤를 드골 대통령은 프랑스가 더 이상 중동에 '공격용' 무기를 공급하지 않겠다고 선언했다. 당시 프랑스 무기를 구입하는 아랍 국가들이 없었기 때문에 드골 대통령이 말한 중동이란 이스라엘을 의미했다. 9척의 배는 대금 지불이 모두 완료되었고, 나머지 7척은 건조가 진행 중이었으며, 그중에서도 2척은 거의 완료된 상태였다. 프랑스의 국방부 내 많은 사람이 1950년대부터 이스라엘과 전우관계를 맺어왔고, 셰르부르 시민들도 이스라엘을 강력히 지지하고 있었기 때문에 7척의 함정도 1967년 가을 이스라엘을 향해 아무런 저항 없이 사전 계획대로 출항했다.

1967년 12월 28일, 이스라엘의 베이루트 국제공항^{Beirut International Airport}에 대한 공습을 계기로 드골의 금수 조치는 전면적으로 시행되었으나, 파리 정부의 정책 결정은 국지적으로 다시 뒤집히곤 했다. 1969년 1월 4일, 거의 완성된 3척의 미사일고속정이 소수의 승조원과 함께 출항했다. 이들은 항해 연습을 한다는 명분으로 출항했으나 이전과 마찬가지로 이스라엘 국기를 게양하고 영국해협을 거침없이 통과한 후에 다시는 돌아오지 않았다. 이 사건이 문제가 되어 파리에서 경계를 강화하라는 명령이 내려졌지만, 마지막 5척의 미사일고속정에 대한 건조는 계속 허용되었다. 그러나 해상 탈출을 막기 위해 프랑스 해군이 비상 대기한 가운데 항해 연습을 위해 승선이 허용된 이스라엘 승조원은 계속 감시를 받았고, 연료 적재도 엄격하게 통제되었다. 드골은 1969년 4월 28일 사임했지만, 프랑스의 정책은 변하지 않았으며, 노르웨이의 구매로 위장한 모사드^{Mossad}의 작전으로 1969년 12월 24~25일 크리스마스 기간 중에 나머지 5척까지 탈출시키는 데 성공했다. 그날 밤 비스케이^{Biscay}만에 위험한 강풍이 불어 프랑스의 경계가 느슨해진 것은 사실이었지만, 그렇다고 해서 이 작전이 위험도가 낮은 작전은 아니었다.

나중에 BBC 헬리콥터 승무원이 영국해협에서 탈출하는 5척의 미사일고속정을 촬영해 오만한 드골에 대한 노골적인 저항의 뜻으로 이를 공개함으로써 전 세계가 크게 비웃자, 프랑스 국방부 장관이자 드골 지지자인 미셸 드브레^{Michel Debr}는 프랑스 공군에 배들을 찾아 침몰시키라고 명령했다. 그러나 그 후에도 함정들은 3,145해리(5,825km)를 이동하여 지브롤터, 크레타^{Creta}, 하이파^{Haifa}까지 이동하는 도중에 급조된 유조선의 급유를 받으며 항해했다. 1956년부터 이스라엘과 전우애를 다져온 프랑스군 수뇌부는 배신에 폭력까지 더하고 싶지 않았고, 자크 샤방-델마Jacques Chaban-Delmas 총리가 반박할 때까지 드브레의 명령에 대한 조치를 미뤘다. 드브레는 막 취임한 조르주 퐁피두Georges Pompidou 대통령에게 반기를 들 수도 있었지만, 퐁피두는 드브레만큼 드골에게 헌신적이지 않았고, 어떤 경우에도 테니스와 럭비 챔피언이자 전시 저항군의 진정한 영웅인 샤방-델마에게 도전하지 않으려 했다. 모리스 슈만Maurice Schumann 프랑스 외무장관은 함정들이 이스라엘에 나타나면 "그 결과는 참으로 심각할 것"이라고 경고했지만,[14] 1969년 12월 31일 새해 전야에 함정들이 하이파 항구에 도착하면서 도시 전체는 오래 기억에 남을 축제 분위기에 빠져들었다.

벤-눈의 선견지명은 4년이 채 지나지 않은 1973년 10월 전쟁에서 미사일고속정과 가브리엘 미사일이 해상전에서 승리하고 해상을 지배하면서 입증되었다.[15] 1973년 10월 6~7일 밤, 역사상 최초의 미사일고속정 간의 전투에서 이스라엘은 라타키아Latakia 항구의 해군기지 근처에서 소련제 오사급 미사일고속정 1척과 코마르급 미사일고속정 2척, 어뢰정 1척, 시리아 해군의 소해함 1척을 침몰시켰다. 다음날 밤에는 두마이잇Dumayit 항구에서 이집트의 오사급 미사일고속정 3척을 침몰시키고 1척을 심하게 손상시켰다. 이는 더 큰 배수량과 업그레이드된 레이더 및 시스템 등을 갖춘 이스라엘에서 건조한 사르Sa'ar 4 미사일고속정과 함께 '불의 세례식'을 치른 성과였다.[16]

아이언 돔

최단기 개발 사례는 2005년부터 시작된 연구 프로그램을 바탕으로 2007년부터 본격적인 개발이 시작된 대로켓·대미사일·대포병탄 및 잠재적 대공 시스템인 아이언 돔(키파트 바르젤^{Kippat Barzel})이 대표적이다. 2011년에 작전을 개시한 아이언 돔은 2012년 11월 하마스^{Hamas}와의 7일간의 교전에서 421발의 로켓을, 2014년 여름 50일간의 교전에서는 578발의 로켓을 요격하여 세계적인 명성을 얻었다.[17] 다른 무기체계와 마찬가지로 아이언 돔도 한계가 있지만, 유도 미사일의 개발 프로젝트가 통상 15년에서 20년 이상 걸리는 것에 비하면 레이더 탐지기와 추적기, 뛰어난 소프트웨어, 요격 미사일이 모두 완전히 새로운 것이라는 점을 고려하면 5년도 안 되는 개발 속도는 경이로운 것이었다. 아이언 돔의 소프트웨어는 끊임없이 날아오는 (개당 약 500달러 수준의) 값싸고 조잡하지만 여전히 파괴 잠재력과 파괴 가능성을 가진 로켓을 이스라엘이 그보다 최소 100배 이상 비싼 미사일로 요격할 수 있는 경제적인 시스템을 만들 수 있게 한 핵심 돌파구였다.[18]

과거 로켓 공격 사례를 연구한 이스라엘의 소요 기획자들은 로켓의 약 75%가 개방된 지형에 떨어지기 때문에 요격할 필요가 없다는 결론을 내렸다. 따라서 아이언 돔의 컴퓨터는 날아오는 로켓의 궤적을 추적하여 최종 낙하지점을 평가하고 주거 지역이나 중요한 민간 또는 군사 기반 시설에 떨어질 것으로 예상되는 로켓만 선택적으로 요격 미사일을 발사하도록 했다. 요격된 로켓도 피해를 입힐 수 있으므로 운영자는 소프트웨어를 중단시킬 수 있는 기능이 필요했다. 단 몇 초의 시간이 주어짐에도 불구하고 수동으로 요격 제어가 자주 진행됨으로써 많은 생명을 구하고 많은 물적 피해를 예방할 수 있었다.[19]

아이언 돔은 이스라엘이 위험을 무릅쓰고 초고속 획득 과정을 거치더라도 서로 매우 다른 두 가지 이점을 얻을 수 있다는 것을 극단적으로 입증해 보였다. 하나는 반복되는 전투에 긴급히 필요한 효과적인 무기를 적시에 공급할 수 있다는 점이다. 다른 하나는 간단한 프로그램의 경제성으로 막대한 비용을 절감할 수 있다는 점이다. 이스라엘에서는 새로운 무기나 시스템의 개발 비용이 저렴하지 않으면 개발 자체가 불가능했기 때문에 이스라엘 방위군으로서는 혁신 과정에서의 비용 요소가 결정적이었다.

물론 서두르면 약간의 낭비도 발생한다. 모든 계산이 완전히 완료되기 전에 구매와 제작을 서두르면 잘못된 시작과 역추적backtracking*의 결과를 초래할 수도 있다. 하지만 구성 요소의 노후화, 위협의 성격 변화 또는 기술 변화로 인해 지속적으로 발생하는 세심하게 계획되고 관리되고 비용이 발생하며 실행되는 개발 프로그램의 누적 비용에 비하면 서둘러서 다소 낭비가 발생하는 편이 경제적이다. 미국과 서유럽에서 의무적으로 수행해야 하는 고통스러울 정도로 상세한 절차는 무기체계의 획득을 수년, 심지어 수십 년 동안 지연시키며 과다 청구, 낭비, 기술적 사기(가짜 테스트 결과) 및 관리 부실을 방지함으로써 비용을 제한하려고 하지만 동시에 엄청난 비용을 초래한다. 고분고분한 구매 담당자와 탐욕스러운 계약업체 간의 밀실 거래를 방지하기 위해 고안된 공정한 계약 관행을 보장하기 위한 정교한 규칙은 모든 비용을 산출하고 아주 상세하게 명시해야 한다. 이로 인해 엔지니어보다 더 많은 관리자, 회계사, 변호사의 근무 시간이 많이 늘어날 수밖에 없다. 이후에도 설계 검토, 프로그램 평가, 비용 분석이 이어질 때마다 같은 작업을 반복해야 하는데, 이러한 작업은 종종 막대한 비용을 들여 아웃소싱해야 하므로 결과물이 나오기 전까지 총지출이 꾸준히 늘어난다.

하지만 더 큰 문제는 수년, 수십 년에 걸친 개발 과정에서 점점 더 많

---

* 역추적: 일부 계산 문제, 특히 제약 조건 만족 문제에 대한 답을 찾는 도중에 답이 아니어서 막히면, 되돌아가서 다시 답을 찾아가는 기법이다.

●●● 2005년부터 시작된 연구 프로그램을 바탕으로 2007년부터 본격적인 개발이 시작된 대로켓 · 대미사일 · 대포병탄 및 잠재적 대공 시스템인 아이언 돔은 최단기 개발의 대표적인 사례이다. 2011년에 작전을 개시한 아이언 돔은 2012년 11월 하마스와의 7일간의 교전에서 421발의 로켓을, 2014년 여름 50일간의 교전에서는 578발의 로켓을 요격하여 세계적인 명성을 얻었다. 유도 미사일의 개발 프로젝트가 통상 15년에서 20년 이상 걸리는 것에 비하면 레이더 탐지기와 추적기, 뛰어난 소프트웨어, 요격 미사일이 모두 완전히 새로운 것이라는 점을 고려하면 5년도 안 되는 개발 속도는 경이로운 것이었다. 아이언 돔의 소프트웨어는 끊임없이 날아오는 값싸고 조잡하지만 여전히 파괴 잠재력과 파괴 가능성을 가진 로켓을 이스라엘이 그보다 최소 100배 이상 비싼 미사일로 요격할 수 있는 경제적인 시스템을 만들 수 있게 한 핵심 돌파구였다. 〈출처: WIKIMEDIA COMMONS | CC BY-SA 3.0〉

은 부품과 하위 시스템—전투기의 경우 레이더나 엔진처럼 중요한 하위 시스템—가 구식이 되거나 가까운 미래에 단종될 수 있다는 것이다. 이럴 때마다 새로운 품목으로 교체하려면 일반적으로 재설계와 리엔지니어링이 필요하고, 이 과정에서 또다시 많은 시간이 소요되는 프로그램 검토가 시작되는 고통스러운 딜레마에 빠지게 된다. 아니면 기존 제품을 그대로 사용할 경우 —많은 비용이 소요되는 무기체계들에서 흔히 일어나는 일이지만— 전력화를 위해 인도할 때 이미 기술 진부화가 발생하여 결국에는 막대한 비용을 낭비한 후 전면적인 취소가 이루어질 수도 있다.

예를 들어, 현대 무기 중 구매 비용이 가장 많이 드는 F-35 제트 전투기 계열을 생각해보면, 1996년에 개발이 시작되어 약 20년 후인 2015년에 미 해병대 버전, 2016년에 공군 버전, 2019년에 해군 버전의 초기 작전 운용이 선언되었다. 하지만 이것은 개발 속도가 느리다는 비판에 대응하기 위한 정치적 선언이었으며, 미흡한 점이 여전히 시정되지 않은 채 많이 남아 있다.[20] 이스라엘 공군은 미 공군과 함께 F-35 전투기의 작전 운용을 주도해왔으며, 이스라엘 공군은 이 비행기를 실전에서 사용한 최초의 공군이었다.[21] 당시에도 소프트웨어 문제가 해결되지 않은 상태에서 비행했다. 항공 프로젝트가 20년 이상 장기화되면 마이크로프로세서 기술의 급속한 발전에 뒤처질 수밖에 없다. 모든 전투기는 컴퓨터의 집합체라는 측면에서 일부 적용된 마이크로프로세서의 기술은 비교적 쉽게 업데이트가 가능하지만, 재설계해야 하는 구성품과 하위 시스템에 내장되는 마이크로프로세서 기술은 더 많은 발전이 요구되면서 항공 전력의 증강 사업은 거듭 지연되고 있다. F-35 전투기는 스텔스 특성을 극대화하기 위해 속도, 기동성, 공대지 폭탄 탑재량 등에서 적잖은 제약을 수용했다. 그런데 이는 1996년 당시에는 전투에서 매우 유용했을 것이지만, 저주파 레이더$^{\text{lower-frequency radar}}$와 양상태 레이더$^{\text{bistatic radar}}$ 모두 다양한 조건에서 스텔스기를 탐지할 수 있게 된 지금은 그만한 가치가 없다.[22]

이스라엘은 2006년 2월 계약 체결부터 2011년 3월 초기 작전 운용 개시까지의 아이언 돔 방공 시스템 개발과 관련하여 더 이상 1960년대 초 최초의 미사일 개발에 착수했던 가난한 작은 나라가 아니었다. 하지만 그해 2006년 7월 12일부터 8월 14일까지 팔레스타인 지역에서 발사된 로켓이 3,970~4,228발로 다양하게 추정되는 헤즈볼라^{Hezbollah}의 대규모 로켓 포격으로 인해 시간과 자금이 모두 극도로 부족했다. 이는 국가적 한계보다는 정책적 우선순위 때문이었다. 이집트와 요르단이 분쟁에서 철수하고 시리아가 쇠퇴하고 이라크가 무력화되면서 재래식 전쟁의 위협이 이전 수십 년 동안에 비해 크게 감소했기 때문에 지상군은 물론, 공군에 대한 자금 수요도 어느 정도 줄어들었다. 그럼에도 불구하고 이스라엘 방위군의 관료적 권한은 줄어들지 않았고, 모두가 로켓 위협을 물리칠 필요성을 인정했지만, 이스라엘 방위군의 어느 부서도 자기 부서의 예산을 삭감할 의향이 없었다.

어쨌든 거의 모든 이스라엘 방위군의 고위 장교들은 대부분 민간 분야의 전문가들과 마찬가지로 사실상 무료나 마찬가지라고 할 정도로 값싸고도 저급한 로켓을 고가의 요격 미사일로 막아내야 한다면 이는 말이 안 될 정도로 비경제적인 일이라 확신했다.[23] 또 다른 이들은 설령 자국민 보호에 성공한다고 하더라도 사상자가 모두 가자 지구에서 발생할 것이기 때문에 공습 억제나 중단을 위해 이스라엘의 공중 요격이 아무리 정당할지라도 2014년 여름과 2023년 5월에 일어난 것처럼 이스라엘의 반격 작전에 대한 국제적 압력으로 이어질 것이라고 주장했다.[24] 그 결과, 아이언 돔의 초기 개발 과정에는 최소한의 자금만 지원되었고, 실제로 많은 자금이 불법적으로 조달되었다. 개발 일정을 보면 이처럼 전무후무한 상황이 어떻게 일어났는지 잘 알 수 있다.

2004년 4월 19일, 가비 아쉬케나지$^{Gabi\ Ashkenazi}$ 이스라엘 방위군 부총 참모장은 공군의 중·장거리 지대지 미사일 위협에 대한 전반적인 대비책에 대한 책임을 맡았다. 2004년 7월 6일, 그는 모든 업무를 국방연구개발관리국에 배정했다. 2004년 10월 13일, 이스라엘 공군 사령관을 역임한 후임 이스라엘 방위군 부총참모장 댄 할루츠$^{Dan\ Halutz}$는 가자 지구에서 발사되는 단거리 카삼^{Qassam} 로켓과 이란이 레바논의 헤즈볼라에 공급하는 장거리 로켓에 대한 대응책을 모색하라고 공식적으로 국방연구개발관리국에 지시했다.

그러나 국방연구개발관리국의 연구개발 부서 책임자인 대니 골드는 단순한 탐색에 만족하지 않았다.[25] 2005년 8월 5일경, 그는 공군 장교들이 아직 어떻게 진행할지 결정하지 못하고 지상군 장군들이 반대하는 상황에서 혼자서 가속적인 개발을 시작하기로 결심했다. 그들이 보기에 로켓 포격은 용납할 수도 없고, 값비싼 요격 시도로 완화할 수도 없으며, 로켓을 발사한 자들을 제압하여 원천적으로 소멸시켜야 했다. 가자 지구에 대한 지상군 침공으로 예상되는 희생과 재물, 정치적 자본 등의 잠재적 비용이 로켓으로 인한 피해와 사상자보다 더 크다는 판단 아래, 로켓 공격이 계속되더라도 아무도 요격하지 않는다는 주장은 골드에게는 전혀 와닿지 않았다. 한편 스데롯^{Sderot}과 같이 국경에 인접한 이스라엘 마을은 간헐적인 포격으로 인해 지역 주민들의 생활이 극도로 피폐해지고 일부 사상자가 발생했으며, 주민의 90%가 집이나 인접한 거리에서 로켓 폭발을 경험했다.[26]

골드는 자신이 가치 있다고 판단하는 모든 연구개발 노력을 추진할 권한을 가지고 있었다. 부여된 권한으로는 시제품 단계까지만 적은 예산 범위 내에서 수행할 수 있었는데, 이는 미래의 생산성, 지속적인 유지보수, 심지어 신뢰성에 대해 걱정할 필요 없이 시제품을 만드는 데 모든 종류의 자유가 허용되었기 때문이다.[27] 그러나 그는 처음부터 18개월 이내에 요격 능력을 입증하고 36개월 이내에 레이더, 소프트웨어, 미사일 등 각 구성 요소의 본격적인 엔지니어링 개발을 완료하는 것을 목표로 비용이 예산을 크게 초과하더라도 개발에 모든 노력을 쏟아부어 프로젝트를 추진하라고 부하 직원들에게 지시했다. 또한 그는 아직 존재하지 않고 본격적인 엔지니어링 개발이 승인되지 않은 미사일의 조립 라인을 포함한 산업 생산 시설도 똑같이 신속하게 구축하기를 원했다.

기적이 일어나지 않는 한, 이러한 업무 순환은 차선책인 특공대 기습과 같은 공학적 방법을 동원할 수밖에 없었다. 즉, 모든 작업을 순차적으로 진행하지 않고 동시에 진행하여 많은 시간을 절약하는 '압축된 telescopic' 프로젝트만이 이 문제를 해결할 수 있었다. 그러나 레이더, 미사일, 소프트웨어의 개발은 특정 문제를 해결하기 위한 작업의 진전에 따라 계속 달라질 것이 거의 확실했기 때문에 비용이 많이 드는 수정이 요구되고, 그로 인해 원하는 시급한 개발이 지연되는 대가를 치러야했다. 더욱이 골드는 예산이 전혀 배정되지 않은 산업 시설 준비에 무단으로 뛰어들었다. 그의 엔지니어링 개발 작업조차도 허가받지 않은 것이었는데, 값싼 모형과 황동으로 만든 부품 등으로 단순히 시제품을 만드는 수준을 훨씬 넘어섰지만, 그 과정에 투입된 금액은 매우 적었다.

카리스마 넘치는 골드는 다음번의 대규모 로켓 포격이 있기 전에 방어 시스템을 가동해야 한다는 엄청난 긴박감에 사로잡혀 대부분이 예비역 장교인 국영 미사일 회사인 라파엘과 국영 레이더 회사인 엘타[Elta]의 경영진과 이사진을 설득해 회사 자체적으로 필요한 자금을 조달케

했다. 이들은 재무 건전성에 대한 법적 책임이 있는 법인 회사의 이사였음에도 불구하고, 직무에 대한 정부 명령과 조만간 또는 언제 상환할 수 있을지에 관한 확실성도 없었다. 이들은 법적 처벌, 자신의 평판과 경력의 위험을 무릅쓰고 골드에 동조해 정상적으로 승인된 시제품 개발 자금이 소진된 후에도 훨씬 더 많은 비용이 드는 본격적인 개발을 계속했다.

이처럼 규정을 전혀 따르지 않은, 실로 금지되어 있던 절차는 모든 관계자가 역동적 추진력에 사로잡혀 프로젝트를 추진했기 때문에 프로젝트의 진행에 장애가 아니라 호기로 작용했다. 골드가 직접 구성한 8명의 국방연구개발관리국 팀, 라파엘의 최고 미사일 설계자, 엘타의 최고 레이더 엔지니어들은 체력이 허용하는 한 하루 24시간, 7일 내내 연중무휴로 일했다. 모두가 이 기간에는 사생활을 포기했고, 신앙심이 참으로 대단했던 직원 하나는 '인명 구조'라는 예외 명분을 내세워 신성한 안식일 예배까지도 불참했다.[28]

이에 못지않게 중요한 것은 개발 방법이었다. 대부분의 연구개발 자금을 소진하는 점진적 업그레이드와 달리, 진정으로 혁신적인 연구개발은 시행착오를 거치거나 오히려 무언가를 조작하고 제대로 테스트한 다음 드러나는 단점이나 명백한 결함을 수정하거나 해결하는 방법을 결정하는 과정이어야 한다. 따라서 충분한 진전이 있어서 테스트가 필요할 때마다 약간의 비용 투입과 시간적 지연이 불가피하다.

그러나 한쪽에는 상업적 계약자가 있고, 다른 한쪽에는 민간 또는 군인 공무원이 있는 경우, 계약자의 이익에 대한 적절한 관심과 납세자에 대한 정부의 책임은 각 오류를 먼저 신중하게 분석하여 과도한 사양이나 지나치게 까다로운 테스트, 정부의 잘못 또는 계약자의 부적절한 기술, 주의 또는 투자로 인한 오류 발생 여부를 판단해야 함을 의미한다.

양측의 주장을 확인하는 데는 시간이 걸리고 때로는 상당한 시간이 소요되며, 이 과정에서 분쟁이 발생하여 변호사가 개입해 문제를 해결하거나 대안을 마련하기 위해 작업을 재개하기까지 분쟁 해결에 더 많은 시간이 소요될 수 있다. 또한 납세자의 비용 부담으로 이어지는 밀실 합의를 방지하기 위해 외부 검증 그룹의 정교한 감독을 받는 검증 절차를 통해 낭비, 사기 및 잘못된 관리를 제한하려는 시도는 새로운 무기를 개발하는 과정에 있어 예산의 남용을 피하기 위한 매우 값비싼 방법이다.

골드와 그의 팀은 다르게 움직였다. 오히려 그들은 1960년대부터 수천 가지의 법적 규제가 적용되기 전 미국의 무기 개발자들이 했던 방식을 그대로 따랐다. 시험 결과 오류가 발견되면 책임 소재를 따지는 대신, 문제를 해결하기 위한 작업에 모두가 일사분란하게 움직였다. 또한 골드는 '비용 대비 설계' 방식을 도입하여 라파엘과 엘타, 그리고 자신이 속한 조직의 400여 명의 직원을 14개 팀으로 나누어 경쟁을 병행하는 스타트업start-up처럼 운영했다. "우리는 프로젝트의 모든 작업을 동시에 진행시켰고. 그에 대한 다양한 해법도 동시에 찾아냈다."[29]

일반적인 프로젝트는 R&D 단계와 엔지니어링 개발 및 생산 단계, 이 두 단계로 구성된다. 골드는 촉박한 기한에 맞추기 위해 이 두 단계를 압축했다. 이 역시 그의 권한을 넘어서는 결정이었지만, 그럼에도 불구하고 그는 기회를 놓치지 않았다. 아이언 돔 시스템이 보여준 혁신의 핵심은 미사일의 단가가 초기에는 7만 7,000~9만 7,000달러였던 것이 2021년 현재 약 5만 달러 수준으로 낮아졌다는 것이다.[30] 이는 아이언 돔의 미사일이 탄약 범주에 들어갔음을 의미한다. 이로써 이스라엘 방위군은 설사 명중률이 낮더라도 과감히 미사일을 발사해 더 높은 요격률을 달성한다는 여태까지와 전혀 다른 발사 교리를 적용할 수 있게 되었다.

역설적인 것은 초기에 아이언 돔 체계 도입에 대한 이스라엘 방위군 내부의 거부감이 프로젝트의 성공을 도왔다는 사실이었다.[31] 한 고위 참여자는 다음과 같이 설명했다. "작전 요구 사항이나 기술 사양이 설정되지 않았기 때문에 엔지니어들은 최적의 무기를 신속하게 개발할 수 있는 완전한 자유를 누렸다. … [하급 장교들은]《항공 주간 및 우주 기술 Aviation Week & Space Technology》잡지에 나올 법한 '몽상夢想'을 쏟아내지 않았고, 장군들은 끝없는 회의와 토론으로 프로그램을 '감시'하지 않았다."[32]) 나중에 국가 감사관이 비난한 바와 같이 의도하지 않았지만, 적절한 관료적 절차를 무시한 것이 오히려 프로젝트를 구한 셈이 되었다.[33]

모든 일이 끝난 후 만약 생산 전에 더 많은 R&D를 진행했더라면 더 나은 성능을 얻을 수 있었을 것이라는 주장이 있을 수 있지만, 그랬다면 가격이 훨씬 더 높았을 것이다. 골드의 팀은 최종 제품의 성능을 훼손하지 않으면서 비용을 절감할 수 있는 방법을 찾아내는 기지를 발휘했다.[34] 엔지니어링 단계에서 비용 관리의 또 다른 핵심은 라파엘의 경영자들이 개발 시간에 따라 달라지지 않는 고정 지불 계약에 동의했다는 점이다.[35] 이것은 라파엘의 경영자들이 프로젝트에서 손실을 입을 수 있는 모든 위험을 감수한다는 것을 의미했다. 그러나 이는 고객이 비용 절감과 관련해 개입할 수 없으므로 그들에게 완전한 자유가 부여되었다는 것을 의미했으며, 이는 프로젝트의 성공에 중요한 역할을 했다. 한 예로, 그들은 아이언 돔의 미사일에 대형 액체 연료 탄도미사일처럼 전기 서보servo 모터를 장착해야 한다고 결정함으로써 기존 관행에서 크게 벗어났다. 이 결정은 공대공 미사일에는 공압 서보 모터를 선호하는 수년간 축적된 전문 지식을 무시한 것이었지만, 이례적인 전기적 해법은 전체 비용을 크게 절감하도록 했다.[36]

처음에는 아이언 돔이 다수의 서브 시스템으로 구성된 오케스트라와 같은 복합 시스템이기 때문에 모든 옵션이 천문학적인 비용을 초래할 것으로 보였다. 그래서 시스템의 각 부분에 대해 저비용 해법을 추구하는 것이 최우선 과제였다. 6,000달러짜리 항공기 변기처럼, 무기를 설계할 때 고가의 복잡한 해법을 찾는 것은 어렵지 않지만, 간단한 해법을 찾는 데는 사고와 창의력이 필요하다.[37] 로켓과 미사일 포격의 위협에 대한 해결책을 찾는 것이 시급했음에도 불구하고 합리적인 가격으로 운용 효율성이라는 기본 요건을 충족하는 데는 타협이 없었다. 개별 구성 요소를 개발하는 개발자가 필요한 표준을 달성하지 못한 해법을 내놓으면 더 나은 해법을 찾을 때까지 계속 작업하라는 지시를 받았다. "프로젝트의 성공 여부는 항상 올바른 인력을 선발하는 데에 성공하느냐에 달려 있다"라는 것이 한 책임자의 결론이었다.

'멋진 5인Fabulous Five'으로 불리는 개발팀 리더 중 한 명인 론Ron 박사는 이 프로젝트의 특별한 분위기를 이렇게 설명한다. "첫 순간부터 저는 우리가 매우 중요한 일을 하고 있다는 사실에 이끌렸습니다. … 수십 년의 경험을 가진 노련한 한 엔지니어는 다른 의견을 가진 젊은 엔지니어의 말에 귀를 기울이는 자신을 발견했습니다." 이렇듯 연구진 간의 위계질서는 사라지고, 보다 더 체계적인 방식을 선호하는 분위기가 자리를 잡으면서 프로젝트는 속도를 내기 시작했다. 가장 빠르고 저렴하면서도 가장 논리적인 운영체계를 개발해야 한다는 인식이 워낙 강렬했기 때문에 후배 연구진이 설령 통상적이지 않은 해법을 주장한다고 하더라도 아무도 이를 가로막지 않았다.[38]

제2차 세계대전 중 여러 곳에서 반복적으로 일어났던 것처럼, 사랑하는 사람들의 죽음을 막을 수 있는 긴급한 국가적 임무에 개인적으로 헌신한 엔지니어와 과학자 그룹은 다른 방법으로는 달성할 수 없었을 뿐만 아니라 상상할 수도 없는 역동적인 창의성을 발휘했다. 영국이 세계 최초로 중앙집권식 방공 시스템을 고안하여 컴퓨터 한 대 없이도 훨씬 우세했던 독일 공군을 격파하고, 조잡한 컴퓨터로 독일의 무선 통신 암호를 해독하여 영국을 굶주리게 한 유보트^{U-boat}를 침몰시킨 것도 바로 이런 배경에서였다. 또한 독일군은 공중 폭격을 갈수록 늘여가면서도 최초의 로켓 추진 전투기, 최초의 제트 전투기, 최초의 순항미사일, 최초의 탄도미사일, 최초의 공대지 미사일, 심지어 최초의 스텔스 제트 폭격기의 시제 모델을 발명하고 생산했다. 그러나 독일의 이 모든 업적은 대부분 난민 출신인 맨해튼 프로젝트^{Manhattan Project}의 과학자들에 의해 뒤집혔다. 그들은 독일의 창의성이 핵분열 폭탄으로까지 확장될 것을 우려하여, 우라늄 238을 분리하고 그 결과물인 핵분열 물질을 두 가지의 다른 폭탄 설계에 사용하는 실용적인 방법을 발명하는 데 전념했다. 그리고 그들은 3년이 조금 넘는 기간에 이 모든 걸 이뤄냈다.

이스라엘의 상황에 비춰보면, 라파엘의 R&D 부문 책임자인 로넨^{Ronen} 박사의 증언이 말해준다. "어느 날 실험에 참석하기 위해 북쪽으로 이동하던 중 텔아비브에 도착했을 때 경보가 울렸습니다. 제 아이들과 손주들이 그곳에 살고 있는데, 집 바로 위에서 미사일이 로켓을 요격하는 장면을 목격했습니다." 프로젝트의 수석 엔지니어인 데이비드^{David}는 프로젝트의 역학관계가 어떻게 작동했는지 설명했다. 아이언 돔 프로젝트 이전에는 실험에 실패하면 모두가 개발 시설로 돌아가 몇 달 안에 새로운 해법을 가지고 실험장으로 돌아가는 것이 규칙이었다.

하지만 아이언 돔 프로젝트는 그 규칙을 깨뜨렸다. 첫째, 미사일 개발에서 매우 불규칙적인 실험이 매우 이른 시기에 시작되었다. 첫 번째 불만스러운 실험부터 "포기하지 않는다"라는 정신이 형성되었다. 때로는 연구실 직원들이 문제를 파악하는 동안 한 팀은 책상으로 돌아가지 않고 현장에 남아 실험을 진행하기도 하고, 장애물이 발생한 당일 밤에 해결책을 찾아내 다음날 아침에는 아무 사고도 없었던 것처럼 새로운 실험을 진행하기도 했다. 그 과정에서 가장 중요한, 완전히 무의식적인 장벽을 포함하여 창의성에 대한 모든 장벽이 무너졌다. 한 핵심 인물은 이렇게 증언했다. "아이언 돔… 미사일은 장난감에서 가져온 부품으로 구성된 세계 유일의 미사일입니다. 어느 날 저는 아들의 장난감 자동차를 직장에 가져왔습니다. 우리는 그것을 서로에게 건네주었고, 우리에게 정말 적합한 부품이 있다는 것을 알았습니다. 더할 데 없이 딱 맞는 부품이었습니다."[39]

엔지니어들의 흥미를 촉발할지는 모르지만 해당 프로젝트에 실제로 필요하지 않거나 비용이 너무 많이 드는 새로운 기술의 용도를 찾기 위해 이미 존재하는 것을 처음부터 다시 만드는 것은 국방 R&D의 불행한 특징 중 하나이다. 항공모함 USS 제럴드 R. 포드[Gerald R. Ford] CVN-78의 총비용은 175억 달러로 이전 항공모함인 USS 조지 H. W. 부시[George H.W. Bush] CVN-77의 60억 달러에 비해 크게 증가했는데, 그 이유는 기존의 쉭쉭거리며 부딪치는 소리가 나는 증기 캐터펄트[steam catapult]를 소리 없는 전자식 항공기 발진 시스템으로 교체하여 고풍스러운 증기 발생을 모두 없애려는 억제할 수 없는 욕구 때문이었다. 40억 달러가 투입된 이 새로운 마법 시스템이 계속 고장이 나면서 USS 제럴드 R. 포드 CVN-78의 취역이 몇 달씩 지연되자, 사면초가에 몰린 미 해군은 이 시스템이 50년 수명 동안 운영 비용을 절감할 수 있다고 주장했다. 하지만 이것은 관련자들이 투자자로서는 좋은 성과를 거둘 수 없음을 시사하는 것이었다. 이와는 달리, 아이언 돔 프로젝트에서는 무언가를 처음부터 다시 만들려는 욕구를 찾아볼 수 없었다.

프로젝트를 가속화할 수 있었던 또 다른 절차적 요인은 개발 단계 초기부터 다양한 분야의 구성원들이 참여했다는 점이다. 보통은 개발이 완료된 후에야 생산 작업이 시작되지만, 아이언 돔의 경우에는 국방부와의 협력을 통해 시너지 효과를 노렸는데, 국방부는 검수 및 감사를 하는 고객(막대한 비용을 계산하지 않고 적대적인 관계를 훨씬 선호하는 낭비, 사기, 방만 경영에 맞서는 용감한 투사들을 무서워하게 만들었을 관계)이 아니라 참가자로서 협력했다. 또한 아이언 돔은 고객이 프로젝트팀과 실질적으로 통합된 통상적인 프로젝트의 반대 사례를 제시한다. 일반적인 관행에서 과감하게 벗어난 또 다른 사례로, 공군이라면 공군 병사가 하늘에 미사일을 쏘는 것을 허용할 리가 없겠지만, 아이언 돔 포대를 운용해야 하는 이스라엘 공군은 사령부 요원들을 개발 작업부터 참여시켰다.

시스템을 정확하고 사용하기 쉽게 만드는 것이 아주 중요한 프로젝트 목표였다. 노련한 전문가가 아닌 젊은 징집병들이 아이언 돔을 운용해야 하므로 공군 대공 요원들이 이 과정에 투입되었다. 그런 다음 그들은 자체적으로 개선 및 요구 사항을 제안하여 개발자들을 놀라게 했고, 그들의 요구는 정식으로 구현되었다. 이는 개발 책임자들의 매우 이례적인 행동이 있었기에 가능했다. "시스템을 운영하는 대공 분야에 근무하는 병사들은 우리의 전화번호를 알고 있어서 문제가 생길 때마다 우리에게 전화합니다. 그들은 가장 기본적인 수준의 요구 사항과 사양을 결정하는 프로젝트의 첫 단계부터 참여했습니다."[40]

운영의 간소화가 가장 중요한 요구 사항이었지만, 색다른 고려 사항들도 제기되었다. "초기에 정의한 시스템의 요구 사항 중 하나는 체구가 작은 여군도 발사대 위치에 올라타서 작동할 수 있어야 한다는 것이었습니다. 또한 미적 디자인도 고려해야 했습니다. 저는 발사대 디자이너에게 발사대가 작동한 지 1시간 이내에 CNN과 알자지라Al Jazeera에 나올 것이 분명하기 때문에 초현대적이면서도 위협적으로 보이기를 원한다고 말했습니다."[41] 마지막으로 제조 공정에 투입될 인원 중 단계별 대표들을 관례보다 훨씬 이른 단계부터 개발 프로세스에 통합함으로써 개발부터 생산까지 위험을 낮추고 문제 해결을 가속화하는 동시에 비용을 절감할 수 있었다.[42]

아이언 돔 프로젝트를 추진한 역동적인 과정은 다음 개발 일정에 잘 나타나 있다.

2006년 2월: 골드는 합법적이고 적절한 '기술시연자' 계약 체결.

2006년 8월 27일: 가자 지구와 매우 가깝고 하마스 로켓의 주요 표적이 되는 스데롯^Sderot에 거주하는 아미르 페레츠^Amir Peretz 국방부 장관은 아이언 돔을 '최우선 프로젝트'로 선언하고 완성을 앞당기기 위한 '비상 계획'을 수립할 것을 촉구. 하지만 이스라엘 방위군 총참모장을 통해 공식적인 명령을 내릴 수 있는 예산이나 내각의 지지를 확보하지 못했음.

2006년 11월 12일: 국방연구개발관리국의 수장인 골드가 라파엘에게 본격적인 개발에 착수할 것을 공식적으로 지시.

2006년 11월 16일: 이스라엘 방위군 총참모부 기획부장이 '능동형 단거리 로켓 방어 시스템' 개발 책임을 공군에 떠넘기며 대니 골드의 계획을 무시하고 차단함.

2006년 12월 1일: 아미르 페레츠 국방부 장관은 단거리 로켓 요격 능력이 필수적이며, 아이언 돔이 그 해결책으로 선택되었지만, 필요한 자금을 직접 승인할 수는 없다고 선언함.

2007년 2월 4일: 에후드 올메르트^Ehud Olmert 총리는 "아이언 돔은 피할 수 없는" 가장 시급한 문제라고 주장함. 그러나 골드의 승인되지 않은 모험에 대한 자금은 배정되지 않았음. 그럼에도 불구하고 올메르트의 발언에 고무된 라파엘과 엘타의 관리자들은 결국 모든 것이 바로잡힐 것이라는 확신을 가지고 일을 계속함.

2007년 6월 4일: 가비 아쉬케나지 이스라엘 방위군 총참모장이 아이언 돔 프로젝트가 아직 국방부로부터 자금을 받지 못했다는 이유로 승인을 보류.

2007년 7월 3일: 신임 국방부 장관인 에후드 바라크^{Ehud Barak} 예비역 소장이 골드가 실제로 2년 전에 장관의 승인이나 자금 지원 없이 시작한 아이언 돔의 개발을 '원칙적으로' 승인.

2007년 12월 23일: 바라크의 승인 5개월 후, 이스라엘 체제 하에서 실질적인 총사령관인 재무부 장관을 포함한 내각 국가안보위원회가 마침내 바라크의 결정을 승인하고 초기 자금을 지원.

2008년 1월 1일: 아이언 돔이 실제로 시작된 2005년으로부터 2년 4개월 만에 공식적으로 개발 착수.

2009년 7월 15일: 아이언 돔 레이더, 미사일, 소프트웨어가 통합 시스템으로 테스트 준비 완료. 여러 표적을 성공적으로 요격.

2010년 7월 25일: 사람이 살지 않는 장소가 아닌 지정된 인구밀집지역으로 향하는 로켓을 선택적으로 요격할 수 있는 프로토타입 시연.

2011년 3월 27일: 가자 지구 인근에 첫 번째 작전 포대가 배치되고, 2011년 4월 4일에 두 번째 포대가 배치되었지만, 국방부는 아이언 돔이 아직 완전히 풀가동된 것은 아니지만, 그럼에도 '작전 차원에서 시험 운용'을 위해 더 많은 포대를 투입할 것이라고 발표. 그러나 2011년 4월 7일, 가자 지구에서 아슈켈론^{Ashqelon} 시를 향해 발사된 122mm 로켓을 포대가 성공적으로 요격했기 때문에 이러한 변명은 더 이상 통하지 않았음. 레이더가 발사 지점을 즉시 식별하여 이미 초계 비행 중이던 공군 항공기가 발사대를 폭격하는 데 성공.

2011년 8월 20일: 전투가 격화되는 가운데 브엘세바^{Be'er Sheva} 시를 향해 122mm 로켓 11발이 한꺼번에 발사되었으나, 아이언 돔이 9발을 요격했고, 탄착된 나머지 2발은 거의 피해가 없었음.

2012년 3월: 이스라엘 영토를 향해 총 300여 발의 로켓과 박격포탄 발사. 인구 밀집 지역에 대한 실질적인 위협으로 확인된 73발의 로켓 중 69발을 아이언 돔이 요격함. 네 번째 포대 배치.

2012년 5월 18일: 아이언 돔의 성공에 깊은 인상을 받은 미국 하원은 미국 산업계, 특히 주요 계약업체인 레이시온^{Raytheon}과 기술을 공유하는 조건으로 6억 8,000만 달러를 아이언 돔에 지원하기로 의결.

2012년 6월 4일: 미 상원 군사위원회는 2억 1,000만 달러만 승인하고 여전히 완전한 기술 공유를 요구했지만, 이스라엘은 레이시온의 요격 미사일 추가 생산을 환영하기 때문에 크게 신경 쓰지 않았음.

2012년 6월 23일: 아이언 돔이 100번째 요격 성공.

2012년 11월 14~21일: 방어의 기둥 작전^{Operation Pillar of Defense} 실시. 아이언 돔 포대가 84%의 성공률로 428개의 로켓 요격.

2012년 11월 17일: 텔아비브 지역에 다섯 번째 포대가 배치되어 같은 날 로켓 요격.

2014년 1월 17일: 버락 오바마^{Barack Obama} 미국 대통령이 미국을 위한 아이언 돔 포대 조달에 2억 3,500만 달러 승인.

2014년 8월 1일: 미국 의회가 미사일 재고를 보충하기 위해 2억

●●● 2014년 7월 8일 프로텍티브 엣지 작전 중 아이언 돔이 이스라엘 서부의 소도시인 아시드드 (Ashdod)를 겨냥해 가지 지구에서 쏜 로켓을 요격하고 있다. 〈출처: WIKIMEDIA COMMONS | CC BY 2.0〉

2,500만 달러를 추가 승인.

2014년 7월 8일~8월 26일: 프로텍티브 엣지 작전^{Operation Protective Edge} 실시.) 9개의 아이언 돔 포대가 578개의 로켓을 요격하여 총 89.6%의 성공률 기록(65개의 요격은 아이언 돔의 자동 발사 프로그램을 무시하고 수동으로 발사가 시작됨).

2016년 5월 16일: 아이언 돔의 해군 버전 해상 시험 발사 성공.

2016년 9월 17일: 아이언 돔 포대가 시리아에서 골란 고원으로 발사된 박격포탄 요격.

5년 후, 2021년 5월 10일부터 21일까지 다시 적대행위가 시작되면서 하마스는 이스라엘을 향해 총 4,360발의 로켓을 발사했다. 이 중 1,661발은 아이언 돔 시스템에 의해 요격되었고, 176발은 빗나가 건물이 밀집된 지역에 떨어졌으며, 1,843발은 예상대로 사람이 거주하지 않는 지역에 떨어졌다.[43] 약 680발의 로켓이 국경을 넘지 못하고 가자지구 내부에 떨어져 팔레스타인 사상자가 상당수 발생했다. 이스라엘 민간인 10명이 목숨을 잃었지만, 더 많은 사람이 목숨을 구할 수 있었다. 그 이면에는 아이언 돔 체계를 무력화하기 위한 대규모 일제 사격을 예측하고 성능 개선을 통해 시스템의 요격률을 높인 노력이 한몫했다.

아이언 돔 프로젝트의 전략적 가치는 높은 비용에도 끝나지 않을 가능성이 있는 또 다른 지상군 공격에 대한 대안을 이스라엘 정부에게 제공했다는 데 있다. 또한 개발 및 초기 생산 비용도 —2005년 8월 첫 연구 시작 후 6년이 채 지나지 않은 2011년 4월 7일에 첫 요격에 성공하는 등 개발 속도가 놀라울 정도로 빨랐기 때문에— 첫 운용에 이르기까지 총 22억 달러 정도가 소요되었을 뿐이며, 그 절반은 미국이 부담했다.

그러나 낭비, 사기, 관리 부실을 방지하는 등 정부의 적절한 절차를 지키려는 이스라엘의 감사원장 마이클 린덴스트라우스[Michael Lindenstrauss]는 골드와 그의 동료들이 저지른 대규모 규정 위반을 보면서 유쾌하지만은 않았다. 그가 보기에 골드의 업적은 모범적이라기보다는 지속적이고 상습적인 불복종, 예산의 유용, 대규모 행정 비리의 대표적인 사례였기 때문이다.

그러나 감사원장의 보고서는 골드가 그러한 결정을 내릴 수밖에 없었던 당시 상황이 평온한 상황이 아니었다는 점을 인정하고 그가 긴급하게 일을 처리한 것은 칭찬할 만하다고 결론지었다. "국가 감사원은 가능한 한 빨리 능동형 방어 시스템을 생산하려는 국방연구개발관리국의 결단력과 열정을 잘 알고 있습니다." 그럼에도 불구하고 이스라엘 방위군이 작전 요구 사항을 분명히 밝히기도 전에, 이스라엘 방위군과 정부가 막대한 금액의 지출을 승인하기도 전에, 그리고 공격적인 대안 또는 대체 대공 방어 시스템 구성에 대한 탐색이 이루어지기도 전에 국방연구개발관리국이 본격적인 개발에 착수한 것은 부적절하다고 거듭 강조했다. 다시 말해, 골드는 모든 대안을 고려하지 않고 한 가지 시스템을 선택해 그 시스템을 구축하는 데만 몰두했던 것이었다.

아이언 돔 개발 과정에서 저질러진 비리 목록을 낱낱이 제시하고도 감사원의 보고서는 다음과 같이 결론지었다. "대니 골드 준장은 2005년 8월 '규칙에 따르지 않고 제멋대로' 아이언 돔 개발을 시작했고, 개발 전 단계와 본격적인 개발 단계를 동시에 진행하도록 명령함으로써 이스라엘 방위군 총참모장, 국방부 장관, 이스라엘 정부 전체의 배타적 관할권을 무시했다."[44]

골드 장군의 카리스마 넘치는 긴박감에 고무된 국방부 관리와 장교들의 더 많은 위반 행위와 함께, 감사관의 보고서는 골드가 2005년 8월 국방부 훈령 20.02호를 위반해 승인된 시제품 개발을 가장하여 승인되지 않은 본격적인 개발을 시작하기 위해 단계가 중복되는 프로젝트의 융통성 있는 일정 조정을 지시해 규정을 우회했는데 이는 라파엘과 엘타 경영진의 묵인 하에서만 가능했다고 언급했다. 그러나 국방부가 R&D 프로젝트에 사용하는 '융통성 있는 일정 조정, 나선향 개발(외형상 프로젝트의 순차적 재평가 및 추진), 점진적 개발, 특정 실증 프로그램, 기술 실증 등'의 구체적인 용어를 정의한 적이 없다고 주 감사관은 지적했다. 긴 고발 목록 끝에 보고서의 최종 결론은 (전혀 놀랍지 않게도) 온건했다. "무기체계의 개발과 조달, 특히 이스라엘 방위군의 예산과

부대 구조에 상당한 영향을 미치는 프로젝트는 작전 요구 사항이 적절히 구체화되고 사전에 승인된 후에 실행하는 것이 바람직하다."[45]

앞의 모든 과정에서 골드는 미국인들이 하던 일을 해냈다. 1956년 말 미 해군이 잠수함에서 발사하는 핵탄두 탑재 탄도미사일 폴라리스 Polaris 1A 개발을 시작했을 때만 해도 미국 국방 조달에서 진정한 프로젝트 리더십을 발휘할 여지가 남아 있었다. 함선을 권장 속도 이상으로 기동시킨다고 해서 '31노트'라는 별명이 붙여진 당시 해군 작전사령관 알레이 버크Arleigh Burke 제독은 뛰어난 분석력과 강한 추진력을 겸비한 라본W. F. Raborn 해군 제독을 프로젝트 책임자로 임명했다.[46] 1961년 1월 21일, 66일간의 수중 정찰 끝에 16기의 폴라리스 미사일로 무장한 USS 조지 워싱턴George Washington함은 완전한 작전 배치를 선언했는데, 이는 아이언 돔보다 100배 더 복잡하고 1,000배나 많은 예산이 투입된 무기체계에 대한 작업이 시작된 지 불과 5년 만에 이루어진 것이었다. 소련의 탄도미사일 개발에 대해 미국의 불안감이 컸던 당시, 폴라리스 미사일은 비행장에 배치된 폭격기나 지상에 고정 배치된 공군의 탄도미사일보다 기습 공격에 훨씬 덜 취약한 2차 타격 무기였기 때문에 전략적으로 매우 중요한 무기였다.

버크와 라본은 폴라리스 미사일을 빠르게 개발하기 위해 크고 작은 많은 위험을 감수해야 했다. 완전히 새로운 종류의 핵탄두로 인해 지름이 줄어들었기 때문에 완전히 새로운 종류의 탄도미사일과 잠수함을 개발해야 했다. 폴라리스 미사일은 지름이 줄어든 새로운 탄두(W-47)를 신속하게 개발할 수 있다는 '열핵폭탄의 아버지'로 불리는 괴짜 천재 에드워드 텔러Edward Teller의 약속을 버크의 팀이 믿었기에 가능했다. 버크가 훨씬 더 큰 잠수함이 필요했던 육군 주피터Jupiter 중거리 탄도미사일을 거부하고 완전히 다른 폴라리스 미사일을 개발할 수 있었던 것도 바로 이러한 이유 때문이었다. 하지만 이 모든 일은 낭비, 사기, 관리 부실을 막는다는 명목으로 모든 사람을 수천 개의 규칙과 끝없는 프로그램 검토, 그리고 구매 기관의 고통스러운 재평가에 매몰시키는 현재의 미국 규제 체제가 등장하기 전에 일어난 일이다. 오늘날의 기준에서 버크와 라본 제독은 대담하고 성공적인 리더십으로 존경과 찬사를 받고 있으나, 그 당시에는 위험을 감수했다는 이유로 군에서 쫓겨나고 모든 결함이 스캔들로 낙인찍혔다.[47]

다니엘 대니 골드 준장에 대한 찬사와 동시에 비난을 쏟아부었던 이스라엘 감사원의 2009년 감사 보고서를 보면, 모순된 지침을 내리는 중복된 권한과 역동적인 행동을 방해하면서 아무것도 보장하지 않는 수많은 규제가 이스라엘 내에 존재한다는 것을 알 수 있다. 그럼에도 이스라엘에서는 적의 공격이 거의 매일 발생하고 있어 규제가 지나치게 법에 얽매이고 요식적인 것으로 변질되는 것을 어느 정도 통제하고 있기 때문에 골드에게 벌금이나 해고 대신, 이스라엘 국방상Israel Defense Prize을 수여하고, 이스라엘 방위군과 국방부의 모든 연구개발 책임자로 승진시키고, 총참모부 회의에 참석하도록 함으로써 올바른 신호를 보냈다.

2019년 미 육군은 분쟁 지역에 있는 기지를 보호하기 위해 라파엘의 아이언 돔 포대를 구매했다. 이는 10년간의 작전 활동과 2,400개가 넘는 미사일과 로켓을 요격한 끝에 선택한 최종 획득 결정이었다.[48]

혁신
8

혁신가로서의
이스라엘 여군

여성의 군 복무는 이스라엘의 특수한 사회적 환경에서 출발했다. 과거의 전쟁에서
도 여성 전사들이 많이 활약했지만, 이스라엘 방위군의 여군은 일부는 전투 요원으
로, 일부는 행정요원으로, 일부는 전사를 양성하는 군 교육기관에서 교관 요원으로
헌신하고 있다. 최근 국경 경비대가 편성됨에 따라 국경 순찰과 마약 단속 등 경찰
임무를 이스라엘 방위군의 통제 아래 국경 경비대의 여군이 수행하고 있다. 또한
이스라엘 방위군은 인력 부족 문제 해소보다는 이스라엘 사회의 인적 자원을 적재
적소에 활용하기 위한 목적으로 우수한 여성 자원을 발굴하여 국경경비대에 편성
하여 운영하고 있다.

이스라엘 방위군은 1948년 5월 26일 창군될 때부터 남성뿐만 아니라 여성에게도 병역의 의무가 적용되었기 때문에 전 세계 모든 군대 중에서 남녀가 모두 병역의 의무를 지는 유일무이한 군대이다.[1] 독립전쟁의 위험한 초기 몇 달 동안, 많은 유대인 마을이 이웃 아랍 국가들과 떠도는 무리의 공격을 받았을 때, 남녀 모두 지역 방어 그룹에서 얼마 안 되는 소총, 자동권총pistol, 회전식 연발 권총revolver 등으로 최선을 다해 싸웠다. 물론 인류 역사를 보면, 포위된 마을과 도시를 지켜내기 위해 여성들은 문학작품에 상투적으로 묘사되듯이 항상 칼을 들고 싸우는 남성들과 함께 공격자들 위에서 뜨거운 기름(혹은 뜨거운 물)을 부으며 싸웠다.[2] 게다가 이스라엘이 독립하기 직전의 제2차 세계대전 중 몇 해 동안, 소련은 전시 홍보물을 통해 조종사, 저격수, 기관총사수, 전차 승조원, 빨치산 등 소련 영웅상을 받은 여군 전사 89명의 공적을 대대적으로 선전했다. 그러나 그들은 붉은 군대에서 싸웠던 수십만 명의 여성 병력 중 극히 일부였고, 전체 병력의 20분의 1 정도에 지나지 않은 데다가 대부분이 간호병들이었다.

이스라엘 방위군의 색다른 점은 여성도 예외 없이 영웅으로 추앙받는다는 점이다. 이스라엘의 여성은 제2차 세계대전 당시 영국에서 재택 근무하는 운전병처럼 안전지대에서의 역할로 한정된 것이 아니라, 남성과 함께 징집되어 이스라엘 방위군의 지상군으로 전환된 하가나 부대와 정예 팔마흐 타격대에서 전투 임무를 포함한 다양한 역할을 수행했다. 그러나 이스라엘 방위군이 점점 더 조직화됨에 따라 여군 병사와 장교들은 물론 여전히 소총과 권총을 사용하는 훈련을 받기는 했지만, 무전기 운영자, 사령부 참모요원, 사무실 비서, 창고관리자, 회계담당자, 군 간호사와 같은 비전투적인 역할에 배치되었다.

징병도 다르게 적용되어 여성은 복무 기간이 더 짧았다. 처음에는 남녀 모두 24개월을 복무했지만, 점차 남성만 30개월, 36개월로 길어졌다가 다시 32개월로 복무 기간이 단축되었다. 또 다른 차이점은 상당수의 여성이 법적으로 군 입대를 면제받았다는 것이다. 일부 소수민족 사회에서 흔히 볼 수 있는 18세 이전에 조혼한 여성을 포함해 이념적 이유로 면제를 신청하거나 정해진 조건을 충족하는 여성은 군 복무를 하지 않아도 되었다. 단, 이들은 양심적 병역 거부나 '종교적 생활 방식' 때문에 복무할 수 없다는 설득력 있는 선언을 해야 했다. 즉, 집 안팎에서 카슈룻Kashrut 율법을 지키고 안식일에는 거주지를 벗어나서는 안 된다는, 외부에서도 관찰할 수 있는 이러한 행동에 대해 약속해야 했다. 또한 2001년에 폐지될 때까지 여군 병사와 장교는 어느 부대에서 복무하든 '여군단Women's Corps'의 관리 및 징계 권한 아래에 있다는 색다른 규정도 시행되었다. 이 여군단은 입대, 신병 훈련, 여러 이스라엘 방위군 부대 간 이동을 담당했으며, 새로운 이민자 마을과 외딴 지역에서는 수적으로 부족한 현지 교사를 지원하는 군인 교사 부대를 운영하기도 했다.

1949년 이후 체제는 1973년 전쟁 이후 야전군의 확대로 급격하게 변화했는데, 당시 이스라엘 방위군의 전선 배치 병력은 아랍군의 전선 배치 병력에 비해 수적으로 열세였다. 따라서 서비스 및 병참 부대, 지원사령부, 본부, 그리고 가장 큰 피해가 예상되는 크고 작은 훈련 학교의 교관 간부 등 다른 모든 부대들을 축소하여 최전방의 전투부대에 필요한 인력을 더 많이 확보해야만 했다. 이를 위한 제도가 본격적으로 자리 잡기 전부터 바하드Ba'had(바할라츠Bahalatz의 약칭) 14 공병학교장 아비샤이 카츠Avishai Katz 대령은 1972년에 여성을 전투 교관으로 임명하는 새로운 프로그램을 시작했다. 이 프로그램의 성공은 보병 및 기갑병과의 훈련 기지에 이어 이스라엘 방위군 전체로 확산되는 계기가 되었다.[3] 특히 무기와 장갑차 훈련을 포함한 모든 분야에 걸쳐 여군을 선별해 훈련 교관으로 채용하는 새로운 정책이 등장했다.[4] 이스라엘 방위군의 남성 신병들은 18~20세의 젊은 여군들로부터 저격, 폭파 장약 설치, 모든 야전 무전기 및 각종 센서 작동, 포병 사격, 장갑차 승무원에게 필요한 기술 등 전문적이고 기술적인 훈련을 받았다. 이처럼 새로운 임무의 할당은 1970년대 이스라엘 방위군의 야전부대에 배치할 남성 징집병이 부족하고 아울러 모든 훈련 과정에서 고도로 훈련받은 교관으로 활동할 남성 징집병이 충분하지 않았기 때문에 병력 자원을 확보하기 위한 목적에서 시작되었다. 그런데 젊은 징집병들을 다룰 때 규율과 감수성 사이에서 적절한 균형을 잡는 데 여성이 남성보다 더 나은 교관이 될 수 있다는 사실이 공감을 얻으면서 하나의 제도로 정착되었다.

여군 교관들은 철저하게 훈련시키고 효과적인 교육 기법을 사용하기 때문에 이스라엘 방위군에서 남성 동료들의 존경과 남성 훈련병들의 세심한 관심을 한 몸에 받고 있다.[5] 수류탄과 같은 위험한 무기를 처음 접하는 신병들은 여군 교관들의 친근하고 편안한 모습에 안심하고 훈련에 임할 수 있다. 표준형 메르카바^Merkava 전차의 120mm 포수 지망생들은 좁은 전차 포탑 안에서 3톤에 달하는 강철 포가 오른쪽 귀에서 2인치 떨어진 곳에서 폭발적으로 반동하는 동안, 옆에 앉은 여성 교관이 무심하게 흐트러진 머리카락을 가지런히 하는 모습을 볼 수 있다.[6]

전 세계의 모든 군대 중에서 가장 복잡한 무기와 지원 시스템을 운용하기 위해 다른 모든 군대에 편성된 기술적으로 전문적인 훈련을 받거나 장기간 복무한 부사관 대신, 10대 징집병에게만 의존해야 하는 이스라엘 방위군의 훈련 요구는 확실히 독특하다.[7] 따라서 교관 훈련을 위해 개별적으로 테스트해 선발된 여군들이 도착하기 전에도 젊은 병사들의 관심을 사로잡고 유지하며 그들이 알아야 할 것을 가르치기 위

한 이스라엘 방위군의 교육 방법은 매우 신중하게 검토되었다. 여군 교관의 출현은 기존 교육에 대한 동기 부여뿐만 아니라 이성에 의해 조장되는 긴장 요소를 더해주기 때문에 젊은 남성 신병들은 여성 교관 앞에서 실수하지 않으려고 최대한 노력하려 한다.[8]

여성 특유의 독립적이고 다양한 역할을 보장하던 여군단은 여성들이 이스라엘 방위군의 모든 분야에서 교관으로 근무하고, 일부는 전투 지원을 넘어 전투원 역할을 맡으면서 점점 더 쓸모가 없어졌다. 2001년에는 최초의 여성 제트 전투기 조종사인 로니 주커만Roni Zuckerman이 조종사 자격을 획득했다. 지난 몇 해 동안 점차적으로 빛이 바래가던 여군단은 같은 해 마침내 폐지되었다. 여군에게 더 많은 기회를 보장하고 적합한 부대 환경을 조성하며 모든 계급에서 여성들을 군 지휘관 직책에 수용함으로써 모든 역량에서 여성의 역할을 강화하기 위해 '총참모장 여성 분야 자문관Women's Affairs Advisor to the Chief of Staff'이라는 새로운 직책이 신설되었다. 얼마 지나지 않아 여성들이 개별적으로 지상군, 공군, 해군의 모든 직책에 자원했고, 전담 부대를 제외한 직접 전투는 아니더라도 포병에서 공중 수색 및 구조에 이르기까지 전투에 가까운 전투 지원 분야의 직책을 맡게 되었다. 일부 여군 교관들은 전투에 투입될 기회를 얻기도 했는데, 어떤 중장갑병력수송차량의 조종 교관은 훈련 부대에 있던 장갑차를 가지고 자체 장갑병력수송차량이 없는 보병 부대에 장비를 지원하기 위해 가자 지구 작전에 참여하기도 했다. 텐트

●●● 보병 교관 과정에서 훈련 중인 여군 교관 지망생들. 이 과정이 끝나면 이 여군들은 지상군의 교관으로 근무하게 된다. 젊은 징집병들을 다룰 때 규율과 감수성 사이에서 적절한 균형을 잡는 데 여성이 남성보다 더 나은 교관이 될 수 있다는 사실이 공감을 얻으면서 하나의 제도로 정착되었다. 여군 교관들은 철저하게 훈련시키고 효과적인 교육 기법을 사용하기 때문에 이스라엘 방위군에서 남성 동료들의 존경과 남성 훈련병들의 세심한 관심을 한 몸에 받고 있다. 〈출처: WIKIMEDIA COMMONS | CC BY 2.0〉

●●● 2011년 12월 15일 이스라엘 남녀 혼성 전투부대 카라칼 대대의 훈련 모습이다. 이스라엘 방위군에서 여성의 의무 복무는 인력 부족에 대한 단기적인 해결책이나 선전 효과를 노린 것이 아니라, 부족한 인적 자원을 최대한 활용한 사례라는 점에서 상당히 독특한 혁신이라고 할 수 있다. 〈출처: WIKIMEDIA COMMONS | CC BY-SA 2.0〉

나 오두막에서 야외 샤워를 하며 거친 생활을 하는 이스라엘 방위군은 현실을 외면한 형식적인 평등을 표방하거나 여군을 한꺼번에 기존의 전투부대에 투입하지 않고, 신체 근력 차이를 고려하고 야전에서 필요한 시설을 제공하기 위해 여군과 남군으로 구성된 특수전투부대를 창설했다. 그 이유는 다른 국가 군대들의 사례를 볼 때, 야전에서 생리학적 소요를 애써 부정하다가 여군들이 부상을 당하는 일들이 빈번하게 발생했기 때문이다.

1995년 당시 국경수비대는 행정적으로는 경찰 소속이었지만, 작전상으로는 이스라엘 방위군의 지휘를 받는 경우가 많았으며, 여성 징집병에게 진압 경찰과 대테러 경보병으로서의 전투 임무가 맡겨졌다. 국경수비대가 여성 전투원을 성공적으로 통합한 후, 2000년에 이르러서는 여성 비율이 50% 이상인 남녀 혼성 전투부대인 카라칼^{Caracal} 33 국경보안대대가 창설되었다. 이 부대의 병사들은 무장 침입자와 마약 밀수업자, 인신매매범 등을 검거하기 위해 국경을 순찰하도록 훈련받았다. 카라칼과 또 다른 남녀 혼성 보병대대가 국경 보안 임무를 맡음으로써, 기바티^{Givati} 여단, 골라니^{Golani}와 같은 일선 보병부대는 훈련 시간을 늘릴 수 있게 되었다.

총참모장 여성 분야 자문관을 비롯한 이스라엘 방위군의 지도부는 여성 전투병을 보유하려면 훌륭한 군인으로 양성해야 함을 거듭 인식했다. 따라서 최초의 혼성 전투부대인 카라칼은 가장 안전한 영역에서가 아니라 정반대의 영역에서 테스트를 받아야 했다. 실제로 카라칼의 여성 및 남성 병사들은 얼마 지나지 않아 시나이 반도에서 잠입한 잘 무장된 ISIS 침입자들과 싸워야 했다. 한번은 오르 벤 예호다^{Or Ben Yehoda} 대위가 중대를 이끌고 중무장한 침입자들과 맞서 싸우다 부상을 입었지만, 그의 병력은 ISIS 침입자 6명을 사살할 수 있었다. 한 여성 장교와 한 여성 저격수는 이와 유사한 전투에서 용맹을 떨치고 뛰어난 성과를 거둔 공로로 표창장을 받았다.

성공을 인정받은 카라칼은 2014년 요르단 라이온스^{Lions} 대대, 2015년에는 치타^{Cheetah} 대대 등 2개 혼성 경보병대대를 추가 창설하는 모델이 되기도 했다.[9] 그 외에도 많은 여성이 포병부대, 대공부대, 수송부대, 전투기 조종사, 항법사, 장교 등 각 부대에서 개별 전투 역할을 맡아 복무하고 있다. 이스라엘 방위군에는 소장^{Aluf} 직위가 극소수인데, 그 중 하나가 최초 여성 소장인 오르나 바르비바이$^{Orna\ Barbivai}$이다. 그는 2011 년 6월 총참모부 인사부장으로 임명되면서 소장으로 진급했다.

1948년 이스라엘 방위군에서 여성의 의무 복무는 인력 부족에 대한 단기적인 해결책이나 선전 효과를 노린 것이 아니라, 부족한 인적 자원을 최대한 활용한 사례라는 점에서 당시로서는 독특한 혁신이었다. 일부 종교인을 제외한 거의 모든 남성이 제복을 입고 복무하는, 세계 어디에서나 찾아볼 수 있는 보편적인 병역을 시행하는 국가에서는 많은 여성이 군 복무를 하지 않는다. 그것은 전통적인 의미에서 여성이 가족 안에서 딸이라는 이유 때문이었고, 특히 여성의 군 복무가 모든 젊은 여성이 지녀야 하는 정숙함을 파괴할 수 있다고 여겼기 때문이었다. 그런 가운데 이스라엘 방위군이 또래의 여성들과 합류하기 위해 집을 떠나 신병 모집 기지로 가출함으로써 유해한 구시대적 관습에 반기를 든 수많은 여성의 해방구가 되었다는 사실은 의도치 않은 결과 중 하나였다. 같은 이유로 대부분 기독교를 믿는 일부 아랍 여성들까지도 이스라엘 방위군에 자원하여 복무하고 있으며, 일부는 전투 임무를 수행하고 있다.[10]

군사교리와 혁신

이스라엘 방위군의 군사교리는 특정 국가의 군사교리를 도입하는 방식이 아니라, 제1·2차 세계대전 등을 통해 직접 체득한 경험과 많은 분야에서 함께 했던 영국의 군사교리에 독일식 기동전, 러시아식 특수전, 이탈리아식 해상 특수전 등의 직·간접적 경험과 교리가 더해졌다. 이처럼 이스라엘 방위군의 군사교리는 외국의 군사교리를 받아들이지만 단순히 답습하기보다는 자신들이 직접 겪은 전쟁 경험을 바탕으로 자신들만의 문화와 결합하고 응용하려는 끊임없는 창의적 노력이 어우러진 산물이라고 할 수 있다.

이스라엘의 초대 총리이자 국방부 장관이었던 다비드 벤구리온의 지휘 아래 이스라엘 방위군이 창설된 1948년 당시, 영국군은 유대인들이 치명적인 공격에 직면했을 때 무장 해제를 시도했던 전 점령군으로서 증오의 대상이면서도 국가의 어떤 정파와도 관련되지 않은 비정치적인 군대로서 벤구리온이 선호하는 모델이기도 했다. 영국의 통치 하에서 유대인들은 지하 군대가 아닌 정치화된 민병대를 점차 구축해나갔다. 하가나Haganah는 벤구리온의 마파이Mapai 사회민주당이 통제하는 가장 큰 규모의 군대였다.[1] 독립전쟁에서 승리한 정예부대인 팔마흐Palmach는 미래의 총리인 이츠하크 라빈Yitzhak Rabin과 함께 뛰어난 야전사령관이었던 이갈 알론Yigal Allon 등 대부분 좌파 성향의 아흐두트 하보다Achdut Haavoda 당원들이 이끌었다.[2] 또한 이념적 라이벌인 이르군Irgun은 우파 '수정주의' 당이 이끌었다.[3]

벤구리온은 자신의 당 소속 민병대가 전국 대부분의 유대인 지역을 장악하고 있었기 때문에 이론적으로는 독재자가 될 수 있었다.[4] 그럼에도 불구하고 벤구리온에게 있어 하가나의 정치적 통제는 이용할 이점이 아니라, 오히려 자신의 역할—그는 이념가들 사이에서 철저한 국가통제주의자였다—의 위험한 혼란을 의미했다. 따라서 그는 국방부 장관이자 총리로서, 독립전쟁에서 승리를 주도했던 팔마흐의 지휘관들보다 전시 영국군에 자원입대했던 사람들을 진급시켰다. 팔마흐는 1948년 이전에 독일 전선 뒤에서 싸웠던 소련이 이끄는 빨치산을 모델로 한 '무기를 든 정치적 청년 운동 조직'으로, 그들은 군대 격식과 제대로 된 군복조차 경멸했다. 벤구리온은 이와 대조적으로 영국군처럼 전문성이 우수한 장교가 이끄는 잘 훈련되고 제복을 입은 정규군을 원했던 것이었다.[5]

그러나 그러한 그조차도 지상군의 전투 수행 방법에 있어서만큼은 기갑과 보병이 단계적으로 전진하기 전에 압도적인 화력—포사격과 공습—에 의존한 소모전으로 적을 물리치려는 역동적이지 못한 영국식 전쟁 수행 방식이 마음에 들지 않았다. 이 방법은 엘 알라메인[El Alamein] 전투에서와 마찬가지로, 그리고 실제로 영국군이 독일군을 상대로 승리한 거의 모든 전투에서 그랬던 것처럼 병력과 화력에서 3 대 1 이상의 수적 우위를 점하는 훨씬 우세한 군대가 필요했기 때문에 이스라엘로서는 전혀 쓸모가 없었다. 따라서 이스라엘 방위군은 영국군의 비정치적 방식과 편성 개념은 모방해야 했지만, 수적 열세와 화력 열세 속에서도 1948년처럼 승리할 수 있어야 했으므로 영국군의 전투 방식과 운용 개념을 모방해서는 안 되었다. 대담한 기습 작전이나 적보다 빠른 행동과 대응을 통한 민첩한 기동전만이 우월한 적군을 우회, 침투, 교란, 혼란, 방해할 수 있었다. 이를 위해서는 당연히 위험을 기꺼이 감수하는 빠른 사고의 지휘관, 즉 평시에도 혁신을 주도하는 사람들이 필요했다.

팔마흐 지휘관들은 빠르고 유연한 전술, 독립전쟁에서 보여준 대담한 작전 방식, 기동전의 진수를 보여줬던 최고의 인물들이었다.[6] 15세의 소년들도 참전했던 1948~1949년 독립전쟁의 일부 전투에서 팔마흐 부대는 영웅적이고 많은 희생을 치른 백병전으로 승리했다. 이들은 처음부터 자신들보다 규모가 더 크고 더 나은 장비를 지닌 아랍군이 경직된 상명하복의 지휘체계로 인해 속도가 아주 느려진 틈을 노려 대담하고 빠른 기동으로 아랍군의 허를 찔렀다.[7] 다시 말해, 팔마흐의 전쟁 스타일은 화력이나 병력 규모보다는 속도와 기습에 더 의존하는 기동전의 '특공대적 성격'이 강했으며, 전쟁 막바지에 3개 팔마흐 여단 병력이 정규 이스라엘 방위군 부대와 함께 대규모 작전을 수행할 때에도 그와 같은 방식은 그대로 유지되었다.

●●● 1948년 11월 9일, 팔마흐의 야전사령관인 이갈 아론(가운데)이 팔레스타인 아랍 마을인 이라크 수웨이단(Iraq Suwaydan) 폭격 장면을 보고 있다. 독립전쟁에서 승리한 정예부대인 팔마흐는 미래의 총리인 이츠하크 라빈과 함께 뛰어난 야전사령관이었던 이갈 알론 등 대부분 좌파 성향의 아흐두트 하보다 당원들이 이끌었다. 〈출처: WIKIMEDIA COMMONS | Public Domain〉

●●● 1948년 이스라엘 남부 도시 베르셰바(Beersheba)를 점령한 팔마흐 네게브 여단 제9대대원들의 모습이다. 팔마흐의 전쟁 스타일은 화력이나 병력 규모보다는 속도와 기습에 더 의존하는 기동전의 '특공대적 성격'이 강했다. 〈출처: WIKIMEDIA COMMONS | Public Domain〉

전쟁의 모든 주요 작전을 지휘했던 팔마흐의 뛰어난 야전사령관 이 갈 알론은 전쟁이 끝난 후 정치에 입문하기 위해 이스라엘 방위군을 떠났지만, 다른 팔마흐 장교들은 그들의 정신과 방법을 전파하기 위해 군에 남았다. 또한 팔마흐에 속하지 않았지만 팔마흐의 방식을 선호한 장교들도 있었는데, 1948년 지프^{jeep} 대대장으로, 1956년 시나이 작전 에서는 총참모장으로, 1967년 전쟁에서는 국방부 장관으로 빠르게 움 직이는 전쟁 스타일의 모범을 보인 모셰 다얀이 대표적이었다.

이스라엘 방위군의 창설 초기 단계에서 커다란 영향을 끼쳤던 모델 중 하나는 러시아 내전 후반기에 신속하게 기동하는 붉은 군대의 기 병대였다. 이러한 전투 특성은 제정러시아군에서 훈장을 받은 베테랑 이자 중대장직을 경험했던 이츠하크 사데$^{Yitzhak\ Sadeh}$가 팔마흐에 전수했 다.[8] 또한 전후 초기에는 독일의 점령지에서 소련군 장교들의 지휘 하 에 다양한 민족 출신의 자원자들이 함께 어울려 싸웠던 소련의 빨치산 전쟁도 많은 찬사를 받았다. 하지만 소수의 유대인 빨치산만이 살아남 아 이스라엘에 도착해 당시 상황을 자세히 묘사함으로써 팔마흐의 행 진곡과 모직 양말을 머리에 모자로 사용하는 등 동일한 군복을 입지 않는 팔마흐의 군사 문화에 많은 영향을 미쳤다. 그러나 가장 중요한 것은 '결정과 행동의 속도가 다수를 능가할 수 있다는 개념'이었는데, 이 개념은 팔마흐의 기본 원칙이자 이스라엘 방위군의 기본 원칙으로 남아 있다.

팔마흐 군사 문화의 또 다른 원천은 팔레스타인에서 친유대주의 영 국 장교로는 드물게 뛰어난 괴짜이자 이후 야전사령관이 된 오드 찰스 윈게이트$^{Orde\ Charles\ Wingate}$의 이론과 실천이었다.[9] 1938년대 게릴라 작전 을 위해 임시로 영국과 유대인 혼합 부대를 조직한 그는 이갈 알론과 모셰 다얀을 비롯한 제자들에게 적을 물리치는 가장 좋은 방법은 기습

●●● 친유대주의 영국 장교 찰스 윈게이트가 영국군과 75명의 하가나 대원들로 조직한 야간 특수부대(Special Night Squads). 윈게이트는 이갈 알론과 모셰 다얀을 비롯한 제자들에게 적을 물리치는 가장 좋은 방법은 기습이라고 강조했다. 또한 가장 탁월한 기습은 예상치 못한 길로 힘든 야간행군을 하거나 은밀한 위치 선정과 인내심으로 기습을 성공시키는 매복을 통해 얻는 것이라고 가르쳤다. 〈출처: WIKIMEDIA COMMONS | Public Domain〉

이라고 강조했다. 또한 가장 탁월한 기습은 예상치 못한 길로 힘든 야간행군을 하거나 은밀한 위치 선정과 인내심으로 기습을 성공시키는 매복을 통해 얻는 것이라고 가르쳤다. 윈게이트의 공식은 끈질기게 복종하는 병사들에게는 적용될 수 없었다. 의욕이 넘치며 잘 훈련되고 체력을 갖춘 전사들이 필요했지만, 소수 병력을 이용한 기습으로도 승리할 수 있었기 때문에 많이 필요하지는 않았다.

이러한 생각을 바탕으로 이스라엘 방위군에서 오늘날까지 여전히 지속되고 있는 혹독한 훈련이 뒷받침되어 팔마흐 작전에 코만도commando*부대가 등장했다. 이는 이스라엘 방위군만의 독특한 코만도 문화에 영감을 주었고, 시작은 101부대로 불리는 하나의 코만도로 미미했지만, 수년에 걸쳐 각각 한 가지 또는 여러 가지 임무에 특화된 다양한 코만도로 발전했다. 무엇보다도 많은 고위급 장교가 코만도에서 진급했기 때문에, 이스라엘 방위군의 코만도적 요소, 즉 기동전은 다른 군대처럼 지엽적인 요소가 아니었다.

따라서 이스라엘 방위군을 만드는 데는 근본적으로 다른 두 가지 군사교리가 중심을 이뤘다. 그중 하나는 위험을 최소화하면서도 성과를 추구하는 체계적이고 때때로 심사숙고하는 영국식 교리이고, 다른 하나는 기습을 통해 적은 인원으로 많은 적을 물리치려는, 즉 높은 위험을 감수하면서 탁월한 성과를 거두는 팔마흐 방식의 기동전이었다. 따라서 외부에서 새로운 전술이나 작전 방법을 채택하자고 제안하면 무조건 거부할 수만은 없었다. 서로 상반되어 충돌하는 2개의 교리를 공식 교리로 받아들였기 때문이다.

1949년 휴전과 함께 독립전쟁이 끝나자마자, 이스라엘 방위군은 아직 젊은 고위급 장교들을 유럽의 군사대학이나 대학에 보내 전문 교육을 강화하기 위해 노력했다. 따라서 미래의 총참모장이자 국방부 장관이 될 모셰 다얀은 전쟁 중에 군대를 이끌기도 하고 휴전 협상 진행과 함께 지역 사령부를 지휘하고 나서도 1952년 드비즈Devizes에 있는 영국 육군의 3개월 과정인 고위 장교학교Senior Officers' School에 다녔다. 다얀은

---

* 코만도: 적 점령지역이나 후방지역에 침투하여 주로 소규모 기습 공격을 감행하기 위해 편성한 영국군의 특수부대를 말한다.

자신을 매일 아침 깨워주고 차를 끓여주고 구두를 닦아주는 개인 당번병의 존재도 놀라웠지만, 오히려 전투 경험이 풍부한 교관들이 문제를 설정하고 해결하는 방식이 더 마음에 들었다.[10] 반대로 엘 알라메인 전투에서 승리한 버나드 로 몽고메리Bernard Law Montgomery 원수는 가끔 드비즈를 방문해 우수한 포병, 기갑 및 보병 병력을 모으는 것부터 시작해 전투에서 승리하기 위한 '몽고메리 교리'를 가르치곤 했는데, 이는 수적으로 열세인 상황에서 싸우고 승리하는 법을 배워야 하는 이스라엘 방위군 장교들에게는 그다지 유용하지 않았다.

영국이나 프랑스의 참모학교와 군사대학에 파견된 다른 이스라엘 방위군 장교들은 대부분의 이스라엘인에게 해외여행은 꿈도 꿀 수 없는 사치였던 시절에 이런 기회를 제공받은 데 대해 고마워했다. 그러나 제안된 전술과 작전 방법이 즉흥적인 이스라엘인들에게는 너무 엄격하고 관료주의적이었으며, 이스라엘의 능력을 훨씬 뛰어넘는 무기와 화력을 전제로 했다는 점에서 배운 것이 그다지 유용하지는 않았다고 보고했다. 이미 성공한 전투기 조종사이자 미래에 공군 사령관과 대통령이 될 에저 바이츠만은 1951년 영국 공군 앤도버Andover의 왕립 공군참모대학에 파견되었는데, 이곳에서 그는 다른 이들로부터 배우지 않는 것도 중요하다는 결론을 얻게 되었다.[11]

이스라엘의 젊은 지휘관들은 종종 지나치게 비공식적이고 즉흥적인, 그러나 이스라엘 방위군에게는 유용한 계획 수립 방법, 물류 계산, 질서 정연한 참모 업무 절차를 배웠다. 또한 극단적인 반감에도 불구하고 프로이센 참모부가 개발한 또 다른 모델인 신속하고 유동적인 기동 전투의 명백한 장점, 즉 전방에서 상향식 리더십에 의해 추진되는 독일식 기동 전투의 장점을 완전히 부정할 수는 없었다. 이 독일군 모델은 "감독하지만 간섭하지 않는다"라는 상급 사령부의 방침이 유지되어야만 가능해진다. 그러므로 참모장교들은 충돌이 임박하거나 적에 맞서 아군의 병력을 집결할 수 있을 때만 기회를 포착한 지휘관의 지휘 아래 제각기 다른 부대가 진격할 수 있도록 개입할 수 있었다. 당시 이러한 전쟁 스타일의 가장 최근 사례는 1939~1943년의 전격전이다. 전격전에서 전차를 앞세운 차량화보병 대열은 포격이나 고도로 집중된 공습으로 적이 빠르게 분산된 경우를 제외하고, 강력한 저항 거점을 만나면 멈추지 않고 우회하여 최대한 빠르게 진격한다.

제2차 세계대전 당시 독일군의 대부분은 기갑부대보다는 보병과 말이 견인하는 포병으로 구성되었고, 독일 공군의 폭격 능력은 영·미 양국 군의 기준으로 볼 때 그리 크지 않았지만, 당시의 선전에는 전차 대열이 돌진하고 슈투카Stuka 급강하폭격기가 목표물을 향해 급강하하는 모습으로 그려져 있었다. 이러한 왜곡은 사실 독일군의 부족한 기갑이나 화력을 공포로 상쇄시켜 적이 충격을 받고 허둥지둥 후퇴하게 만들려는 전격적의 본질을 보여준다. 그러나 소련군이 기갑 전력과 화력 두 가지를 모두 대량으로 확보하면서 이 작전의 유효성은 빠른 속도로 저하되었다. 이 작전은 심리적 효과를 활용하는 동시에 심리적 효과에 지나치게 의존하지 않는 방법을 배워야 했던 이스라엘군에게 중요한 교훈을 주었다.

독일식 전쟁의 또 다른 측면은 나치와 전격전보다 훨씬 이전부터 이어져온 것으로, 화력 우위와 다른 모든 것을 잃은 상황에서도 독일군의 가장 끈질긴 힘인 진지한 훈련 과정을 통해 전술에 관한 지식과 기술을 신중하게 배양하는 것이었다. 제2차 세계대전 마지막 몇 주 동안에 연합군의 막강한 화력 우위에도 불구하고 숙련된 부사관들과 충분한 기관총 탄약을 보유한 독일군의 보병부대는 끈질기게 버틸 수 있었다. 좀 더 구체적으로 말하자면, 독일군의 전술은 소수의 병력만으로도 반격할 기회를 모색함으로써 방어를 공격과 유사한 것으로 바꾸는 효과를 거두었다. 반면, 공격 국면에서는 정면 공격으로 적군을 몰아내는 것이 아니라, 후방으로 접근하는 방법을 찾는 것을 가장 중요시했다. 이것은 이스라엘 방위군이 뛰어난 병사들과 장기간 군 복무하며 받은 강도가 센 훈련을 활용하는 데 필요한 공격 및 방어 교리였다.

이스라엘 방위군이 탄생하기 훨씬 전인 1924년, 3명의 하가나 대원이 독일로 건너가서 프로이센의 장교로서 유럽에서 전쟁을 위해 훈련받았지만, 동아프리카 사령관으로 거의 승리가 불가능한 게릴라전에서 승리를 거둔 비범한 독일군 사령관인 파울 에밀 폰 레토브 포어벡Paul Emil von Lettow Vorbeck에게 직접 교육을 받았다.[12] 1914년 8월부터 독일 동아프리카가 봉쇄되면서 폰 레토브는 추가 보급이나 지원 병력을 받지 못했다. 남아프리카에서 올라오는 우세한 영국군에게 항복하는 것이 현실적인 유일한 선택이었지만, 폰 레토브는 이후 4년 반 동안 진격과 후퇴, 반격을 여러 차례 반복한 끝에 독일이 공식적으로 항복한 2주 후인 1918년 11월 23일에야 투항했다. 폰 레토브는 전쟁 기간 내내 소수의 독일 장교와 그가 직접 훈련시킨 아프리카 군대를 이끌고 직접 화약을 제조하는 등 상상을 뛰어넘는 즉흥적 역량으로 보급품을 조달하며 끈질긴 기동력을 발휘해 전쟁을 성공적으로 수행했다.

특히 적시에 제공되지 않는 장비와 보급품을 마련하는 임기응변술은 열세인 군대에게는 공세만이 유일하고 적절한 자세라는 아주 중요하고 독특한 개념과 함께 폰 레토브가 확실히 가르쳤을 기술 중 하나로, 하가나와 초기 이스라엘 방위군 모두에게 절실히 필요했다. 또한 1924년 독일을 방문했던 사람들은 조약에 따라 총병력이 10만 명으로 제한되고, 전차를 보유할 수 없는 등 장비가 엄격하게 제한되었던 독일 제국군으로부터 많은 것을 배울 수 있었다. 특히 독일은 민간인의 신속한

●●● 하가나의 자체 장교 과정은 1937년 전적으로 독학으로 군사 저널에 의존해 유럽의 군사사상을 섭렵한 요세프 아비다르에 의해 시작되었다. 그는 독일 국방군처럼 잘 훈련된 지도자들로 구성된 소규모 군대를 구상했고, 모든 병사가 최소한 부사관 수준까지 훈련받을 수 있도록 했다. 아비다르는 독일 교재가 가장 좋다고 생각했지만, 소련, 영국, 폴란드의 교재도 참고했다. 모셰 다얀과 이갈 알론 등 이스라엘 방위군의 많은 미래 지도자가 아비다르의 훈련생이었다. 하가나 부대의 규모는 매우 작았지만, 아비다르는 제자들을 대대나 여단까지 지휘할 수 있도록 훈련시켰다. 〈출처: WIKIMEDIA COMMONS | Public Domain〉

동원이 가능하도록 모든 병사를 교관 수준으로 훈련시키는 등 적은 자원으로 많은 것을 만들어야 했다.[13]

하가나의 자체 장교 과정은 1937년 전적으로 독학으로 군사 저널에 의존해 유럽의 군사사상을 섭렵한 요세프 아비다르[Yosef Avidar]에 의해 시작되었다.[14] 그는 독일 국방군처럼 잘 훈련된 지도자들로 구성된 소규모 군대를 구상했고, 모든 병사가 최소한 부사관 수준까지 훈련받을 수 있도록 했다. 아비다르는 독일 교재가 가장 좋다고 생각했지만, 소련, 영국, 폴란드의 교재도 참고했다.[15] 모셰 다얀과 이갈 알론 등 이스라엘 방위군의 많은 미래 지도자가 아비다르의 훈련생이었다. 하가나 부대의 규모는 매우 작았지만, 아비다르는 제자들을 대대나 여단까지 지휘할 수 있도록 훈련시켰다. 1948년 전투에서 30명의 소대 단위로 싸우던 신생 이스라엘 방위군이 불과 몇 달 만에 수천 명의 여단 단위로 전투를 치를 수 있게 성장했음을 상기할 때 이는 다행스러운 일이 아닐 수 없었다.[16]

이스라엘 방위군의 최고 지휘부인 참모진을 구성할 때 벤구리온은 또다시 영국군을 모델로 삼았지만, 또 다른 외국인인 미 육군 퇴역 대령 프레드 해리스-그루니히[Fred Harris-Grunich]의 권고에도 귀를 기울였다. 예를 들어, 프레드 해리스-그루니히는 미 육군처럼 정보 부서를 참모부에서 분리해야 한다고 주장했다.[17]

이스라엘 방위군의 편성에 또 다른 영향을 미친 것은 영국 공군 조종사 출신을 포함한 영국군의 전시 자원자들이었다. 다른 국가들의 육군과 해군이 각각 자체 항공 부서를 두고 있었고 독립된 공군은 어디에도 없던 시절에, 이들은 최초로 공군을 별도의 군종으로 만든 영국처럼 공군을 완전히 독립된 조직으로 만들 것을 조언했다. 그러나 이 조언은 거부되었고, 타협안으로 이스라엘 공군인 헤일 아비르[Heyl Avir]가 자체 지휘 본부를 가질 수 있도록 그들에게 포병이나 기갑보다 높은 지위를 부여하되, 그들을 총참모부 예하에 그대로 두기로 했다. 이스라엘 방위군의 해군인 헤일 하얌^{Heyl Hayam}에 대한 해결책도 이와 비슷했다.[18]

모든 것이 짧은 시간에 아주 급하게 이루어져야 했지만, 이스라엘 방위군을 하나하나 설계한 장교들은 서구 군대의 참모 조직에 대해 잘 알고 있었다. 또한 예비군에 크게 의존하고 극심한 인력 부족 문제를 해결해야 하는 등 이스라엘 방위군의 특수한 상황에 맞는 참모부 조직을 설계하기 위해 그 구성 요소를 취사선택하려고 노력했다. 이스라엘 방위군이 창설되기 6개월 전인 1947년 9월, 영국군 출신의 참전 용사인 하임 라스코프^{Haim Laskov} 예비역 소령은 30여 권의 영국 훈련 교범을 번역하고 이를 바탕으로 훈련 프로그램을 작성하기 시작했다.[19] 영국군에서 배울 수 없는 부분은 다른 군대, 특히 여성 징병제를 도입한 스위스와 핀란드의 예비군 모델에서 배웠으며, 극심한 인력 부족에 대응하기 위해 여성 징병제를 추가했다.

일부 이스라엘 방위군 장교들이 1950년대에 미군과 프랑스군을 방문했을 때, 그들의 규모와 전통에는 감탄했지만, 그들의 작전 방식에는 깊은 인상을 받지 못했다.[20] 이스라엘 방위군이 기갑부대를 창설하기 시작했을 때, 지형과 기후가 네게브^{Negev} 및 시나이와 유사한 서부 사막에서의 독일 기갑 작전과 전술에 관해 관심이 집중되었다. 이스라엘 방위군의 기갑부대 창설자 중 한 명인 유리 벤 아리^{Uri Ben Ari}는 베를린 태생으로 독일어가 모국어였다. 그는 독일 기갑전 교범의 원본을 읽고 다양한 실험을 통해 이스라엘 방위군의 필요에 적합한지를 판단했다.[21] 이스라엘 방위군이 영국 전투 교리보다는 독일 기갑 전술을 채택한 것은 주로 그의 연구 덕분이었다.[22] 1965년 서독과 외교 관계를 수립한 후, 이스라엘 방위군은 주저 없이 장교들을 독일 참모대학에 파견

●●● 이스라엘 방위군의 기갑부대 창설자 중 한 명인 유리 벤 아리는 베를린 태생으로 독일어가 모국어였다. 그는 독일 기갑전 교범의 원본을 읽고 다양한 실험을 통해 이스라엘 방위군의 필요에 적합한지를 판단했다. 이스라엘 방위군이 영국 전투 교리보다는 독일 기갑 전술을 채택한 것은 주로 그의 연구 덕분이었다. 〈출처: WIKIMEDIA COMMONS | Public Domain〉

하기도 했다.[23] 1967년 제3차 중동전쟁에서 이스라엘 방위군 기갑부대가 시나이로 빠르게 진격하는 모습은 확실히 독일군 전격전의 기억을 떠올리게 했다.[24]

해군 교리와 관련하여 이집트는 여러 척을 보유하고 있었지만, 이스라엘은 전투함이 전혀 없었고 획득할 가능성도 없었기 때문에 다소 특이한 것이 필요했다. 앞서 언급했듯이, 요하이 벤-눈 덕분에 제2차 세계대전에서 큰 성공을 거둔 이탈리아의 전투용 잠수부들이 새로 발명한 마스크, 지느러미, 공기 전차와 아마추어 다이버들이 발명한 유인 어뢰, 폭발 보트, 자기 기뢰를 사용해 영국의 주요 전함 여러 척을 침몰시킨 데서 해답을 찾을 수 있었다. 벤-눈은 샤예테Shayetet 13이라는 해상 특공대를 창설했으며, 이 부대를 위해 벤구리온의 승인을 받아 유명하고 악명 높은 데치마 마스Decima MAS(이탈리아 해군 소속 특수부대로, 많은 잔학행위로 유죄 판결을 받음) 출신의 전문가인 이탈리아의 피오렌초 카프리오티Fiorenzo Capriotti에게 이탈리아의 전쟁 잉여 다이빙 및 잠수 장비를 가져오게 했다.[25]

카프리오티는 이스라엘의 해군 장병들에게 아주 간단한 기술인 폭파 보트를 이용한 훈련을 시켰는데, 폭파 보트를 타고 목표 선박을 향해 계속 조종하다가 마지막 순간에 폭파 보트에서 뛰어내리는 것이었다. 훈련이 끝나기 전인 1948년 10월 22일, 그의 제자들은 이집트 기함인 '아미르 파루크Amir Farouq' 함과 호위 함정이 가자Gaza 해안으로 항해하는 것을 감지했고, 그 기술을 시험대에 올렸다. 벤-눈과 다른 3명의 카프리오티 제자들은 작전에 투입되어 500명의 승조원을 태운 '아미르 파루크' 함을 침몰시키고, 호위 함정을 심각하게 손상시켰다. 카프리오티는 이 작전에 참여하고 싶었지만, 제자들이 이를 거절해 매우 안타까워했다.[26] 이 배를 몰았던 벤-눈은 자신이 개발한 가브리엘 미사일로 무

●●● 이스라엘 방위군의 샤예트 13 소속 병사들이 훈련하고 있다. 벤-눈이 창설한 이 부대는 이스라엘 방위군의 최정예 해군 특수부대로 성장했다. 〈출처: WIKIMEDIA COMMONS | CC BY-SA 2.0〉

장한, 작지만 성능이 뛰어난 미사일고속정으로 구성된 해군을 구상함으로써 이스라엘 해군의 혁신가로서 명성을 이어갔다.

따라서 이스라엘 방위군은 창군 때부터 ―결코 획득할 수 없는― 일관된 군사교리로 시작하지 않고 영국의 군사 전통, 독일의 기동전, 이탈리아의 비대칭 해전, 윈게이트의 특공대 방식, 그리고 이 모든 것을 자체 내에서 변형·적용해왔다. 또한 이스라엘 방위군의 지도부는 10년 후의 전략적 환경 예측에 기반한 장기 계획이 이스라엘 방위군의 발전을 이끌 수 있다는 생각에 동의하지 않았다. 중동의 끝없는 혼란 속에서 5개년 계획조차도 나날이 일어나는 사건들에 의해 무용지물로 변할 수 있었기 때문이다. 조달 메커니즘에 의해 의무화된 다년간의 프로그램은 상황 변화에 따라 곧바로 변경과 적응이 필요했으며, "계획은 변화를 위한 기초일 뿐"이라는 이스라엘 방위군의 슬로건은 기록에 의해 확실히 입증되었다.

2003년에 군사력 증강 5개년 계획이 시작되었으나, 2006년 제2차 레바논 전쟁 이후에는 완전히 달라진 목표를 추구하기 위해 계획 대부분이 폐기는가 하면, 자금 문제로 인해 그 계획이 완전히 중단되었다. 결정을 내리지 못하고 있다가 2011년 아랍의 격변으로 시리아의 군사적 위협이 사라지고, 아라비아의 정세가 크게 바뀌고, 자금 조달 문제가 발생하면서 새로운 계획이 수립되었다. 이에 따라 결국 2003년 계획과 유사한 새로운 계획이 추진되었지만, 2014년 여름 가자 지구 전투로 인해 계획의 한계가 드러나면서 결국 2015년 7월에 근본적인 혁

＊ 이스라엘군은 제2차 레바논 전쟁 이후, 이스라엘 방위군의 혁신을 위한 다양한 혁신 계획을 추진했다. 이스라엘이 추진하는 국방혁신 계획은 테펜(Tefen) 계획(2008~2012), 할라미슈(Halamishu) 계획(2012~2016), 기드온(Gideon) 계획, 트누파(Tnufa) 계획 등이며, 기존 계획의 마지막 해와 새로운 계획의 첫해가 겹치는 것은 계획의 연계성 유지를 위한 것이다. 기드온 계획과 트누파 계획의 정확한 대상 기간은 확인되지 않았다.

신을 위해 완전히 새로운 기드온^{Gideon} 계획이 시작되었고, 2019년부터는 새로운 기술 역량을 활용하기 위한 또 다른 새로운 계획인 트누파^{Tnufa} 계획이 추진되고 있다.[*27] 일관된 군사교리가 없고, 중요할 만큼 오래 지속되는 군사력 증강 계획이 없으면 통제할 수 있는 아이디어가 없다. 이러한 아이디어의 부재는 일부 사람들을 불안하게 만든다. 그러나 이 같은 부재가 이스라엘 방위군에 새로운 아이디어, 즉 어디에서든 아이디어가 나올 수 있도록 사고의 문을 활짝 열어두게 함으로써 혁신을 촉진하는 것만큼은 분명한 사실이다.[28]

1967년 공중전 승리에서
1973년 공중전 실패로

1967년 제3차 중동전쟁 초기에 이루어진 이스라엘 공군의 극적인 성과는 매우 열등한 전력으로 열악한 상황을 극복하기 위해 치밀한 정보력, 우수한 창의력, 정교한 계획을 결합해 얻은 것이다. 그러나 1973년 제4차 중동전쟁에서 이스라엘 공군은 새로 등장한 '지대공 미사일' 위협에 대해 효과적인 대응 방안을 찾지 못해 많은 희생을 치러야 했으며, 지상군 부대가 이집트군의 지대공 미사일의 위협을 제거한 후에야 비로소 지상군 지원 임무를 수행할 수 있었다. 그러나 1982년에는 10여 년간의 절치부심 끝에 창의적인 기술적·전술적 대응책을 개발해냄으로써 과거에 비해 훨씬 적은 전력으로 압도적 성과를 낼 수 있었다.

야망이 가용 수단을 초과하면 합리적인 사람들은 야망을 줄이지만, 1960년대 이스라엘은 소련의 지원을 등에 업고 아랍 국가들의 군대가 가파르게 성장하는 모습에 직면하면서 합리적 생각을 할 여유가 없었다. 이스라엘은 자신들의 한계를 인정하거나 불행한 현실을 온순하게 받아들이기보다는 실패의 위험을 감수하면서까지 기발한 해결책을 찾으려 했다. 다비드 벤구리온은 국가를 방어할 군대, 즉 국가만이 건설할 수 있는 군대 없이 국가를 건설하려 했을 때, "정치는 가능성의 예술"이라는 오토 폰 비스마르크Otto von Bismarck의 말에 결코 동의할 수 없었을 것이다. 군복을 입지 않은 여느 이스라엘 사람들도 그렇지만, 병사부터 장군에 이르기까지 군복을 입은 이스라엘 사람들은 받아들일수 없는 것에 안주하기보다는 통상 위험을 감수하는 일에 더욱 적극적으로 임하는 것을 선호한다.

1956년, 이스라엘 공군은 당시 보유하던 빈약한 60대의 전투기를 보완하고자 P-51 머스탱Mustang 피스톤엔진 전투기를 운용하던 시절, 시나이 작전 첫날인 10월 29일에 이 다재다능한 전투기에 새로운 임무를 부여했다.[1] 그 임무는 반도 전역의 전봇대마다 연결된 전화선을 절단하여 이집트의 통신을 교란하는 것이었다. 이 임무를 위해 무게를 줄인 4대의 머스탱 전투기 꼬리에 와이어를 부착해 비행 중 갈고리를 만드는 특수장치를 장착했다.[2] 하지만 이 장치는 와이어가 끊어지면서 임무 수행에 실패했다. 그럼에도 불구하고 조종사들은 포기하지 않았다. 이미 위험한 임무에 지상 근접 비행을 강행하는 더 큰 위험을 추가하여 항공기의 프로펠러와 날개로 전화선을 끊어버렸다.

미국이 이스라엘에 대한 전투기 판매를 계속 거부해서 생긴 수단의 부족에 대해 이스라엘 공군이 채택할 수 있는 유일한 대응책은 적은 자원으로 훨씬 더 많은 일을 할 수 있는 방법을 찾는 것이었다.[3] 1956

년 시나이 작전 당시, 이스라엘의 제한된 수송기들을 모아 만든 제103 "플라잉 엘리펀츠Flying Elephants" 대대는 작전 개시와 함께 서부 시나이 반도의 미틀라Mitla 통로에서 351명의 낙하산 병력을 적진 깊숙이 투하하는 보기 드문 전투 강하를 강행했다.[4] (선두 항공기의 부조종사는 이스라엘 최초의 여성 전투 조종사인 야엘 롬Yael Rom이었다.) 수송기가 너무 부족해 아주 흔한 DC-3의 군용 버전인 C-47 다코타Dakota 10대 중 7대는 마지막 순간 당시 이스라엘의 다목적 동맹국이었던 프랑스에서 급히 빌려와야 했다.

1960년대 이스라엘 공군이 적의 공군력을 초기에 파괴하여 공중에서 아랍의 수적 우위를 무력화함으로써 이스라엘 후방의 민간인 거주지에 대한 폭격을 미리 막고, 이 과정에서 살아남은 이스라엘 전투기들이 지상군을 지원하도록 한다는 불가능해 보이는 목표를 달성하기 위해 모케드Moked 작전계획을 수립하게 된 배경에는 바로 이와 같은 강한 모험심이 있었기 때문이다. 이 작전은 이스라엘 특유의 대담하고 최선을 추구하는 즉흥적 방식과는 정반대로, 최대한 짧은 시간 내에 여러 비행장에서 각기 목적한 수량의 적 항공기를 파괴하는 임무를 완수하기 위해 모든 장애물을 극복하는 데 필요한 조직적이면서도 포괄적인 노력이 끊임없이 요구되는 힘든 작전이었다. 이스라엘 공군은 많은 어려움에도 불구하고 임무에 비해 너무나도 작은 공군력으로 이를 수행해야 했다. 즉흥적인 이스라엘이 매번 극한의 성과를 달성할 수 있을 만큼 강도 높은 작전 규율을 갖추기 위해서는 진정한 문화적 변화가 필요했다. 한 치의 오차도 용납하지 않고 정확한 기준에 따라 끊임없이 훈련하는 것은 당시 이스라엘의 일반적인 사고방식과는 거리가 멀었다. 하지만 이스라엘 공군은 이것을 해냈다.

1967년 6월 5일에 시작된 전쟁 개시 시점에 맞춰 모케드 계획이 마침내 완성되었을 때, 이스라엘은 총 203대의 다양한 유형의 공격기를 보유할 수 있었다.[5] 이 전투기들의 적재량은 최소 500kg에서 최대 4,000kg까지 다양했으며, 주력 기종인 미라주 III CJ는 3,000kg으로 제한되었다.[6] 산술적 계산에 따르면, 출격당 총 무기적재량은 B-52 폭격기와 비교할 때 B-52 폭격기 5대 분량에 불과했다. 이러한 비교는 유미한데, 모케드 작전계획은 기본적으로 폭격 계획이었기 때문이다. 따라서 상황이 심각하게 잘못될 경우에는 공중전이 불가피한데, 적의 심각한 공중 공격을 막을 항공기가 충분하지 않았기 때문에 적절한 대비책을 마련할 수 없었다. 이에 따라 10발의 로켓으로 무장한 푸가 매지스터Fouga Magister 훈련기 44대가 지상군을 지원하는 데 사용되었고, 모든 공격기는 모케드 작전에 집중되었다.

이스라엘 공군은 이집트·요르단·시리아 공군보다 수적으로 열세했는데(이스라엘 공군 전투기 203대, 이집트·요르단·시리아 공군 전투기 544대), 100여 대의 전투기를 보유한 이라크까지 개입한다면 수적 열세는 더욱 커질수밖에 없었다.[7] 하지만 그것보다는 모케드 작전에서 동시에 공격해야 하는 공군기지의 수가 너무 많다는 점이 문제였다. 이집트에만 총 18개의 공군기지가 있었는데, 시나이 국경 바로 건너편에 4개, 수에즈 운하를 따라 더 멀리 떨어진 곳에 3개, 카이로Cairo 위쪽 나일강 삼각주Nile Delta에 6개, 이집트 내륙 깊숙한 곳에 5개가 있었다. 무엇보다도 베니 수에프Beni Suef 기지에는 이스라엘 공군 폭격기의 총 유효탑재량보다 더 많은 총 270톤의 유효탑재량을 가진 중동 최강의 타격 전력인 Tu-16 중형 폭격기 30대가 배치되어 있었다.[8] 게다가 참전이 확실시되는 시리아는 5개의 공군기지를 운영하고 있었고, 요르단은 2개의 기지를, 이라크는 이스라엘의 전폭기 사정거리 내인 H-3 송유관 펌프장 근처에 1개의 기지를 보유하고 있었다.[9] 따라서 전쟁이 발발하면 이스라엘 공군은 4개국 총 26개의 공군기지를 공격해야 했다.

모케드 작전계획은 총력을 기울인 전면적인 공습이 필요했다. 모케드 작전이 실패할 경우에 대비해 필사적인 최후의 보루 역할을 할, 방공 경계 태세를 갖춘 미라주 12대만 남겨두었다(그중 4대는 나머지 8대가 대기하고 있는 비행대기선으로 이동해 대기하고 있다가 후속 폭격에 합류하거나, 필요시 이륙해서 폭탄을 투하한 후 다가오는 적 전투기와 교전할 준비를 했다).[10] 로켓을 장착한 15대의 경무장 훈련기 푸가 매지스터^{Fouga Magister}는 초기 공격력을 강화하기 위해 방어력이 약한 많은 이집트군의 레이더 기지를 공격하기로 되어 있었다.[11] 제1제파의 공습 후 기습 효과가 사라지면, 제2제파는 경계 태세를 갖춘 적을 상대해야 된다. 따라서 폭탄을 탑재한 제2제파 항공기들은 꽤 유능한 조종사가 조종하는 적 전투기에 아주 취약할 것이 분명했다. 따라서 제1제파의 공습에서 공격하는 기지의 수를 최대화하고, 공격할 기지를 선택하는 것이 매우 중요했다.

공격하는 기지의 수를 최대화하려면 기지당 더 적은 수의 항공기로 공격해야만 했다. 이것은 한 번의 공습으로 타격할 수 있는 이집트군 항공기의 수가 줄어들어 다른 이집트군 항공기가 이륙할 수 있다는 것을 의미했기 때문에, 기지에 있던 모든 이집트 항공기를 제1제파의 공습과 제2제파의 공습이 진행되는 동안 모두 이륙할 수 없도록 지상에 묶어두어야 했다. 가장 간단한 해결책은 제1제파의 첫 번째 출격에서 공습 대상 기지들의 활주로를 모두 파괴하는 것이었다. 정보부는 활주로 구조의 특성과 품질에 따라 폭탄의 효과가 달라지기 때문에 여러 기지 활주로의 정확한 특성을 파악하기 위해 많은 노력을 기울이라는 지시를 받았다. 그러나 그러한 해결책의 분명한 문제점은 시멘트 활주로가 대형 폭탄을 이용한 급강하 폭격 이외에는 해결할 수 없는 까다로운 목표물이라는 점이었다. 왜냐하면 급강하 폭격이 이루어지지 않으면, 폭탄이 미끄러져 나가기 쉬우며, 소형 폭탄으로 활주로에 구멍을 내더라도 쉽게 보수될 수 있었다. 또한 1967년 당시에는 속건성 시멘트 충전재와 경합금 슬랫이 모든 공군의 표준으로 사용되고 있었다.

공격해야 할 활주로가 너무 많아 활주로를 무력화할 수 있는 충분한 무기를 배치하려면 최소 500파운드 폭탄 8발을 사용하더라도 약 6만 파운드가 필요한데, 그러면 제1제파의 공습에서 공격할 수 있는 목표물의 수가 급격히 줄어들 수밖에 없었다. 그런데 이를 해결하 수 있는 적절한 해결책이 없었다. 그 해결책은 1966년에 이스라엘 엔지니어들이 개발한 모케드 작전계획의 진정한 기술 혁신 중 하나인 새로운 종류의 활주로 파괴용 폭탄이었다. 이 활주로 파괴용 폭탄은 중량이 불과 70kg밖에 안 되어서 비용이 적게 들었지만, 지름 5m, 깊이 1.5m의 구덩이를 만들 수 있을 정도의 폭발력을 지녔다. 활주로 관통 폭탄이라는 의미의 PaPaM$^{\text{Ptsatsa Poretset Masloolim}}$ 폭탄은 작은 폭발력의 한계를 극복하기 위해 먼저 300피트(100m)의 낮은 고도에서 수평 비행으로 투하한다. 그 다음에 소형 감속 낙하산이 펴지면서 폭탄의 전진 추진력이 정지되고 중력에 의해 활주로 쪽으로 기울어지면 소형 로켓이 점화되어 땅속—심지어 콘크리트도— 깊이 파고들어간 다음 최대한 피해를 입히기 위해 6초간 폭발을 지연했다가 폭발한다.[12] 활주로 관통 폭탄은 이 모든 것이 작동하기에는 너무 복잡해 보이지만, 빠르게 복구할 수 없을 정도로 활주로에 큰 구멍을 만들었다.

비공식적으로 또 다른 실험용 폭탄인 올라르 카드$^{\text{Olar Khad}}$(날카로운 주머니칼이라는 뜻)는 PaPaM보다 더 컸지만, 모케드 작전에 맞춰 운용되지 못했다.[13] 저명한 역사학자들에게 훨씬 더 큰 프랑스의 활주로 폭탄인 마트라 뒤랑달$^{\text{Matra Durandal}}$(미국에서는 BLU-107로 불림)로 계속 잘못 알려져온 이 폭탄은 실제로 매우 효과적이었다. 그러나 모케드 작전계획의 기획자들에게 치명적인 단점으로 작용한 것은 1967년에 존재하지 않았고, 10년이 지난 뒤에야 비로소 운용이 개시될 수 있었다는 것이다.[14]

　제한된 폭탄으로 활주로를 공격해 완전히 봉쇄하고, 더 많은 기지를 동시에 공격할 수 있도록 항공기 계류장에 있는 비행기는 기관포로만 공격하기로 결정되었다. 초기 공격에서 파괴되지 않은 항공기는 이륙할 수 없었기 때문에 나중에 처리할 수 있었다. 우라강^{Ouragan} 전투기를 제외한 모든 이스라엘 공군 전투기에는 각각 125발의 30mm 포탄이 장착되어 있던 강력한 프랑스제 DEFA 552 30mm 기관포가 장착되었다. 영국군도 마찬가지로 강력한 ADEN 기관포를 보유하고 있었는데, 이 두 기관포는 최초의 리볼버 기관포인 독일 마우저 MG 213 C를 모방한 것이었다. 30mm 기관포탄은 목표물에 한 번만 명중해도 항공기를 무력화시킬 수 있고, 두 번 명중하면 파괴할 수 있었으므로 폭탄이 부족하면 기총 소사로 보완할 수 있었다. 우라강은 20mm 기관포 4문을 장착했는데, DEFA 552 30mm 기관포보다는 덜 치명적이지만 충분히 강력했다. 기관포는 프랑스산이었고, 이를 장착한 전투기도 마찬가지였다. 미라주 III의 경우, 당시 미국과 영국처럼 프랑스도 미사일로 무장한 초현대식 전투기에는 기관포가 쓸모없다고 믿었기 때문에 이스라엘의 완강한 고집이 없었다면 기관포가 장착되지 않았을 것이다.

　앞서 언급했듯이 이스라엘 공군에서 의사결정권은 엔지니어가 아니라 전투기 조종사에게 있었다. 그들은 훈련을 통해 초음속 전투기가 초음속으로는 서로 교전할 수 없다는 것을 알게 되었다. 그 이유는 인간 조종사가 그 속도에서는 목표물을 볼 수도, 항공기를 조종할 수도 없기 때문이었다. 기존의 미사일은 이러한 결함을 보완할 만큼 충분히 효과적이지 못했다. 이에 따라 대부분의 공중전은 여전히 단거리에서 이루어졌고, 기관포탄 한 발당 가격이 미사일에 비해 훨씬 저렴하고 지상의 목표물을 타격하기에 유용하기 때문에 실제로 기관포를 사용할 필요가 있었다. 1967년 이스라엘이 모든 항공기에 기관포를 장착해야 한다고 주장한 것은 전략적으로 옳았다. 그러나 모든 공군이 얻은 첫 번째 교훈은 항공기 격납고는 강력한 방호벽으로 건설되어야 하고, 특수 폭탄이 아니면 격납고를 뚫고 항공기를 파괴할 수 없도록 해야 한다는 것이었다.

초기 공격에서 가능한 한 많은 이집트 항공기를 지상에서 파괴하기 위해 첫 번째 폭탄이 투하되는 공격 개시 시간의 정확한 타이밍이 그날 아침의 다른 모든 작전의 타이밍을 결정했다. 일반적인 군사 상식에 따르면, 목표물에 접근하는 항공기가 눈에 잘 띄지 않는 새벽이나 해가 질 무렵에 폭탄을 투하해야 한다. 두 가지 옵션이 모두 고려되었지만, 항공 정보 장교 예샤야후 바레켓Yeshayahu Bareket은 이 두 가지 옵션에 동의하지 않았다. 이 이론은 모두가 알고 있어서 이 시간대에 아랍 공군의 일부 비행기는 늘 그렇듯 공중에서 초계 비행을 하고 있었고, 나머지 다른 비행기들은 언제든 이륙할 준비가 되어 있었기 때문이다. 그는 대부분 19~21세의 젊은 징집병인 정보분석가들을 모아 의견을 수렴했다. 19세의 한 청년은 이집트 공군의 일과에 대한 상세한 지식을 바탕으로 공격 개시 시간을 08:00으로 하자는 아이디어를 냈는데, 그 이유는 비행 근무를 하는 이집트 조종사들이 전통적으로 새벽 경계와 이른 아침 훈련 비행을 마친 후 아침 식사를 위해 휴식을 취하는 시간이었기 때문이다. 바레켓은 공군사령관 모티 호드Moti Hod 장군을 설득하여 본부의 다수 의견을 누르고 이를 관철시켰다. 따라서 계획을 실행하는 데 가장 중요한 결정 사안이었던 공격 개시 시간은 다름 아닌 19세 상병이 제안한 것이었다.[15]

●●● 1967년 6월 5일 제3차 중동전쟁 당시 이스라엘 공군의 폭격으로 지상 활주로에 주기되어 있던 이집트 항공기들이 파괴된 모습. 1967년 6월 5일 1차 공습에서 이스라엘 항공기 10대가 대공포에 의해 손실되었고, 초계 중이거나 이륙에 성공한 이집트 항공기 9대가 공중전에서 격추되었다. 이스라엘 공군의 공습으로 총 197~204대로 추정되는 많은 이집트 항공기가 지상에서 파괴되었다. 〈출처: WIKIMEDIA COMMONS | CC BY-SA 4.0〉

　1967년 6월 5일 07시 10분부터 공격용 항공기들이 순차적으로 이륙했으며, 각 항공기는 07시 45분에 가장 멀리 떨어진 룩소르Luxor를 포함한 목표 공군기지 상공에 도착하도록 시간을 맞췄다. 기습을 극대화하기 위해 이륙 순서와 비행경로는 각 이집트 기지에 동시에 도착하도록 계획되었다. 제1제파의 공습에서 이스라엘 항공기 10대가 대공포에 의해 손실되었고, 초계 중이거나 이륙에 성공한 이집트 항공기 9대가 공중전에서 격추되었다. 결과적으로, 197~204대로 추정되는 많은 이집트 항공기가 지상에서 파괴되었다.

모케드 작전의 제2제파의 공습은 같은 날 09시 34분에 시작되었다. 제1제파의 공습에서 돌아와 재급유와 재무장을 마친 공군 전투기 164 대가 두 번째로 출격해 이집트 공군 기지 16곳과 일부 새로운 목표물과 이전에 공격했지만 피해가 미미했던 다른 목표물들을 공격했다. 12시 15분에 시작된 제3제파의 공습은 약 3시간의 공격으로 지상에 있던 107대의 항공기 등 총 310대의 이집트 항공기를 파괴했는데, 그중 286대는 앞서 시행된 두 번의 공습에 의해 파괴된 전투기였다.[16]

제3제파 및 제4제파의 공습에서는 새로운 목표물을 공격할 수 있는 항공기들이 있었다. 이스라엘은 이집트만 공격할 계획이었지만, 이집트군 최고사령부는 이스라엘 공군의 상당 부분을 파괴하고 지상군이 텔아비브로 진격하고 있다고 주장하면서 요르단, 시리아, 이라크의 참전을 요청했다. 요르단은 예루살렘Jerusalem과 인근 국경 마을에 정식으로 포격을 개시했고, 미국이 공급한 중동 유일의 장사정포인 '롱 톰Long Tom 155mm 곡사포'로 이스라엘 깊숙한 곳까지 포격을 가했다. 요르단 공군의 호커 헌터Hawker Hunter 전폭기 16대가 이스라엘의 민간 및 군사 목표물을 폭격했다. 동시에 골란 고원의 시리아군 포병이 홀라Hula 계곡을 향해 포격을 가했고, 12대의 시리아 MiG-21과 이라크의 호커 헌터 3대와 Tu-16 중형 폭격기 1대도 민간 및 군사 목표물을 폭격했다.

요르단, 시리아, 이라크의 공격으로 이스라엘이 입은 피해는 민간인 20명과 군인 12명이 사망하고 수백 명이 부상을 입는 등 전략적으로 미미했으나, 이스라엘 방위군의 대응은 결정적이었다. 전쟁이 시작된 지 5시간이 지난 12시 45분, 이스라엘 전폭기 8대가 요르단 공군기지 두 곳을 공격해 모든 항공기를 파괴했다. 그리고 시리아 공군기지에 대한 82회의 추가 출격으로 약 60대의 항공기를 파괴했다.[17] 이라크의 H-3 공군기지에 대한 장거리 공격으로 10대의 항공기가 파괴되었다. 이집트에서 가장 외딴 곳에 위치한 라스 바나스^{Ras Banas} 공군기지는 홍해에서 멀리 떨어져 있어서 이스라엘의 보투르^{Vautour} 경폭격기[*]를 제외한 모든 전투기의 사정거리에서 완전히 벗어나 있었다.

6월 5일 18시까지 작전에 투입된 이스라엘 공격기의 총 수량은 비행대대에 배치된 전체 공격기 수와 거의 같았는데, 이는 공군의 총 가용 및 가동률 100%라는 경이적인 수치였다. 특히 숫자를 채우기 위해 구형 전투기까지도 일선에 배치해야 했던 공군으로서는 주목할 만한 수치였다. 총 20대가 손실되었으며, 로켓으로 무장하고 지상군을 지원하는 훈련기 2대와 수송기 1대가 요르단 항공기에 피격당했다. 일반적으로 전 세계적으로 잘 운영되는 공군은 통상 50%의 가용률에 만족한다. 전쟁에서 중요한 것은 재고 항공기의 수가 아니라, 실제로 작전에 투입할 수 있는 항공기의 수라는 것은 누구나 알고 있지만, 많은 노력과 비용이 필요한 항공기의 준비 태세는 '매일매일 새로 사야 하는 꽃꽂이를 위한 꽃'처럼 쉽게 손상될 수 있다. 모든 체계와 하위 체계가 완벽하게 작동하는 항공기를 가동하려면 매번 비행 후 철저한 정비 유지 작업과 값비싼 수리 부속의 대량 재고가 필요하다. 따라서 공군이 수준 높은 준비 태세를 갖출수록 더 많은 항공기를 구입할 수 있는 자금이 줄어들 수밖에 없다.

그러나 이스라엘에 필요한 것은 열악한 경제력에 비해 상대적으로 규모가 큰 공군력과 높은 가용성이었다. 이 모순을 해결하기 위한 한 가지 방법은 수리 부속의 자국 내 생산에 투자하는 것이다. 당시 이스라엘의 항공기 산업은 매우 영세하여 선진적이지도 않았고 효율성도

---

* 보투르 경폭격기: 프랑스 쉬드 아비아시옹(Sud Aviation)에서 폭격, 저수준 공격 및 전천후 요격 작전을 위해 개발했다. 보투르 경폭격기의 유일한 다른 고객은 이스라엘이었다. 이스라엘 공군(IAF)에서 운용하는 동안 6일 전쟁과 소모전을 포함하여 이웃 국가 간의 전쟁에서 다양한 역할을 했다.

높지 않았지만, 당시 이스라엘의 유일한 전투기 공급업체였던 프랑스의 다소는 엔지니어들의 설계 재능만큼이나 수리 부속이 비싼 것으로도 유명했다. 따라서 아주 작은 규모로 운용하더라도 현지에서 생산하는 것이 더 저렴할 수 있었다.   이에 따라 현지에서 가공할 수 있는 것은 무엇이든 생산할 수 있게 되었다. 프랑스가 1967년 이스라엘의 승리에 대한 보답으로 추가 무기 판매를 더욱 엄격하게 제한하면서 1969년 1월 전면적 금수 조치의 효과가 절정에 달할 때까지, 이스라엘인들은 미라주 전투기의 불법 복제품인 네셰르^{Nesher}*를 생산하는 데 필요한 생산 기술을 모두 손에 넣었다.[18] 연간 교체 부품 예산에서 절약할 수 있는 모든 비용은 더 많은 항공기나 최소한 더 많은 군수품은 물론 연료 및 소모품, 배터리부터 마모가 심한 부품까지 모든 것을 구매하는 데 투자할 수 있었다.

그러나 불가능할 정도로 높은 준비 태세 목표에 대한 근본적인 해결책은 공군의 인적 자원, 즉 훈련 중인 젊은 징집병과 정규직으로 고용된 소수의 민간 기술자를 최대한 활용하는 것이었다. 당시만 해도 이스라엘은 농업과 경공업 국가였기 때문에 항공 기술자가 부족하고, 비용 문제로 인해 민간 기술자의 수가 심각하게 부족했는데, 이에 대한 유일한 해결책은 징집병을 최대한 활용하는 것이었다.

1948년 이전에도 하이파^{Haifa} 시에는 15~19세의 생도들을 대상으로 공군 중심의 기술학교를 운영하는 항공고등학교가 있었다. 1953년부터 1958년까지 공군 사령관으로 재직하고 37세에 은퇴한 단 톨코브스키$^{Dan\ Tolkowsky}$는 학교의 프로그램을 수정하여 DH 모스키토^{Mosquitos} 및

---

* 네셰르: 이스라엘 항공산업(IAI)에서 생산한 프랑스의 다소(Dassault)사의 다목적 전투기인 미라주 V의 이스라엘 버전이다.

C-47의 구조물 수리를 포함한 구식 기체 기술의 습득을 취소하고, 전자 기술에 집중하여 새로 도입되는 프랑스 전투기의 항공전자장비는 물론, 자체 제작 및 수입한 전자전 및 레이더 장비의 유지·보수에 필요한 기술을 쌓도록 했다.[19]

항공고등학교는 이스라엘 공군에 항공기 수리, 정비, 비행 준비 등 까다로운 기술 작업을 위해 부분적으로 훈련된 인력을 이미 제공하고 있었다. 그러나 공군의 실제 전투 능력은 작전 가용성에 달려 있고, 공군의 작전 가용성은 다시 그 임무에 투입되는 정비사에게 달려 있다는 그 누구도 부인할 수 없는 사실에서 오는 특별한 군인 정신도 불어넣어주었다.

이것은 모케드 작전의 두 번째 두드러진 사실과 직접 관련이 있다. 1967년 6월 5일의 제2제파의 공습은 제1제파의 공습 후 3시간도 채 지나지 않은 09:34에 시작되었는데, 이는 불가능해 보이는 업적이었다. 1차 목표물까지의 비행시간과 타격 후 복귀하는 시간을 빼고 나면, 복귀한 항공기가 다시 이륙하기까지 평균 7분 30초의 시간이 주어지는데, 그 시간 안에 재무장, 재급유, 필요한 경우 수리 등을 포함한 임무 전환 및 재출동을 위해 필요한 모든 준비를 마쳐야 한다.

공군은 포뮬러 원Formula One의 피트-스톱pit-stop* 운용에서 파생된 기법을 사용해 집중교육을 받고 장비를 갖춘 턴 어라운드turn around** 팀을 편성했지만, 이는 시작에 불과했다. 모케드 작전이 진행됨에 따라 감독

---

* 포뮬러 원의 피트-스톱: 포뮬러 원(Formula One)은 국제자동차연맹(FIA)의 주최로 개최되는 세계 최고의 자동차경주대회로, 약어는 F1이다. 피트-스톱은 레이싱 중에 피트 레인으로 들어가 새로운 타이어로 교체하거나 정비하는 것을 말한다.

** 턴 어라운드: 작업을 시작부터 완료까지의 순환 사이클을 말하는데, 여기서는 전투기가 공격 임무를 마치고 기지로 복귀하면 정비 점검과 재무장을 거쳐 다시 출격할 수 있도록 지원하는 순환 사이클을 의미한다.

관과 정비팀원 모두가 도착 시간부터 출발 시간까지 몇 분, 몇 초를 단축할 수 있는 새로운 순서, 팀 구성, 새로운 툴링 레이아웃$^{tooling\ layouts}$*을 찾기 위해 노력하면서 스톱워치에 맞춰 빠른 턴 어라운드를 반복해서 연습해야 했다. 1967년 6월 5일, 11시간 만에 비행장 공격 475회, 레이더 공격 32회, 공중 요격 119회, 공대지 공격 268회 등 총 890회에 달하는 출격으로 이스라엘의 소규모 공군이 거대해 보였던 이유는 바로 이러한 초고속 출격률과 초고속 처리 능력의 덕분이었다.[20] 이후 5일 동안 이스라엘 공군은 약 2,790회를 출격했는데, 대부분은 아랍 지상군을 공격하기 위한 것이었다.[21] 이집트의 가말 압델 나세르$^{Gamal\ Abdel}$ ^{Nasser} 대통령과 요르단의 후세인^{Hussein} 국왕이 공동으로 6월 5일 공습이 실제로는 미국과 영국 공군에 의해 이루어졌다는 비난을 꾸며내 아랍 세계 전역에 반미 폭동을 촉발시켰는데, 활동 중인 이스라엘 항공기의 숫자는 그 거짓말에 어느 정도의 신빙성을 더해주었다.

다음으로 설명이 필요한 수치는 거의 1 대 1에 가까운 비행 횟수 대비 파괴된 아랍 항공기의 비율인데, 이는 레이더 기지나 활주로 등 공격받은 다른 많은 목표물을 포함하지 않더라도 지상 목표물에 대한 공습으로서는 전례 없는 성공률이었다. 이스라엘의 조종사들이 유난히 잘 훈련되어 있었다는 너무 뻔한 대답은 틀림없는 사실이었다. 15세부터 지상 근무원들을 훈련시켜온 이스라엘 공군은 공중 전투는 물론, 공대지 공격의 수준 높은 정밀성을 달성하고 가능한 한 최고의 조종사를 선발하여 훈련시키기 위해 더 많은 노력을 기울였다. 공군의 가장 큰 문제는 전투기가 투하할 수 있는 폭탄의 총중량이 적다는 것이었기 때문에 각 무기를 정밀하게 조준하여 부족한 폭탄 재고를 최대한 활용하

---

* 툴링 레이아웃: 필요한 도구의 유형과 사용 순서를 세팅하는 것을 의미한다.

는 것만이 유일한 해결책이었다.

그러나 실제로 기관포와 폭탄을 사용한 모케드 작전의 공습 정확도가 높았던 것에 대해 가장 중요하게 설명해야 할 추가적인 요소가 있다. 이집트의 많은 대공포 부대가 충분한 화력을 갖추고 있었기 때문에 조종사에게 공격 임무를 수행할 때 대공포 사격을 무시하라는 지시가 내려졌다. 역사적으로 베트남전 당시 소련군은 예상되는 미국 공군의 우세에 대응하기 위해 많은 미군 항공기 손실을 초래한 12.7mm와 14.5mm 구경의 중기관총과 발사 속도는 느리지만 사거리가 긴 57mm 대공포, 단일, 쌍열, 4열 등 다양한 유형의 23mm 대공포에 이르기까지 불균형적으로 많은 수의 대공 무기를 배치했었다.[22]

이 대공포들은 1967년 6월 5일 이스라엘의 공격 목표였던 이집트 공군기지 주변에 집중적으로 배치되어 있었다. 기지에는 강화된 항공기 격납고나 다른 항공기가 동시다발적으로 폭발하는 것을 제한할 수 있는 적절한 방호벽이 없었지만, 소련 최초의 대공 미사일인 S-75 드비나Dvina(나토명 SA-2)를 비롯한 풍부한 대공 화력에 의해 매우 잘 방어되고 있었다.[23] 1960년 5월 1일 소련 상공에서 개리 프랜시스 파워스 Gary Francis Powers가 조종한 U-2를 격추한 것으로 잘 알려진 이 미사일은 북베트남에서 많은 활약을 했는데, 폭격기 편대를 요격하는 데 필요한 높은 고도까지 미사일을 추진하기 위해 부스터가 장착된 2단 설계로 인해 미군 조종사들이 "하늘을 나는 전신주"라는 별명을 붙였다. 이 미사일은 1967년까지 110대의 미국 항공기를 격추했다.[24]

그러나 이 미사일은 중고도 및 고고도 항공기에 대해서만 실제로 효과적이었고, 1967년 6월 5일의 계획은 이스라엘 공군이 거의 항상 그랬듯이 룩소르, 라스 바니아스Ras Banias, H-3 등 가장 멀리 떨어진 표적의 경우를 제외하고 매우 낮은 고도에서는 높은 연료 소비와 지형 충돌 위험을 감수해야 했다. 모케드 계획은 27개의 이집트 SAM-2 포대에 대한 공격 계획을 세우지 않았으며, 그 주변이나 유효 고도 이하로 비행할 계획이었다. 이스라엘 항공기 1대가 SAM-2에 격추된 것은 전쟁 사흘째 되는 날이었다. 그러나 아랍 항공기의 위협이 무력화되자, 22개의 지대공 미사일 포대가 표적 목록에 추가되었으며, 22차례의 공습으로 그들을 타격했다.

이집트의 SAM-2 지대공 미사일은 낮은 고도에서 접근하는 항공기에는 효과가 없었지만, 대공포는 효과적이었다. 이 전쟁에서 잃은 이스라엘 항공기 46대 중 26대가 이 대공포에 의해 격추되었고―6대는 비행장을 공격하는 동안, 나머지는 지상 지원을 수행하는 동안 격추되었다―, 더 많은 항공기가 손상을 입었지만, 무사히 착륙했다. 15대의 이스라엘 항공기는 아랍 항공기에 격추되었는데, 그중 14대는 비행장 공격 중에 격추되었다.[25] 이러한 손실은 조종사들이 회피 기동으로 자기방어를 하지 않고 직진 비행을 통해 정확도를 극대화하고 지정된 목표물을 파괴하는 데만 집중하도록 훈련받은 직접적인 결과였다. 본연의 폭격 임무 대신, 다른 전투기를 호위하거나 엄호비행을 위해 어떤 전투기도 전환되지 않았다. 기체에 장착된 전자방어장비는 없었지만, 전자장비를 장착한 수송기 몇 대가 대공 전파 교란을 수행했다.

이것이 바로 모케드 작전의 진정한 비밀, 즉 실제 목표물을 공격하기도 전에 본격적인 적의 방공망 제입SEAD, Suppression of Enemy Air Defenses 작전으로 시작하는 미 공군의 전력 보호 중시와는 정반대의 타협 없는 공격적인 공군력 운용이었다. 이들의 목표는 구형 대공 미사일과 항공기는 물론, 잠재적으로 작전 가능한 적 전투기, 미사일 포대, 대공포, 레이더와 지휘소 등 가능한 모든 위협을 제거하는 것이다. 1991년 사막의 폭풍Desert Storm 공습에서 적 방공망 제압은 약 4,000회 출격했고, 방

●●● 1967년 7월 1일 라빈 총참모장, 다얀 국방부 장관, 호드 사령관이 처음으로 공개된 MiG-21의 비행을 지켜보고 있다. 다이아몬드 작전으로 이라크 공군 MiG-21 전투기를 하조르 공군기지로 인도한 이스라엘은 전투기의 판매를 거부하고 있던 미국을 회유하기 위해 이 전투기를 선물했다. 〈출처: WIKIMEDIA COMMONS | CC BY-SA 3.0〉

어 제공, 즉 엄호 및 방공 순찰은 5,900회 출격했으며, 다국적군의 연합 공군이 4,100회 출격한 것으로 집계되었다. 이 모든 것은 사담 후세인Saddam Hussein의 공군에 대한 것이었는데, 사담 후세인의 공군은 최고의 전성기에도 공중전에서는 그다지 뛰어나지 않았고, 당시에는 대부분 전투기가 공중전보다는 이란으로 대피했기 때문이기도 하다.[26] 물론 1991년에는 미국이 쿠웨이트를 위해 싸웠고, 1967년에는 이스라엘이 목숨을 걸고 싸웠으며, 모케드 작전이 위험을 감수하고 공세에 집중한 것은 수적으로 적은 폭탄으로 파괴적인 타격을 가하는 것이 필수적이었다는 점이 근본적인 차이점이었다.

마지막으로 정보에 대한 문제가 있었다. 폭탄을 투하하고 30mm 기관포로 공격하는 모케드 작전과 같은 공습의 실제 군사적 가치는 전체 작전을 이끄는 정보의 질에 따라 크게 좌우된다. 1967년 당시만 해도 이스라엘 정보국은 폐쇄적인 소련과 침투가 훨씬 용이한 인근 아랍 국가들로부터 귀중한 정보를 빼내는 등 비밀 작전으로 높은 명성을 얻었다. 모케드 작전과 가장 관련이 깊은 당시의 작전은 1966년 8월 16일 아시리아 기독교인 귀순자가 조종하는 손상되지 않은 이라크 공군 MiG-21 전투기를 이스라엘 공군의 하조르^Hazor 공군기지로 인도하는 '다이아몬드 작전^Operation Diamond'이었다.[27] 광범위한 비행 시험과 수많은 모의 공중전 끝에 꼬리 번호가 007인 이 MiG-21 전투기는 미 국방정보국^US Defense Intelligence Agency에 인도되었다. 미 국방정보국은 이 항공기를 기술적으로 연구하기 위해 특별 프로그램인 해브 도넛^Have Doughnut을 별도로 만들 정도로 중요하다고 판단해 3개 군의 시험조종사들이 이 항공기를 사용하거나 대응 훈련을 실시했다.[28] 물론 당시 미국은 이스라엘에 일선 전투기의 판매를 거부하고 있었기 때문에 그 귀중한 미그기는 일종의 선심성 선물이었다.

그러나 모케드 작전의 계획가들은 이스라엘 정보부에 깊은 인상을 받지 못했다. 항공기와 공군기지 목록은 전투 서열을 작성하는 데 유용한 일반 정보를 계속 제공했다. 그러나 공격작전 계획가들이 각 기지에 보낼 수 있는 출격 횟수를 최대한 적절하게 배분하기 위해서는 저고도에 도착한 조종사들이 항공기가 유도되어 정지하는 장소와 격납고에 있는 목표 항공기가 어디에 있는지를 정확히 알 수 있는 더 자세한 정보가 필요했다.[29] 대부분의 이집트 공군기지가 광활한 지역에 펼쳐져 있고, 제2차 세계대전 당시 영국군 기지에 남겨진 식별되지 않는 막사들이 산재해 있다는 것도 도움이 되지 않았다.

정보 측면에 있어서 진정한 문화적 변화만이 이집트인들이 선호하는 일상적인 새벽 순찰 직후의 공격 시간에 각 기지에 있는 각 목표 항공기의 위치, 임무를 수행할 해당 조종사(일반적으로 이집트 조종사는 아닌)의 작전 준비 상태 등을 알아야 하는 모케드 작전 계획자들을 만족시킬 수 있었다. 그리고 그들의 생활 방식과 개인 습관, 배치된 대공포와 미사일, 활주로, 아스팔트 또는 시멘트의 두께와 재질, 항공기 무장 장착 장소, 급유 위치, 모조 항공기의 위치, 기습을 시도하는 데 필수적인 레이더 진지의 위치 및 정확한 탐지 범위 등도 파악해야 했다. 이스라엘 방위군은 항공사진의 촬영 및 해석, 통신 감청, 인간 정찰 등 모든 종류의 정보원을 확대하는 것부터 시작하여 정보 수집 및 분석의 양과 질에 혁명을 일으켜야 했다. 결국 이 모든 것은 전투기 조종사 예샤야후 바레켓Yeshayahu Bareket을 항공 정보 부서의 책임자로 임명하는 획기적인 해결책이 있었기에 가능했다.[30] 그제서야 올바른 시각, 즉 앞 유리를 통해 보이는 것과 같은 정확한 시야를 얻게 되었다.

바레켓은 자신이 이집트 공군 사령관인 것처럼 생각하는 법을 배웠다. "나는 공군 사령관이 아는 것을 동시에 알고 싶다!" 그는 부하들에게 이렇게 말하곤 했다. "나는 전투기 조종사였고 정보에 대해 거의 알지 못했지만, 젊고 배짱이 있었기 때문에 모든 것을 질문하고 모든 것을 바꿀 용기를 낼 수 있었다."[31] 부임 첫날, 바레켓은 부하들에게 이집트에서 몇 대의 비행기가 비행하고 있는지 알려달라고 요청했다. 몇 시간 후, 그는 오래된 보고서를 받았다. 이를 계기로 공군 정보 부서에 새로운 인력을 충원하고 정보 수집 프로세스를 새롭게 구축하는 등 혁명을 일으켰다. 결국 1967년 6월 5일 아침, 제1제파의 이스라엘 항공기들이 공격 목표물을 향해 이륙하기 불과 3시간 전에 카이로^{Cairo} 공군기지에서 멀리 떨어진 룩소르로 4대의 Tu-16 폭격기가 날아갔을 때, 즉시 정보를 입수할 수 있을 정도로 이집트 항공기 움직임을 추적하는 이스라엘 공군의 정보 능력이 향상되었다. 조종사들은 폭격기의 새로운 위치를 신속하게 제공받아 룩소르에서 목표물을 찾기 위해 비행 계획을 변경할 수 있었다.

이집트인들이 사전에 주의를 기울였다면 비극적인 실패로 끝났을 이 계획에는 기만술도 필수적이었다. 첫째, 실제보다 더 많은 이스라엘의 공군기지가 운영되고 있다고 이집트인들이 믿게 만들었다. 둘째, 매일 아침 푸가^{Fouga} CM.170 매지스터^{Magister} 제트 훈련기가 일상적인 출격 패턴을 유지하되, 제일선의 제트 전투기들이 서로 무선 신호를 보내는 척한다. 이스라엘 공군은 이집트의 SAM-2 지대공 미사일에 대응하기 위한 전자전도 수행했다. 또한 당시 10대 대형 공군 항공기 중 하나였던 보잉 377 스트라토크루저^{Stratocruiser}에는 SAM-2 지대공 미사일 포대의 위치와 작동을 추적할 수 있는 주파수 스캐닝 수신기가 장착되어 전투기 조종사에게 거의 실시간으로 조준 위험 경고를 보냈다.

1967년 6월 5일, 공습으로 불에 탄 항공기 잔해들이 줄지어 있는 사진이 세상에 공개되자, 많은 항공기가 똑같은 방식으로 파괴된 것처럼 보였고 진취적인 분석가들은 이 모든 것이 적외선 미사일에 의한 것이라고 설명했다. 이스라엘이 이집트인들에게 공격이 임박했음을 고의로 경고해 이집트인들이 서둘러 엔진을 시동하도록 함으로써 이스라엘의 열추적 유도 미사일을 위한 열원熱源을 만들었기 때문이라는 것이었다. 이것은 저널리즘을 넘어 정보기관의 평가에까지 퍼진 터무니없는 이론 중 하나일 뿐이었다. 실제로는 정밀 무기가 전혀 사용되지 않았다. 조종사들은 "한눈을 팔지 말라"라는 속담처럼, 목표물에 폭탄을 투하하기 위해 지시에 따라 대공포 사격에 개의치 않고 비행경로에 집중한 다음, 주변의 폭발로 인한 혼란을 무시하고 기지로 돌아와 7분 30초 동안 지상에 머물다가 다시 같은 일을 하기 위해 날아갔다.[32] 유일한 기술 혁신은 자국산 활주로 파괴 폭탄이 전부였다.

따라서 모케드 작전은 전술적·작전적·제도적·기술적 측면에서 많은 혁신이 미약하나마 결합된 결과물이었다. 물론 모케드 작전은 큰 성공을 거두었다. 그러나 오래전부터 전해오는 고대의 지혜에 의하면, 승리는 패배가 선행되는 가장 큰 비극이라고 했다. 왜냐하면 승리에서는 모든 것이 똑같이 훌륭하고 똑같이 반복할 가치가 있는 것처럼 보이지만, 패배만이 무엇이 항상 효과가 있고, 무엇이 자주 효과가 있으며, 무엇이 일시적으로 운이 좋은 상황에서 가끔만 효과가 있는지를 가르쳐 주는 스승이기 때문이다.

모케드 작전의 성공은 이스라엘의 적들과 그들의 소련 지지자들이 이스라엘의 제공권 우위를 극복하도록 자극했다. 1967년 이후, 공대공 전투에서의 손실률은 이스라엘의 이점을 증폭시켰다. 이스라엘의 적들은 개선된 훈련이나 더 나은 항공기로는 이스라엘 조종사들을 상대할 수 없다는 결론을 내리고 모든 항공기를 보호하기 위해 방폭벽이 있는 철근 콘크리트 격납고와 최첨단 지대공 미사일과 다수의 대공포를 갖춘 더욱 밀집된 방공망을 구축하는 등 훨씬 더 소극적인 방어 방법을 선택했다. 소련은 서방 세계 전체보다도 방공 무기의 개발과 생산에 훨씬 더 많은 투자를 했다. 이에 따라 이집트와 시리아는 고정식 또는 이동식 형태의 우수한 대공포, 특히 장갑으로 보호되고 4중 추적 레이더로 조준하는 23mm ZSU-23-4 쉴카Shilka와 기술적 대응책이 없는 영리한 조종사가 기만할 수 없도록 성능이 점점 더 향상된 대공 미사일을 공급받을 수 있었다.

1973년 10월, 이집트와 시리아의 기습 공격에 대응하는 지상군을 지원하려던 이스라엘 공군은 파괴할 수도, 피할 수도 없는 방공망과 충돌하여 감당할 수 없는 손실을 입었다. 지원을 받지 못한 지상군이 최선을 다해 대응하는 동안 이스라엘 공군은 패배에 직면했다. 이후 이들은 이집트 및 시리아군의 방공포대를 제압한 선두 지상군에 의해 구조되었다. 이처럼 전세가 역전되었지만 많은 사상자가 발생했고, 이스라엘 공군의 쓰라린 패배감을 덜어주지는 못했다. 하지만 이것은 복수의 원동력이 되었다.

1982년 기습, 아르차브 19 작전

아비엠 셀라^{Aviem Sella} 준장은 "1973년 우리 공군은 이스라엘 국민을 실망시켰고, 그들의 신뢰를 회복해야 했다"라고 말했다.[33] 1982년 6월 6일, 레바논 영토에서 팔레스타인 부대에 의한 이스라엘에 대한 공격이 확대되자, 이스라엘 방위군의 지상군은 레바논 남부를 대규모로 침공했다. 레바논을 점령하고 있던 팔레스타인군과 시리아군을 모두 몰아내는 것이 목표였다. (이스라엘 방위군은 모든 지역사회에서 해방군으로 환영받았지만, 시아^{Shi'a}파의 태도는 이스라엘 방위군이 오래 머물면서 달라졌다.)

1982년 6월 9일 14시부터 16시까지 이스라엘 공군은 소련이 제공한 최첨단 방공 체계와 가장 효과적인 대공포, 시리아 공군의 대규모 제트 전투기와 함께 레바논에 주둔하고 있는 모든 시리아군의 지대공 미사일 포대를 단 한 번의 공격으로 파괴하는 것을 목표로 하는 아르차브^{Artzav} 19*("몰 크리켓^{Mole Cricket} 19") 작전을 개시했다. 그 결과, 지대공

---

* 아르차브 19는 1982년 레바논 전쟁이 발발한 1982년 6월 9일 이스라엘 공군(IAF)이 시리아 목표물에 대해 실시한 적 방공망 제압(SEAD) 작전의 명칭이다.

미사일과 대공포로 무장한 통합 방공망에 대한 세계 최초의 유인 및 무인 항공기가 결합된 공격이 이루어졌고, 시리아 공군이 대규모로 개입하면서 제2차 세계 대전 이후 최대 규모의 공중전이 벌어졌다.

이스라엘 방위군의 초기 공격으로 당시 소련의 최첨단 미사일인 SA-8을 포함한 19개의 대공 미사일 포대와 26대의 시리아군 항공기가 파괴되었다. 그 후 이틀 동안 5개 포대가 추가로 파괴되었고, 공중전에서 격추된 시리아군 항공기의 수는 총 82대에 달했으며, 지상에서 5대가 추가로 파괴되었다.[34] 또한 SAM-6 지대공 미사일 6개 포대가 파괴되었다.[35] 시리아군이 증원군을 투입하면서 한 달 동안 이어진 전투에서 SAM-6 지대공 미사일 포대 8개가 추가로 파괴되었다. 역사상 가장 일방적인 전투 중 하나였던 이 전투에서 이스라엘의 공중 손실은 단 한 건도 발생하지 않았다.

당시 이스라엘 공군이 수행한 공중전은 불과 9년 전인 1973년만 해도 막강했던 소련의 대공 미사일 중에서 일부가 이전의 미사일보다 훨씬 더 발전했음에도 불구하고 갑자기 무력해진 것처럼 보였기 때문에 많은 관심을 끌었다. 하지만 이는 오히려 1982년 6월 9일에 달성된 진정한 위업에 대한 관심을 분산시켰다. 1967년 모케드 작전처럼 거의 모든 조종사와 전투기가 투입된 전면 공격이 아니라, 아르차브 19 작전은 다소 소규모 공격이었다. 이스라엘 공군은 총 125회의 공격 출격과 56회의 지원 출격을 실시했는데, 사실 적은 출격 횟수였지만, 모스크바 지역 방공망을 제외하고 세계에서 가장 밀집된 방공망을 파괴하기에는 충분했다.[36] 소련의 최신 방공 체계가 파괴된 것은 소련과 미국의 방어 시설 모두에 충격을 준 중대한 사건이었다. 소련이 새로운 정보화 시대에 기술적으로 결코 따라잡을 수 없을 것으로 보였기 때문에 소련 정부 내 일부 사람들은 이미 이 패배를 소련 제국의 종말을 예고

하는 것으로 보고 깊은 고민에 빠졌다.[37]

모케드 기습 공격과 마찬가지로 아르차브 19 작전도 치밀하게 계획되고 예행연습이 진행되었다. 그러나 모케드 작전이 공군이 보유한 한정된 항공기들을 극한까지 밀어붙여 재출격시킨 반면, 아르차브 19 작전은 매우 효율적이어서 단 2시간 만에 완료되었다. 이미 공중에 떠서 제2제파의 공습에 대비해 선회하고 있던 전투기들은 무기를 바다에 투하해야 했다.[38] 이 작전이 승리를 거둔 것은 단순히 재능과 강렬한 헌신 때문이 아니라 완전히 새로운 개념과 기술력 때문임이 분명했다. 그러나 이러한 결론은 공식적으로 수정되지 않은 잘못된 초기 보고서로 인해 가려졌고, 작전의 세부 사항은 오늘날까지도 공식적인 비밀로 남아 있다.

1973년부터 1982년까지 9년이라는 기간은 이와 같은 혁신을 이끌어내기에 충분한 시간이었다고 생각할 수 있지만, 사실 이스라엘 공군에 주어진 시간은 그것보다 훨씬 더 짧았다. 필요한 장비를 미국에서 개발하고 납품하기까지 몇 년이 걸렸기 때문이다. 그마저도 이스라엘 공군이 원하는 최신 장비가 거기에 포함되어 있지 않았다. 이스라엘 공군은 비행 중 수동 유도manual in-flight guidance 옵션을 제공하지 않는 활공 폭탄과 방공망 제압SEAD 전용 항공기인 와일드 위즐Wild Weasel* 전투기 등 미국의 최첨단 장비를 원치 않았다. 이것은 F-4E 팬텀, F-16, F-15가 등장하기 전의 미라주 IIIC와 같은 다목적 전투기가 필요했던 이스라엘의 요구와 모순되는 것이었다.[39] 그 결과, 이스라엘은 대부분의 방공 제압 물자를 처음부터 다시 설계하고 제조해야 했다. 전체적인 방법은

---

* 와일드 위즐: 미국 공군(USAF)이 대방사 미사일을 장착하고 적 방공망을 제압하는 임무(SEAD)를 맡은 모든 유형의 항공기에 부여한 암호명이다.

특정 체계에 의존하기보다는 이전에 시도된 적이 없는 다양한 중첩된 기술적 접근 방식을 사용하는 것이었기 때문에, 조달 문제는 교리에 따라 진행되기는 했지만 전반적으로 노력에서 가장 중요했다.[40]

이러한 일련의 작업은 1963년 이스라엘이 처음 접한 소련의 대공 미사일인 S-75(나토명 SAM-2)가 이집트에 처음 배치되면서 시작되었다. 앞서 언급했듯이, 1967년 6월 전쟁에서 SAM-2 지대공 미사일의 작전 성능은 인상적이지 못했는데, 이스라엘이 27개 이집트군 SAM-2 지대공 미사일 포대의 위치를 모두 파악하고 있어서 항공기가 우회하거나 SAM-2의 최소 교전 고도 이하로 초저고도 비행[*]을 할 수 있었기 때문이었다.[41] 실험적으로 원격standoff 전자전 체계가 사용되었지만, 그 가치는 불확실했다.[42] 이스라엘 항공기 중 SAM-2 지대공 미사일에 맞아 파괴된 것은 단 한 대에 불과했다.

소련의 무기와 교리가 크게 패배한 1967년 전쟁 직후, 수만 명의 소련 고문단이 이집트, 시리아, 이라크에 파견되어 군대를 재건했는데, 이집트에서만 방공 전문가를 포함해 2만 명의 고문단이 활동했다.[43] 이집트의 군사력 재건은 1967년 7월 1일부터 1969년 9월까지 강도가 높아졌다 낮아지는 간헐적인 교전과 맞물려 진행되었다. 수에즈 운하를 사이에 두고 양측 군대가 겨우 150m밖에 떨어지지 않은 거리에서 대치하면서 진행된 전투에는 소총을 이용한 교전, 포병과 전차의 대치, 운하 도하 후 상호 지상 공격과 매복, 상호 공습과 공중전 등이 포함되었다. 이 소모전 기간 중인 1967년 10월에 이스라엘 해군의 구축함인 에일랏Eilat 함이 침몰했는데, 이 사건은 해상에서 운용하는 미사일에 의

---

[*] 초저고도 비행: 군용 항공기가 위협적인 환경에서 적의 탐지 및 공격을 피하기 위해 사용하는 일종의 초저고도 비행을 의미하며, 등고선 비행, 레이더 아래 비행 등의 용어를 사용하기도 한다.

해 군함이 침몰한 최초의 사례가 되었다.

이스라엘 공군은 공중전의 우위를 빠르게 입증했다. 이스라엘 공군은 1967년 7월부터 1970년 8월까지 3년간의 공중전에서 단 6대의 전투기만 잃고 113대의 아랍 전투기와 폭격기를 격추했는데, 그중 86대가 이집트 전투기였다. 소련과 이집트군의 대응은 지대공 미사일과 대공포 등 지대공 능력을 배가하는 것이었다. 그러나 1969년 3월까지 이스라엘 공군의 항공기가 지대공 미사일에 의해 파괴된 적도, 이를 회피하기 위해 공격을 중단한 적도 거의 없었다. 이집트의 지대공 미사일 포대는 그 수가 늘어났음에도 불구하고 전방을 지속적으로 엄호할 수 없었다. 이스라엘 공군은 지대공 미사일 방어 범위 밖에 있는 목표물을 타격하거나 지정된 목표물이 지대공 미사일의 방어 범위 내에 있는 경우에는 서로 다른 고도에서 서로 다른 방향으로 비행하는 복잡한 공중 기동으로 이집트 지대공 미사일 운용 요원들을 놀라게 하고 혼란스럽게 만들었다. 지대공 미사일이 발사되면 대개는 탐지되었고, 이때 위협받는 항공기는 미사일을 회피하기 위해 공격적인 곡예비행을 했다. 대공포는 레이더 탐지를 회피하기 위해 지상에 가깝게 근접 비행하는 항공기에 더 치명적이었기 때문에 SAM-2 지대공 미사일의 사거리 내에 있더라도 대공포 사거리 밖에 있는 표적에 접근하는 것을 선호하게 되었다.

1969년 3월 8일부터 이집트의 공격은 급격히 강화되어 매일 수천 발의 포탄이, 어떤 날은 수만 발의 포탄이 이스라엘 진지를 향해 발사되기도 했다. 다음날, 이스라엘의 소형 관측기 한 대가 1967년 6월 이후 처음으로 SAM-2 지대공 미사일에 의해 손실되었다.[44] 6월 말, 이스라엘은 수십 문의 화포로 이집트 1,000여 문의 화포를 상대할 수 없었기 때문에 이집트와의 포격전을 더 이상 지속할 수 없었다. 따라서 이스라엘 공군의 투입을 대폭 늘리기로 결정했다. 이에 따라 이스라엘 공군은 1969년 7월부터 1970년 8월 7일 휴전까지 683개의 방공 표적, 1,353개의 지상군 표적, 180개의 군사 기반 시설 표적, 5척의 해군 함정에 대해 약 5만 발의 폭탄을 투하하는 8,200회의 출격을 감행했다.[45]

공격 속도를 높이기로 한 결정은 이스라엘 공군의 항공기와 교전하기 위해 강화된 이집트군의 방공망에 대해 보다 직접적인 조치가 요구되었다. 이에 대한 이스라엘 공군의 대응은 더 이상 회피하는 것이 아니라, SAM-2 지대공 미사일 포대를 직접 공격하고 파괴하는 것이었다. 1969년 7월 20일, 포트 사이드[Port Said]의 서쪽에 배치된 SAM-2 지대공 미사일 포대가 파괴되었고, 이틀 뒤에는 대규모 작전으로 아부-수웨이르[Abu-Suweir], 가니파[Ganifa], 알-메니프[Al-Menif], 알-카피르[Al-K'hafir]의 SAM-2 지대공 미사일 포대가 공격당했다.[46] 지대공 미사일에 대한 이스라엘 공격의 대부분은 이집트군의 레이더 및 통신을 교란하는 원격 재밍과 고고도 또는 저고도로 접근하는 소수의 항공기에 의해 이루어졌다. 그러나 수십 대의 항공기가 동시에 여러 개의 SAM-2 지대공 미사일 포대와 그 주변에 배치된 대공 포대를 공격하는 대규모 공습도 함께 이루어졌다.

11개월 동안 이스라엘 공군과 이집트군 방공망 사이의 결투는 끊임없이 이어졌다. 이스라엘 방위군은 수에즈 운하 상공의 제공권을 유지하기 위해 지대공 미사일 포대, 대공포, 레이더를 파괴했는데, 이는 이집트의 도하를 저지하고 이스라엘 지상군을 괴롭히는 이집트 포병과 보병을 공격하는 데 필수적인 조치였다. 이집트군은 이스라엘 공군의 행동의 자유를 제한하기 위해 더 많은 미사일과 지대공 미사일 포대를 수에즈 운하에 더 가까이 전진 배치하기 위해 노력했다. 이집트군의 방공망이 SAM-2 지대공 미사일 포대 50개와 대공포 1,000문으로 두 배나 늘어났음에도 불구하고 1969년 7월부터 12월까지 이스라엘 공군의 항공기는 대공포에 의해 몇 대가 손실되기는 했지만, 지대공 미사일에 의해 손실된 항공기는 없었다. 1969년 12월 24일, 사진 정찰 임무를 수행하던 미라주 전투기가 짙은 구름을 뚫고 날아오는 미사일에 기습을 당했지만, 조종사는 안전하게 착륙해 파손된 기체가 지상에서 폭발하기 전에 탈출할 수 있었다.[47]

이스라엘 방위군의 이집트군 방공망에 대한 공격은 전자 공격과 공습에만 국한되지 않았다. 1969년 12월, 특공대는 당시 소련의 첨단 P-12 예니세이Yenisei(나토명 스푼 레스트Spoon Rest A) 레이더 기지를 급습했다.[48] 그 목적은 대응책을 개선하기 위한 전자적 특성을 연구하기 위해서였다. 습격대는 무거운 레이더 부품을 회수하기 위해 미국이 새로 공급한 강력한 CH-53 헬리콥터에 의존했고, 그 결과 당시 베트남에서 미 공군의 항공기를 상대로 배치된 최고의 탐색 레이더인 P-12에 접근할 수 있었다.

한편 1969년 9월에는 미국제 팬텀Phantom 전투기가 최초로 도입되었다. 팬텀 전투기에는 스카이호크Skyhawk나 프랑스의 항공기와는 달리, 레이더 경보 체계가 내장되어 있었다. 미라주 전투기가 격추된 후 이스라엘 공군은 미사일 발사를 보고 회피 준비를 할 필요가 없기 때문에 팬텀 전투기만으로 지대공 미사일을 공격하기로 결정했다. 보투르Vautour와 스카이호크가 탑재할 수 있는 외부 전자전 포드가 개발되었지만, 미라주 전투기와 미스테르Mystère 전투기는 이를 탑재할 수 없었다. 지대공 미사일의 위협 지역을 순찰해야 할 때는 팬텀 전투기가 동반하여 경고를 제공했다. 또한 원격 전자 대응ECM 장비의 수가 증가하여 모든 임무에 사용되었다. 그러나 경험에 따르면, 재밍 효과로 위협을 줄일 수 있다고 해도 여전히 많은 미사일이 빠져나갔기 때문에 곡예비행으로 회

피해야만 했다.

이스라엘 공군의 공습으로 이집트군의 병력, 포병, 방공군, 항공기에 막대한 인명 피해가 발생하자, 나세르는 모스크바에 도움을 요청했다. 이에 소련은 자국의 최정예 방공 운용 요원을 파견했다. 이 작전을 위한 준비는 1969년 8월에 시작되었고, 1969년 12월에 최종 개입 결정이 내려졌으며, 1970년 3월에 첫 소련군 부대가 도착했다.[49]

한편 이스라엘은 1970년 9월 사망한 나세르에서 안와르 사다트[Anwar Sadat]로의 정권 교체를 기회로 삼아 이집트에 대한 압박을 강화하려 했다. 이에 따라 계획한 프리카 작전[Operation Prikha]*(일명 블로썸[Blossom])은 사다트 정부가 수도를 방어할 능력조차 없다는 것을 이집트 국민에게 보여주기 위해 카이로 주변을 포함한 이집트 깊숙한 곳에 있는 군사 기지와 지대공 미사일 기지를 공격했다. 비록 모든 목표물이 군사 기지로서, 전략적으로는 그다지 중요하지 않았지만, 이집트는 이스라엘 조종사들이 무기 공장과 이집트군의 본부로 잘못 파악한 민간인 건물 두 곳이 폭격당한 후, 대규모 공황이 발생하는 등 대중의 강한 반항을 불러일으켰다.[50]

1970년 1월 7일부터 4월 13일까지 실시된 프리카 작전에는 88회의 출격이 이루어졌지만, 이스라엘 공군의 항공기는 격추되지 않았다. 그러나 이집트 지도자들에게 수에즈 운하를 가로지르는 전투를 축소하도록 압력을 가한다는 전략적 목표는 달성하지 못했다. 더 큰 문제는 당시 프리카 작전이 소련의 개입을 불러일으켜 이스라엘의 상황을 악화시킨 것으로 여겨졌다는 점이다. 이러한 평가는 소련이 해체된 후에

---

* 프리카 작전: 1970년 1월과 4월 사이 소모전 중 진행된 이스라엘 공군이 수행한 일련의 공격작전으로, 전술적으로는 성공적이었지만, 이집트 정부에 휴전을 요청하도록 압박하는 목적을 달성하지는 못했다.

야 기밀 해제된 소련 문서에서 모스크바의 개입 결정이 프리카 작전보다 앞서 있었다는 사실이 드러나면서 잘못된 것으로 판명되었다.

프리카 작전을 위해 투입된 노력에도 불구하고 이집트군 최전방 부대에 대한 이스라엘의 공습은 줄어들지 않았고, 이집트군의 방공망은 계속되는 이스라엘의 공습을 막는 데 실패했다. 그러나 1970년 3월, 소련의 대규모 공수작전으로 제18특수대공미사일사단의 병력과 사령부가 도착하면서 23mm 대공포와 저고도 침투 항공기에 대항하기 위한 견착 사격형 SAM-7 그레일Grail 미사일로 보강된 72발 이상의 SAM-3 지대공 미사일이 공급되었다. 최신형 요격기인 MiG-21MF 요격기 95대와 수호이Sukhoi-9 요격기 50대를 보유한 소련 제135전투비행연대도 도착했다. 이 부대는 지휘소, 본부, 레이더, 전자전 부대와 함께 완벽한 방공 체계를 구축했다. 처음에는 카이로만을 방어하기 위해 배치되었지만, 점차 수에즈 운하 전선을 향해 동쪽으로 확장되기 시작했다. 소련과 직접 충돌하고 싶지 않았던 이스라엘 정부는 이집트 영토 깊숙한 곳에 대한 모든 공습을 중단하라고 명령했다.

이집트군은 지대공 미사일 포대의 중첩 배치를 통해 공격으로부터 방어하기 위한 대규모 건설 작업을 가속화하여 소련군에게 강력하게 요새화된 기반 시설을 제공했다. 이스라엘 방위군은 소련군의 개입 범위와 대규모 건설 작업의 목적을 파악하기도 전에 즉시 건설 현장을 폭격하기 시작했다. 하지만 이집트군은 수천 명의 사상자가 발생했음에도 불구하고 재건을 계속했다.

SAM-3 지대공 미사일과 장갑으로 보호되고 추적 가능한 레이더를 갖춘 ZSU-23 4열 대공포는 매복을 위해 신속하게 이동할 수 있었다. 이를 위해 이집트군은 기만과 생존성을 강화하기 위해 각 포대마다 3개의 방공 진지를 구축했다.[51] 일부 비어 있는 진지에는 불꽃 쏘아 올리기^{pyrotechnics}*와 전자 신호를 포함한 나무 모형의 지대공 미사일 체계를 설치하여 사람이 살고 있는 것처럼 보이게 위장했다.[52]

게다가 소련의 사단급 지휘통제망은 여러 개의 포대를 단일 포대의 레이더에 연결할 수 있었기 때문에, 레이더가 작동되지 않는 여러 포대에서 미사일을 발사함으로써 침투하는 이스라엘 공군의 항공기를 기습할 수 있었다. 이것은 지대공 미사일이 다른 기지로 이동이 쉬웠기 때문에 가능해진 전술이었다. 사격 구역이 겹치는 조밀한 지대공 미사일 포대의 배치는 이스라엘 조종사들이 "미사일 벽$^{missile\ wall}$"이라고 부를 정도로 밀집된 배열을 형성했다.[53] 그럼에도 불구하고 이스라엘 공군은 이집트 지상군을 공격하기 위해 지대공 미사일 기지와 그 레이더를 계속 공격했다. 그러던 중 1970년 4월 12일, 이스라엘의 F-4 팬텀 전투기가 소련군이 운용하는 것으로 알려진 SAM-3 포대를 의도적으로 공격하여 미사일을 발사하기도 전에 포대를 파괴했다.

1970년 6월 이집트군의 모든 방공 부대는 이집트 주둔 소련군 방공 사령관에게 예속되었고, 소련군은 카이로에서 수에즈 운하 전선 60km 이내까지 미사일 포대를 중첩하는 등 연합 방공 부대를 집중적으로 재배치했다. 이집트군보다 더 공격적이었던 소련군은 점진적이 아니라, 단숨에 지대공 미사일을 전진 배치했다.[54] 1970년 6월 30일 오전, 소련군의 미사일 포대가 가동되면서 이스라엘 공군의 전투기를 향해 지대공 미사일을 발사하기 시작했다.[55] 그날 오후, 이스라엘 공군이 가장 전방으로 전진 배치된 지대공 미사일 포대에 대해 반격하면서 조종사들은 게임의 규칙이 바뀌었다는 사실을 알게 되었다. 각 편대를 향해 한

---

* 불꽃 쏘아 올리기: 폭약이나 가솔린 따위의 화공약품을 이용하여 무대 위에서 불, 불꽃, 연기, 폭발 등과 같은 특수 효과를 만들어 내는 기술이다.

두 발이 아니라 수십 발의 미사일이 발사되었다.[56] 이스라엘 전투기 2대가 미사일에 맞아 공중에서 사라지자, 조종사들은 큰 충격을 받았다. 즉각적인 대응책은 소련제 미사일의 효과를 줄이기 위해 새로운 회피 기술, 팀 전술, 전자방해책을 시도하는 것이었으며, 과거 이스라엘의 공중 손실의 대부분을 초래했던 대공포 사정권 안에 들어가지 않도록 너무 낮게 비행하지 않는 것이었다.

1970년 7월 5일에 처음 시행된 이 새로운 전술은 이전의 소규모 편대에 의한 개별적인 공격 대신, 전방 지대공 미사일 포대에 대해 60대의 항공기가 치밀하게 계획된 4개 제파로 대규모 공격을 하는 것이었다. 이 새로운 전술은 다양한 방향과 높이에서 다양한 비행 패턴으로 접근하는 여러 대의 항공기로 방어 능력을 포화 상태로 만들기 위해 정확한 타이밍에 크게 의존해야 했다. 결과는 엇갈렸고 세 번째 항공기가 지대공 미사일에 의해 격추되었다. 이 시점에 가장 전방에 배치된 SAM-2 지대공 미사일 포대는 운하 전선에서 35km밖에 떨어져 있지 않았고, SAM-3 지대공 미사일 포대는 운하에서 45km 정도 떨어져 있었다. 그 시점에 이스라엘 공군은 전자 전파 교란과 '유인' 비행을 결합하여 적의 사격을 유도하고, 레이더 범위 밖에서 대기 중인 항공기가 방금 미사일을 발사하여 다시 발사할 준비가 되지 않은 포대를 기습공격하는 소규모 공격으로 되돌아갔다.

1970년 7월 18일, 이스라엘 공군은 대규모 작전인 에트가르(일명 도전Challenge) 작전Operation Etgar을 통해 소련군 미사일 포대를 다시 공격했다. 이 작전에서 이스라엘 공군은 미국이 제공한 AN/ALQ-71 전자 방해 ECM 포드를 처음으로 사용했다.[57] 이 포드 개발에 참여한 미국의 전문가들은 이스라엘 공군 조종사들에게 효과적인 상호 엄호를 유지하기 위해 회피 기동을 하지 않고 일정한 대형으로 미사일 구역으로 곧장

●●● 1970년 7월 18일, 이스라엘 공군은 대규모 작전인 에트가르 작전을 통해 소련군 미사일 포대를 다시 공격했다. 이 작전에서 이스라엘 공군은 미국이 제공한 AN/ALQ-71 전자 방해(ECM) 포드를 처음으로 사용했다. 이 포드 개발에 참여한 미국의 전문가들은 이스라엘 공군 조종사들에게 효과적인 상호 엄호를 유지하기 위해 회피 기동을 하지 않고 일정한 대형으로 미사일 구역으로 곧장 비행할 것을 조언했다. 그러나 이 기술과 전술은 모두 실패했으며, 귀중한 F-4 팬텀 전투기 3대가 피격되어 2대가 파괴되고 존경받는 비행대대장 슈무엘 케츠가 전사하는 참사가 발생했다. 위 사진은 에트가르 작전 당시 이스라엘 공군이 수에즈 운하 서쪽의 지대공 미사일 포대를 폭격하는 모습이다. 〈출처: WIKIME-DIA COMMONS | CC BY-SA 3.0〉

비행할 것을 조언했다.[58] 그러나 이 기술과 전술은 모두 실패했으며, 귀중한 F-4 팬텀 전투기 3대가 피격되어 2대가 파괴되고 존경받는 비행대대장 슈무엘 케츠Shmuel Khetz가 전사하는 참사가 발생했다.

이 포드는 SAM-2에는 부분적으로 효과가 있었지만, SAM-3에는 전혀 효과가 없는 것으로 밝혀졌다. 이스라엘은 이 포드를 계속 사용했지만, 이 장비에만 의존하지 않고 회피하기 위한 곡예비행으로 전환했다.[59] 처음에는 7개의 지대공 미사일 포대가 파괴된 것으로 보이는 등 공격 결과가 만족스러워 보였지만, 나중에 3개만 실제 포대이고 나머지는 모의 포대였다는 사실이 밝혀졌다.[60]

　이스라엘이 지대공 미사일을 파괴하기 위해 고군분투하는 동안, 주도권은 소련군 방공 사령관에게 넘어갔고, 소련군은 이스라엘 항공기를 요격하기 위해 소련군의 유인 전투기를 출격시키기 시작했다. 1970년 7월 25일, 소련의 MiG-21 전투기가 지상 공격 임무를 수행하던 이스라엘의 A-4 스카이호크 전투기를 요격하여 이스라엘이 통제하는 시나이 영공으로 쫓아냈다. 아음속 항공기인 A-4 스카이호크는 MiG-21보다 성능이 떨어졌고, 아톨^{Atoll} 공대공 미사일에 피격된 A-4 스카이호크 한 대는 레피딤^{Rephidim}의 공군 전진기지에 착륙할 수밖에 없었다. 이스라엘은 1970년 7월 30일, 12대의 미라주 IIIC와 4대의 F-4E 팬텀 II 전투기가 24대의 MiG-21 MF로 구성된 소련군 부대를 유인해 포획하는 공중 매복 작전인 리몬 20 작전$^{Operation \ Rimon \ 20}$*으로 맞대응했다. 그 어느 때보다 혼란스러웠던 공중전에서 이스라엘 공군은 항공기 1대가 파손되었으나 무사히 착륙했으며, 소련군은 MiG-21 전투기 5대가 파괴되고 4명의 소련군 공군 조종사가 사망했다. 소련 지상군에 대한 공격과 마찬가지로, 이스라엘 방위군은 소련 대변인이 전투에 적극적으로 참여했다는 것을 계속해서 부인하고 있었기 때문에, 그들이 반박할 수 없도록 소련 항공기가 아닌 이집트 항공기를 파괴했다고 보도했다. 모스크바는 외교적 차원에서 대응하거나 공격을 비난

---

* 리몬 20 작전: 소모전 당시 이집트에 주둔한 소련 전투기 조종사들과 이스라엘 공군이 맞붙은 계획된 공중전의 암호명이다. 1970년 7월 30일에 벌어진 교전에서 소련군의 MiG-21 5대가 이스라엘의 F-4 팬텀과 미라주 III에 의해 격추되었다.

하지도 않았다. 대신 수에즈 운하를 향해 SAM-3 지대공 미사일 포대가 더 전진했다.

그러나 이 메시지는 모스크바뿐만 아니라 워싱턴^{Washington}에도 전달되었고, 그 결과 미국이 중재한 휴전협정에 소련을 제외한 이스라엘, 이집트, 미국이 서명하여 1970년 8월 7일에 휴전이 발효되었다.[61] 이집트와 소련은 이 협정을 거의 즉각적으로 위반하면서 운하 지역으로 미사일 포대를 더욱 전진 배치했다. 미국은 휴전을 포기하거나 강제하지 않는 대신, 방공에 맞서기 위해 개발한 모든 무기, 즉 항공기에 장착하는 레이더 경고 수신기, 레이더를 교란하는 채프^{chaf}, 적외선 센서를 교란하는 플레어^{flare}, 레이더파의 방사를 포착하여 목표물을 타격할 확률을 높이는 AGM-45 슈라이크^{Shrike} 대방사 미사일과 CBU-24 집속폭탄 등을 이스라엘에 공급하는 것으로 대응했다. 이 장비들은 이스라엘이 전쟁을 재개하는 대신, 이집트가 수에즈 운하의 이스라엘 쪽 상공을 비행하는 항공기까지 위협할 수 있는 지대공 미사일 포대를 전진 배치하여 공개적으로 협정을 위반하고 있음에도 불구하고 휴전 위반을 용인한 대가로 이스라엘을 달래기 위한 위문품이었다.

1970년 8월 휴전과 1973년 10월 전쟁 사이에 이스라엘의 영공을 비행하는 이스라엘 항공기를 겨냥한 미사일 발사가 여러 차례 있었다. 한번은 신호 정보^{SIGINT} 장비를 싣고 안전하다고 판단되는 경로를 비행하던 스트라토크루저가 비밀리에 새로운 위치로 전진 배치된 SAM-2 포대에 의해 격추된 사건이 있었다. 슈라이크 대방사 미사일을 이용한 보복 공격은 실패로 돌아갔다. 이것은 1973년 10월 전쟁이 시작될 때 이집트군의 지대공 미사일 포대에 의해 이스라엘의 공군력이 무력화되면서 막대한 사상자가 발생하는 상황이 일어나리라는 것을 미리 보여주는 징조나 다름없었다.

미국이 휴전 위반에 대한 처벌이나 인정조차 거부한 이후, 아무도 또 다른 전쟁을 피할 수 있다고 믿지 않았기 때문에 이스라엘 공군은 3년 동안 다음 전쟁에 대비했다. 1967년 7월부터 1970년 8월까지 이집트 전선에서 총 16대의 이스라엘 공군의 전투기가 파괴되었는데, 6대가 지대공 미사일에 피격되었고, 그중 5대는 5주 이내에 격추되었다. 또 다른 6대의 이스라엘 항공기는 이집트 대공포에, 4대는 이집트 전투기에 의해 격추되었다. 같은 기간 동안 이집트 전투기 86대가 이스라엘 전투기에 격추되었다. 다른 전선에서도 15대의 이스라엘 공군의 전투기가 추가로 손실되었다.

여기서 얻은 중요한 교훈은 우선순위가 바뀌었다는 것이었다. 즉, 1967년 전쟁의 첫 번째 행동은 아랍의 대공 방어에 아랑곳하지 않고 아랍 전투기(특히 후방에 있는 이스라엘 민간인을 위협하는 폭격기)를 제거하는 것이었다. 그러나 다음 전쟁의 첫 번째 행동은 아직 개발되지 않은 기술, 기법, 전술이 혼합된 지대공 미사일을 파괴하는 것이어야 했다. 이러한 노력은 곧바로 시작되었지만, 그 결과를 1973년 10월 전쟁에 맞출 수 없었다.

이집트 전선과 시리아 전선에 대한 지대공 미사일 소탕 계획은 1967년 모케드 계획보다 본질적으로 훨씬 더 복잡했다. 기본 개념은 두 계획 모두 동일했다. 시리아 전선에 대한 소탕 작전의 이름은 두그만 Dugman("패션 모델Fashion Model", 이집트 전선에 대한 소탕 작전의 이름은 타가르 Tagar("도전Challenge")였다. 각 계획은 정확한 시간에 맞춰 재밍 및 채프 등을 이용한 전자방해책, 사격을 유인하기 위한 모의 드론 장비, 최전방 지대공 미사일 포대를 파괴하거나 최소한 방해하기 위한 장거리 포격, 대공 포대의 레이더를 타격하기 위한 슈라이크 대방사 미사일 발사, 그런 다음 주요 목표인 지대공 미사일 포대를 공격하기 위해 파견된 항공기를 위한 안전한 저고도 경로를 열기 위해 대공포 위치를 공격하는 일련의 순서로 이루어졌다.

다양한 전자방해책과 슈라이크 대방사 미사일 공격이 모두 시도되었지만, 성공하지 못했다. 새로운 지대공 미사일, 특히 사용할 수 있는 전자방해책이 있음에도 불구하고 SA-6가 작동할 수 있다는 점을 고려할 때, 이 조치들은 유용하지만, 우수한 비행 전술에 의존하는 공격 항공기를 보호하기에는 충분히 효과적이지 않은 것으로 판단되었다. 이를 위해 각 공격 제파는 서로 다른 비행 방법을 결합했다. 초기 공격은 더 안전하지만 정확도가 떨어지는 일명 켈라^{Kela}("슬링샷^{Slingshot}") 기법을 사용했는데, 이 기법은 항공기가 낮고 빠르게 비행하다가 대공포 사거리에 진입하기 전 미리 정해진 지점에서 조종사가 항공기의 기수를 정해진 각도로 올리고 폭탄을 투하한 다음, 선회하여 매우 낮은 고도로 빠져나가면서 폭탄이 목표물을 향해 포물선 패턴으로 날아가게 만드는 방식이다. 조준하는 표적을 볼 수 없으나 계산과 조종사의 솜씨가 정확하다면, 조종사는 위험하지만 더 정확하게 표적을 타격할 수 있는 하타프^{Hataf}("허리드^{Hurried}") 기법을 사용할 수도 있다. 하타프 기법은 항공기가 레이더 임계치 아래로 비행하여 표적 근처의 미리 정해진 지점까지 날아가서 수천 피트 상공으로 상승해 급선회해서 표적을 확인하고 조준하고 폭탄을 투하한 후 매우 낮은 고도로 빠져나가는 방식이다. 미사일 공격을 피하기 위해 전체 팝업$^{pop-up}$*에서 하강까지 걸리는 시간은 단 몇 초로, 대공 포대가 항공기와 교전하는 시

---

* 팝업: 통상 목표에서 10~20km 떨어진 공격 개시 지점에서 저고도 지형 추적 탐지 기술로 접근하여 표적으로부터 3~5km 떨어진 지점에서 항공기가 급상승하여 목표로부터 600~2,100m 떨어진 공격 고도에 도달한 후에 목표를 확인하고, 목표로부터 500~1,500m의 거리에서 무기를 투하하고 고속 저고도로 회피하는 공격 방법이다.

간보다 짧아야 했다.

하지만 이 전술에는 한 가지 치명적인 약점이 있었다. 조종사는 팝업과 롤오버roll-over*하기 전에는 목표물을 볼 수 없었고, 목표물이 예상한 위치에 있지 않으면 육안으로 탐색할 시간이 없다는 것이었다. 따라서 켈라 기법과 하타프 기법 모두 공습 계획자는 적의 대공포나 미사일 포대가 어디에 있는지 미리 정확히 파악해야 했다. 이를 위해서는 공격 전에 사진 정찰 비행이 필요했고, 정찰 비행과 공격 사이에 포대가 이동하지 않기를 바랐다. 그렇지만 포대가 일정 빈도로 진지를 변환하는 것은 적군이 표준 대응책의 일환으로서 일상적인 것이었다.

그러나 이러한 특정 목적을 위한 당시 사진 정찰 방법의 치명적인 단점은 속도가 느리다는 것이었다. 사진을 찍은 순간부터 목표물에 폭탄을 투하하고 기지로 돌아오는 비행시간, 항공기에서 현상소로 필름을 옮기는 데 필요한 시간, 현상소에서 분석가에게 전송하는 시간, 이미지를 분석하는 데 필요한 시간까지 모두 합치면 8시간이 걸렸다. 소요되는 8시간은 결과를 기획자에게 전송하는 데 필요한 시간, 기획자가 데이터를 소화하고 계획을 수립하여 작전에 참여하는 비행대대에 보내는 시간, 비행대대가 이를 검토하고 조종사와 항공기를 배정하는 시간, 각 조종사가 임무를 연구하고 항공기에 탑승하여 목표물로 비행하는 시간 등을 모두 합산한 것이었다. 부피가 크고 이동이 어려운 SAM-2 지대공 미사일의 경우에는 8시간이 그리 긴 시간이 아니었지만, 이동이 쉬운 SAM-3 지대공 미사일의 경우에는 일부 포대를 이동할 수 있는 시간이었고, SAM-6 지대공 미사일의 경우에는 8시간 이내에 두 번 이동하는 것이 가능했다. 따라서 공군 계획가들은 1967년 6월과 같이

---

* 롤오버: 항공기가 공격 이후 표적 지역에서 이탈해나가는 것을 의미한다.

기습적인 선제공격을 선호했다.[62]

한 가지 구조적인 약점은 미사일 포대, 레이더, 발사대의 정확한 위치를 파악하기 위한 사진 분석이 공군 본부가 아닌 모든 항공사진을 분석하는 군사정보국에서 수행되었다는 점이었다. 그 결과, 이미지 분석가로부터 공군 계획가에게 결과를 전달하는 데 필요한 시간이 늘어남으로써 추가 지연이 발생했다. 몇 년 후에는 모든 기능이 위치와 관계없이 거의 실시간으로 수행되었지만, 1972~1973년에는 그렇지 않았다.

이스라엘의 적들도 가만히 있지 않았다. 1970년 여름, 방공의 명백한 성공은 계획의 기초가 되었고, 그들은 소련군 전투부대가 떠나고 고문과 교관만 남았을 때도 지대공 부대에 막대한 투자를 계속했다. 1973년 10월까지 이집트는 146기의 미사일 포대(고고도 SAM-2 72기, 중고도 SAM-3 64기, 중·저고도 SAM-6 10기)를 보유했는데, 이 중 55기(SA-2 25기, SA-3 20기, SA-6 10기)는 수에즈 운하 근처에 배치되어 이스라엘 영공까지 어느 정도 작전이 가능했고, 나머지는 카이로와 후방 지역을 방어하는 역할을 했다. 방어해야 할 전선이 좁아진 시리아군은 더 적은 포대로 같은 밀도를 구성할 수 있었으며, 36기(SAM-2 13기, SAM-3 8기, SAM-6 15기) 중 25기가 전방에 배치되었다(SAM-2 7기, SAM-3 3기, SAM-6 15기). 다마스쿠스[Damascus] 주변의 9개 포대는 시리아 지상군의 후방 부대를 보호할 수 있을 정도로 전방에 근접해 있었고, 2개 포대는 더 멀리 떨어진 드메이르[Dmeyr] 비행장을 보호했다.

또한 이집트군과 시리아군은 다양한 종류의 대공포 2,000여 문과 수백 기의 휴대용 SAM-7 발사기를 배치했다. 두 곳의 지대공 미사일 포대는 각각 소련군의 특정 지침에 따라 요새화된 여러 곳에 배치되어 있었고, 일부 포대는 이스라엘 방위군을 속일 수 있을 만큼 다른 곳에 있는 모의 장비를 사용했다. 또한 각 기지 주변에는 슈라이크 대방사 미사일을 유인하기 위한 레이더 방출기와 대공포대, 저공비행 항공기를 방어하기 위한 SAM-7 지대공 미사일도 배치했다. 포대 위치는 서로 중첩 구역을 형성하도록 선정되었고, 통합된 중앙지휘체계를 통해 목표물에 대한 다중 교전이 가능했다.

1973년 10월 6일 전쟁이 발발하기 전 국방부 장관 모셰 다얀과 이스라엘 방위군 총참모장 다비드 엘라자르는 시리아 지상군의 위치와 골란 고원 그 바로 아래 훌라 계곡의 이스라엘 마을 및 도시 사이의 거리가 짧기 때문에 전쟁이 발발하면 이스라엘 방위군은 병력 대부분을 이집트 전선으로 돌리기 전에 시리아군을 격퇴하는 데 집중해야 한다는 데 동의했다. 반면, 시나이 전선에서는 약 150km에 달하는 빈 사막이 수에즈 운하 전선과 가장 가까운 이스라엘 민간인 거주지를 분리했다. 시리아 전선을 우선시하는 또 다른 이유는 다얀과 엘라자르가 시리아에 대한 빠른 승리를 통해 요르단과 이라크가 시리아-이집트 공세에 가담하지 않기를 바랐고, 전쟁이 발발하면 시리아군의 지대공 미사일에 대한 두그만 작전*을 즉시 시작하기로 결정했기 때문이었다.

전쟁이 다가오자, 이스라엘 공군은 해법을 찾았다고 확신했다. 그러나 막상 전쟁이 터졌을 때 1973년 10월의 개전 상황은 예상했던 것과는 완전히 달랐다. 10월 6일 아침, 최종 경고가 떨어지자, 베니 펠레드 이스라엘 공군 사령관은 선제공격 허가를 요청했지만 거절당했다. 미국의 지원이 필요했던 이스라엘은 또다시 침략자로 묘사되는 것을 허용할 수 없었다. 그는 허가가 떨어질 것이라고 확신했고, 이스라엘 공

---

* 두그만 작전: 욤 키푸르 전쟁 둘째 날인 1973년 10월 7일 골란 고원에서 벌어진 대공 전투의 일반적인 명칭으로, 목표물 근처의 중간 고도에서 투하된 무유도 범용 폭탄을 사용하여 골란 전선의 모든 시리아 지대공 미사일 포대를 파괴하는 전면적인 작전으로 사전 계획되었다.

군은 이른 아침부터 항공기 출격 준비를 했다. 거절로 인해 상황을 완전히 재평가하고, 항공기 적재 무장을 완전히 변경해야 했다.

그러나 허가를 받았다고 해도 예상되는 전장의 하늘이 너무 흐려서 조종사들은 목표물을 볼 수 없다는 두 번째 치명적인 취약점이 드러났다. 펠레드는 두그만 작전을 개시하는 대신, 구름이 낀 지역 너머의 시리아 공군기지를 공격하기로 결정했다. 이 결정은 적의 지대공 미사일 포대를 공격하기 위해 모든 항공기에 실은 탄약을 내리고 활주로에 구멍을 뚫고 철근 콘크리트로 보호된 항공기 대피소를 공격하기에 적합한 폭탄을 실어야 하며, 조종사들은 새로운 임무를 연구해야 한다는 것을 의미했다. 예상되는 아랍 표준시인 18:00 GMT를 고려하면 전환을 수행하기에 충분한 시간이 있는 것처럼 보였다.[63]

13시 55분, 지상군이 대규모 포격을 보고하기 시작했고, 이스라엘 공군의 레이더 요원들은 이집트군과 시리아군의 항공기가 국경으로 접근하는 것을 목격했다. 이스라엘 공군은 지상 공격 모드에서 다른 공격 모드로 전환하는 도중에 침입자가 포착되어 어느 쪽도 차단할 수 없었다. 모케드 작전 당시와는 정반대로 이스라엘 공군력을 마비시킬 수도 있는 끔찍한 위험에 대응하기 위해 펠레드는 모든 항공기를 이륙시키라고 명령했다. 이스라엘의 주요 공군기지에 대한 공격은 없었으므로 곧이어 항공기를 복귀시키고 긴급한 지상군의 공중 지원 요청에 대응할 준비를 갖추기 위한 출격이 이어졌다. 예비군 부대가 막 동원되기 시작한 상황에서 전방의 병력은 엄청난 위험에 직면해 있었다. 이스라엘 공군이 먼저 공중 우위를 확보할 때까지 기다릴 수 없었으며, 즉각적인 공중 지원이 필요했다.

10월 6일 늦은 저녁까지 이스라엘 공군의 전투기와 폭격기들은 약 200회의 공대공 출격으로 이스라엘 전선 뒤편에 있는 이집트 헬기 16

대와 이집트 및 시리아 전투기 약 20대를 격추했다. 또 다른 110회의 출격으로 아랍 지상군을 공격했지만, 대공포의 집중포화를 맞아야 했다. 6대의 항공기가 손실되었고 다른 항공기들도 손상을 입었으나, 수리가 가능했다. 그날 밤에도 수십 차례의 출격이 이루어졌다. 한편 이스라엘 공군은 다음날 아침, 두그만 작전을 실행할 준비를 했다. 처음에는 시리아 전선의 이스라엘 방위군이 버티고 있는 것으로 보였으나, 시나이 반도의 이스라엘 방위군이 압도당하자, 이스라엘 공군은 갑자기 두그만 작전 대신, 타가르 작전*을 실행하라는 명령을 받았다.

10월 7일 아침, 타가르 작전의 계획된 세 차례의 공습 중 제1제파의 공습이 정식으로 실행되어 성공하는 듯 보였다. 그러나 밤사이 시리아 군은 드문드문 배치된 이스라엘 방위군 사이로 침투해 훌라 계곡에 있는 이스라엘 민간인 거주지를 향해 골란 지역을 가로질러 빠르게 진격하고 있었고, 이스라엘 방위군의 전반적인 상황은 역전되었다. 예비군 대부분은 여전히 전선으로 이동 중이었고, 골란 지역에 배치된 소규모 병력은 많은 사상자가 발생하고 있었다. 반면에 시나이 반도의 상황은 그나마 괜찮아 보였다.

따라서 이스라엘 공군은 골란 지역에 즉각적인 지원을 제공하라는 명령을 받았다.[64] 이집트군의 지대공 미사일을 겨냥한 타가르 작전은 도중에 중단되어 이스라엘 공군은 두그만 작전을 급히 준비해야 했고, 시리아 방면의 취약한 방어망을 뚫고 전진하는 시리아군의 기갑 및 기계화 부대를 공격하기 위해 55회에 걸친 출격을 개시했다. 대부분의 출격은 생존을 위해 쾰라 공격을 실시했으나 피해는 거의 없었고, 일부

---

* 타가르 작전: 욤 키푸르 전쟁 둘째 날인 1973년 10월 7일 이집트 상공에서 수행한 이스라엘 공군 작전의 이름이다.

는 더 정밀한 공습을 시도했으나 대공포에 맞았다.[65] 이 출격의 정확한 결과는 확인할 수 없었다. 또한 많은 민간인이 절박한 위험에 처한 골란 고원에서 훌라 계곡까지의 통로를 차단하기 위해 막 도착하기 시작한 예비군 부대를 위한 시간을 벌 수 있도록 시리아군의 진격을 늦추는 데 효과가 있었는지의 여부도 불확실했다.

기습의 이점이나 적절한 준비 없이 두그만 작전의 실행을 결정한 것은 시리아군의 지대공 미사일을 무력화할 수 있다면 이스라엘 공군이 시리아 지상군을 대량으로 정밀폭격해서 전세를 바꿀 수 있다는 기대감 속에서 내린 것이었다. 이는 절체절명의 위기 상황에서 큰돈을 건 도박이나 다름없었다. 하지만 두그만 작전은 완전히 실패했다. 전날 마지막 업데이트 이후 모두 이동한 포대 위치를 업데이트하기 위한 사진 정찰을 수행할 시간이 충분하지 않았기 때문이었다. 한 조종사가 주어진 목표물을 향해 급강하 공격을 하다가 우연히 새로운 위치를 발견해 한 곳의 지대공 미사일 포대를 파괴했는데, 다른 대부분의 목표물과 마찬가지로 이 포대는 빈 옹벽에 불과했다. 또 다른 시리아군의 지대공 미사일 포대는 부분적으로 피격되었지만, 이틀 후 다시 작전에 복귀했다. 게다가 원래의 퇴각 경로는 시리아군이 아직 골란 지역에 침투하지 않았다는 가정 아래 계획된 것이었다. 그러나 시리아군은 위치를 전혀 알 수 없는 대량의 대공포를 가지고 있었고, 이로 인해 두그만 작전에서 귀환하는 항공기는 대공포 상공을 낮게 비행하며 그 대가를 치렀다.

타가르 작전은 부분적인 성공을 거두었지만, 도중에 중단되는 등 완료되지 않았기 때문에 원하는 결과를 얻었는지 평가하기는 어렵다. 이역시 계획대로 진행되지 않았다. 돌이켜보면 두그만 작전과 타가르 작전이 실패한 분명한 이유는 정치적으로는 선제 공격이 허용되지 않았기 때문이고, 군사적으로는 수적으로 열세인 지상군에 대한 공중 지원이 시급한 상황에서 10월의 먹구름이 또 다른 장애물로 작용하여 계획이 복잡해짐으로써 결과적으로 유연성이 부족했기 때문이다. 두 가지 작전계획이 성공하기 위해서는 너무 많은 것들이 하나로 합쳐져야 했는데 그렇지 못했다. 이는 모든 군사 계획에 내재된 결함이었다. 게다가 불리한 상황과 각 전투 계획에 내재된 유연성 부족 외에도 작전상의 오류와 개념상의 오류도 있었다. 이 모든 것이 모케드 작전 때와 정반대로 흘러가면서 잘못되어버렸다.

예를 들어, 두그만 작전계획을 가지고 전쟁을 시작하기로 결정한 이스라엘 공군은 모의 드론 부대를 골란 지역에 보냈다. 모의 드론 부대에는 텔렘^{Telem}이라는 암호명으로 적기를 유인하는 디코이 역할을 하도록 용도가 변경된 미국제 BQM-74 추카^{Chukar} 표적 드론이 배치되어 있었다. 그러나 10월 6일 밤 두그만 작전이 취소되고 10월 7일 새벽 이집트의 지대공 미사일에 맞서는 타가르 작전이 결정되자, 모의 드론 부대는 골란 지역으로 향했다. 게다가 혼란스러운 상황에서 텔렘 부대장은 계획 변경에 대한 정보를 전달받지 못했기 때문에 원래 명령에 따라 정해진 시간에 시리아를 향해 텔렘을 발사했다. 그와 그의 부하들은 4대의 모의 드론을 향해 20발 이상의 지대공 미사일이 발사되는 것을 목격했는데, 그중 상당수는 그때까지 존재와 위치를 알 수 없었던 포대에서 발사된 것이었다. 텔렘 부대장은 즉시 공군 본부에 전화를 걸어 기습 요소를 유지하기 위해 한 번도 시험해본 적이 없는 텔렘 모의 드론이 매우 잘 작동하고 있다고 보고했다. 그러나 그는 불행히도 이스라엘 공군이 전방의 두그만 작전을 실행하는 것이 아니라, 사정거리를 훨씬 벗어난 남쪽에서 타가르 작전을 실행한다는 통보를 받았다.[66] 몇 시간 후 마침내 두그만 작전이 시행되었을 때, 부대에는 모의 드론이 남아 있지 않았다.

또 다른 실수는 두 가지 기습 계획에 대한 포병 지원 계획에서 발생했다. 시나이 지역에는 계획된 포격을 수행할 장사정포가 충분하지 않았고, 포위된 지상군의 긴급 화력 지원 요청에 대응하느라 타가르 작전에 참여하는 부대를 지원할 수 없었다. 골란 지역에는 원래 계획에 따라 배치된 포병 중 일부가 철수해야 했고, 남은 포병 부대는 지상군 지원 임무에 집중하고 있었다. 전날 계획했던 대로 일부 포를 발사하기는 했지만, 타가르 작전으로의 야간 전환에 따른 혼란으로 인해 너무 일찍 발포하게 되었다. 실제로 이 발포로 인해 시리아군은 포대를 재배치하게 되었고, 몇 시간 후 실제로 두그만 작전이 실행되었을 때 조종사들은 빈 진지를 폭격했다.[67] 전자전 부대의 경우, 이집트 전선에 배치되어 타가르 작전에 참여했지만, 두그만 작전에 참여하기 위해 시리아 전선으로 예정된 시간에 이동할 수 없었다. 시리아 전선에서 지대공 미사일에 대한 공격의 결과를 평가하는 동안, 그리고 그 계획이 완전히 실패한 것을 발견하기도 전에 이스라엘 공군은 이집트군이 수에즈 운하를 횡단하는 부교를 파괴하기 위해 골란 지역에서 40회, 시나이 지역에서 140회를 더 출격해야 했다.

10월 7일, 이스라엘 공군은 시리아 전선에서 대공 미사일에 대한 공격 실패로 6대, 지상 지원을 시도하다가 5대, 저공비행하는 시리아 항공기를 추격하다가 시리아군의 대공포에 의해 1대 등 총 12대의 항공기를 잃었다. 시나이 반도와 이집트 상공에서 10대의 항공기가 추가로 격추되어 이스라엘 공군은 총 22대의 항공기를 잃었으나, 아무런 이득도 얻지 못했다. 이날은 전체 전쟁 중 최악의 날이었지만, 공군 수뇌부는 아직 그 사실을 알지 못했다. 공군 수뇌부 모두가 알고 있었던 것은 이런 손실률이 지속될 수 없다는 것이었다.

두그만 작전의 실패 이후에도 골란 고원 상공에 대한 이스라엘 공군의 새로운 사진 정찰 출격은 시리아군이 보유한 것으로 알려진 15개의 SAM-6 지대공 미사일 포대 중 10개의 위치를 식별하는 데 또다시 실패했다. 전쟁이 끝난 지 2년이 지난 후에야 이스라엘 공군 분석가들은 1973년 10월 5일과 7일에 촬영된 사진에서 15개의 SAM-6 지대공 미사일 포대 중 13개를 식별할 수 있었다.[68] 다시 말해, 전반적인 체계가 이동식 표적을 따라잡기에는 너무 느렸던 것이다.

이스라엘 공군이 즉각 내린 첫 번째 결정은 맑은 하늘을 제공하기 위해 지대공 미사일의 위협을 제거하기 위한 대규모 작전을 포기하는 것이었다. 그 대신 이스라엘 공군은 지대공 미사일의 위협에도 불구하고 지상군을 지원하는 데 초점을 맞추면서 훨씬 더 작은 규모의 작전으로 전환하여 지대공 미사일을 공격했다. 전체 전쟁 기간에 이스라엘 공군은 총 1,400회(타가르와 두그만 작전에서 약 220회)를 출격해 시리아군의 지대공 미사일 포대 3개를 파괴하고 5개를 손상시킨 반면, 이집트군의 지대공 미사일 포대 32개를 파괴하고 11개를 손상시켰다. 이스라엘 지상군이 수에즈 운하를 건너 전차와 기계화 보병으로 이집트군을 기습한 후, 추가로 11개의 이집트군의 지대공 미사일 포대를 파괴했다. 그러나 전쟁 마지막 이틀 전까지 이스라엘 공군은 적군을 마음대로 폭격할 수 있는 완전한 작전의 자유를 확보하지 못했고, 매번 공격할 때마다 방공망을 뚫는 데 어려움을 겪어야 했기 때문에 이스라엘 공군력의 전반적인 전투 가치는 크게 떨어졌다.[69]

그럼에도 불구하고 전쟁 중 이스라엘 공군 출격의 대부분은 지상군을 지원하기 위해 수행되었다. 예를 들어, 10월 11일 이스라엘 방위군의 북부사령부가 시리아에 대해 반격할 때 221회의 지상 공격 지원 출격이 있었고, 다음날에도 130회의 출격이 있었다. 동시에 10월 11일에는 41회, 10월 12일에는 11회의 출격으로 시리아군의 지대공 미사

●●●1973년 10월 욤 키푸르 전쟁에서 활약하고 있는 이스라엘 항공기. 전체 전쟁 기간 중 이스라엘 공군은 총 1,400회 출격했으나 총 102대의 전투기, 5대의 헬기, 2대의 경비행기를 잃어 제공권 장악에 실패했다. 〈출처: WIKIMEDIA COMMONS | CC BY-SA 3.0〉

일 포대를 공격했다. 이스라엘 공군은 시리아 내 공군기지와 주요 기반 시설에 대한 공습, 이스라엘 지상군 공격을 막으려는 시리아 공군과의 공대공 전투 등의 임무를 수행하는 과정에서 10월 11일에는 8대의 항공기를, 10월 12일에는 3대의 항공기를 잃었다.[70] 총 5,270회의 지상 지원 임무 중 대부분은 항공 차단 출격이었고, 나머지는 근접지원이었다.[71] 그러나 지대공 미사일의 위협이 완전히 무력화되지 않아 공중 지원의 효율성이 떨어지고 항공기 손실로 인한 비용이 많이 들었다. 또 다른 3,180회의 출격은 초계 또는 공격기 호위를 위해 실시되었는데, 그 과정에서 약 260대의 적 전투기와 35대의 헬리콥터를 격추했다. 이스라엘의 호크Hawk 미사일과 대공포도 약 50대의 전투기와 15대의 헬기를 격추했다.

이 전쟁으로 이스라엘 공군은 총 102대의 전투기, 5대의 헬기, 2대의 경비행기를 잃었으며, 110회의 전투 출격당 약 1대의 항공기가 손실되었다.[72] 손실된 전투기 중 57대는 전쟁 첫 5일 동안에 격추되었고 나머지 45대는 다음 14일 동안에 손실되었다.[73] 손실된 전투기의 절반 가량이 지대공 미사일에 피격되었는데, 이것은 항공기 1대를 요격하기 위해 약 40발의 지대공 미사일을 발사했음을 의미한다.

혁신 11

기술 도약으로 회복된 공군력

이스라엘 공군은 1973년의 욤 키푸르 전쟁을 통해 심한 굴욕감을 느꼈으며, 이를 극복하기 위해 다양한 기술적 해법을 추구하는 등 노력을 기울였다. 1982년의 제1차 레바논 전쟁에서는 세계 최초로 컴퓨터에 기반한 공중 작전이 수행되었고, 드론(무인 항공기)가 결정적인 역할을 한 최초의 공중 전투가 치러지기도 했다. 이러한 노력의 결과는 1973년 제4차 중동전쟁에서의 실패와 좌절을 바탕으로 창의적 노력과 우수한 기술적 대책을 개발함으로써 가능했다. 이와 더불어 전자방해책, 지대공 미사일 포대의 안테나 위치를 드러내기 위한 디코이 운용, 발견 즉시 안테나를 파괴하기 위한 대방사 미사일 등 다양한 해결책이 뒤따랐다.

1973년 제4차 중동전쟁(욤 키푸르$^{Yom\ Kippur}$ 전쟁) 이후, 에제르 바이즈
만은 "미사일이 비행기의 날개를 휘게 했다"라는 유명한 말을 남겼다.[1]
1973년 전쟁의 트라우마는 1948년, 1956년, 1967년 등 세 차례의 전
쟁에서 승리했던 이스라엘 공군에게 심각한 도전 과제를 안겨주었다.
1973년 이후, 이스라엘 공군의 개혁을 주도하는 과정에서 핵심적인
역할을 했던 에이스 전투기 조종사인 아비엠 셸라$^{Aviem\ Sella}$는 "우리는 굴
욕감을 느꼈다"라고 말하며, 다음과 같이 덧붙였다. "우리는 직업적 명
예를 회복할 방법을 찾기로 결심했다. … 욤 키푸르 전쟁은 공군이 다
음 라운드에서 더 나은 결과를 원한다면 보완해야 할 많은 허점을 드
러냈다."[2]

　일부 장교들은 이스라엘 공군이 소련제 대공 미사일에 기술적으로
압도당했다고 믿었다. 다른 이들은 기술이 핵심적인 문제라는 데 동의
하지 않았다. 특히 모셰 다얀은 "전자공학은 전쟁에서 승리하지 못할
것이다"라고 말하며 이것은 기술적인 문제가 아니라 전술적·작전적
문제이며, 해결책은 전사들의 지능에 의존하여 영리하고 대담한 방식
으로 싸우는 것이라고 주장했다.[3] 그러나 소련이 제공한 전술적 우산,
즉 미사일 방공망은 전쟁 기간 내내 이스라엘 공군의 항공 작전을 매
우 심각하게 제한했고, 슈라이크 대방사 미사일, 활공 폭탄과 같은 가
용한 전자전 대응 무기와 원격 무기*로는 이를 무력화할 수 없었다. 그
러나 이스라엘 공군은 항공기를 적 방공망 속으로 깊숙이 보낼 수밖에
없었으며, 그중 4분의 1을 지대공 미사일과 대공포에 어쩔 수 없이 잃
어야 했다.

＊ 원격 무기: 공격자가 목표 지역에서 적의 대응 무기 또는 방어 사격의 효과를 회피할 수 있을 만큼 충
분히 떨어진 거리에서 발사할 수 있는 미사일, 폭탄 또는 전자전 장비 등을 총칭한다.

전쟁이 끝난 후 이스라엘 공군은 수행했던 모든 작전에 대한 종합적인 조사·분석을 거쳐 주요 결함의 목록과 향후 해결책을 찾아냈다. 두그만 계획과 타가르 계획은 각 미사일 발사대의 정확한 위치에 대한 지식에 전적으로 의존하고 있었기 때문에 경직되고 취약한 계획이었다. 당시 느린 정보 처리 과정을 고려하면, 미사일 발사대의 이동이 미사일 발사대의 실시간 위치 식별을 불가능하게 만들어 계획 과정에서 다른 전술을 생각할 여지가 없었다.

이에 공군은 지대공 미사일 포대의 탐지와 실제 타격 시간 간의 간격을 줄이고, 위장한 모의 포대가 아닌 실제 운용 중인 포대를 식별한 후그것이 다시 이동하기 전에 효과적인 공격을 가하는 것이 필수적이라는 결론을 내렸다.[4] 또한 지대공 미사일 자체나 방호용 대공포의 공격으로부터 공격 임무를 수행하는 항공기의 위험을 줄일 수 있는 방법을 찾아야 했다. 따라서 2개의 전선에서 극적인 개선을 달성하려면 기술, 업무 프로세스, 전술에 대한 다양한 혁신이 필요했다. 1973년 이후 이스라엘 공군의 프로그램 개발 핵심은 두 가지 목표, 즉 탐지 및 타격 시간의 간격을 줄이는 것과 미사일 포대가 이동하기 전에 효과적인 공격을 가하는 것을 모두 달성하는 것이었다.

이스라엘 공군 사령관 베니 펠레드는 위치 식별과 타격 주기를 가속화하는 것이 핵심 과제이며, 이것은 실시간 정보라는 이상에 도달할 수 있는 완전히 새로운 정보 수집 방법 없이는 달성될 수 없는 목표라고 생각했다. 이러한 개선을 통해 지대공 미사일에 대한 효과적인 대응뿐만 아니라, 모든 임무에 대한 공군의 역량을 강화할 수 있었다. 1973년의 전쟁에서 이스라엘 지상군을 지원하기 위해 막대한 비용이 투입된이스라엘 공군의 노력에 대한 효율성을 연구한 결과, 표적 정보의 최신화가 충분하지 못한 것이 가장 큰 문제였다는 결론이 나왔다.[5] 곧이어 피격을 피할 수 있을 만큼 충분히 작고 전장 상공에서 거의 일정한 상태를 유지할 수 있을 만큼 비행시간이 길며, 비디오 카메라와 데이터 링크를 통해 작전 계획자에게 실시간으로 데이터를 전송할 수 있는 원격조종비행체^{RPV}(현재의 드론)를 사용하는 것이 가장 중요한 기술적 해결 방안임이 밝혀졌다. 이러한 접근을 통해 더 이상 사진 분석을 위해 항공기가 착륙할 때까지 기다릴 필요가 없게 되었다. 이것은 이스라엘이 점점 더 뛰어난 원격조종비행체를 제조하는 산업에서 세계적 선두 주자가 되는 데 도움이 되었다.

드론 혁명

드론이 처음으로 전투 작전에서 중심적인 역할을 한 것은 아르차브 19 작전에서였는데, 이 작전에서 드론은 기대치보다 더 큰 성과를 거둠으로써 새로운 시대의 시작을 알렸다. 하지만 당시 전 세계의 공군은 공중 작전에 드론을 통합하는 것은 고사하고 도입 자체도 서두르지 않았다. 9년 후인 1991년 걸프전에 대비하기 위해 미국이 군사력 증강 과정에서 보유하고 있던 관측용 드론은 해군과 해병대가 이스라엘로부터 수입한 것들이 유일했다. 다른 어떤 군대도 무인 항공기에 관심을 보이지 않았고, 미 육군은 1985년 유망했던 아퀼라^{Aquila} 프로그램을 모호하다는 이유로 취소했으며, 공군은 그러한 프로그램을 시작조차 하지 않았다.[6] 이스라엘에서 첫 드론이 시도되던 1972년, 이미 미국에서는 국방부 산하 고등연구계획국^{Advanced Research Project Agency}이 드론 시연에 성공한 적이 있었기 때문에 이러한 집단적 무반응은 더욱 놀라웠다. 따라서 이스라엘 방위군은 전 세계 군대 중 최초로 거의 실시간에 가까운 정보를 바탕으로 일상적인 작전을 수행할 수 있는 큰 이점을 갖게

Teledyne-Ryan 124/BQM-34 Firebee

●●● 이스라엘 공군은 1967년부터 1973년 사이의 소모전 기간에 소련제 지대공 미사일의 위협이 점점 더 커지자, '조종사 없는 비행기'의 히브리어 약자인 마바트라고 부르는 텔레다인-라이언 124/ BQM-34 파이어비 표적 드론(사진)을 지대공 미사일에 대응하기 위한 디코이로 사용하기 시작했다. 〈출처: WIKIMEDIA COMMONS | CC BY-SA 3.0〉

되었으며, 이러한 노력은 놀라울 정도로 끈질기게 이어졌다.

이스라엘 공군은 1967년부터 1973년 사이의 소모전 기간에 소련제 지대공 미사일의 위협이 점점 더 커지자, '조종사 없는 비행기'의 히브리어 약자인 마바트Mabat라고 부르는 텔레다인-라이언Teledyne-Ryan 124/ BQM-34 파이어비Firebee 표적 드론을 지대공 미사일에 대응하기 위한 디코이로 사용하기 시작했다.[7] 또한 유인 항공기를 운용하기에는 너무 위험하다고 판단되는 지역에 카메라를 부착한 드론을 보내려는 시도도 있었다. 1971년 이스라엘 공군은 1973년 골란 고원에서 무용지물로 전락한 미국제 노스럽Northrop BQM-74 추카를 인수해 텔렘으로 명명하고 사전 프로그래밍된 비행 계획을 따르도록 개조했다. 또한 텔렘을 훨씬 더 큰 유인 전투기의 레이더 단면적^{RCS, Radar Cross Section}을 시뮬레이션할 수 있도록 전자적으로 강화하여 지대공 미사일 포대와 레이더로 제어하는 대공포가 작동하도록 유도하여 공격 항공기에 자신들의 위치가 노출되게 했다.[8] 그러나 사진 정찰을 위해 이러한 드론을 사용하는 것은 효율성이 떨어지는 것으로 나타났다.

1973년 10월 전쟁 직후, 미국제 표적 드론을 개조하여 운용한 결과, 그 성과에 실망한 이스라엘 방위군의 군사정보국은 국제적으로 판매되는 이스라엘산 원격조종비행체인 마스티프^{Mastiff}(이스라엘명 소렉^{Sorek})를 사용하기 시작했다. 그러나 그것은 단지 유인 정찰기에 부여된 사진 촬영 임무를 대신해서 정보부에서 사용할 수 있는 정지 사진만 촬영할 수 있었기 때문에 공중 작전에 필요한 실시간 정보를 제공할 수는 없었다. 촬영한 사진 정보의 실시간 중계가 필요했던 이스라엘 공군은 추카(텔렘)에 데이터 링크와 안정화된 카메라를 장착하는 등 개조를 추진했다. 그 후 이스라엘 공군은 이스라엘항공산업^{IAI}(이하 IAI로 표기)으로 눈을 돌렸는데, IAI는 이에 신속하게 대응하여 오랜 시간 동안 넓은 지역을 감시하고 분석가들의 비디오 화면에 실시간으로 사진을 중계하는 스카우트^{Scout}(이스라엘명 자하반^{Zahavan})를 개발해냈다. 그 덕분에 이스라엘 공격기는 이동식 지대공 미사일 포대가 공격에 가장 취약한 짧은 노출 시간을 최대한 활용해 공격할 수 있게 되었다. 또한 공중 지휘통제 체계를 비롯한 다른 정보 도구들이 개발되거나 조달되었지만, 드론의 혁신적인 사용에 있어서만큼은 이스라엘이 상당히 앞서나갔다.

마스티프와 스카우트는 비교적 적은 자금을 지원받는 이스라엘의 소규모 방위 산업의 전형적인 예를 보여준다.[9] 마스티프와 스카우트는 그것을 원하는 이스라엘 방위군의 현역 장교들과 그것을 개발하는 이스라엘 방위군 예비역 장교가 대부분인 엔지니어들 간의 지속적인 소통 덕분에 이스라엘 방위군의 요구 사항을 반영해 설계할 수 있었다. 이 원격조종비행체는 최대한 단순하고 기계적으로 견고하며 야전 환경에서 거친 취급이 가능하도록 설계되었다. 가능한 한 많은 기성 부품을 사용하여 설계했기 때문에 가격도 저렴했다. 초기 모델은 텔레비전 카메라가 장착되어 작업자에게 이미지를 전달했다. 이후 레이저거리측정기가 추가되어 동일한 드론을 포병 관측장교 artillery spotter* 대신 사용하고 유인 항공기의 목표물에 레이저를 조사할 수 있게 되었다.

스카우트 프로젝트가 시작될 때 IAI은 야이르 돕스터 Yair Dobster 를 포함한 엔지니어 팀을 이 작업에 투입했다.[10] 돕스터는 이 프로젝트에 대해서 "기본적으로 스타트업에 가까웠습니다. 모험심이 강한 젊은이들을 모집하고, 경험이 풍부한 자를 팀 리더로 임명하여 젊고 개방적이며 두려움이 없는 젊은이들이 가끔 그렇듯 지나치게 방황하는 경향을 다스릴 수 있도록 지도해주었습니다"라고 설명했다. IAI는 스카우트를 일반 유인 항공기처럼 취급했다. "오늘날 여객기를 만드는 것처럼 같은 종류의 알루미늄과 리벳으로 만들었습니다"라고 돕스터는 말했다. 시간과 비용을 절약하고 풍동실험을 통한 시험 운전과 수정의 반복을 생략하기 위해 아라바 Arava 경수송기의 검증된 이중 붐 double-boom 설계를 단순히 축소하여 후방에 장착된 단일 엔진과 결합했다. 이 설계 덕분에 다양한 탑재량 또는 추가 연료로 운항할 때 무게 분포의 균형을 맞추기가 더 쉬워졌다.

플랫폼인 기체의 설계는 시작에 불과했다. 스카우트를 운용하려면

---

* 포병 관측장교: 포병의 목표물 관측 및 피격 판정을 위해 배정되는 보직으로, 최전방에서 포대의 눈 역할을 한다. 영어로 artillery spotter 혹은 artillery observer라고 한다.

디스플레이, 조이스틱 액티베이터, 통신 기능을 갖춘 지상 통제 스테이션이 필요했다. 광학탑재체도 스카우트에 맞게 처음부터 개발해야 했고, 정해진 운영 원칙이 없었기 때문에 작동 방식도 예상해야 했다.[11] 한 가지 기술적 선택을 하기까지 그 과정은 간단하지 않았다. 미국에서 양산에 이르지 못한 최초의 실험용 드론에는 고정식 카메라와 이미지 안정화를 위한 플로팅 미러$^{floating-mirror}$* 장치가 내장되어 있었다. 그것은 조종사에게 반전된 거울 이미지를 생성해 보여주었는데, 실제 전투 상황에서 이 체계를 사용할 경우, 이로 인해 바람직하지 않은 문제가 발생했다. 이스라엘 사람들에게 이러한 문제는 이미 예상된 것이어서 이스라엘 공군은 카메라의 자이로 안정화 짐벌$^{gyrostabilized\ gimbal}$를 개발하여 문제를 해결하기로 결정했다.

그로부터 얼마 후, 이스라엘 방위군의 최초 스카우트 운용요원 중 2명은 부품 부족으로 인해 일부 스카우트의 비행을 위해 다른 스카우트에서 동류 전환**을 해야 하는 등 초기 성장통을 겪었다고 설명했다. 때에 따라서는 현장에서 재설계 결정이 내려졌기 때문에 외부 테스트 및 평가관을 통해 검증을 하거나 오류에 대한 책임 소재를 가릴 시간적 여유 없이 작은 규모의 엔지니어링 변경이 자주 이루어져야 했다. 이러한 과정은 끝이 없었다. 스카우트가 처음 인도된 후에도 이와 같은 땜질식 수정은 끝없이 계속되었다. 그 과정에서 스카우트 운영 요원들은 이스라엘의 관행에 따라 개발자와 비공식적으로 긴밀하게 연락을 주고받으며 필요한 피드백을 제공했다. 처음에는 드론의 존재 자체

---

* 플로팅 미러: 표면 내에 떠 있는 것처럼 보이는 2개의 기하학적 요소가 있는 거울.

** 동류 전환: 같은 종류의 장비에서 사용 가능한 부품을 떼어내어 다른 장비에서 사용하는 것으로, 흔히 노후 장비나 체계를 수리하는 과정에서 부품 조달이 어려울 때 더 노후한 장비를 해체해 동일 부품을 활용하는 과정을 일컫는다.

를 잊어버리는 경향이 있던 공군에서 회의적인 시각이 많았다. 추락 사고로 끝날 뻔한 출격 후, 디브리핑debriefing 보고서[*]를 제출한 드론 대대는 공군사령부에서 조종사의 생사를 묻는 전화를 받기도 했다. 그 사건 이후 드론 대대의 모든 안전보고서에는 이를 비웃듯 "조종사는 무사하다"라고 안심시키는 문장이 포함되었다.

1980년, 최초의 드론 대대^{**}는 시나이 반도에서 실시된 사단 기동훈련에 참가했다. 훗날 총참모장, 국방장관, 총리를 지냈으며, 당시 사단장이었던 에후드 바라크Ehud Barak 준장은 처음에 이스라엘 공군의 드론 부대 지휘관에게 드론 대대가 다음 작전 우선순위에서 한참 뒤처져 있다고 말했다. 하지만 이른 아침, 드론 대대는 단거리 로켓 부스터를 장착한 드론을 이륙시켰으며, 수에즈 운하 횡단 시뮬레이션을 위한 부교 pontoon가 바라크의 사단을 혼란스럽게 하기 위해 기동통제관에 의해 비밀리에 새로운 위치로 이동되고 있다는 사실을 알게 되었다. 바락은 모니터를 통해 상황을 파악한 후 별도의 지시가 있을 때까지 드론 대대에게 쉬지 않고 정찰 임무를 수행하도록 지시했다. 이를 통해 그는 광범위한 실시간 정보의 가치를 알게 되었다.[12]

전 세계에서 최초로 전력화된 스카우트 대대는 1981년에 본격적으로 작전을 수행하기 시작했다. 당시는 시리아 지대공 미사일 포대가 레바논의 베카Beqaa 계곡에 배치됨으로써 지대공 미사일의 사정거리가 확장되어 북부 전선에서 이스라엘 공군의 작전을 위협하던 때였다. 1981

---

* 디브리핑 보고서: 원래는 해당 임무를 마친 담당자에게 보고받는 것을 의미하며, 작업의 성공 또는 실패를 결정하는 데 다양한 참가자의 기여도를 평가하는 구조화된 프로세스 과정에서 습득된 정보가 포함된다.

** 이스라엘 방위군은 현재 2개 헤르메스(Hermes)-450 대대와 1개 헤론(Heron) 대대 등 3개의 드론 대대를 보유하고 있다.

●●● 스카우트의 뒤를 이은 최초의 드론은 1992년 이스라엘 공군에서 코글라라는 이름으로 취역한 IAI의 서처-2 드론(사진)이었다. 당시 이스라엘 방위군은 드론을 정밀유도탄의 표적을 탐색하는 데 사용했다. 〈출처: WIKIMEDIA COMMONS | CC BY-SA 3.0〉

년 5월 14일에는 드론 대대의 마바트^{Mabat} 드론 중 1대는 격추를 시도하던 시리아 MiG-21이 지형지물에 부딪혀 추락하는 것을 확인하는 등 전혀 예상치 못한 에피소드도 있었다.[13] 그러나 1982년 레바논 전쟁에서 이스라엘 방위군이 실전에서 드론을 사용하면서 드론의 운용 효율성이 검증된 이후, 전 세계적으로 드론 개발 경쟁이 시작되었다. 물론 스카우트가 당시 강력한 SA-8을 비롯한 기동성이 뛰어난 지대공 미사일 포대를 성공적으로 추적하면서 진정한 시험대에 올랐다.[14] 스카우트의 뒤를 이은 최초의 드론은 1992년 이스라엘 공군에서 코글라^{Khogla}라는 이름으로 취역한 IAI의 서처^{Searcher}-2 드론이었다. 당시 이스라엘 방위군은 드론을 정밀유도탄의 표적을 탐색하는 데 사용하고 있었다.

2000년부터 2006년까지 이어진 팔레스타인의 공세로 인해 더 뛰어난 성능과 내구성을 갖춘 드론의 필요성이 부각되었고, IAI가 개발한 대형 드론인 헤론Heron-1(이스라엘 방위군 공식 명칭 쇼발Shoval)이 이를 충분히 만족시켰다. 또한 밀집된 도시 환경을 정찰하기 위해 새로운 드론 대대가 정식으로 추가되었다. 보도된 사건의 진상을 입증하는 드론 영상은 외교 및 언론 분야에서도 적의 기만적인 선전을 폭로하려는 이스라엘의 노력을 뒷받침하는 매우 귀중한 자료인 것으로 입증되었다.[15]

생존이 가능한 정찰기를 찾기 위해 시작된 프로젝트는 시간이 지나면서 새로운 유형의 공격용 항공기 설계로 발전했다. 이스라엘 공군은 실시간 정보 수집용 플랫폼을 제공하는 동시에, 유도 미사일을 장착하여 지상이나 해상에서 공격하는 데도 사용할 수 있는 공격용 드론 헤르메스 450(이스라엘 방위군 공식 명칭 지크Zik)으로 무장 드론의 시대를 열었다.[16] 2006년에 이르러 이스라엘 공군은 작전 반경이 1,500해리(편도 항속거리 4,000해리)가 넘는 지상 목표물을 공격할 수 있고 체공 시간이 50시간 이상 지속되는 헤론의 파생형인 헤론 TP(이스라엘 방위군 공식 명칭 에이탄Eitan)라는 훨씬 더 큰 드론을 운용하기 시작했다. 따라서 헤론 TP는 감시·정찰 및 장거리 공격용 유인 항공기를 유리하게 대체할 수 있었다. (헤론 TP는 수단에서 활동하는 헤즈볼라Hezbollah에게 무기가 전달되는 것을 차단하기 위해 사용된 것으로도 알려져 있다.[17]) 물론 헤론 TP의 작전 범위는 상당한 무장을 탑재한 채 이란 내 어디든 공중 공격이 가능할 정도로 충분하다.[18] 나중에 이스라엘의 드론 무기에 추가된 헤르메스 900(이스라엘 방위군 공식 명칭 코차브Kochav)은 2015년에 작전을 개시했으며, 재급유 없이 24시간 이상 연속 작전을 수행할 수 있고, 최대 4발의 AGM-114 헬파이어Hellfire 미사일을 탑재할 수 있는 것으로 알려졌다.[19]

Herone-2

●●● 2000년부터 2006년까지 이어진 팔레스타인의 공세로 인해 더 뛰어난 성능과 내구성을 갖춘 드론의 필요성이 부각되었고, IAI가 개발한 중고도 장시간 체공 대형 드론인 헤론-1은 이를 충분히 만족시켰다. 헤론은 기존 전술정찰기에 더해 전자정보 수집, 통신 중계, 전자전 수행 등의 임무를 소화할 수 있다. 〈출처: WIKIMEDIA COMMONS | CC BY-SA 3.0〉

Hermes 450

●●● 이스라엘 공군은 실시간 정보 수집용 플랫폼을 제공하는 동시에, 유도 미사일을 장착하여 지상이나 해상에서 공격하는 데도 사용할 수 있는 공격용 드론 헤르메스 450(이스라엘 방위군 공식 명칭 지크)으로 무장 드론의 시대를 열었다. 〈출처: WIKIMEDIA COMMONS | CC BY-SA 3.0〉

Herone TP

●●● 2006년에 이르러 이스라엘 공군은 작전 반경이 1,500해리(편도 항속거리 4,000해리)가 넘는 지상 목표물을 공격할 수 있고 체공 시간이 50시간 이상 지속되는 헤론의 파생형인 헤론 TP(이스라엘 방위군 공식 명칭 에이탄)라는 훨씬 더 큰 드론을 운용하기 시작했다. 〈출처: WIKIMEDIA COMMONS | CC BY-SA 4.0〉

Hermes 900

●●● 헤르메스 900(이스라엘 방위군 공식 명칭 코차브)은 2015년에 작전을 개시했으며, 재급유 없이 24시간 이상 연속 작전을 수행할 수 있고, 최대 4발의 AGM-114 헬파이어 미사일을 탑재할 수 있는 것으로 알려졌다. 〈출처: WIKIMEDIA COMMONS | CC BY-SA 4.0〉

Harop

●●● 실제 전장에서 가장 큰 영향을 미친 '배회탄'으로 불리는 IAI의 하롭은 최대 9시간의 임무 지속 시간을 자랑하며 정찰 및 지역 순찰에 사용할 수 있을 뿐만 아니라, 16kg의 탄두를 장착하여 고가치 표적을 공격할 수 있다. 〈출처: WIKIMEDIA COMMONS | CC BY-SA 4.0〉

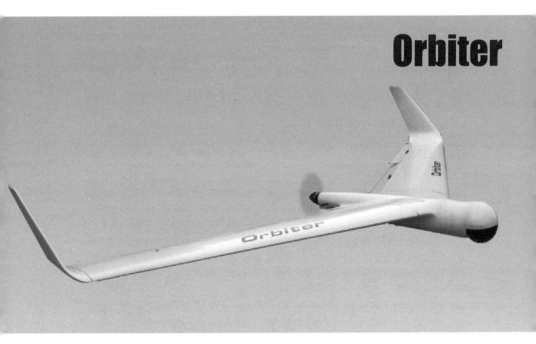

Orbiter

●●● 하롭과 같은 배회탄 모델인 오비터. 2020년 나고르노-카라바흐 전투에서 아제르바이잔군은 체공형 자폭기인 오비터와 스카이스트라이커를 사용하여 지대공 미사일 발사기, 레이더, 전차, 장갑차, 포병, 보병 진지, 병력 수송에 사용되는 트럭과 버스 등 모든 유형의 표적을 공격함으로써 적의 사기와 기동성을 모두 저하시켰다. 〈출처: WIKIMEDIA COMMONS | CC BY-SA 4.0〉

2020년 나고르노^{Nagorno}-카라바흐^{Karabakh} 전투[*]에서는 다른 종류의 이스라엘제 공격용 드론이 눈에 띄었다. 다른 드론, 특히 터키의 바이락타르^{Bayraktar}가 더 많은 주목을 받기는 했지만, 실제 전장에서 가장 큰 영향을 미친 것은 IAI의 공격용 드론인 하피^{Harpy}의 후속 모델이자 '선회탄^{loitering munition}'으로 불리는 IAI의 하롭^{Harop}이었던 것으로 보인다. 원래 대레이더 배회탄으로 설계된 캐니스터 발사형^{**}인 하롭은 최대 9시간의 임무 지속 시간을 자랑하며 정찰 및 지역 순찰에 사용할 수 있을 뿐만 아니라, 16kg의 탄두를 장착하여 고가치 표적을 공격할 수 있다. 아제르바이잔군은 하롭과 이스라엘의 다른 두 가지 배회탄 모델인 오비터^{Orbiter}와 스카이스트라이커^{Skystriker}를 사용하여 지대공 미사일 발사기, 레이더, 전차, 장갑차, 포병, 보병 진지, 병력 수송에 사용되는 트럭과 버스 등 모든 유형의 표적을 공격함으로써 적의 사기와 기동성을 모두 저하시켰다.

생존성 향상

지상에서 발사된 미사일과 대공포의 위험 구역을 피하려면 미사일을 공격할 때만큼이나 위험 구역의 정확한 위치 파악이 필요했다. 그러나 목표물이 위험 구역에 있는 경우, 소모전^{***}이나 1973년 10월 전쟁

---

* 나고르노-카라바흐 전투: 2020년 9월 27일, 나고르노-카라바흐와 주변 지역에서 아제르바이잔의 공세로 시작되었으며, 아제르바이잔은 나고르노-카라바흐를 둘러싼 모든 점령지를 되찾고, 나고르노-카라바흐의 3분의 1을 점령하는 등 상당한 성과를 거두었다. 이 전투는 2020년 11월 10일 아제르바이잔, 아르메니아, 러시아 간에 3자 휴전 협정이 체결되면서 끝났으며, 나고르노-카라바흐를 둘러싼 나머지 영토는 공식적으로 아제르바이잔에 반환되었다.

** 캐니스터 발사: 튜브 형상의 발사관에 접이식 날개 형태로 장입한 후에 사출장치 또는 화약 점화에 의해 추진되어 튜브를 벗어나면서 날개를 펴고 날아가는 방식으로, 소형 또는 중형 비행체 운용에 최적화된 발사 방식이다.

*** 소모전: 1967년 제3차 중동전쟁과 1973년 제4차 중동전쟁 사이의 대치 기간에 벌어진 이스라엘과 아랍 간의 충돌 과정에서 벌어진 양측의 피해 상황을 포괄적으로 표현한 것이다.

에서 시도했던 것처럼 저공비행으로 미사일을 회피하면 항공기가 대공포의 사정권 안으로 들어가고, 유효 고도 이상으로 비행하여 대공포를 피하면 지대공 미사일의 위협에 노출된다. 게다가 1973년 전쟁에서 대량으로 처음 사용된 휴대용 SAM-7, SAM-9(SAM-7의 차량 탑재 버전), SAM-8(1970년대에 SAM-9와 함께 등장) 등과 같은 새로운 미사일 유형은 매우 낮은 고도에서도 항공기를 타격할 수 있었다.

두 차례의 전쟁에서 이스라엘 공군은 결국 기습, 디코이, 전자방해책 ECM 등을 혼합하여 대공포의 최대 유효사거리와 지대공 미사일 사격권 내에서 공격하는 방법을 선택했다. 그럼에도 불구하고 손실을 줄이기 위해서는 곡예비행과 복잡한 팀워크에 의존하는 경우가 대부분이었다. 또한 이스라엘 공군은 슈라이크 대방사 미사일, 월아이Wall-eye 전자광학 활공 폭탄, 호보HOBO 활공 폭탄, 그리고 대공 미사일이 항공기에 도달하기 전에 탄약을 발사하고 탈출하는 초고속 중고도 투척 폭격(켈라) 기법 등 다양한 방식의 반원격semi standoff 공격도 시도했다. 그러나 이 모든 것은 기술적으로 결함이 있는 것으로 판명되었고, 목표물을 놓치는 경우가 너무 많았다.

이와는 대조적으로 진짜 진보한 것은 무인 항공기를 디코이로 사용하는 것이었다. 공습 전 또는 공습 중에 비행하는 드론은 자신을 위험에 노출시키는 동시에 적이 잘못된 목표물에 시간과 탄약을 낭비하도록 만들었다. 1973년 전쟁에서 사용된 디코이들은 비록 그 효과를 활용할 기회를 놓치기는 했지만, 그 잠재력이 매우 크다는 것을 증명했다. 디코이의 가치를 알게 된 이스라엘 공군은 디코이의 종류를 더욱 다양화했다. 1982년 공습 당시, 공격 항공기는 구형 텔렘 디코이와 함께 새로 개발된 무동력 심숀Shimshon(삼손Samson) 활공 디코이를 운용하여 시리아군이 미사일 포대의 위치를 노출하고 미사일을 쓸데없이 소모

하도록 유인하는 데 성공했다.[20]

적의 지대공 미사일 사거리 내에서 비행하는 항공기를 보호하기 위해 개선된 전자방해책ECM은 분명히 중요했다. 1973년 전쟁에서 드러난 문제점 중 하나는 사용 가능한 전자방해책이 구형 SAM-2에는 상당히 효과적이었지만, 이후 출시된 SAM-3에는 약간의 효과만 있었고, 최신 SAM-6에는 전혀 효과가 없었다는 점이었다. 소련제 지대공 미사일의 빠른 혁신 속도를 따라잡기에는 미국의 전자방해책 발전 노력이 너무 늦었던 것이 분명했다. 전투 현장에서의 노력이 필요한 시점이었다.

1973년 전쟁 둘째 날, 골란 고원에서 불에 타버린 SAM-6 탐색기 헤드가 회수되었다. 10월 24일에는 수에즈 운하 전선에서 아직 온전한 또 다른 탐색기가 회수되었다. 이 2대는 모두 라파엘에 보내졌고, 라파엘의 대책팀은 당시 가장 효과적인 소련 대공 미사일이었던 SAM-6에 대한 특정 전파 방해 및 기만 전자방해책을 개발하기 위해 맹렬한 속도로 작업에 착수했다.

이러한 전자방해장치는 몇 년이 아닌 몇 달 만에 설계, 엔지니어링, 테스트, 제조가 완료되어 1974년 봄에 공군에 인도되었는데, 1973년 10월 전쟁에서는 사용할 수 없었지만, 다음 전쟁에는 대비할 수 있었다.[21] 동시에 1973년에 실패한 구형 미국제 전자방해책 포드를 몇 가지 새로운 전자장치로 개조한 결과, 역시 SAM-6에 매우 효과적인 것으로 판명되었다. 그러나 적이 기존 전자방해책을 뚫을 수 있는 새로운 체계를 획득할 수 있다는 위협이 상존했다. 실전에서 유용하게 쓸 수 있는 전자방해책을 유지하려면 적의 최신 체계에 대한 정보를 수집하고 한계를 파악한 다음, 이를 교란하거나 혼동시키는 데 필요한 기능을 개발하기 위해 지속적인 노력이 필요하다. 이스라엘의 드론 산업과 마찬가지로, 이스라엘은 이 분야에 막대한 투자를 지금까지 계속해오고 있다.

더 나은 해결책은 위험 지역으로 전혀 비행하지 않는 것이지만, 이를 위해서는 적의 유효 요격 범위 밖에서 목표물에 도달할 수 있는 탄약이 필요하다. 미국으로부터 처음 받은 원격 탄약standoff munition에 대한 실망감에도 불구하고 이스라엘 공군은 이 분야에 더 많이 투자하여 에그로프Egrof(피스트Fist)라고 통칭하는 다양한 미국제 전자광학 유도 방식의 대방사 미사일을 구매했다. 미국제 전자광학 유도 방식의 대방사 미사일에는 특정 탄약을 나타내는 색상 접미사가 붙는다. 예를 들어, GBU-15는 에그로프 야로크Egrof Yarok(그린 피스트Green Fist), 이스라엘의 타드미트Tadmit는 에그로프 쿰Egrof Khum(브라운 피스트Brown Fist), 개량된 AGM-62 월아이Walleye는 에그로프 차호브Egrof Tzahov(옐로우 피스트Yellow Fist) 등이다.[22]

1982년까지 이스라엘 공군은 AGM-78 표준 대방사 미사일[암호명 에그로프 사골Egrof Sagol(퍼플 피스트Purple Fist)]을 통합했는데, 이 미사일은 사거리가 길고 운용자가 미사일을 꺼도 목표 레이더를 향해 계속 비행하도록 프로그래밍되어 있어서 10년 전에 도입된 AGM-45 슈라이크 대방사 미사일보다 기술적으로 우수했다. 이전에는 레이더 운영자가 레이더파의 방출을 잠시 중단하여 AGM-45의 유도 기능을 무력화하고 레이더 안테나가 다른 방향으로 회전하면 레이더를 재가동하여 공격을 우회하는 것만으로도 충분했다. 그러나 AGM-78의 경우에는 미사일이 초기 궤도를 계속 따라가도록 프로그래밍되어 있어서 레이더 전체를 이동해야 하므로 이러한 전술은 실패할 수밖에 없었다. 전체 레이더를 몇 초 만에 이동하는 것은 불가능하기 때문이었다. AGM-78 미사일은 매우 효과적이었기 때문에 제69 F-4 팬텀 비행대대에서는 이 미사일을 전담하여 사용하도록 항공 요원들을 훈련시켰다. 결국 제69 비행대대는 1982년 아르차브 19 작전 중에 약 30기의 AGM-78 대방

●●● AGM-78 케레스 대레이더 미사일의 트럭 탑재형 3열 발사대 모습. AGM-78 케레스는 사거리가 길고, 중간 관성 유도를 통해 발사 간 작동을 중단한 지대공 미사일 레이더를 정확히 타격할 수 있었다. 〈출처: WIKIMEDIA COMMONS | CC BY 2.5〉

사 미사일을 발사하게 된다.

또한 이스라엘 공군은 지대공 미사일이 이스라엘의 영토와 가깝다는 이점을 활용했다. 모든 목표물이 도로 바로 위에 있었으므로 바다를 건너 먼 목표물을 향해 날아갈 필요가 없었다. 값비싼 공중 발사형 미사일의 수를 늘리기 위해 AGM-45와 AGM-78 대방사 공중 발사 미사일은 지상 발사 미사일로 대폭 개조했다. 이는 1973년 10월 전쟁이 끝날 무렵 임시방편으로 도입된 11km 사거리 시스템을 확보하기 위해 제2차 세계대전에 사용되었던 오래된 M3 반궤도차량에 AGM-45를 장착하는 것으로 시작되었다. 나중에 현지에서 최단기 내에 개발하고 생산된 부스터 로켓을 추가하여 사거리를 늘렸다. 2주 만에 개발과 시험에 성공한 부스터 로켓을 장착한 AGM-45 킬숀^{Kilshon}(피치포크^{Pitchfork})은 40년이 된 M-4 셔먼 전차를 개조한 발사대를 사용했는데, 이 미사일은 최대 60km 떨어진 목표물을 공격할 수 있었다.

1977년에는 더 정교한 트럭 탑재형 3열 발사대와 함께 도입된 AGM-78 케레스^{Keres}(후크^{Hook})는 사거리가 길고, 중간 관성 유도를 통해 발사 간 작동을 중단한 지대공 미사일 레이더를 정확히 타격할 수 있었다. 그러나 이것은 신속하고 경제적이며 겉보기에는 영리해 보였던 혁신이 실전에서 실패한 사례이다. 수십 발의 킬숀과 케레스 미사일이 시리아의 지대공 미사일 포대를 향해 발사되었음에도 단 하나의 표적도 파괴하지 못했는데, 지상 발사 미사일의 경우 초기 궤도 각도가 너무 낮았기 때문이었다. 이스라엘 공군으로서는 공중 발사 레이더 킬러가 충분한 효과를 발휘한 것이 다행스러운 일이었다. 또한 시리아군에게 충분히 공급된 소련의 23mm 대공포와 휴대용 적외선 미사일의 사거리를 벗어나면서 항공기가 정확하게 탄약을 투하할 수 있는 전자광학 유도탄도 필수적이라고 판단했다. 서방의 대공포 중 2열 또는 4열로 구성된 소련의 23mm 대공포만큼 비용 대비 효율성이 높았던 것은 없었다.

이스라엘 공군은 목표물로부터 어느 정도 떨어진 거리에서 발사할 수 있도록 자체 개발한 유도탄과 미국이 공급한 유도탄을 혼합하여 사용했다. 이스라엘 공군이 선회 공격이라고 부른 방식은 원격무기에 최적화된 방식이었는데, 원격무기에는 다양한 종류의 유용한 무기들이 있었다. 미국제 AGM-62 월아이와 GBU-8 호보[HOBO]는 구형 유도 폭탄이지만, 무동력 폭탄으로, 적당한 원거리 내에 있는 표적을 향해 활강했다. 라파엘이 현지에서 개발한 타드밋[Tadmit] 역시 발사기에서 수동으로 유도하는 활공 폭탄이었다.[24] 당시 라파엘의 CEO였던 지브 보넨[Zeev Bonen]은 원격폭탄의 긴급한 필요성을 잘 알고 있었기 때문에 회사의 생산 라인 중 하나를 개조해서 타드밋 원격폭탄만을 생산하도록 명령했다. 그 결실로 이스라엘 공군은 1974년 말에 첫 번째 생산분을 공급받을 수 있었다.[25] 아이언 돔의 선도자인 타드밋의 이러한 생산 사례는 아이언 돔 생산 과정을 보여주는 전조라고 할 수 있는데, 아이언 돔 역시 주요 위협에 대한 신속한 해법을 제공하기 위해 일반적인 조달, 개발, 제조 절차와 관행을 무시하고 매우 빠르게 개발되었다.

타드밋 폭탄들 중 극히 일부는 작은 음극관을 통해 하강하는 활공 폭탄을 관찰해야 하는 F-4 팬텀 전투기보다 목표물에 폭탄을 정확하게 투하하는 데 더 적합하다고 생각되는 C-130 항공기의 무기 담당 장교들이 목표물에 직접 투하했다. 새로운 전자광학탄의 사용법을 승무원에게 교육하기 위해 1978년부터 미국 플로리다주 에글린[Eglin] 공군기지의 시뮬레이터를 사용했는데, 이 프로그램은 1982년까지 연장되었다.[26]

오케스트라―셀라의 컴퓨터 혁명

전체 작업을 처음부터 끝까지 정확하게 조율할 수 없다면 축적된 모든 역량은 아무런 소용이 없다. 다양한 역량을 공통 통합 실행 계획에 결합해야만 무수히 많은 부분이 정확한 순서로, 정확한 타이밍에 함께 작동할 수 있다. 그러나 계획된 이스라엘 공군 작전의 규모와 복잡성이 커짐에 따라 잘 훈련된 오케스트라처럼 사전에 계획된 조율은 계획 실행의 경직성을 증가시켜 두그만 계획과 타가르 계획과 같이 실패를 반복할 수 있다는 우려를 불러일으켰다.

신속한 계획 주기와 함께 실시간 정보를 획득하여 이를 활용하면 표적 획득과 공격 사이의 시차를 일부만 줄일 수 있다. 조종사와 항공기가 지상에서 명령을 기다렸다가 이륙 전에 이를 심층적으로 검토해야 한다면 여전히 상당한 지연이 발생하게 된다. 따라서 가장 좋은 해결책은 조종사가 명령을 연구하고 실행하는 데 많은 시간을 필요로 하지 않도록 항공기가 이미 공중에서 목표물 공격을 위해 대기하도록 하는 것이었다. 그러나 최대 수백 대의 항공기가 공중에서 대기하는 상태에서 이 작업을 수행하려면 적군과 아군 모두의 전반적인 상황을 지속적으로 업데이트해야만 했다.

1940년 여름, 영국이 중앙집중식 공중전통제 시스템을 발명했을 때만 해도 통제는 수작업으로 이루어졌다. 영국 공군 출신들이 주축이 되어 설립한 이스라엘 공군도 같은 시스템을 채택했는데, 당시 지휘관은 대형 중동 지도가 펼쳐진 큰 테이블이 있는 넓은 방이 내려다보이는 발코니에 앉아서 여성 징집병들이 대형 중동 지도 위에 기종, 무장, 연료 상태, 현재 고도, 현재 속도 등 모든 세부 정보가 적힌 작은 꼬리표를 직접 움직이며 항공기를 표시하는 것을 지켜봤다.[27] 1973년까지 이 방식은 성공적인 것으로 입증되었지만, 이것으로는 더 이상 훨씬 더 빨라진 작전 속도와 더 복잡해진 작전을 따라잡을 수 없다는 것이 드러났다. 공군은 새로운 능력과 이를 활용할 새로운 계획, 그리고 새로운 작전 지휘 방식이 필요했다.

아르차브 19 작전이 시작되기 몇 시간 전인 1982년 6월 9일 아침, 당시 공군 사령관 다비드 이브리David Ivry의 작전처장이었던 아비엠 셀라Aviem Sella 대령은 지하 본부에서 1973년 전쟁 이후 줄곧 준비해온 순간을 기다리고 있었다. "이 이야기에는 다른 많은 얘기들이 담겨 있지만, 그것들의 공통분모는 공군이 과거에 패배함으로써 모욕을 당했고, … 그 패배가 가장 큰 동기부여가 되어 패배를 딛고 다시 일어났다는 것입니다."[28] 1946년에 태어나 1963년부터 공군에 복무한 셸라는 소모전 기간에 이스라엘 최초의 F-4E 팬텀 전투기를 조종하여 1970년 7월 30일의 매복 작전에서 소련 조종사가 조종한 MiG-21 5대를 격추하는 등 수많은 전과를 올렸다. 그럼에도 불구하고 셸라는 1973년 지대공 미사일에 당한 패배에 대해 정신적으로 준비되어 있지 않았다.

1974년 전투가 끝난 직후, 젊은 셸라는 소령 계급장을 달고 이스라엘 공군사령부에 배치되어 강력한 아랍 방공망을 제압할 방법을 찾아야 하는 막중한 임무를 부여받았다. 작전참모 아모스 아미르[Amos Amir]는 전자전, 정보, 훈련, 무기 등 전반적인 문제의 여러 측면을 고려하기 위해 6개의 팀을 구성했다. 셸라는 팀 사이를 오가며 때로는 경청했고, 때로는 주도했다. 장군도 소수이고 고위직도 거의 없는 이스라엘 방위군에서 소령에 불과한 셸라는 공군에서 가장 중요한 계획을 담당하게 되었다.

셸라의 첫 번째이자 가장 어려운 임무 중 하나는 지대공 미사일과의 전투에 집중한다는 아이디어에 대해 많은 조종사가 강하게 반대하는 공군의 사고방식을 바꾸는 것이었다.[29] 기존 세력은 여전히 빠른 본능과 지구력, 양측 항공기에 대한 철저한 지식과 한계에 대한 시험, 그리고 그 한계를 뛰어넘으려는 의지와 위험을 감수하는 공중전만을 생각했다. 이 모든 것이 실제로 아랍 공군이 극복할 수 없는 공중전 역량의 우위를 가져왔으며, 아랍이 소련에서 제공하는 방공에 크게 의존하게 만든 요인이었다. 변화에 반대하는 세력이 받아들일 수 없었던 것은 1973년 공군을 패배로 이끈 미사일 방어에 상대방이 의존하게 만든 것이 조종사인 자신들의 우월성이었다는 것이었다. 따라서 그것은 이 공중전 능력이 더 우월하다고 해서 해결할 수 있는 문제가 아니었다. 또 다른 그룹은 "패배의 원인이 공격 우선순위가 막판에 뒤바뀐 일련의 비참한 상황이 연이어 발생했기 때문으로, 다음번에는 공군 예산을 미사일, 드론, 지원 항공기로 돌리기보다는 계획대로 더 많은 전투기에 대한 자체 방어를 강화하는 것이 해결책"이라고 계속 주장했다.

1973년 전쟁 당시 비행대대 부대대장이었던 셀라는 이 문제에 몰두했고, 자신의 아이디어로 고위 장교들의 지지를 얻었다. 그는 훗날 공군 사령관이 된 F-4 팬텀 대대장인 에이탄 벤-엘리야후^{Eytan Ben-Elyahu}가 이 주제에 대해 발표한 내용을 발전시킨 1975년 내부 문서 "미사일 전투 – 지대공 미사일 포대에 대한 공중전"을 통해 이 아이디어를 제시했다. 셀라는 적의 지대공 미사일과의 전투도 공대공 전투와 동일한 방법론적 접근과 자원이 필요하다는 점을 강조하며 해결책의 세부적인 분석을 제시했다. 그 해결책은 "첫째, 적절한 비행 프로파일 기획(일반적으로 초저공 진입)을 통해 탐지를 피하고, 둘째, 공중 기동과 레이더의 교란을 통해 지대공 미사일의 레이더 록온^{lock-on}*을 피하고, 셋째, 전자방해책과 레이더 경고 수신기 및 재머의 숙련된 사용으로 지대공 미사일의 레이더를 무력화하는 것이었다." 또한 셀라는 모든 이스라엘 공군 기지에 지대공 미사일 포대의 축소 모형, 그림, 실물 크기의 모형 등을 설치하여 조종사들이 착륙을 위해 접근 비행을 할 때마다 식별 및 공격 훈련을 할 수 있도록 함으로써 공군의 인식과 기술을 향상시켜야 한다고 주장했다. 그뿐만 아니라 그는 고가의 훈련 보조 장비인 모의 지대공 미사일을 갖춘 특수 사격장을 만들 것도 제안했다.

---

* 록온: 레이더 등이 탐색 대상 물체를 탐지하고 자동 추적하는 것을 의미한다.

이스라엘 공군은 셀라의 비전을 구현하기 위해 지휘통제 능력에 또 다른 단계를 추가해야 했다. 그러나 계획들은 여전히 1967년 모케드 작전에서 매우 성공적이었지만 1973년 변화하는 상황에 적응하지 못해 실패했던 세심한 중앙집중식 계획에 기반하고 있었다. 중앙항공지휘센터는 추가된 새로운 단계를 통해 항공기가 작전 중이거나 이미 비행 중일 때에도 계획을 조정하거나 변경할 수 있었다. 셀라의 지휘 아래, 다음과 같은 새로운 5단계의 행동 절차가 등장했다.

1. 공격 대형은 사거리 밖에서 적의 지대공 미사일 앞을 지나 배회하는 경로로 이동한다.
2. 전문 정보팀이 지대공 미사일의 움직임을 기록하고 위치를 정확히 파악하여 실시간으로 정보를 수집하고 전달한다.
3. 정보팀은 항공사진으로 확인·종합된 정보를 대지대공 미사일 지휘소로 전송한다.
4. 지휘소는 해당 포대를 공격할 수 있는 최적의 위치에서 선회 대기하는 항공기에 각 지대공 미사일 포대의 위치를 전달한다.
5. 그러면 항공기는 지대공 미사일 포대를 향해 전자광학탄을 발사하고, 적의 사격통제센터를 타격하도록 유도한다.

지대공 미사일 포대에 대한 연속 공격을 조정하기 위해 설치된 지휘소는 지상 기반 플랫폼과 전자전 자산 외에도 최대 200대의 항공기 비행을 동시에 지휘하고 통제해야 했다. 셀라는 새로운 계획과 이를 실행할 지휘소를 설계한 후, 정보 장교, 항공관제 장교, 시리아 방공망의 3개 지대공 미사일 연대별 전문 기획 장교와 전자전 장교로 구성된 소규모 참모진을 지휘하는 자리에 임명되었다. 이스라엘 공군의 지하 지휘본부에 설치된 이 팀은 이동식 지대공 미사일 포대를 대상으로 한 시험 운용에서 셀라의 5단계 프로세스를 구현하려고 시도했다. 시험은 실패로 돌아갔고, 그로 인해 가장 일상적인 프로세스만 전산화되어 있는 상황에서 전체 업무 흐름을 전산화해야 한다는 시급한 보완 필요성이 지적되었다.[30]

드론, 디코이, 헬리콥터부터 수많은 전투기에 이르기까지 다양한 지상 및 공중 작전 요소가 동원된 공격 계획은 기존의 수작업 방식으로는 조정 및 제어할 수 없었다. 매개변수를 외울 수는 있었지만, 변수가 너무 많았기 때문이었다. 게다가 작전이 시작되면 인력과 장비에 대한 지침을 몇 초 만에 업데이트해야 했는데, 사람이 전체 공격 계획을 즉각적으로 다시 계산하기에는 시간이 너무 부족했다.

방대하고 다양한 시리아 방공망을 파괴하려면 서너 차례의 공격이 필요하고, 각기 다른 무기로 무장한 항공기가 각각의 구성 요소(레이더, 미사일, 발사대, 지휘소, 이동식 대공포, 견인식 대공포 등)를 공격해야 하므로 컴퓨터 제어는 필수적이었다. 모든 공군 항공기의 위치·무기탑재량·연료 상태, 모든 표적의 특징과 위치를 동시에 처리하여 이를 통해 항공기를 표적에 맞춤으로써 지속적으로 공격을 최적화해야 했다.[31] 지연이 발생하면 항공관제 문제가 발생하고 기습 요소가 줄어들며, 수십 대의 공격 항공기가 방공망에 노출될 수 있었다. 당시 대형 컴퓨터는 거의 20년 동안 모든 현대 국가에서 표준으로 사용되었지만, 이렇게 복잡한 작전계획을 지휘하고 제어하는 데 적합한 표준 프로그램이나 프로그램 세트가 전혀 없었다. 게다가 당시에는 모두 수작업 코딩이었으므로 맞춤형 프로그램에 대한 비용 추정 결과에 따라 이스라엘 공군의 지휘통제를 전산화하는 아이디어는 폐기되었다.[32]

아이러니하게도 페리스코프Periscope라는 이름의 디지털 지휘통제 체계를 획득하기 위한 노력을 시작한 것은 에이스 전투기 조종사인 아비엠 셀라 소령이었다. 깊은 벙커에 있는 공군 지휘관들은 이를 통해 공중전을 '볼 수 있게' 되었다. 대학 위탁교육 과정에서 컴퓨터 공학을 전공한 셀라는 자신이 컴퓨터에 대해 알아야 할 모든 것을 알고 있다고 확신했다. 전형적인 전투기 조종사의 자만심으로 무장한 셀라는 공군 사령관 베니 펠레드를 직접 찾아가 공군을 전산화해야 한다고 말했다. 이메일이나 구글Google이 등장하기 수년 전인 1974년에 컴퓨터는 운영체제의 핵심이 아니라 단순한 계산 기계로만 여겨졌었다. 따라서 셀라는 항공 작전의 전산화는 필요하지도 않고 가능하지도 않다는 말을 들었다. 이에 굴하지 않고 그는 자신의 비전을 실현할 방법을 찾기 시작했다. 그에게 필요한 것은 방금 이동한 시리아의 미사일 발사대에 대한 정확한 위치나 특정 전투기의 무기탑재량 등 모든 필수 데이터를 거의 실시간으로 작전계획에 통합하고 지속적으로 업데이트할 수 있는 프로그램이었다.[33] 이 모든 것은 훗날 미군과 몇몇 선진 군대에서는 매우 평범한 일이 되었지만, 당시에는 분명 전례가 없는 거시적 혁신이었다.

그는 포병 지휘 훈련을 참관하고 바이츠만 연구소에서 근무하는 예비역 포병 장교인 암논 요게프Amnon Yogev에게 다양한 종류의 이동식 표적에 대해 많은 포와 로켓을 동시에 발사하도록 지휘해야 하는 문제를 어떻게 해결했는지에 대해 많은 유용한 조언을 들었다. 요게프는 포병대의 전산화 지휘 프로젝트를 진행하고 있던 연구소의 컴퓨터과학부 책임자이자 포병대대의 예비역 통신 장교였던 즈비 라피도트Zvi Lapidot를 셀라에게 소개해주었다. 셀라는 이스라엘에서 8월의 인물로 선정된 바이츠만 연구소장에게 면담을 요청했고, 즉시 공군을 위한 통합 작전 시스템을 개발하기 위해 자신의 지시에 따라 작업할 컴퓨터과학자 팀을 배정해달라고 그를 설득했다. 한 팀이 정식으로 구성되고 작업에 착수했는데, 그들은 연구소의 이단자가 아니라 오히려 최고의 A팀이었다. 바이츠만 연구소의 컴퓨터과학부는 이스라엘에 전화기조차 드물던 1950년대에 처음으로 컴퓨터를 도입하여 이 분야에서 선진적인 역량을 쌓아왔던 곳이다.

셀라는 회의적이었던 상부의 생각을 바꾸지 않고 공군에 예산은커녕 승인을 요청하거나 받지도 않은 채 그냥 추진했다. 과학자들이 바이츠만 연구소에서 급여를 받고 있었기 때문에 자금 부족은 프로젝트 시작에 걸림돌이 되지 않았다. 6개월간의 노력 끝에 원하는 체계의 프로토타입이 완성되었다. 셀라는 펠레드 공군 사령관을 찾아가 함께 연구소로 "뭔가를 보러 가자"라고 설득했다. 1975년 여름 어느 날 펠레드가 연구소에 도착했을 때 마침 전기가 끊겼다. 펠레드는 자리를 뜨지 않고 전기가 다시 들어올 때까지 참을성 있게 기다렸다. 그는 2시간 동안 체계를 살펴본 후 "이 체계가 필요하니 내일까지 이대로 두라"고 언명했다.[34] 일주일 만에 트럭 한 대가 부피가 큰 대형 컴퓨터를 연구소에서 공군사령부의 벙커로 옮겼다. 아무런 절차도, 서류 작업도, 대금 지불 청구서도 없이 그저 트럭에서 컴퓨터를 내리기만 하면 되었다.

1973년의 수동 전광판과 비교할 때, 페리스코프는 완전히 다른 시대에 속했다. 페리스코프는 전투기 한 대와 같은 개별 체계의 행동을 중앙에서 조율하는 상위 체계에 통합하여 이동식 지대공 미사일을 추적하는 선회 대기 항공기에 임시 타격 명령을 하달하여 후속 공격을 취할 수 있었다. 이 체계는 드론, 지상 레이더, 공중지휘센터, 개별 전투기 등으로부터 지속적으로 업데이트되는 정보를 최신화하여 구현할 수 있었다. 가장 위험한 지대공 미사일 포대는 10분마다 진지를 변환할 수 있는 이동식 포대였는데, 이는 1973년 당시 이스라엘 공군의 지휘 체계와 정보 수집 능력에 비해 너무나 빠른 속도였다. 그러나 1982년 시리아군의 지대공 미사일 체계는 항공기, 무기, 대응책, 디코이를 몇 초 만에 방향을 바꿀 수 있는 이스라엘 공군과 직면하게 되었다.[35]

페리스코프 체계는 공군의 사고방식을 완전히, 빠르게 바꾸어놓았다. 이와 함께 공군의 내부 조직 구조도 바뀌었다. 페리스코프 체계는 실제로 모든 것을 중앙집중화하지 않았다. 개발 과정에서 공군은 모든 공중 전투, 모든 근접 항공 지원 출격, 모든 정찰 및 수송 임무를 지휘 및 통제하고 지대공 미사일과의 전투를 하나의 동일한 통제센터에서 조정하는 것은 가능하지도 않고 바람직하지도 않다는 것을 깨닫게 되었다.[36]

공군의 모든 구성원이 새로운 개념을 구현할 수 있도록 하기 위해서는 상당한 훈련이 필요했다. 하초르Hatzor 공군기지에 SAM-6 포대의 실제 운용 모형이 설치되었고, 모든 공군기지에 소련의 조기경보 레이더 모형이 설치되었으며, 항공전자훈련장electronic aerial range에도 소련의 조기경보 레이더가 설치되었다. 공군 사령관인 다비드 이브리David Ivry는 모든 신임 전투기 조종사가 레바논 남부에 있는 시리아의 SA-2, SA-3 포대에 대해 최소한 1회 이상 연습비행을 하되, 사격은 하지 않기로 했다. 이렇게 하면 지정된 지대공 미사일에 대응하는 대대의 모든 조종사가 작전 상황과 지대공 미사일 포대를 파괴하기 위해 개발된 전술에 익숙해질 수 있었다. 또한 공군은 4개월마다 지대공 미사일 제압에 중점을 둔 대규모 훈련을 실시했다. '어뢰Torpedo'라는 별명으로 불린 이 훈련은 시리아군이 이스라엘 공군이 무엇을 하고 있는지 눈치채지 못하게 진짜처럼 만든 시리아의 대공 미사일 포대 모형을 광범위하게 사용했고, 나중에는 레바논 상공에서 실제 지대공 미사일 포대를 상대로 모의 전투를 벌이기도 했다.

작전

1982년 6월 9일 16시에서 18시 사이에 실제로 무슨 일이 벌어졌는지에 대해서는 기술적인 세부 사항 때문에 지금까지도 구체적인 내용은 비밀로 남아 있다.[37] 그러나 그날부터 정찰 및 전자 정보 수집용 항공기의 출격을 시작으로 지상 및 공중에서 발사된 디코이가 시리아 지대공 미사일 포대를 적절히 자극하여 위치를 드러내게 했다는 것은 의심할 여지가 없다. 알려진 모든 지대공 미사일 위치는 공군사령부로 전달되었고, 해당 매개변수는 페리스코프 프로그램에 반영되었다.

그런 다음 정찰 드론이 공격에 앞서 지대공 미사일의 위치와 상태를 확인했고, 전자전 항공기 4대가 시리아군의 레이더를 교란하기 위해 출격했다.[38] 이때 공습 부대의 전투폭격기들은 서로 다른 고도에서 대기 자세를 취했고, 공대공 무기로 무장한 F-15와 F-16 전투기가 엄호 비행을 하면서 무장을 적재한 전투폭격기들을 요격하려는 시리아 전투기들과 공중전을 벌였다. 이 공습 부대는 대방사 미사일과 전자광학 방식의 정밀유도폭탄으로 무장한 24대의 F-4 팬텀 전투기로 구성되었으며, 집속탄과 통상 폭탄으로 무장한 이스라엘제 크피르[Kfir] 전투폭격기와 A-4 스카이호크[Skyhawk] 전투기가 추가되었다.[39] 시리아군이 대방사 미사일을 교란하거나 전자광학 방식의 정밀유도폭탄에 대한 소련의 알려지지 않은 대응책을 사용할 경우, A-4 스카이호크와 크피르 전투폭격기는 고전적인 폭격에 의존할 예정이었다.[40]

작전이 절정에 달했을 때 100대의 이스라엘 항공기가 각기 부여된 임무에 따라 다른 탄약으로 무장하고 공중에서 대기하고 있었다. 그러므로 특정 목표물을 공격하기 위한 계획이 수립될 때마다 페리스코프 프로그램에서 처리한 정보를 바탕으로 공중에서 대기 중인 항공기 중에서 최적의 공격 패키지를 구성할 수 있었다. 적군과 아군의 항공사진과 항공관제는 이스라엘의 지상 레이더를 통해 제공되었으며, 레이더 운용요원은 조종사들과 직접 대화했다. 전쟁이 발발하기 1년 전에 선회하는 전투기들의 전방 항공관제를 위해 활용되었던 E-2C 호크아이 Hawkeye 공중조기경보통제기가 도착하면서 지상 레이더가 더욱 강화되어, 확인된 지대공 미사일 포대 위치와의 근접 여부에 따라 각 전투기가 공격을 개시할 차례가 될 때까지 다양한 대형을 적절히 유지할 수 있었다. 또한 E-2C 호크아이 공중조기경보통제기는 헤르몬 Hermon 산에 있는 이스라엘군 레이더의 탐지 범위를 확장하는 역할을 했으며, 필요한 경우 무선 통신을 중계할 수 있었다.[41]

공격이 진행되는 동안, 시리아군의 레이더가 작동할 때마다 AGM-78이 발사되어 레이더를 파괴했다. 육안이나 레이더를 통해 지대공 미사일 포대의 위치가 드러나면 미사일 포대의 사격통제센터를 겨냥해 타드밋 또는 GBU-15 원격조종 활공 폭탄으로 무장한 한 대 이상의 F-4 전투기가 즉시 공격했다. 집속탄을 장착한 A-4 스카이호크와 크피르 전투폭격기가 뒤이어 레이더가 파괴된 포대의 발사대를 파괴했다.

아르차브 19 작전이 시행되는 2시간 동안, 레바논의 시리아군 지대공 미사일 포대는 고정된 채로 있었기 때문에 많은 연습이 필요했던 이동식 포대를 공격하는 능력은 필요하지 않았다. 그러나 그 다음날 야간에 SA-8을 포함한 지대공 미사일 포대가 레바논 남부로 이동하자 몇 시간 만에 파괴되었다.[42] 아르차브 19 작전에서 드론은 주로 공격 직전에 포대 위치 데이터의 유효성을 확인하여 포대가 갑자기 이동하거나 파괴되지 않았는지 확인하는 역할을 했다.[43] 그러나 6월 9일 밤에 정찰용 드론은 강력한 SA-8을 파괴하는 데 결정적인 역할을 했다. 시리아군이 야간에 레바논 남부로 보낸 다른 지대공 미사일 포대들과 함

●●● 1982년 6월 9일 시행된 아르차브 19 작전에서 이스라엘 전투기가 비행하고 있다. 이스라엘 공군 사령부는 디지털 지휘통제 체계인 페리스코프의 유도와 드론의 실시간 영상을 통해 공군 전투기에 이동 중인 지대공 미사일 포대들을 파괴하도록 지시하고 조종사들에게 최신화된 정확한 위치를 제공했다. 이 작전은 전 세계에서 최초로 시도된 컴퓨터를 활용한 작전이었다. 〈출처: WIKIMEDIA COMMONS | CC BY-SA 3.0〉

께 발견되었고, 이스라엘 공군 사령부는 페리스코프의 유도와 드론의 실시간 영상을 통해 공군 전투기에 이동 중인 포대들을 파괴하도록 지시하고 조종사들에게 최신화된 정확한 위치를 제공했다.

공군 작전부서 책임자였던 셀라는 불과 몇 년 전 자신이 공군에 도입한 컴퓨터 지원 지휘체계를 사용하여 자신의 개념이 반영된 작전계획인 아르차브 19 작전으로 전환되는 과정과 실제 전쟁에서 구현되는 과정을 지켜볼 수 있는 특권을 누렸다.[44] 사실 이 작전은 전 세계에서 최초로 시도된 컴퓨터를 활용한 작전이었다. 또한 이 작전은 단 몇 시간으로 압축된 전쟁에서 중요한 사건들이 한꺼번에 발생하여 참모들이 제대로 숙고할 시간이 없었기 때문에 이스라엘 공군이 그토록 중시하던 공군 사령관 직할의 단일 지휘통제에서 처음으로 벗어나 실시한 작전이기도 했다. 그 대신 공군 사령관 다비드 이브리 소장은 자신의 임무를 공대공 작전 감독에 국한하고, 셸라는 페리스코프의 기능을 감독함으로써 시리아 방공망 파괴를 직접 지휘하는 임무를 부여받았다.[45]

이때 지하 공군사령부를 방문한 사람이라면 한결같이 전형적인 검은색 양복과 모자를 착용한 정통파 유대인 한 명이 자신을 맞이하는 낯선 광경을 목격했을 것이다. 페리스코프 소프트웨어가 실행되는 대형 컴퓨터를 실제로 작동할 줄 아는 유일한 바이츠만 연구소의 팀원은 메나헴 크라우스^{Menachem Kraus}였다. 전임^{full-time} 성직자로서 군 복무가 면제되어 이스라엘 방위군에서 복무한 적이 없는 크라우스는 극비의 지하 공군사령부에 필요한 까다로운 보안 등급은커녕 일반 병사의 최소 보안 등급도 받지 못했기 때문에, 셸라는 상급자에게 크라우스가 임무 성공을 위해 꼭 필요하다는 점을 설득해야 했다. 나중에 셸라는 작전이 한창 진행되는 동안, 크라우스가 몇 분마다 손을 들어 몇 개의 포대가 파괴되었는지 손가락으로 숫자를 표시하면, 지휘실 맞은편에 앉아 있던 자신도 그것에 대한 응답으로 그때까지 파괴된 포대의 수를 손가락으로 숫자를 표시해 그에게 알려주었다고 회상했다. 작전이 끝난 뒤, 크라우스는 복도를 건너 셸라의 사무실로 가서 악수를 나누었는데, 그는 셸라의 사무실로 가는 도중에 마주치는 젊은 여군 병사들을 보지 않기 위해 눈을 가렸다. 여름철 무더위가 에어컨만으로는 감당하기 어려울 정도였기 때문에 복장만큼은 격식을 차리지 않았다.[46] 1982년 6월의 아르차브 19 작전은 전쟁사에 분수령이 된 사건이었다. 이 전투는 사실상 컴퓨터 지휘 하에 치른 최초의 전투였으며, 무인 항공기, 즉 드론이 결정적인 역할을 한 최초의 공중전이기도 했다.

엘리트 부대:
우수한 군대의 양산 모델

이스라엘은 독립전쟁 이후부터 1956년 제2차 중동전쟁 사이에 무수히 많은 전술적 실패를 경험했다. 이러한 어려움은 독립전쟁에 참전했던 베테랑들이 사회로 복귀하고 난 뒤에 벌어진 일이었다. 이스라엘 방위군의 개선책은 결단력 있게 보복 작전을 수행할 수 있는 숙련된 소규모 부대를 창설하는 것이었다. 이러한 전통은 오늘날에도 이어지고 있다. 이스라엘 방위군은 임무에 특화된 다양한 특수작전부대를 보유하고 있으며, 필요에 따라 창설과 해체를 거듭하고 있다. 오늘날 많은 우수한 자원들이 특수작전부대에 경쟁적으로 지원하고 있으며, 특수작전부대에서 경험한 우수한 초급 지휘자들이 야전 부대에 역동성을 불어넣고 있다.

역사적으로 규모가 크고 잘 조직된 군대는 특수부대나 특공대를 거의 활용하지 않았다. 20세기에 탄생한 이스라엘과 같은 작은 나라도 1973년에 20만 명 이상의 징집병을 투입해야 하는 장기간의 전쟁을 치러야 했을 때, 주요 군대들은 100명 내외의 병사로 구성되는 수천 개의 중대 규모 전투부대를 편성해 훈련시키고 장비를 갖춰 배치해야 했으므로, 전투에서 부대를 이끌 많은 수의 용감한 전사가 필요했다. 따라서 대다수의 고위 군 장교들은 별도의 정예부대를 조직한다는 명목으로 전투부대에서 우수한 병사들을 차출해가는 것에 반대했다.

긴 전쟁의 암울함을 달래기 위해 군사적 화려함을 추구하는 정치 지도자들, 특히 윈스턴 처칠$^{Winston\ Churchill}$과 같은 열성 지지자들은 특공대나 특수부대의 창설을 추진하기도 했다. 그러나 군 수뇌부는 일반적으로 소규모 특공대나 특수부대를 창설하는 데 투자하거나 자원을 쏟아붓는 것을 꺼렸다. 소규모 특수부대는 단독으로 전투에서 승리하기에는 너무 작고, 단순한 교전에 낭비하기에는 너무 귀중하며, 대규모 작전에 투입해 유용하게 통합시키기 어려웠기 때문이다. 이에 반해, 특수부대의 열렬한 지지자들은 소수의 영웅이 목마에서 뛰어내려 성벽으로 둘러싸인 도시의 문을 열어 그리스군의 승리를 가능하게 했던 트로이 전쟁$^{Trojan\ war}$의 계략을 변형해 제시하면서 트로이 전쟁의 계략은 오늘날에도 역사상 가장 유명한 전력승수$^{force\ multiplier}$의 사례로 꼽힌다고 주장하기도 한다.

그러나 대부분의 20세기 군 수뇌부들은 트로이 목마 작전에서 그리스군이 성문으로 쳐들어왔을 때 헬레네^{Helene}가 계략을 알아차렸더라면 성벽 위의 트로이군에 의해 학살당했을 것이었으며, 소규모 특수부대의 활동과 대규모 정규군의 움직임을 조율하기가 어려운 현실 속에서 특수작전은 커다란 장애가 될 수 있다는 것을 알았기 때문에 별다른 감명을 받지 못했다. 최고 수준의 훈련을 받았든 받지 않았든, 미국, 영국, 소련, 독일의 군 수뇌부는 모두 특수부대를 두지 않는 것을 선호했다. 그들의 우선순위는 최고의 전사들을 정규 부대에 배치해 다수의 부대원에게 활력을 불어넣는 것이었다. 그러나 두 차례의 세계대전을 치르고 나서야 오늘날처럼 다양한 성격의 특수부대가 확산되기 시작했다.

이스라엘 방위군의 창설자이자 이스라엘의 초대 총리인 다비드 벤구리온은 신생 국가가 생존하기 위해서는 군대가 필요하며, 그 군대는 대규모이어야 한다는 사실을 가장 먼저 깨달은 사람이었다. 그는 전문적으로 훈련받은 장군들과 똑같은 이유로 전투부대에서 핵심 리더를 차출해 엘리트 부대를 편성하는 것에 대해 반대했다. 그는 엘리트 부대인 팔마흐가 독립전쟁 기간에 혁혁한 전적을 쌓았음에도 불구하고, 또한 지도자들에 의해 정치화되지 않았더라도 이 군대를 폐지하고 싶어 했다. 독립전쟁에서의 승리가 확실해지자 그는 팔마흐의 본부를 해체했다. 그 결과, 전쟁이 종식된 1949년, 이스라엘 방위군의 특수부대는 정예부대가 아니라 아주 미약한 성과를 거둔 영국식 낙하산부대 1개 대대, 그리고 전년도에 이집트의 기함을 침몰시킨 바 있는 작지만 매우 효율적인 해상 특공대 1개 부대로 출발했다. 국방부 장관을 겸임했던 벤구리온은 30명의 예외적인 소대가 아니라 수천 명으로 구성된 훌륭한 여단을 원했다.

이와는 대조적으로 2020년대 초의 이스라엘 방위군은 다양한 특수작전부대를 보유하고 있는데, 이는 벤구리온이 국방장관이던 시절의 정책 변화라기보다는 당면한 문제에 대한 긴급한 대응을 위해 시작된 작은 변화이다. 결국 대규모 대응이 부적절한 다른 위협 요소들이 등장하면서 더 많은 특수작전부대들의 설립이 이어졌다. 이러한 과정은 국가의 전략적 환경에 의해 장려되었다. 정규군을 상대로 한 대규모 전면전은 1982년 레바논에서 벌어진 것이 마지막이었지만, 특수부대에 적합한 전쟁 유형인 비정규군을 상대로 한 전쟁은 강도가 약해지거나 감소하기를 반복하면서 계속되고 있다.[1] 현재 이스라엘 방위군은 녹음이 우거진 북부, 건조한 남부, 홍해-에일랏Eilat 지역, 고도로 도시화된 중부 등 지역별로 특화된 다양한 정예부대를 보유하고 있다. 이 정예부대들은 또한 기능적으로 정보 수집을 위한 적진 침투, 장거리 정찰, 장거리 타격 및 위장 작전, 땅굴전 등에 특화되어 있다. 이에 더하여 각기 다른 고유한 전문성을 유지하면서도 주어진 상황에 더욱더 잘 대처할 수 있는 규모가 더 큰 3개 일류 부대가 있다.

모든 것은 101부대에서 시작되었다. 독립전쟁에서 승리한 참전 용사들이 고향으로 돌아가면서 이스라엘 방위군이 해산되자, 침입자들이 때로는 잃어버린 자신의 농토의 농작물을 수확하기 위해, 때로는 절도, 강도, 살인을 목적으로 경계가 불분명하고 철조망이 없는 휴전선을 넘어 이스라엘의 영토로 침투하기 시작했다. 1949년 여름부터 1956년 말까지 약 1만 1,500건의 이스라엘 민간인과 재산에 대한 공격이 있었는데, 대부분 약탈과 복수를 목적으로 하는 대규모 갱단의 공격이었다.

이스라엘의 아랍 이웃 국가 중 어느 나라도 1949년 당시 이스라엘 방위군의 군사 지도에 표시된 휴전선인 그린 라인Green Line을 지키지 않았고, 이스라엘 방위군도 국경을 따라 소수의 병사들을 분산 배치할 수도, 전쟁에 대비한 훈련도 할 수 없었다. 길고 좁은 이스라엘의 지형 때문에 휴전선이 지나치게 길어서 국경에 전초기지를 세우고 순찰하는 것 자체가 불가능했다.[2] 독립전쟁은 1949년 봄에 평화협정이 아닌 휴전협정으로 끝났는데, 패전한 이웃 국가들의 정치 지도자들은 성공할 가능성이 조금이라도 있으면 전쟁이 곧바로 재개될 것이 분명하다고 생각했기 때문이다. 이들은 월경 침투 공격이 앞으로 훨씬 더 큰 규모의 공격이 일어날 징조로 받아들이고 반겼다. 월경 침투 공격의 대부분은 팔레스타인 사람들이 수행했으나, 다른 여러 인접 국가의 군대들도 많이 시도했다.

이는 이스라엘의 군사 지도자들이 매우 다른 두 가지 군사적 위협에 맞서야 한다는 것을 의미했다. 첫 번째는 근본적인 안보에 대한 위협으로, 이스라엘 방위군을 패배시킨 다음 이스라엘 국가와 유대인들을 물리적으로 전멸시키려는 주요 공격들이 이에 해당한다. 이러한 위협을 격퇴하기 위해 이스라엘은 당연히 대포, 전차, 공군 등을 갖춘 현대식 군대가 필요했다. 두 번째는 일상적인 안보에 대한 위협으로, 저격, 소규모 매복, 지뢰, 이스라엘인을 살해하기 위한 급습, 절도 등이 이에 해당한다. 이는 유대인들의 이스라엘 거주 의지를 약화시킬 목적으로 실시된다.

일상적인 위협에 대응하기 위해서는 '소규모 전쟁'에 적합한 특별한 종류의 군사력이 필요했다. 이는 즉시 이스라엘 군사 계획에 딜레마를 안겨주었다. 대규모 전쟁에 대비하기 위한 군사력은 소규모 전쟁에 적합한 군사력과는 질적으로 다르기 때문이었다.[3] 일상적인 안보 상황이 계속 악화되면서 그 딜레마는 더욱 심각해졌다. 1950년 이스라엘 시민 67명이 침입자에 의해 사망했고, 1951년에는 137명이 사망하거나 부상을 당했다. 1952년에는 사상자가 총 182명으로 늘어났는데, 희생자는 모두 민간인으로 대부분 여성과 어린이였다. 1952년에는 총 1,751건의 사건이 발생했다.[4]

이스라엘은 국경 순찰과 매복을 강화해나갔으나, 초기 대응은 여전히 수세적인 대응에 그쳤다. 불균형적으로 길고 구불구불한 휴전선을 따라 병력을 선형으로 배치하더라도 간헐적인 도발을 막을 수는 없었다. 정전위원회에 항의해도 소용이 없었다. 50여 명의 유엔 참관단은 보고서를 작성했지만, 그 외에는 할 수 있는 일이 거의 없었다. 무엇보다 정부가 자국민을 보호해야 한다는 것은 분명했다. 외교적 수단으로 아무런 성과를 거두지 못한 정부는 무력을 사용해 인접 국가들이 국경을 통제하도록 강요하기로 결정했지만, 그에 필요한 군사력은 전면전에 투입하는 군사력보다 규모가 훨씬 작아야 했다. 먼저 벤구리온 총리가 "국경 지역의 휴전선이 테러리스트와 살인자들에게 열려 있다면… 우리는 행동의 자유를 스스로 제한하는 것이다"라고 공개적으로 경고했다.[5] 내부적으로 모세 다얀 총참모장은 그 이유를 설명했다. "우리는 아랍 국가들과의 관계에서 허용되는 것과 허용되지 않는 것에 대한 규칙을 정해야 하며, 우리에 대한 공격에 굴종하거나 설사 그 공격의 효과가 작더라도 그것을 용납하지 않도록 주의해야 합니다."[6]

　다얀은 보복 습격의 전문가였다. 그는 젊은 시절 1936~1939년 봉기 당시 공격적인 아랍인의 마을을 습격하면서 기습의 대가인 영국군 오드 윈게이트 대위의 특수야간분견대의 신병으로 선발되어 전투 기술을 배웠다. 제2차 세계대전 당시 비시 프랑스령인 레바논에 대한 기습공격을 이끈 영국군의 정찰병으로 참전한 그는 1941년 6월 7일, 영국군을 이끌고 레바논에 침투했다가 전투에서 한쪽 눈을 잃었다. 총참모장 다얀은 수적 우위나 막강한 화력 대신, 기습과 계략에 의존하고, 이스라엘을 공격한 것에 대한 응징으로 확실히 각인시킬 수 있는 적진 후방의 목표물을 기습공격하는 특공대 작전을 선택했다. 그렇게 해서 다얀은 벤구리온이 수용한 정책 및 안보 개념을 공식화함으로써 적 영토 내에서 이루어지는 그와 같은 보복행위를 제도화했다. 그러나 처음에는 공군력을 사용하려는 시도가 있었다. 1951년 4월 5일, 8대의 전투기가 야르무크^{Yarmuq} 계곡의 엘 하마$^{El\ Hama}$에 있는 남부 골란 지역의 시리아군 전초기지를 공격했다. 이스라엘 정부는 영국, 프랑스, 미국 외교관들의 격렬한 반발에 놀랐다(오늘날에는 지상 작전보다 공습이 더 큰 저항을 불러일으킨다). 벤구리온은 즉시 그 자리에서 공군력에 의존하지 않기로 결정했다.[7]

그러나 다얀과 참모들은 곧 적의 지상 공격에 맞서서 자신들이 보유하고 있던 병력만으로는 싸울 수 없음을 깨달았다. 1947~1949년 전쟁이 끝난 후, 실전에서 전투 경험을 쌓은 장교들은 대부분 민간인 생활을 위해 이스라엘 방위군을 떠났다. 그들은 또 다른 큰 전쟁에서 조국을 지켜야 한다면 군복을 입고 돌아올 준비가 되어 있었지만, 평시에는 직업 장교로 복무하기를 꺼렸다. 최정예부대인 팔마흐 여단은 벤구리온에 의해 해체된 후 다른 부대로 교체되지 않았고, 일선 부대는 히브리어를 제대로 알지 못해 명령을 이해할 수 없고 기초 훈련도 서둘러 받은 새 이민자들로 채워져 있었다. 사기와 기강이 너무 무너져서 1951년 시점에는 전투태세를 완비한 대대가 단 한 곳도 없었다.[8]

1950년 당시 남부 사령관이었던 다얀은 자신이 지휘하는 제7기갑여단의 성과에 크게 실망하고 있었다. 요르단군이 갑자기 에일랏으로 가는 도로가 자국 영토를 침범했다고 주장하며 며칠 동안 통행을 막았기 때문이었다. 다얀은 즉시 도로를 강제로 개방하라고 제7기갑여단에게 명령했지만, 명령을 이행하는 과정에서 제7기갑여단이 "머뭇거리고 우유부단한 행동"을 보이자 매우 화가 났다.[9]

이듬해 총참모장에 오른 그는 훨씬 더 심각한 실패를 목격했다. 1951년 5월 2일 시리아의 마을 민병대와 정규 보병부대가 국경을 따라 이스라엘 측 비무장지대로 진입해 티베리아^{Tiberia} 호수 바로 북쪽의 작은 바위 언덕인 텔 무틸라$^{Tel\ Mutilla}$를 점령했던 것이었다. 이스라엘 방위군의 북부 사령부는 시리아군을 격퇴하기 위해 보병부대를 파견했다. 그러나 이스라엘의 거듭된 공격은 서툴러서 쉽게 격퇴당했다. 더 많은 병력이 투입되었고, 결국 드루즈^{Druze} 대대가 참전해 5일간의 전투 끝에 시리아군을 몰아낼 수 있었다.[10] 이 전투에서 총 40명의 이스라엘 방위군 병사가 사망하고 72명이 부상을 입었다. 시리아군의 대다수인 약 200명이 사망했다는 시리아 언론 보도를 고려하면, 시리아군의 소규모 병력과는 전혀 균형이 맞지 않을 만큼 전투 지속 기간은 길고, 사상자 수는 많았다. 이는 보병의 훈련과 사기에 심각한 문제가 있다는 분명한 신호였다. 와디 푸킨^{Wadi Fukin}, 베이트 시라^{Beit Sira}, 베이트 아와^{Beit Awwa}, 이드나^{Idna}에서 보복 공격이 연이어 실패한 후, 1953년 1월 25일 명목상 정예부대인 890낙하산대대의 2개 중대가 적의 사격을 받고도 충분한 제압 사격을 하지 못하고, 임무를 완수하기도 전에 후퇴하는 일이 일어났다.

그러나 가장 치욕적인 실패는 1953년 1월 23일, 한때 명성을 떨쳤던 기바티^{Givati} 여단의 보병대대가 국경을 넘나드는 약탈자들의 소굴로 악명 높은 요르단의 중부 팔라메^{Falame} 마을에 대한 야간 기습작전 명령을 받았을 때 일어났다. 언덕 위에 자리한 이 마을이 그리 쉬운 표적은 아니었지만, 중화기 없이 소총으로 무장한 국가경비대 소속의 요르단군 병사 12명만이 마을을 방어하고 있었다. 이스라엘 방위군은 어둠 속에서 길을 잃고 헤매기를 반복하다가 마침내 마을의 가장자리에 도착했을 때 산발적인 소화기 사격을 받았다. 이스라엘 병사 6명이 부상당하자, 대대장은 이스라엘 영토로 후퇴할 것을 명령했다. 모셰 다얀을 비롯한 3명의 고위급 장교는 휴전선 바로 건너편에서 대대원들의 귀환을 기다리다가 작전 결과를 보고받았다. 다얀은 그 즉시 지휘관을 보직 해임하기는 했지만, 설령 다른 장교들과 다른 부대원들을 보냈더라도 똑같은 결과를 얻었을 것이라는 사실을 깨달았다.[11]

1953년 85건의 군사작전 중 46건은 명백한 실패였고, 15건만이 성공으로 여겨졌다. 밤에 기습을 감행했다가 목표를 찾지 못해 되돌아가는 일이 종종 발생했다. 때때로 그들은 격퇴당했고, 장교들은 보고서에서 적의 전력을 크게 과장했다.[12] 연이은 실패는 가뜩이나 낮은 군대의 사기를 더욱 떨어뜨렸다. 독립전쟁 당시의 우수한 야간 전투 기술과 예리한 전투력이 사라진 것은 분명했다. 가자 지구의 우물을 폭파하기 위해 파견된 1개 소대가 어둠 속에서 길을 잃고 목표물을 찾지 못한 사건이 발생했다. 아침이 되자, 이스라엘 방위군은 자신들이 휴전선을 넘지도 못한 채 빙빙 돌고 있다는 사실을 알게 되었다.[13] 깊은 좌절감에 빠진 다얀은 일기에 "낙하산여단처럼 특수작전을 위해 훈련을 받은 정예 부대조차도 부끄러울 정도의 과오를 범하며 많은 작전이 실패로 끝났다"[14]라고 썼다.

악순환이 계속되었다. 보복 습격 정책이 군대의 무능함으로 인해 약화되면서 아랍인의 침투가 증가하고 민간인과 군인의 사망자 수가 증가했기 때문이다. 빈곤한 이민자들의 대량 유입으로 인해 이스라엘의 빈약한 경제가 더욱 어려워지면서 이미 심각한 경제난을 겪고 있던 민간인들의 사기를 저하시켰다. 신생 유대 국가가 매일같이 발생하는 공격으로부터 국민을 보호할 수 없는 상황에서 제한된 식량 배급과 낮은 소득은 더 견디기 힘들었다. 심한 압박을 받고 있던 다얀은 팔라메에서의 수치스러운 실패를 거론하며 일단 공격이 시작되면 사상자 비율이 50%를 넘지 않는 한, 어떤 장교도 공격을 중단해서는 안 된다는 엄명을 내렸다. 사상자를 최소한으로 줄이는 것을 원칙으로 삼는 군대에게 이러한 지침은 지나치게 가혹한 조치였다.

그러나 군대의 사기가 떨어질 대로 떨어져 있어 권고나 규정으로 개선될 수 없다는 것이 분명해 보였다. 장교들은 군대 경험이 없는 새로운 이민자들로 구성된 병사들에 대한 신뢰가 부족했고, 병사들은 전투에서 자신들에게 의지하지 않으려는 장교들의 노골적인 모습에 사기가 떨어졌다. 그리고 또 다른 작전이 실패할 때마다 육군의 자신감은 더욱 떨어졌다.[15]

이런 상황에서 예루살렘 여단장 미하엘 샤함Michael Shaham 대령이 해결책을 제시했다. 바로 결단력 있게 보복 습격을 수행할 수 있는 숙련되고 헌신적인 소규모 부대를 구성하는 것이었다.[16] 샤함 대령이 선호한 새로운 모집 인원은 전쟁에서 훌륭한 활약을 펼쳤으나 평시에 군대에 남지 않고 1949년에 퇴역한 초급 장교들이었다. 그리고 그는 자신이 구상하는 부대는 자체 규율을 가진 군대의 형식적인 구조에서 벗어나 있어야 한다고 주장했다. 그 이유는 그런 부대에 "적합한 부류의 사람" 이라면 평시 군대가 강요하는 규율에 얽매이면서 자원하지 않을 것이기 때문이었다.

1953년 8월, 모르데하이 마클레프Mordechai Maklef 총참모장은 모든 전투부대가 자신들에게 당연히 기대되는 일을 수행할 수 있으려면 군대가 소규모 특수부대에게 의존해야 한다는 발상에 부정적인 다얀의 반대를 물리치고 샤함의 계획을 받아들이기로 결정했다.[17] 마클레프는 히브리 대학교Hebrew University 동양학부에 재학 중인 25세의 민간인 아리엘 샤론Ariel Sharon을 특수부대장으로 선발했다. 샤론은 독립전쟁에서 잘 싸운 예비 대대 소령이었다.[18] 다얀은 이미 샤론을 잘 알고 존경하고 있었으며, 1952년 샤론이 군사정보 장교로, 다얀이 작전부장으로 북부사령부에서 함께 근무한 적이 있었다. 어느 날 다얀은 샤론에게 요르단 영토를 침범해 아랍 군단에 붙잡힌 이스라엘 병사 2명을 데려오기 위해 교환 협상에 사용할 요르단 병사 2명을 생포할 수 있는지 알아봐달라고 부탁했다. 샤론은 확답하지 않았지만, 다른 장교와 함께 국경까지 차를 몰고 가 근거리에서 2명의 군인을 생포해 다얀에게 데려왔다. 다얀은 나중에 이렇게 말했다. "나는 그 일이 가능한지 여부를 물었을 뿐인데, 그는 마치 정원에 과일을 따러 간 것처럼 실제로 아랍 군단 병사 2명을 데리고 돌아왔습니다."[19]

101부대 창설 명령을 받은 후, 샤론은 전국을 돌며 개인적으로나 평판을 통해 알고 지내던 공격적이고 똑똑한 전사들을 설득해 민간인 생활을 포기하고 치열한 전투에 합류하도록 한 명씩 직접 선발했다.[20] 101부대는 매번 모집할 때마다 45명을 넘지 않았지만 모두 훌륭한 전사였다. 그들은 군복도 없이 계급장을 달지 않은 채, 표준 규격이 아닌 무기로 싸웠지만 모두 군인들이라기보다는 뛰어난 전사들이었다. 다얀은 샤론의 부하 중 일부는 뛰어난 전술가로 인정받으면서 훗날 고위직에 올랐고, 메이르 하르시온Meir Har-Zion은 훗날 고위직에 오르지는 못했지만 "이스라엘 역사상 최고의 군인"이라는 찬사를 받으며 전설적인 인물이 되었다고 말했다. 하르시온은 여동생이 남자 친구와 함께 페트라Petra 유적지를 방문하기 위해 요르단의 통제구역을 불법으로 넘어가던 중 베두인 부족원들에게 살해당하자, 복수하기 위해 친구들과 국경을 넘어 베두인 부족의 관습대로 범인을 추적하고 그들의 마을을 급습해 4명을 살해했다.[21]

당시에 총참모장이 아니었던 다얀은 처음에는 정예부대 해법에 반대했지만, 하르시온과 그의 동지들을 만난 후 열렬한 지지자가 되었다. 다얀은 그들이 독립 이후 잠자고 있던 군대의 전투 기술, 즉 적진에 침투하고 야간 전투를 할 수 있는 우수한 야전 기술을 되살릴 것이라고 보았다. 그는 그들이 새로운 전술을 고안하고 성공적인 작전을 통해 이스라엘군의 사기를 높여주기를 바랐다.

1953년 8월부터 1954년 1월까지 활동한 101부대는 그들이 목표를 달성하기에 5개월이면 충분하다는 것을 입증해 보였다. 마지막 작전은

●●● 1953년 8월, 모르데하이 마클레프 총참모장은 결단력 있게 보복 습격을 수행할 수 있는 숙련되고 헌신적인 소규모 특수부대를 구성하자는 예루살렘 여단장 미하엘 샤함 대령의 계획을 받아들이기로 결정하고 히브리 대학교 동양학부에 재학 중인 25세의 민간인 아리엘 샤론을 특수부대장으로 선발했다. 샤론은 101부대 창설을 명령받은 후 전국을 돌며 개인적으로나 평판을 통해 알고 지내던 공격적이고 똑똑한 전사들을 설득해 민간인 생활을 포기하고 치열한 전투에 합류하도록 한 명씩 직접 선발했다. 101부대는 비표준 무기로 무장한 채 국경을 넘나들며 응징 작전을 수행했다. 101부대원들은 뛰어난 전사들이었다. 샤론의 부하 중 특히 메이르 하르시온은 "이스라엘 역사상 최고의 군인"이라는 찬사를 받으며 전설적인 인물이 되었다. 위 사진은 101부대 사령관 아리엘 샤론(오른쪽)과 그의 부하 메이어 하르시온(왼쪽)이 함께 지도를 보고 있는 모습이고, 아래 사진은 101부대원들의 모습이다. 〈출처: WIKIMEDIA COMMONS | CC BY-SA 3.0 Public Domain〉

가장 규모가 크기도 했고, 논란이 많았던 작전이기도 했다. 1953년 10월 14일, 이스라엘 중심부의 로드 공항Lod Airport 인근 마을에서 한 여성과 두 자녀가 살해되자, 101부대는 요르단군이 강력하게 방어하고 있던 키비아Qibya 마을로 향했다.[22] 101부대 40명을 엄호하기 위해 파견된 육군 낙하산부대원 63명의 엄호 하에 101부대는 마을로 진입해 주민들을 생포한 후 그에 대한 보복으로 45채의 집을 폭파했다. 그런데 모든 집이 사전에 완전히 소개된 것이 아니어서 집 안에 숨어 있던 마을 주민 40여 명이 잔해에 묻혔다. 전투 중 부상자를 포함해 총 66명의 민간인이 사망하고 75명의 부상자가 발생했다. 이 급습의 잔인함에 이스라엘과 해외에서 거센 항의가 이어졌고, 그때부터 보복 작전은 마을이 아닌 군부대를 겨냥하는 방향으로 정책이 변경되었다. 다얀은 "설령 아랍군이 우리 민간인을 공격하더라도 우리는 군사 목표물을 겨냥해야 한다는 교훈을 얻었다"라고 선언했다.[23]

1953년부터 이집트의 새로운 독재자 가말 압델 나세르가 팔레스타인 주민을 실제 전투에 투입해 이스라엘과 대치하기로 결심하면서 전반적인 전략적 상황이 바뀌었다. 1954년 초, 이집트군은 이스라엘 전선에 침투해 민간인을 공격하기 위해 가자 지구에서 페다인fedayeen*(아랍어로 자기희생자라는 뜻) 부대를 양성하기 시작했다. 이로 인해 요르단의 후세인Hussein 국왕은 자신의 군대도 페다인 부대를 지원한다는 것을 보여주기 위해 군에 압력을 가했다. 이에 이스라엘 정부는 페다인 부대에 훈련과 지원을 제공하는 군사 기지에 대한 공격을 결정했다. 군사

---

* 페다인: 더 큰 캠페인을 위해 기꺼이 자신을 희생하려는 다양한 군대를 지칭하는 아랍어이며, 그중 팔레스타인 페다인은 팔레스타인 국민 중 민족주의 성향을 지닌 무장세력을 칭한다. 1960년대 중반부터 팔레스타인 해방기구(Palestine Liberation Organization)와 같은 조직적인 무장 단체가 등장하면서 이 단어는 더 이상 사용되지 않고 있다.

시설을 공격하면 확전의 위험이 더욱 커질 것이 분명했지만, 1953년 당시에는 국경 마을에 대한 소극적인 대응이나 지속적인 공격 모두 실현 가능한 선택이 아니었기 때문에 이것은 불가피한 결정으로 보였다.

아랍 지도자들의 의사결정에 영향을 미치는 것이 목표였기 때문에 이전의 마을 공격보다 작전의 범위와 강도는 더 커야 했다.[24] 이는 결과적으로 101부대의 규모는 너무 작고 더 큰 규모의 부대는 비공식적인 조직으로 유지할 수 없으니, 적절한 조직이 필요하다는 것을 의미했다.) 다얀은 101부대를 해체하는 대신, 낙하산대대와 통합하기로 결정하고, 1953년 12월 7일 총참모장으로 취임한 지 한 달 만에 정식으로 통합을 완료했다. 그렇게 해서 1954년 1월 샤론은 기존의 101부대보다 규모가 10배나 큰 101부대-제890낙하산대대 통합 낙하산대대의 사령관이 되었다. (예를 들어 독일 제국의 슈투름트루펜^{Sturmtruppen}* 처럼) 현대식으로 집중훈련을 받은 특공대는 1916년부터 존재해왔지만, 이스라엘의 혁신은 101부대가 훨씬 더 큰 규모의 낙하산대대로 창설되고 난 다음 그보다 50배 이상 큰 규모의 낙하산여단으로 확장된 것처럼 특공대를 처음에는 직접적인 확장을 통해 군 전체의 전투력 수준을 높이는 데 활용했다. 이는 특수부대가 전체 부대에 활력을 불어넣을 수 있는 귀중한 소수의 정예 병력을 차출함으로써 훨씬 더 큰 규모의 정규군이 약화될 것이라는 전 세계의 군 지도부가 공감하는 다얀의 당초 우려를 일소했다. 또한 확대된 엘리트 부대에서 양성된 젊은 장교들은 이스라엘 방위군 예하의 부대를 지휘하도록 재배치되었다.

---

* 슈투름트루펜: 제1차 세계대전 말기의 참혹한 참호전을 극복하기 위한 새로운 돌파구 마련을 위해 침투에 특화된 전문 부대로서 가장 혁신적인 시도 중 하나로 평가되기도 한다. 자율적인 의사 결정 능력을 갖춘 부사관이 지휘하는 잘 훈련된 병사들을 활용하여 미리 선정된 지점에서 적진을 돌파하려는 시도가 이루어졌다.

이 과정을 시작하면서, 샤론은 가장 비공식적인 이스라엘 방위군 부대와 이스라엘 방위군 최고의 공식 행사 부대인 낙하산부대원들을 결합해야 하는 어려움에 직면했다. 시작부터 낙하산부대의 장교 대부분이 샤론의 휘하에서 근무하기보다는 다른 부대로 전출을 요청해 승인을 얻어내자, 샤론은 곧바로 한 장교를 부관으로 임명했다. 이러한 선택은 아주 운이 좋았다. 부관으로 임명된 아하론 다비디^{Aharon Davidi}이 결과적으로 전사이자 리더로서 명성을 얻게 되었기 때문이다(아하론 다비디는 보병부대장 및 낙하산부대장에 올랐다.) 이전의 101대대원들은 더 큰 규모의 작전을 수행하고, 더 육중한 무기를 사용하는 법을 배운 반면, 낙하산부대원들은 적응 과정을 거치고 유대감이 쌓이면서 소규모로 정찰하고 싸우는 법을 배웠다. 노련한 낙하산부대원들은 예전의 말쑥한 모습은 사라지고 곧 냉혹한 101부대 스타일의 전사로 변해갔다. 실제로 그당시 낙하산대대의 야전 훈련은 실제로 적진으로 침투해 게릴라식 기습을 하는 것이 특징이었다.[25]

제202낙하산대대는 1954년 3월 28일 네게브^{Negev}에서 11명의 이스라엘 버스 승객이 사망하고 다른 승객들이 부상당한 학살 사건에 대한 보복으로 베들레헴^{Bethlehem}에서 서쪽으로 약 10km 떨어진 요새화된 요르단 마을 나할린^{Nahalin}을 야간 기습하면서 새로운 기술을 선보였다. 이스라엘군은 지역 방위군을 밀어내고 집 몇 채를 폭파했지만, 키비아^{Qibya}의 사망자를 염두에 두고 건물이 비어 있는지 꼼꼼히 살폈다. 1954년 말까지 여덟 차례의 습격이 더 있었고, 모두 성공했다.[26]

이를 통해 이스라엘 방위군은 나머지 군대의 수준을 약화시키지 않으면서도 규모를 계속 늘릴 수 있는 신뢰할 수 있는 군사적 수단을 확보하게 되었다. 이 과정에서 대대 내 낙하산 강하 훈련이 큰 역할을 했는데, 낙하산 강하 훈련은 특유의 군대 정신을 유지하기 위한 스포츠로 취급되었지만, 대규모 전쟁에서 사용될 가능성은 거의 없었다. 부대가 확장됨에 따라 신병들은 주간과 야간에 여러 차례에 걸쳐 강하하는 비용이 많이 드는 프로그램 대신 몇 번의 자격 점프만 하면 되었다.

제202낙하산대대는 곧 전술적 혁신을 시작했다. 요새화된 진지를 공격하기 위한 새로운 전술은 한 부대가 적을 사격으로 제압하면 다른 부대가 전진하고, 그 다음에 두 부대가 다음 전진을 위해 서로 역할을 바꾸는 이스라엘 방위군의 영국식 '사격과 이동' 2단계 전술을 대체했다.[27] 1954년 7월, 샤론은 키수핌Kissufim의 국경 키부츠kibbutz와 마주한 이집트 요새를 공격하는 작전을 지휘하던 중 부상을 입었다.[28] 휴전선 주변의 다른 많은 지역과 마찬가지로 키수핌은 좁은 통신 참호로 연결된 동심원의 참호 라인으로 이루어져 있으며, 주변에는 철조망과 지뢰가 곳곳에 매설되어 있었다.

병상에 누워 있는 동안, 샤론은 영국군의 오래된 전술을 대체할 새로운 전술 방법을 고안해냈다.[29] 병사들은 격렬한 엄호 사격에 의존하는 대신, 사격을 전혀 하지 않고 참호에 접근해야 했다. 사격이 시작될 때까지 절대 침묵을 지키며 천천히 걷던 병사들은 고폭탄을 가득 채운 긴 금속관인 파괴통Bangalore torpedo*으로 철조망을 뚫는 동안 가능한 한 빨리 앞으로 달려가 사격을 가했다. 참호선에 도착한 병사들은 소규모 돌격조를 편성해야 했다. 그들은 참호를 소탕하기 위해 잠시도 쉬지 않고 통신 참호로 뛰어든 다음 요새의 중심부까지 달리면서 사격했다가 다시 빠져나왔다. 이런 식으로 부대는 참호선을 차례로 소탕했다. 이러한 방법으로 돌격팀은 모든 방어자가 사살되거나 생포될 때까지 계속 이

---

* 파괴통: 참호를 비롯해 각종 장애물을 제거하거나 지뢰지대를 신속히 돌파하는 데 사용하는 폭약으로, 폭약통 혹은 폭타통이라고도 불린다.)

동하고 사격해야 했다.

샤론의 새로운 전술의 핵심은 적을 최대한 많이 죽여 승리하기보다는 먼저 적을 기습함으로써 저항의지를 꺾는 데 역점을 두었다. 즉, 기습 공격과 끊임없는 진격의 충격 효과를 이용하는 것이었다. 그러나 이 방법은 특히 적의 반격에 취약했다. 낙하산부대원들이 요새 내부에서 싸우고 있지만, 아직 상황을 완전히 통제하지 못한 상태에서 적의 증원 부대가 현장에 도착해 공격받는 적군의 병력을 보강하고 흩어져 공격하는 아군 병력을 제압하면 사기 효과에 깊이 의존하는 전술은 쉽게 무너질 수 있기 때문이었다.

제202낙하산대대는 야간 전투가 잦았고, 부대원들은 이동 중 사격 훈련을 받았기 때문에 대부분 권총 탄약을 발사하는 9mm 기관단총으로 무장했다. 이스라엘에서 만든 우지Uzi 기관단총은 여러 외국 군대가 채택한 좋은 무기였지만, 100야드 밖에서 명중시킬 수 있는 기관단총은 없었으며, 급하게 사격하면서도 큰 표적을 명중시킬 수 있는 부대원은 소수에 불과했다. 대신 빠른 사격이 가능한 우지 기관단총은 근거리에서는 치명적이기 때문에 샤론의 부대원들은 가능한 한 빨리 백병전을 벌일 수 있는 거리까지 근접하는 방법을 배웠다. 이집트와 요르단 병사들은 근접전에서 잘 싸우지 못하는 경향이 있었지만 훌륭한 소총병이었는데, 실제로 요르단군의 부대원 중 상당수는 명사수였다. 낙하산부대원들은 정확한 장거리 사격이 불가능한 것은 아니지만 제대로 명중시키기는 어려운 야간에 공격함으로써 아랍군이 자신들의 이점을 이용할 수 없게 만드는 동시에, 야간 전투의 불편함으로부터 얻을 수 있는 이점을 살렸다.

샤론의 예하 장교 중에서 1950년대 중반의 보복 작전에서 무사히 살아남은 사람은 거의 없었다. 첫째, 그들이 수행한 작전은 당연히 모든 사람에게 위험했고, 둘째, "나를 따르라"라는 리더십은 부대의 효율성을 높였지만, 지휘관을 부하들보다 더 높은 위험에 처하게 했다. 샤론 자신도 거의 모든 장교와 마찬가지로 부상을 입었고, 일부는 반복적으로 부상을 입었으며, 일부는 사망했다. 소수의 생존자 중에는 모르데하이 구르Mordechai Gur, 이츠하크 호피Yitzhak Hoffi, 라파엘 에이탄Rafael Eitan 등 나중에 장군으로 진급한 3명도 포함되어 있었다.

소규모 작전에서 장교들을 잃었음에도 불구하고 최전방에서의 전투 지휘는 계속되었다. 일반 참모 잠재력을 가진 장교들이 소규모 교전에서 싸우다 죽는 것을 허용하는 것이 타당한지는 이스라엘 방위군에서 반복적으로 논의해왔지만, 여전히 공식적인 교리로 남아 있다. 이론적으로 비용-편익 계산에 따르면, 중요한 장교를 잃는 것은 전반적인 전투 사기, 특히 전투 추진력에서 얻는 전반적인 이득에 의해 상쇄된다. 그러나 사실 "나를 따르라"라는 정신이 이스라엘 방위군의 정신세계에 너무 강하게 자리 잡고 있어서 아무리 고위급 장교들이라도 초급 장교들에게서 전투 지휘 권한을 빼앗을 수 없었을 뿐만 아니라 스스로 최전방으로 나서는 것을 제지하기도 매우 어려웠다.[30]

다얀은 1953년 12월 총참모장으로 임명된 후에도 낙하산부대원들을 계속 주시했고, 그들이 작전에 투입될 때 종종 출동 지점에서 지켜보았다. 그는 제복을 입은 관리자가 아니라 싸우는 전사들을 원했고, 실제로 그런 장교들을 영입했다. 게다가 그는 최소한의 군수 지원 하에서도 몇 번이고 무리해서라도 싸울 수 있는 전사들을 원했는데, 그가 재편성한 낙하산부대원들은 그가 원한 전형적인 모델이 되어주었다. 다얀은 낙하산부대의 정신을 군대 전체에 전파하기 위해 자신을 포함한 모든 장교가 낙하산 강하 훈련을 받아야 한다고 주장했다. 또한 그는 낙하산부대의 규모를 확대해 1956년에는 낙하산부대의 규모가 여단 규모로 확대되었다. 다른 여단들은 낙하산부대의 명성에 맞서 이들

●●● 1955년 11월 총참모장 모셰 다얀(뒷줄 왼쪽에서 세 번째)과 제890낙하산대대 장교들의 모습. 다얀은 1953년 12월 총참모장으로 임명된 후에도 낙하산부대원들을 계속 주시했고, 그들이 작전에 투입될 때 종종 출동 지점에서 지켜보았다. 그는 제복을 입은 관리자가 아니라 싸우는 전사들을 원했고, 실제로 그런 장교들을 영입했다. 그는 낙하산부대의 정신을 군대 전체에 전파하기 위해 자신을 포함한 모든 장교가 낙하산 강하 훈련을 받아야 한다고 주장하는가 하면, 1956년에는 낙하산부대의 규모를 여단 규모로 확대했다. 〈출처: WIKIMEDIA COMMONS | CC BY-SA 3.0 | CC BY-SA 2.0〉

과 경쟁하려 했는데, 골라니Golani 제1보병여단과 나할Nahal 보병부대들은 이들과 함께 싸울 때 더 쉽게 이길 수 있다는 생각에 점점 더 많은 경쟁을 벌이기 시작했다.

　101부대가 창설된 이후, 샤론의 병사들은 전투 임무를 독점해왔다. 하지만 일반 보병부대도 전투 임무가 부여되자 이전보다 훨씬 더 나은 성과를 거두었다. 1956년 시나이 전역에서 이스라엘이 전쟁에 나섰을 때 변화는 완성되었다.* 수치스러운 팔라메 사태 이후 4년도 채 지나

---

* 나세르의 수에즈 운하 국유화 선언으로 촉발되었으며, 제2차 중동전쟁 또는 수에즈 위기라고도 부른다. 이스라엘이 이집트를 침공하고 영국과 프랑스가 개입한 전쟁으로, 영국과 프랑스 등 제국주의의 몰락과 나세르의 정치적 입지를 강화하고 이집트의 국제적 위상을 제고하는 계기가 되었다.

지 않아 "주저하는 소를 재촉하는 것보다 고귀한 종마를 억제하는 것이 낫다"라는 다얀의 격언이 완전하게 적용되었고, 병사들은 얇은 두께의 장갑을 겨우 두른 반궤도 차량을 타고서도 마치 제대로 장갑을 갖춘 전차에 타고 있는 것처럼 이집트 진지로 돌격했다.

101부대의 정신은 오늘날의 최정예 특수작전 대대와 필요에 따라 창설되고 더 이상 필요하지 않으면 쉽게 해체되는 특수 엘리트 부대에도 남아 있다. 나중에 창설된 완전히 새로운 부대에서도 그 이름을 연상시키는 명칭이 계속 남아 있어서 그 과정은 모호해졌다. 예를 들면, 가자 지구에서 아랍인으로 변장하고 활동했던 심숀[Shimshon](삼손[Samson]) 367부대는 해체된 반면, 심숀 367부대의 자매 부대인 서안 지구의 두브데반[Duvdevan](체리[Cherry]) 217부대는 드라마 〈파우다[Fauda]〉[**]를 통해 지금까지도 TV에서 명성을 얻고 있다. 1963년부터 1973년까지 활동한 북부사령부의 대침투 부대인 에고즈[Egoz](호두[Walnut])와 리몬[Rimon](석류[Pomegranate]) 대반란전 부대는 1970년대 후반에 해체되었지만, 북부사령부에 에고즈 621부대가 새로 창설되었고, 2010년에 오즈[Oz] 특수작전 여단에 소속된 마글란[Maglan](따오기[Ibis]) 장거리 정찰대 소속으로 사막전 정찰부대인 리몬[Rimon] 부대가 새로 창설되었다. 샤케드[Shaked](아몬드[Almond]) 및 하루브[Haruv](캐럽[Carob]) 정찰대대는 1970년대 중반에 해체되어 각각 기바티[Givati] 여단과 리온[Lion] 여단 예하의 일반 보병대대로 재탄생했다. 이러한 발상은 조직의 경직성 없이 전문화의 이점을 추구하기 위한 것이다. 즉 어떤 부대가 더 이상 현재의 필요에 맞지 않으면 간단히

---

[*] 나세르의 수에즈 운하 국유화 선언으로 촉발되었으며, 제2차 중동전쟁 또는 수에즈 위기라고도 부른다. 이스라엘이 이집트를 침공하고 영국과 프랑스가 개입한 전쟁으로, 영국과 프랑스 등 제국주의의 몰락과 나세르의 정치적 입지를 강화하고 이집트의 국제적 위상을 제고하는 계기가 되었다.

[**] 파우다: 팔레스타인 해방 무장 단체 하마스와 이스라엘의 대테러 비밀정보국 사이에 벌어지는 액션을 그린 넷플릭스 인기 이스라엘 드라마이다.

해체된다.

이스라엘 방위군의 특수부대는 서로 다르지만, 전반적으로 다른 군대의 특공대와 표면적으로 비슷하면서 유사한 점은 기만적이라는 것이다. 높은 수준을 자랑하는 전 세계의 엘리트 특수부대는 먼저 일선 부대에서 복무한 숙련된 직업군인으로 구성된다. 반면, 이스라엘 방위군은 특수작전부대를 포함한 모든 전투부대를 젊은 징집병으로 구성하고 있다. 입대 후 엘리트 부대에서 복무하기 위한 경쟁은 젊은 고등학생들 사이에서 치열하며, 공군 비행 훈련 과정에 합격하는 것만으로도 비슷한 명성을 얻을 수 있다. 많은 이스라엘의 젊은이들은 선발 가능성을 높이기 위해 특별한 준비 프로그램에 참여해 체력을 단련하고 군대 생활 방식을 배우며, 부유한 사람들은 퇴역 군인을 개인 트레이너로 고용하기도 하는데, 다른 나라의 부유한 젊은이들의 취미 생활과는 흥미로운 차이를 보인다.

예비 징집병이 이스라엘 방위군의 특수부대에 지원하겠다는 의사를 전달하고 최소한의 신체적·정신적 요건을 갖춘 것으로 확인되면, 그들은 '욤 사야롯Yom Sayarot'이라는 특수부대의 테스트 일정에 참여하기 위해 육군 기지로 소집된다. 소집된 날에는 수천 명의 17세 소년 중에서 정보부대의 사예렛 마트칼Sayeret Matkal, 해군 특공대 및 SEAL 부대인 사예렛Shayetet 13, 공군 사예렛 샬닥Sayeret Shaldag 5101부대, 공수 구조 및 탈출 부대인 669부대 등 이스라엘 방위군의 최상위 정예부대의 추가 입대 시험에 응시할 자격이 있는 사람을 결정하기 위한 일련의 신체 및 정신력 평가를 거친다. 합격자는 1주일간 신체적·정신적 평가를 거쳐 최고 득점자는 기부쉬 마트칼Gibush Matkal로 보내져 최상위 부대에 배치된다. 특수작전을 수행하는 정예부대의 병사들은 다른 병사들이 그렇듯이 심각한 도전에 직면할 뿐만 아니라, 혼자가 되거나 거의 혼자가 될 가능성이 훨씬 높으므로 이 과정에서 인성 및 심리적 안정성 평가는 필수적이다.

최정예 부대에 입대한 징집병의 초기 훈련은 약 22개월 동안 진행되은데, 이것은 학위 취득을 위한 고등 교육이 포함된 훈련으로서, 공군 조종사와 해군 장교를 제외하고는 이스라엘 방위군에서 가장 긴 초급 훈련 과정이다. 훈련 내용에는 야전 적응, 개인화기 훈련, 비무장 전투 훈련을 통한 체력 단련, 간단한 전투 시뮬레이션 등 보병의 기본 훈련이 포함된다. 미국·영국·프랑스의 표준과는 달리, 퍼레이드 연습과 경례 훈련은 생략되며, 윈게이트^{Wingate} 전통에 따라 장거리 행군을 강조하는 이스라엘 방위군만의 특징이 추가된다. 고급 개인 훈련은 부대마다 다르지만, 다양한 지형에서의 야전 탐색, 대테러 기초, 공대지 협력, 공수 작전, 정보 수집, 명사수 교육, 의무병 훈련 등은 항상 포함된다.

수준 높고 열정적인 각계각층의 젊은이들의 지속적인 유입은 이스라엘 방위군의 전반, 특히 특수부대에 활력을 불어넣고 있다. 특수부대는 완전히 훈련이 끝났을 때 20세를 넘지 않은 젊은 신병들로 구성되는데, 한 가지 분명한 단점은 다른 군대, 특히 일선 부대에서 수년간 복무한 후에야 특수부대 훈련을 시작하는 영국의 SAS, 미 육군 공수부대 델타^{Delta}, 미국 네이비 실$^{Navy\ SEAL}$, 미 특수부대 그린베레$^{Green\ Berets}$, 프랑스 RIPMA 등에 비해 경험이 부족하다는 것이다. 그러나 사전 경험의 부족은 이스라엘 방위군의 특수부대가 작전에 투입되는 빈도가 매우 높기 때문에 상쇄되는 것으로 보인다. 지성, 인격, 심지어 리더십 카리스마에 있어서도 마찬가지로 젊은 지원자들이 더 유리하다. 그들이 미군이나 다른 특수부대의 부사관들처럼 군 경력을 쌓기 위해서 스스로 지원한 것이 아니다. 오히려 그들은 미래의 비즈니스, 전문직, 학계, 정치계의 리더가 되기를 기대한다. 2021년 퇴임한 총리와 취임하는 총리 모두 매우 까다로운 특수부대에서 젊은 장교로 복무했으며, 특수부대에서의 복무를 위해 의무 복무 기간인 3년 외에 추가 복무를 약속했다.

그러나 이러한 미덕 또한 잠재적이면서도 친숙한 문제 중 하나이다.) 유능한 젊은이들이 소규모 특수부대에 집중되면 이스라엘 방위군의 일선 부대에 좋은 분대장과 병사가 부족해지고, 이스라엘 방위군 전체에서 장교학교에 지원할 좋은 응시자들이 부족해진다는 것이다. 이것은 "이스라엘 방위군에는 사관학교가 없다"라는 사실에서 비롯된다. 병사들은 진급해서 장교가 된다. 특수부대에 지원한 징집 신병은 리더십 잠재력을 보호하기 위해 부대 훈련 프로그램을 마친 후 혹은 나중에라도 대부분 장교학교officers' school로 보내진다. 장교학교를 졸업하면 원래의 정예부대로 돌아가는 경우는 거의 없고 대부분 기계화보병, 기갑 또는 기타 일선 부대로 보내져 처음에는 소대를 지휘하거나 다른 참모 또는 지휘관 임무를 맡게 된다. 직업 장교가 되기 위해 의무 복무 또는 본인이 동의한 추가 복무를 마친 후에도 이스라엘 방위군에 남아 있는 사람들은 일반적으로 기갑, 포병, 통신 또는 기타 분야 등 특수 분야에 대한 운용 훈련을 추가로 이수해야 하며, 그러한 부대를 지휘하고 통제하는 방법도 배워야 한다.[31]

이러한 경력을 거친 대표적인 인물로는 1976년 7월 엔테베 인질 구출 작전Operation Entebbe에서 최정예 특공대인 사예렛 마트칼*을 지휘했으며, 군인 중 유일한 사망자인 요나탄 네타냐후Yonatan Netanyahu 중령을 들 수 있다. 그는 포술, 운전, 정비 기술 등 기갑 훈련을 받은 후 한때 전차대대를 지휘하기도 했다. 또 다른 예로, 에후드 바라크Ehud Barak 역시 사

---

* 사예렛 마트칼: 이스라엘 참모부(matkal)의 특별 정찰부대(sayeret)로서, 이스라엘 특수부대 중 하나이다. 전략적 정보를 얻기 위해 적진 뒤에서 심층 정찰을 수행하는 현장 정보 수집 부대이며, 전투 수색 및 구조, 대테러, 인질 구출 등 다양한 비밀 특수작전을 수행한다.

예렛 마트칼에서 복무를 시작했고, 역시 기갑 훈련을 거쳐 전차대대장이 되었으며, 다양한 제대에서 참모와 지휘관 경력을 거쳐 총참모장과 나중에 총리가 되었다.[32]

특수부대에서 근무하는 장교들의 이동은 일반 일선 부대로 확대되어 골라니와 나할 보병여단, 제35낙하산부대, 기바티 보병여단 출신 장교들이 특수부대에 배치되는 것은 드문 일이 아니며, 부대 지휘관으로 복무하기도 한다. 한 예로, 제50낙하산대대에서 신병으로 군 생활을 시작한 후, 추가 진급을 위한 더 많은 훈련을 거쳐 기갑사단장, 총참모장(2002~2005년)과 국방장관(2013~2016년)을 역임한 모셰 '부기' 야알론Moshe "Boogie" Ya'alon은 결국 사예렛 마트칼의 사령관으로 임명되었다.

정예 부대에 자원 입대하는 징집병은 의무 복무 외에 추가 복무를 해야 한다. 최상위 4개 부대인 사예렛 마트칼, 샬닥, 사예렛 13, 항공 구조 및 탈출 임무를 수행하는 669부대에서 복무하려면 의무 복무 기간 32개월 외에 36개월의 유급 복무 기간이 추가되어 총 5년 8개월이 필요하며, 제복을 입고 대학 학위를 이수하려면 8년이 소요될 수도 있다. 또한 2급 정예 부대에서 복무할 경우에도 유급 직업군으로서 최소 1년, 때로는 2년간 복무해야 하므로 미국이나 유럽에 비해 몇 년 늦은 23세 또는 24세가 되어서야 제대 후 학업이나 취업을 시작할 수 있다. 이것은 이스라엘의 경제와 사회에 심각한 결과를 초래할 수도 있지만, 군 복무 중에 습득한 다재다능한 능력과 사적인 학업을 추구할 수 있는 여유가 큰 도움이 되는 것으로 보인다. 최상위권의 특수작전부대는 신병 모집 시 신병을 가장 먼저 선발할 수 있는 권한이 있다. 최상위 부대에 선발되지 않은 신병은 다른 특수부대에 지원할 수 있다. 실제로 많은 신병은 형제나 아버지가 먼저 복무했거나, 친구가 복무 중이거나, 최근 작전에서 부대가 거둔 성과에 대해 들어봤거나, 부대의 특정 성격

●●● 이스라엘 최상위 4개 특수부대인 최정예 특수작전부대이자 대테러부대인 사예렛 마트칼(사진 ❶), 이스라엘 공군 소속 특수부대인 샬닥(사진 ❷), 이스라엘 해군 소속 특수부대인 사예렛 13(사진 ❸), 항공 구조 및 탈출 임무를 수행하는 669부대(사진 ❹)에서 복무하려면 의무 복무 기간 32개월 외에 36개월의 유급 복무 기간이 추가되어 총 5년 8개월이 필요하며, 제복을 입고 대학 학위를 이수하려면 8년이 소요될 수도 있다. 〈출처: WIKIMEDIA COMMONS | CC BY-SA 3.0〉

이 자신과 맞는다는 이유로 2등급$^{tier-two}$ 특수부대에 입대하는 것을 선호하기도 한다. 이러한 특수부대 중 하나인 아랍인으로 변장하고 활동하는 대테러 특수부대 두브데반은 국제적으로 큰 성공을 거둔 TV 시리즈 드라마인 〈파우다〉의 명성에 힘입어 더 많은 지원자를 끌어모으고 있다. 후방 깊숙이 침투해 먼 곳에서 작전을 수행하는 마글란 212부대는 모험가가 되기를 원하는 사람들의 관심을 끌고 있으며, 북쪽의 숲이 우거진 지형에서 작전을 전문으로 하는 에고즈는 이스라엘의 가장 공세적인 적대 세력 '헤즈볼라'에 맞서 싸우면서 그 중요성을 인정받았다.

이와 같은 다양한 특수부대는 수년 동안 보병 사령관의 느슨한 감독과 북부, 중부, 남부 3개 지역 사령부 중 하나의 작전 통제를 받으며 매우 독립적으로 운영되었다. 그러나 2015년에 이 특수부대들은 모두 새로 창설된 제89특공여단이라는 단일 사령부 아래 통합되었다.[33] 제89특공여단은 각 특수부대가 특수한 전문성과 정신을 유지하면서 필요할 경우 응집력 있는 전투력으로 기능할 수 있기를 희망한다.

공식적으로 특수작전부대로 인정되지 않는 일부 대규모 부대는 대중의 여론뿐만 아니라 전쟁 계획가들의 효율성 평가에서도 그중 제35낙하산여단은 빨간 모자와 군화를 소중히 여기지만 실제로는 낙하산을 이용한 공중 강습을 위한 여단이 아닌 경보병 여단이다. 또한 골라니 제1보병여단은 1948년 이스라엘 방위군의 탄생과 함께 보병으로 구성된 하가나 경보병여단으로 출발해서 현재는 세계에서 가장 무거운 중장갑 보병전투차량인 60톤 나메르^{Namer}를 장비한 여단이다. 1984년 이후 부활한 기바티 여단은 원래 상륙전 훈련을 받았다. 제933 나할 ^{Nahal} 여단은 '개척자와 싸우는 청년'이라는 히브리어 약어에서 유래한 것으로, 원래 집단 농장(키부쯤^{kibbutzim}과 모샤빔^{moshavim})과 청년 운동에서 징집되어 전투병 복무와 농사일을 병행하던 병사들로 구성되었다. 제

●●● 최상위 부대에 선발되지 않은 신병은 2등급 특수부대에 지원할 수 있다. 이러한 부대 중 하나인 아랍인으로 변장하고 활동하는 대테러 특수부대 두브데반(사진 ❶)은 국제적으로 큰 성공을 거둔 TV 시리즈 드라마인 〈파우다〉의 명성에 힘입어 더 많은 지원자를 끌어모으고 있다. 후방 깊숙이 침투해 먼 곳에서 작전을 수행하는 마글란 212부대(사진 ❷)는 모험가가 되기를 원하는 사람들의 관심을 끌고 있으며, 북쪽의 숲이 우거진 지형에서 작전을 전문으로 하는 에고즈(사진 ❸)는 이스라엘의 가장 공세적인 적대 세력 '헤즈볼라'에 맞서 싸우면서 그 중요성을 인정받았다. 〈출처: WIKIMEDIA COMMONS | CC BY-SA 3.0〉

50공정대대는 유명한 전투 기록을 보유하고 있다. 마지막으로 지원자들이 몰리는 정예 특수 목적 부대가 있다. 그 예로 급조폭발물 및 폭발물 처리 임무에 더해 첨단 땅굴전에 주력하는 야알롬^{Yah-alom} 공병부대[*]는 평범한 장애물 돌파 및 철거 임무를 수행하며, 공군의 최정예 669 전투수색구조대는 평시에는 긴급 민간인 후송 임무를 수행한다.

또한 이스라엘 방위군에는 전투 작전에 동원되거나 보수교육을 위해 소집될 때만 활동하는 더욱 전문화되거나 지역화된 예비군 부대가 사다수 존재한다. 한 부대는 7810 정찰대대 소속의 산악^{Alpinist} 부대로, 헤르몬^{Hermon} 산의 눈 덮인 경사면과 빙봉*峰에서 훈련하며, 현지에 눈이 부족하면 알프스로 파견되어 훈련한다. 또 다른 하나는 홍해 도시에서 신속 대응, 지역 대침투, 인질 구출을 위해 모집된 로타르 에일랏^{Lotar Eilat} 부대이다.

특수부대는 일선 부대보다 더 헌신적인 소수의 예비군으로 구성되며, 이들은 수년간 함께 훈련하고 근무 시간에도 틈틈이 서로 친목을 도모하는 경향이 있다. 집단 내 사고방식은 다른 부대와 협력하는 데 문제가 될 수 있지만, 현역 부대만큼이나 높은 수준의 헌신과 숙련도를 갖추고 있으며, 일부 항목에서는 현역 부대보다 더 높은 수준의 업무 수행 기준을 가지고 있음에도 불구하고 유지 예산은 훨씬 적다. 또한 특수부대는 새로운 무기와 전술을 가장 먼저 시도함으로써 이스라엘 방위군 전체에 실험적 조직으로 기능하는데, 이는 대규모 전열 편성을 위해 더 많은 자원을 기다리는 대신, 소규모로 더 쉽게 수행할 수 있기 때문이다. 따라서 특수부대는 기술적·전술적 측면에서 이스라엘 방위

---

[*] 야할롬 공병부대: 전투공병단의 특수부대로서, 지하에 숨겨진 테러 터널 파괴와 같은 고유한 특수 엔지니어링 작업을 처리하도록 훈련되었다.

●●● 공식적으로 특수작전부대로 인정되지 않는 대규모 부대 중 제35낙하산여단(사진 ❶)은 실제로는 낙하산을 이용한 공중 강습을 위한 여단이 아닌 경보병 여단이다. 골라니 제1보병여단(사진 ❷)은 1948년 이스라엘 방위군의 탄생과 함께 보병으로 구성된 하가나 경보병여단으로 출발해서 현재는 세계에서 가장 무거운 중장갑 보병전투차량인 60톤 나메르를 장비한 여단이다. 1984년 이후 부활한 기바티 여단(사진 ❸)은 원래 상륙전 훈련을 받았다. 제933 나할 여단(사진 ❹)은 '개척자와 싸우는 청년'이라는 히브리어 약어에서 유래한 것으로, 원래 집단농장과 청년 운동에서 징집되어 전투병 복무와 농사일을 병행하던 병사들로 구성되었다. 제50공정대대(사진 ❺)는 유명한 전투 기록을 보유하고 있다. 그리고 정예 특수 목적 부대인 야알롬 공병부대(사진 ❻)는 급조폭발물 및 폭발물 처리 임무에 더해 첨단 땅굴전에 주력하며 평범한 장애물 돌파 및 철거 임무를 수행하고 있다. 〈출처: WIKIMEDIA COMMONS | CC BY-SA 3.0〉

●●● 이스라엘 방위군의 특수부대는 기술적·전술적 측면에서 이스라엘 방위군 혁신의 선봉장 역할을 한다. 그들의 비공식성과 특별한 지속적인 학습 문화는 혁신을 촉진하고, 현재 기술 중심 경제에서 큰 역할을 하는 기술에 정통한 기업가 유형을 만들어낸다. 사진은 7810 정찰대대 소속의 산악부대가 눈 덮인 헤르몬 산에서 훈련하는 모습이다. 〈출처: WIKIMEDIA COMMONS | CC BY-SA 2.0〉

군 혁신의 선봉장 역할을 한다. 그들의 비공식성과 특별한 지속적인 학습 문화는 혁신을 촉진하고, 현재 기술 중심 경제에서 큰 역할을 하는 기술에 정통한 기업가 유형을 만들어낸다.[34]

최근의 사례로는 야할롬 공병부대가 레바논 남부 시골 지역에 있는 벙커와 땅굴의 지하 거점을 뜻하는 헤즈볼라의 '자연보호구역*'에 침투하여 파괴하기 위해 개발한 전술이 있다.[35] 야할롬 공병부대에서 다양한 위치, 침투 및 공격 기술을 사용해 본격적인 전투에 투입될 일선 여단에 이 '자연보호구역' 패키지를 전파했다. 마찬가지로 2014년 가

---

* 이스라엘 방위군의 속어.

자 지구에서 진행된 '프로텍티브 엣지Protective Edge' 작전 당시, 야할롬 공병부대는 오늘날의 첨단 장비가 등장하기 전에 치열한 전투 열기 속에서 하마스의 공격용 땅굴을 찾아 파괴하는 방법을 배워야 했다. 그리고 이러한 기술은 다른 부대에도 빠르게 전파되었다.[36]

여느 대규모 조직과 마찬가지로 이스라엘 방위군은 특히 많은 부대가 비밀 유지 규칙에 따라 운영되기 때문에 전문 부대 간의 의사소통 장애로 인해 최적화의 기회를 놓칠 수 있다. 이러한 장벽을 극복하기 위해 이스라엘 방위군 특수부대의 긴 목록에 가장 최근에 한 부대가 추가로 창설되었다. 2020년 아비브 코차비Aviv Kochavi 총참모장은 모든 이스라엘 방위군 구성원의 능력과 한계를 종합적으로 숙지하고 당면한 전투 임무에 가장 적합한 능력을 선택하고 통합하는 것을 임무로 하는, 정예부대이지만 비전문적인 전투부대로 기능하기 위해 '유령부대Ghost Unit'*를 창설했다. 다시 말하면, 이 정예부대는 다른 부대와 달리, 자기 몰입에 빠져서는 안 되며, 임무를 수행하기 위해 이스라엘 방위군 내의 군사적 시야를 계속 탐색해야 한다. 북부, 중부, 남부 등 모든 지역 사령부와 지상, 해상, 공중, 지하 등 모든 차원에서 작전을 수행하는 이 부대의 임무는 당면한 임무를 수행하기 위해 어느 한 시점에 이스라엘 방위군이 가진 모든 것을 동원하는 것이다.

코차비는 이스라엘 방위군이 풍부한 고급 역량을 보유하고 있지만, 조직의 하부 시스템 최적화suboptimization라는 해묵은 문제에 대한 효과적인 대응책이 없다는 사실을 깨달았다. 전장에서 비슷한 적과 교전을 벌이는 이스라엘 방위군의 보병분대는 소총 대 소총의 대등한 조건에서

---

* 유령부대: 일명 888부대 또는 레파임(Refaim) 부대라고도 불리는 특수작전부대로, 4년 전 창설된 이 부대는 보병, 공병, 대전차전, 공중, 정보의 능력을 결합하여 모든 전투 영역에서 적을 탐지, 공격, 파괴하기 위해 편성되었다.

싸워야 하며, 이론상으로는 존재하지만 실제로는 존재하지 않는 이스라엘 방위군 전체의 총체적 역량으로부터 아무런 혜택을 받을 수가 없다.[37] 이것이 바로 유령부대가 해결해야 할 과제, 즉 어떻게 하면 전투에 참여하는 모든 부대의 힘을 극대화할 수 있을지에 관한 것이다. 이러한 임무 때문에 유령부대는 자체적으로 병력을 모집하거나 훈련하지 않고, 비밀리에 활동하는 두브데반 부대, 야할롬 공병부대, 오케츠 Oketz 군견부대 등 다양한 전문성을 갖춘 여러 부대로부터 노련한 팀을 지원받는다. 유령부대의 기본 요건은 뛰어난 전투 기량과 기술에 정통한 능력의 조합이다.[38]

각 전투팀은 필요에 따라 정보·사이버·항공부대의 지원 요원과, 엔지니어 및 컴퓨터 전문가와 같은 민간 전문가와도 소통하며 임무를 수행한다. 원칙적으로 이 부대는 다중 서비스와 다차원의 임무 통합을 지향하는 부대이다. 유령부대의 과제는 공중 및 지상 화력을 기동 요소와 통합하고 최적화하기 위해 노력하면서 조직, 부대 간, 군종 간의 절차적 장벽을 극복하는 것이다. 첫 번째 해결책은 육상, 해상, 공중 플랫폼에서 다양한 범위의 공격을 정밀하게 조율하기 위해 대량의 데이터를 처리하는 데 필요한 다양한 기술과 역량을 갖춘 이른바 수파 Sufa (폭풍 Storm)팀을 구성하는 것이다. 언제든 공격할 수 있는 헤즈볼라 세력과 맞서기 위해 북쪽에서 임무를 수행하는 골라니 여단은 최초로 수파팀을 부대 내에 포함시켰다. 유령부대가 추진하는 또 다른 계획은 도시 지형에서 드론과 초소형 무인항공기를 사용하는 것이다. 이 계획은 모든 종류의 전투 작전에서 항상 어려운 일이지만, 특히 이스라엘 방위군에게는 이중 사상자 제약(적의 사상자는 정치적으로 대가가 크다)과 적대 지역에 고밀도 주택 지역이 많기 때문이다.[39]

유령부대가 계속 존속하면서 더 발전해나갈 것인지, 아니면 성장 과정에서 정점에 도달한 후 최적화를 위한 또 다른 시도로 대체될 것인가는 아직 명확하지 않다. 이스라엘 방위군은 최적화보다 신성한 전통의 유지를 우선시할 이유가 없고, 다른 동기, 주로 즉각적인 위험의 재발에 대한 대처를 우선시할 수 있기 때문이다. 실제 전투부대를 실험적으로 활용한 사례는 이스라엘 최초의 특공대인 101부대로 거슬러 올라갈 수 있는데, 이 부대는 작은 병력으로 짧은 기간 활동했지만, 그 영향력은 광범위하고도 오래 지속되었다.

혁신
13

기업가정신과
특수부대

이스라엘 방위군의 특수부대는 스타트업과 유사한 특성이 있다. 특수부대는 스타트업처럼 독창적 사고와 순수한 끈기가 필요하다. 때에 따라서는 창의적으로 전술을 구사할 수 있어야 하며, 때로는 부대 임무 수행에 필요한 장비를 직접 고안해서 개발해 사용해야 하기 때문이다. 이스라엘 방위군의 특수부대는 부여되거나 부여될 것으로 예상되는 임무 수행을 위해 정보 수집은 물론, 새로운 개념의 무기 개발, 장거리 원정 작전 수행 등을 위해 항상 새로운 것을 추구해야 하는 압박감에 시달리고 있다.

101부대가 창설된 것은 독립전쟁 이후 군대의 사기가 저하된 상황에서 총리와 총참모장이 이끄는 이스라엘 방위군 지휘부가 아주 작은 규모의 전투부대라도 진짜 효과적이라면 사기를 높이는 전술적 승리를 거둘 수 있고, 이 전술적 승리가 결국 더 많은 승리를 이끌어내어 군 전체에 광범위한 효과를 가져올 수 있다고 판단했기 때문이다. 그러나 다른 최상위 이스라엘 방위군 특수작전부대는 오늘날의 스타트업start-up과 유사하다. 특수작전부대는 기존의 이스라엘 방위군 부대가 충분히 제공하지 못하지만, 올바른 개념과 훈련, 구조를 갖출 경우 제공할 수 있는 중요한 능력을 알아본 장교들의 주도로 시작되었다. 물론 거기까지 이르는 데는 독창적인 사고가 필요했지만, 제 기능을 할 수 있는 전투부대를 창설하기까지는 활기찬 지성과는 쉽게 결합하기 어려운 또 다른 요소, 즉 순수한 끈기가 필요했다. 이스라엘 방위군 총참모부는 당시 국제 기준에 비춰보면 매우 작은 규모였지만, 이미 부족한 자원 문제에 대한 해결책을 제시하는 검증되지 않은 새로운 아이디어를 거부할 수 있을 만큼 충분히 컸다. 특수부대를 창설한 사람들은 보기 드물게 독창성과 함께 끈질긴 집념을 가진 사람들이었다.

첫 번째 인물은 앞서 살펴본 바와 같이 꾸준한 혁신가이자 훗날 해군 사령관이 된 요하이 벤-눈으로, 그는 이스라엘 방위군의 샤예트 13 해군 특공대를 창설해 교리를 직접 결정하고, 장비를 선택했으며, 처음에는 자신이 수석 교관으로서 모든 세부적인 교육 프로그램을 정하는 등 세세한 부분까지 직접 챙겼다. 그러나 아마도 가장 성공적인 이스라엘 방위군 군사기업가는 훗날 269부대(총참모부의 정찰부대인 사예렛 마트칼의 전신)를 창설하게 될 아브라함 아르난Avraham Arnan 준장이었을 것이다. 그냥 "부대"(하예히다Hayehida)로 알려진 이 부대는 이스라엘 방위군 정보부의 직접 지휘 아래, 적진의 후방에서 정보를 수집하는 지상 작전을 수행했다. 나중에 인질 구출과 같은 작전을 위해 더 전문화된 부대가 창설되었지만, 101부대가 해체된 이후에는 이스라엘 방위군의 유일한 정예 특공대로서 인질 구출부터 장거리 타격까지 모든 것을 사예렛 마트칼이 담당했다.

이스라엘 방위군 총참모부가 처음 설립되었을 때부터 총참모부에는 적의 능력과 적의 의도를 연구하는 G-2 정보 부서가 포함되어 있었다. 이 부서는 외무부 외교관들로부터 수집되는 일반적인 정보뿐만 아니라 언론 매체, 국경 순찰대와 관측소의 보고, 그리고 야지와 야음 속에 숨어 있는 은밀한 침입자가 아니라 대부분 현지 아랍인처럼 보이는 비밀요원들을 국경 너머로 파견하는 아주 작은 154부대로부터 일반적인 정보를 입수했다.

적의 전신과 전화선을 도청하는 기술은 1914년으로 거슬러 올라가는데, 이스라엘 방위군은 적의 영토에 있는 전선에 설치할 수 있는 간단한 도청장치를 가지고 있었다. 시리아 영토에 설치된 감청장치는 군사 통신을 상당히 안정적으로 감청할 수 있었지만, 때때로 배터리를 교체하기 위해 1개 팀이 국경을 몰래 넘어야 했다. 1954년 12월, 5명의 군인으로 구성된 혼합 팀이 국경을 넘어 시리아 영토 깊숙한 곳에 있는 장치에 도달했지만, 매복해 있던 훨씬 더 많은 병력에 사로잡혀 포로가 되고 말았다. 그들은 3주 동안 각각 독방 감옥에 갇혀 가혹한 고문을 당했는데, 그중 한 명인 우리 일란[Uri Ilan]은 훗날 유명해진 "나는 배신하지 않았다"라는 유서를 남기고 자살했다. 선임이었던 메이르 야코비[Meir Yakobi] 병장은 삼손처럼 숨겨둔 폭탄 쪽으로 시리아 병력을 유인한 다음 자폭장치를 작동시켜 시리아 병력과 함께 자살하려고 했지만, 폭우로 인해 전기격발기가 작동하지 않아 실패했다.[1] 1956년 3월, 포로 생활 15개월 만에 생존자 4명은 35명의 시리아 병사와 교환되는 조건으로 석방되었다.

　이 실패를 통해 얻은 교훈은 생포와 심문의 위험을 수반하는 비밀 작전을 아무리 용감하고 유능하더라도 일반 보병에게 맡길 수 없다는 것이었다. 이것이 154부대에서 복무하던 한 젊은 소령이 생각했던 소박한 발상의 출발점이었다. 팔마흐 소대장이었던 아브라함 아르난은 예비군 소집 시에만 복무하는 대다수의 민간인 중 한 사람이 아니라, 전문 장교가 된 몇 안 되는 사람 중 한 명이었다.[2] 아르난은 그의 경험상 154부대의 아랍 요원은 대부분 정보원에 거의 접근할 수 없는 시골 사람들이어서 그다지 생산적이지 않았기 때문에 훌륭한 보병이나 공격에 능숙한 특공대원이 될 수 있으며, 종심 깊이 침투해 정찰 활동을 할 수 있고, 은밀한 침투에 능숙하며, 첨단 도청장치와 다양한 센서를 다룰 줄 아는 기술 전문가인 고도로 훈련된 군인들로 대체해야 한다고 주장했다.[3] 그 후, 더 야심찬 작전들이 뒤따르겠지만, 아르난이 처음에 구상한 부대는 적대 국가에 단기간 침투하여 즉각적이고 접근 가능한 정보를 수집하는 임무를 수행해야 했다. 이것은 그다지 대단하지 않은 임무처럼 보였지만, 아르난은 자신의 발상을 현실화하기 위해 강력한 집념을 발휘해야 했다. 이스라엘 방위군의 총참모부는 임박한 대규모 전쟁에 대비해 대규모 전투력을 키우는 데 집중하느라 아르난에게 시간을 할애할 여유가 없었다.

　1956년 시나이 작전에서 승리하고 고위 장교들이 좀 더 여유로워진 후에야 아르난은 이라크나 예멘 출신 유대인같이 아랍인처럼 보이면서 아랍어를 사용할 줄 아는 유대인들로 구성된 팔마흐의 '아랍부대Arab unit'에서 참전용사들을 모집해 부대를 편성하기 시작했다. 사실 아르난은 상부의 명시적인 승인 없이 154부대의 시설을 사용했기 때문에 아르난의 비밀 부대는 창설 자체가 비밀리에 이뤄졌다.[4] 이로 인해 101

부대는 전혀 틀에 매이지 않은 조직으로 활동하기 좋았던 반면, 정식 지급된 장비보다는 훔친 장비를 더 많이 편제했을 정도로 심각한 물자 부족을 겪어야 했다.[5]

아르난은 정보단장이나 이스라엘 방위군 총참모장의 공식적인 허가 없이 군 전체에서 적합한 성격과 기술을 갖춘 신병들을 찾아 나섰다. 그런 다음, 그 신병들을 뻔뻔함과 자신의 의심스러운 154부대 신임장을 이용해 이름도 없는 자신의 부대로 재배치시켰다. 그는 조용하고 사려 깊고 학구적인 예호샤파트 하르카비[Yehoshafat Harkabi] 소장의 강한 회의론에도 불구하고 자신이 선발한 병사들을 기존의 낙하산부대로 보내 훈련시킨 다음 다른 훈련 과정들을 마치게 한 뒤 정보국 소속 자신의 부대로 복귀시켰다. 아르난의 부대를 살린 것은 바로 하르카비 소장의 회의론—이것은 정보부대의 지휘관에게 있어 커다란 미덕이기도 했다—이었다. 하르카비 소장의 회의론은 아르난의 프로젝트에 대한 자신의 부정적인 견해로 확대되었지만, 프로젝트의 중단으로까지 이어지지는 않았다.

아르난은 혼자서 이 프로젝트를 계속해나갔고, 1958년 중반에 가서야 마침내 총참모부가 우수한 비밀 부대의 편성을 승인했다. 하지만 그 규모가 너무 작아서 인원이 턱없이 부족했다. 이렇게 창설된 269부대는 정보국 직속으로 배치되어 조직으로서의 중요성이 분명해졌음에도 불구하고 승인된 병력이 고작 14명에 불과했다.[6] 이 규모는 효력을 발휘할 만한 다른 하위 부대들을 구축하기에는 너무 적은 수였다. 그러나 아르난은 건국 초기 자신이 맡았던 업무를 모험적으로 추진했던 아리엘 샤론으로부터 "일단 수용하라. 그런 다음 소요 인력을 하나하나 늘려나가 목표로 하는 병력 규모로 키우라"는 조언을 받았다.[7] 마침내 아르난은 자신이 꿈꾸던 부대를 조직하기 시작했는데, 그 부대는 "이전에

●●● 아브라함 아르난은 그의 경험상 154부대의 아랍 요원은 대부분 정보원에 거의 접근할 수 없는 시골 사람들이어서 그다지 생산적이지 않았기 때문에 훌륭한 보병이나 공격에 능숙한 특공대원이 될 수 있으며, 종심 깊이 침투해 정찰 활동을 할 수 있고, 은밀한 침투에 능숙하며, 첨단 도청장치와 다양한 센서를 다룰 줄 아는 기술 전문가인 고도로 훈련된 군인들로 대체해야 한다고 주장했다. 그는 정보단장이나 이스라엘 방위군 총참모장의 공식적인 허가 없이 군 전체에서 적합한 성격과 기술을 갖춘 신병들을 찾아 나섰고, 그렇게 선발한 병사들을 그에 맞게 훈련시켜 마침내 1958년 중반에 총참모부의 승인을 받아 269부대를 창설했다. 위 사진은 1948년경에 찍은 것으로 추정되는 아브라함 아르난의 사진이다. 정보부대인 269부대의 수장답게 그는 사진을 거의 남기지 않았다. 〈출처: WIKIMEDIA COM-MONS | Public Domain〉

존재했던 부대와는 완전히 다른, 이전에 밟았던 길을 따르지 않는, 누구도 생각하지 못한 방식으로 생각하고 실행할 수 있는 부대"였다.[8] 그러나 독창성에 대한 이러한 주장은 향후 작전을 통해 검증되겠지만, 한 가지 측면에서 아르난은 철저한 전통주의자였다. 그의 부하들은 소총수, 저격수, 기관총 사수로서 매우 정확한 사격을 포함해 필요한 다양한 기술에 관해서는 완벽주의자가 되어야 했다. 이러한 매우 기본적인 기술들 덕분에 여러 차례 곤경에서 벗어날 수 있었다.

사실 아르난은 완전히 다른 부대를 만들고 싶었지만, 101부대의 유산을 계승하는 것이 유용하다고 생각해 전문가들을 설득했고, 그중 가장 소중한 인재로 전설적인 메이르 하르시온을 영입했다.[9] 이 계략이 통해서, 곧 최고의 신병들이 비밀스러운 269부대에 합류하기를 원했다. 269부대는 당시 특공대에 관심이 있는 모셰 다얀 총참모장이 아르난의 사업에 적극적인 관심을 갖고 사업을 확장할 수 있는 권한을 주었기 때문에 마침내 규모가 커질 수 있었다.[10] 아르난은 좋은 자원들을 찾아 군사 기지들을 훑고 다녔는데, 선발 시 기록이나 테스트보다는 자신의 직관을 믿었고, 다얀의 임기가 얼마 남지 않았기 때문에 늘 시간에 쫓기면서 다녔다.[11]

다얀의 후임 총참모장으로 임명된 하임 라스코프Haim Laskov는 영국군 참전용사였다.[12] 1941년과 1948년에 적진 뒤에서 대담한 습격을 직접 지휘했던 성급한 규칙 파괴자인 다얀과 달리, 라스코프는 훈련된 기술과 질서 정연한 절차로 영국군의 기준을 충족시키며 소령 계급에 오른 인물이었다. 예상대로 라스코프는 101부대의 무모함보다는 전반적으로 더 많은 규율이 필요하다고 생각했다. 아르난은 자신이 마치 기업가인 것처럼 행동하면서 라스코프의 환심을 사려고 1941년 데이비드 스털링David Stirling이 창설한 영국 사막습격특수비행대desert-raiding Special Air Service가 실제로 전혀 다른 자신의 휘하 부대에 영향을 미쳐서 그 부대가 심지어 "도전하는 자가 승리한다"라는 모토를 채택했다고 과장하기까지 했다.[13] 라스코프는 완전히 확신하지는 못했지만, 아르난이 병력, 장비, 시설을 모으는 것을 막으려 하지는 않았다. 정치적인 수완이 뛰어났던 아르난은 텔아비브 중심부에 있는 이스라엘 방위군 총참모부에서 그리 멀지 않은 곳에 부대를 배치해 고위 장교들에게 쉽게 접근할 수 있었다. 또한 그는 지나가는 장관들을 초대해 부하들의 엄격하고 흥미진진한 훈련을 참관하게 했는데, 관심을 갖고 방문한 사람 중에는 벤 구리온 총리도 있었다.

부대가 성장함에 따라 아르난은 더 많은 자금이 필요했지만, 정보부 예산이 부족했기 때문에 1970년 말에는 영국군이 사용하던 골판지 오두막에서 연구 부서를 운영할 수밖에 없었다. 아르난은 훗날 총참모장이 된 다비드 엘라자르를 비롯한 이스라엘 방위군의 장군들에게 로비해 기금을 모금했으나 그것만으로는 충분하지 않았기 때문에 그의 부하들은 다른 캠프의 다른 부대에 지급된 장비와 물품을 능숙하게 훔치는 도둑이 되었다.[14] 그들이 "징발"이라고 부른 이러한 '도둑질'은 초창기 부대의 특성이 되었고, 계획성, 은밀성, 빠른 실행력이 필요했기 때문에 좋은 훈련으로 여겨지기도 했다.[15] 실전 테스트를 해야 한다는 아르난의 끊임없는 압박으로 그의 부대는 결국 1959년 초 첫 작전 임무에 투입되었다.[16] 임무는 시리아가 점령한 골란 고원에 침투해 정보 장비를 설치하는 것이었다. 임무의 성공으로 아르난은 곧바로 요르단에서 또 다른 임무를 부여받아냈는데, 이 임무 역시 성공적이었다. 이스라엘 방위군의 최고 지휘관들은 아르난이 지휘하는 부하들의 자유분방한 스타일에 대해 우려했지만, 그 결과에는 만족해했다.[17]

카리스마 넘치는 아르난은 주위에 자신에 대한 일종의 개인 숭배를 불러일으킴으로써 부하들의 사기를 높였는데, 이는 그들의 지휘관인 아르난조차도 술책으로 피해가고 있던 이스라엘 방위군의 규율규율에 대한 부하들의 존중심을 고취시키는 데는 전혀 도움이 되지 않았다.[18] 마침내 총참모부가 의혹을 잠재우고 아르난의 부대를 포용하게 된 계기는 1960년 2월 20일에 발생한 로템Rotem 사건이었다. 이집트 1개 기갑사단과 3개 보병여단이 기습적으로 시나이 반도에 진입하면서 이스라엘 방위군의 허를 찔렀다. 이것은 이스라엘의 가장 중요한 전선에서 군사력 균형에 갑작스럽고 근본적으로 매우 위험한 변화가 일어난 사건이었다. 정보 당국은 이집트군의 진입에 대비해 철저히 준비하고 있었음에도 불구하고 이를 예측하지도, 제때 모니터링하지도 못했던 것이었다. (이 무렵 이집트군은 소련군으로부터 치밀한 준비부터 신속한 철수까지 대규모 기갑부대를 은밀하게 이동시키는 방법에 대해 훈련을 받고 있었다.) 이집트군의 기갑부대가 이스라엘 전선으로 이어지는 시나이 중부 축의 제벨 리브니Jebel Libni에 도착한 지 나흘이 지나서야 총사령부는 이스라엘 방위군이 예비군을 동원하여 방어하기도 전에 이집트군의 2개 사단 병력이 네게브 국경까지 침투해 있었다는 사실을 우연히 알게 되었다.

다행히 새롭게 진입하던 이집트군은 별다른 사고 없이 철수했지만, 이스라엘 방위군 장군들에게 미친 영향은 즉각적이면서도 오래도록 지속되어 아르난 부대의 중요성은 더 깊이 각인되었다.[19] 1962년 새로 임명된 메이르 아미트Meir Amit 이스라엘 방위군 정보국장의 지휘 아래, 상황은 더 나아지기 시작했다. 아미트는 처음에는 이스라엘 국경 근처에서만 정보를 수집했지만, 나중에는 적진 깊숙한 곳에서 정보를 수집하기 위해 아르난의 부대에 점점 더 의존했다.[20] 아르난은 269부대의 성공이 거듭되자, 지휘관인 아미트를 비롯한 고위 장교들을 초청해 파티를 열었다.[21]

아르난은 269부대의 장거리 침투 빈도와 깊이 등이 모두 증가해 이스라엘 영토에서 매우 먼 지점까지 도달하자, 이스라엘군 최초의 헬기 대대인 124부대의 사령관 우리 야롬Uri Yarom에게 연락을 취했다.[22] 당시 헬기는 구조 임무 등만을 수행할 뿐 전투 역할이 정해져 있지 않아서, 공군을 지휘하는 전투기 조종사들에게 별로 중요하지 않은 것으로 여겨졌다.[23] 차라리 미라주를 1대 더 확보하는 것이 좋겠다는 전투기 조종사들의 거센 반대에도 불구하고 1956년에 시코르스키Sikorsky S-55 2대가 미국으로부터 도입되었고, 1956년 시나이 작전 몇 달 전에 공군에 인도되었다.[24] 야롬은 그의 자서전에서 공군이 헬리콥터가 사람들을 이동시키는 데만 유용할 뿐, 유지 비용이 비싼 낙타와 같은 존재로 여겨 싫어했다고 썼다.[25]

지상군 장교들도 낙하산 병력을 더 많이, 훨씬 더 멀리, 더 빠르게, 더 저렴하게 투하할 수 있는 고정익 수송기(예를 들어, 구형 DC-3/다코타Dakota)를 더 선호했다. 하지만 야롬은 헬리콥터를 방어가 취약하거나 전혀 되지 않는 적 후방에 병력을 착륙시키기 위해 현장에서 선회하며 전투에 참여할 수 있는 '트로이의 목마'로 생각했다. 아르난은 종심 침투 임무에 투입된 병사들을 낙하산 없이 멀리 떨어진 목표물로 보낸 후 다시 데려올 방법을 찾았는데, 그 해결책으로 헬리콥터를 생각해냈다. 그는 야롬의 124부대와 합동 훈련을 시작했는데, 이는 결국 일련의 훈련을 통해 합동 전투 교리의 정립으로 이어졌다.[26]

1962년까지 야심 찬 종심 침투 임무가 진행되었다. 조종사들은 칠흑 같은 야간 운항법, 낯선 지형에서의 착륙, 초저공 비행으로 레이더 탐지 회피 등 새로운 기술을 습득해야 했다.[27] 1963년부터 1964년까지 반복된 작전들은 조종사들의 숙련된 능력을 입증해 보였다. 아르난의 부하들은 헬리콥터를 타고 이집트 영토 깊숙한 곳에 착륙했다가 몇 시간 후 이집트군 통신을 도청하기 위한 장치를 설치한 후 다시 탑승했다. 이 무렵 헬리콥터와 특공대의 조합이 (이집트군 포병부대가 헬리콥터를 이용해 침투한 낙하산부대원의 공격을 받은 1967년 아부 아게일라Abu Agheila 전투와 같은) 대규모 전투 작전에서도 강력한 시너지 효과를 낼 수 있다는 것이 확실히 입증되고 있었다. 헬리콥터는 매우 낮게 비행해 레이더의 탐지를 피할 수 있고, 소음이 머리 위에서는 크지만 실제로는 멀리 퍼지지 않기 때문이었다. 1967년 6일 전쟁이 시작될 무렵 특공대원들은 이러한 작전 방식을 통해 아랍 공군기지에 대한 많은 정보를 수집

●●● 1972년 5월 9일 사예렛 마트칼 대원들이 에후드 바라크의 지휘 아래 4명의 납치범에게 피랍된 사베나 571편 승객과 승무원을 구출하고 있다. 사진 상단 왼쪽에 흰색 작업복을 입고 정비사로 위장한 에후드 바라크가 보인다.〈출처: WIKIMEDIA COMMONS ｜ CC BY-SA 3.0〉

해 모케드 작전을 지원했다.

　아르난은 1964년에 부대를 떠나 군정보국^{intelligence headquarters}에서 근무하면서 장군이 많지 않은 이스라엘 방위군에서 매우 높은 계급인 준장으로 진급했다.[28] 그의 269부대는 사예렛 마트칼이라는 공식 명칭 하에 1967년 이후 이스라엘 국경에서 멀리 떨어진 곳에서 정보수집 임무를 계속 수행하면서 대반란 활동을 포함한 새로운 역할을 맡았다. 1972년 5월 8일, 이스라엘 중앙 공항(당시는 로드 공항Lod Airport, 오늘날은 벤구리온 공항Ben-Gurion Airpor)에서 315명의 수감자 석방을 요구하며 항공기를 폭파하겠다고 협박한 4명의 납치범에게 피랍된 빈Wien발 텔아비브행 사베나Sabena 571편 승객 90명과 승무원 10명을 구출했다. 언론 카메라가 지켜보는 가운데 성공한 '아이소토프Isotope 작전' 이후, 사예렛 마트칼은 원했던 것보다 훨씬 더 많이 홍보되었다. 구출을 위한 특별한 훈련을 받지는 않았지만 엘 알 항공El Al flights의 항공보안관이 된 전직 부대원들의 조언을 받아 미래의 총리인 벤야민 네타냐후Benjamin Netanyahu를 포함한 16명의 사예렛 마트칼 대원들은 또 다른 미래의 총리인 에후드 바라크Ehud Barak의 지휘 아래, 표면적으로는 비행기를 수리하는 정비사로 위장하기 위해 흰색 작업복을 입고 접근했다. 이들은 뛰어난 권총 실력을 바탕으로 항공기를 급습해 납치범 2명을 사살하고 나머지 2명을 생포했으며, 부상으로 사망한 1명을 포함해 승객 3명이 부상을 당했고, 네타냐후도 부대원이 쏜 총에 팔을 맞았다.[29]

1973년 4월 9일부터 10일까지, 1972년 뮌헨 하계 올림픽에서 이스라엘 선수단이 학살된 데 대한 보복으로 베이루트에서 팔레스타인 해방기구의 수괴 3명을 암살한 아비브 네우림Aviv Ne'urim(청춘의 봄Spring of Youth) 작전은 훨씬 더 극적인 특공대형 작전이었다. 이 사건은 검은 9월단Black September의 무함마드 유세프 알 나자르Muhammad Youssef al-Najjar, 작전 책임자인 카말 아드완Kamal Adwan, 팔레스타인해방기구의 리더이자 대변인인 카말 나세르Kamal Nasser 등 3명의 수괴에게 직접적인 책임이 있었다. 이번 작전을 위해 텔아비브에서 여장을 하고 걷는 연습을 한 에후드 바라크 사령관의 지휘 아래, 사예렛 마트칼 대원들은 배를 타고 레바논

해변에 도착했다. 모사드^{Mossad}* 요원들이 3대의 렌트카로 팔레스타인 해방기구 수뇌부가 거주하는 인접한 고급 아파트 두 곳으로 향했다. 세 팀이 아파트에 침입해 목표물을 사살하는 동안, 바라크가 이끄는 다른 세 팀은 밖에 남아 팔레스타인해방기구 지원군, 레바논 헌병과 교전했다. 바라크와 그의 부하들은 적과의 교전에서 매우 정확한 사격으로 적 12명을 사살한 후, 모두 해변으로 이동하는 차량으로 돌아와 모터보트를 타고 앞바다에 대기 중인 순찰선으로 이동했다. 같은 날, 미래의 총참모장이 될 암논 립킨-샤하크^{Amnon Lipkin-Shahak}가 이끄는 14명의 낙하산부대원이 팔레스타인해방인민전선^{Popular Front for the Liberation of Palestine}의 베이루트 본부를 공격해 2명의 대원을 잃었지만, 무장 세력 90여 명을 사살했다. 동시에 레바논의 다른 파타^{Fatah}** 시설들도 해군 특공대의 공격을 받았다.

그러나 1976년 7월 4일, 엔테베 공항^{Entebbe Airport}의 옛 터미널에서 7명의 납치범과 100여 명의 우간다 군대에 의해 억류되어 있던 승객 100명과 자원해 이들과 함께 있기로 한 12명의 에어 프랑스^{Air France} 승무원을 구출한 사건으로 이 부대의 국제적 명성은 절정에 달했다. 준장을 지휘관으로 하는 총 100명의 이스라엘 방위군이 참여한 대규모 군사 작전 중 터미널에서의 실제 구출 작전은 요나탄 네타냐후^{Yonatan Netanyahu} 중령이 지휘하는 29명의 부대원들이 수행했다. 이들은 납치범과 우간다인 일당을 사살했으며, 교전으로 인해 인질 3명이 사망하고 10명이 부상을 입었다. 네타냐후는 이스라엘 전투원 중 유일하게 사망

---

* 모사드: 이스라엘의 해외정보기관.
** 파타: 팔레스타인 민족주의자이자 사회민주주의 정당으로서, 다당제 연합인 팔레스타인해방기구(PLO)의 최대 분파이자 팔레스타인 입법위원회(PLC)의 두 번째로 큰 정당이다.

했다.

엔테베^{Entebbe} 작전은 이렇게 공개되었고, 장편 영화와 다큐멘터리를 통해 더욱 널리 알려졌다. 그리고 네타냐후의 이름을 딴 연구소가 설립되어 그의 업적을 기리고 있다. 그러나 사예렛 마트칼은 창설 이후 공개는커녕, 공개되지 않는 비밀 작전을 위한 부대로 존재하고 있다. 따라서 공항 검색대를 통과할 수 있는 신형 노트북 폭탄의 설계가 드러난 2017년 이라크-레반트 이슬람국가^{ISIS, Islamic State of Iraq and the Levant} 본부 침투 때처럼, 이들의 작전이 알려지게 된 것은 오로지 다른 당사자들의 우연한 폭로 때문이다. 이 부대가 이란에서 이스라엘군이 수행한 상당히 화려한 작전과 관련이 있다는 확인되지 않은 보도만 있을 뿐이다.

이와는 대조적으로, 2018년 가자 지구에서 더 광범위한 전투를 촉발한 비밀 작전, 사망자가 발생한 무기 실험 사고, 이스라엘 땅에서 인질 구출에 실패한 비극적인 사건을 포함한 이 부대의 실패는 잘 알려져 있다.

1974년 5월 15일, 팔레스타인해방인민민주전선의 무장 괴한 3명이 밴을 공격해 이스라엘계의 아랍 여성 2명을 살해하고 3명을 다치게 한 후, 레바논 국경에 있는 마알롯^{Ma'alot} 마을의 한 아파트 건물로 들어가 부부와 네 살 아들을 살해한 후 지역 학교로 진입했다. 급히 출동한 사예렛 마트칼 팀이 즉석에서 구조를 시도했지만, 22명의 어린이가 사망하고 더 많은 사람이 부상을 입었다. 이 실패를 계기로 이스라엘 영토 내에서 인질극에 대응하는 특수경찰부대인 예치다 미슈타르티트 메유체데트^{Yechida Mishtartit Meyuchedet}*가 설립되었는데, 이 부대는 직업경찰 전문가들로만 구성되었다.

---

* 예치다 미슈타르티트 메유체데트: 히브리어 약어 야맘(Yamam)으로 알려져 있다.

아르난이 창설한 특공대는 몇 번의 실패에도 불구하고 많은 작전에서 성공을 거두었으며, 오늘날까지도 최고의 인재들을 꾸준히 끌어들이는 이스라엘 최고의 특공대로 남아 있다. 민간 경력은 말할 것도 없고, 고등 교육을 시작하기 전까지 최소 5년 이상 복무하는 것이 차후 진출에 걸림돌이 되지 않는 것으로 보인다. 이 부대 출신으로는 3명의 총리와 여러 내각 장관, 모사드 및 신베트Shin Bet* 보안국 수장, 유명 기업가들이 있다. 2001년 9월 11일 아메리칸 항공American Airlines 11편기에서 납치범들에게 저항하다 칼에 찔려 희생된 것으로 알려진 수학자이자 아카마이 테크놀로지Akamai Technologies의 공동 창업자인 다니엘 마크 르윈Daniel Mark Lewin도 그중 하나이다.

모세 베처와 5101부대(샬닥)

무키Muki라는 이름으로 더 잘 알려진 모세 베처Moshe Betzer는 극도의 압박 속에서도 유쾌한 평온함을 잃지 않는 것으로 사예렛 마트칼 내에서 전설적인 명성을 얻었다. 그는 뛰어난 시력을 가진 사냥새의 이름을 딴 자신의 사예렛Sayeret 5101부대 샬닥Shaldag(물총새Kingfisher)을 창설하기 위해 부대를 떠나기 전에 부지휘관으로 승진했다. 1973년 전쟁에서 소련의 지대공 미사일로 막대한 손실을 입은 이스라엘 공군이 미사일 위협에 대한 모든 가능한 해결책을 긴급히 모색하고 있을 무렵, 베처는 적진 깊숙한 곳까지 침투해 일반적인 소형 무기는 물론 자체 전술 미사일로 미사일 포대, 레이더 시설, 전방의 작전 본부를 공격하는 부대를 직접 창설했다.[30]

---

* 신베트: 이스라엘의 국내정보기관이다.

베처는 개인적 명성으로 인해 중령 계급보다 더 큰 권위를 갖고 있었다. 그는 사예렛 마트칼 예비군 중대를 인수해서 실험적으로 자신의 특수부대를 조직하는 것을 허락받았다. 샤론과 아르난이 그랬던 것처럼, 그는 많은 것을 요구하고, 얻은 것을 취하고, 더 많은 것을 얻을 기회를 기다렸다. 전투에서 베처는 평범한 소형 무기로도 놀라운 성과를 거두었지만, 샬닥을 위해 새로운 경량 전술 미사일, 공군 폭탄용 레이저 표적지시기 등 기술이 제공할 수 있는 모든 것을 추가하고자 했다. 강철 같은 신경을 가진 특공대원이기도 한 베처는 기술 전문가이기도 했다. 이 기술 전문가는 자신의 부대가 새로운 미사일을 확보하기 위해 일종의 무기 개발자가 되기를 원했고, 이를 위해서는 실제 돈이 필요했다. 베처를 지원하고 그의 부대와 유도무기 아이디어를 위한 초기 자금을 확보한 것은 노련한 보병이었던 예쿠티엘 "쿠티" 아담^{Yekutiel "Kuti" Adam} 소장이었다.[31] 2년간의 노력 끝에 1976년에 새로운 스타일의 미사일 훈련을 지켜본 후 총참모장 모르데카이^{Mordecha} 중장이 부대를 공식 승인했지만, 여전히 사예렛 마트칼의 지휘 아래에 두었다.

베처에게 결정적인 기회가 찾아온 것은 1977년 2월, 12전 전승의 에이스 전투기 조종사이자 과학과 문학 분야에서 뛰어난 독창성을 지닌 우수한 인재였던 이프타흐 스펙토르^{Yiftach Spector} 대령이 공군 사령관이 되면서부터였다.[32] 공군 특공대 창설을 오랫동안 지지해온 스펙토르는 샬닥에 대해 듣자마자 자금을 지원하고 싶어했다. 공군은 지상군보다 1인당 예산이 훨씬 많기 때문에 공군 특공대를 창설할 수 있는 여력이 있었다. 그러나 이것은 공군으로의 공식적인 전출을 의미했는데, 이는 베처의 작전 개념에는 잘 맞았지만, 사예렛 마트칼 예비군을 필요로 하는 베처의 신설 부대에는 적합하지 않았다.

스펙토르는 녹색 군복을 입는 지상군 부대가 청색 군복을 입는 공군의 지휘를 받는 것을 원하지 않았다. 그럼에도 불구하고 그가 베처와 가졌던 첫 대화 녹취록은 근본적으로 다른 두 사고방식을 가진 두 사람이 결국에는 타협점을 찾았음을 보여준다.

베처: "이스라엘 방위군 총참모부 전체와 쓸데없는 투쟁을 벌이는 대신, 마트칼 졸업생으로 구성된 예비대대부터 공중 특수작전을 위한 훈련을 시작합시다."

스펙토르: "마트칼 출신 예비군이 있습니까?"

베처: "네, 있습니다."

스펙토르: "그럼 이 부대의 창설자는 누가 되나요?"

베처: "접니다."

스펙토르: "누가 지휘할 건가요?"

베처: "제가 할 겁니다."

스펙토르: "마트칼에 문제가 있습니다. 그들의 임무는 길고 치밀한 계획을 기반으로 합니다. 그들은 확실성을 높이기 위해 노력하기 때문에 모든 사소한 세부 사항을 처리합니다. 하지만 공중작전은 순식간에 시작됩니다. … 아침에 임무를 받고 정오까지 계획을 세우고 그날 밤 전투를 위해 헬기에 탑승할 수 있는 병사들이 필요합니다."

베처: "그들은 그렇게 할 것입니다."

스펙토르: "나의 직접적 지휘 하에 항상 준비되어 있어야 하고, 파란색 베레모(이스라엘 공군 베레모)를 착용해야 합니다."

베처: "파란 베레모를 쓴다고요? 아직은 아닙니다. 점진적으로 하겠습니다. 먼저 녹색 군복을 입는 자상군 부대들이 이 아이디어에 익숙해지면 이 아이디어에 굴복할 것입니다. 우리는 모든

것을 점진적으로 할 겁니다. 먼저 [라파엘 에이탄^{Rafael Eitan}] 라풀^{Raful} 부총참모장의 승인을 받아 부대를 그렇게 만들 것입니다. 그런 다음 공군기지에 배치할 것입니다."³³

얼마 지나지 않아 베처는 에이탄 부참모장에게 새로운 대대 아이디어를 소개했고, 그 뒤를 이어 스펙토르가 말할 차례였다. 스펙토르가 이 대대가 공군을 위해 무엇을 할 수 있는가에 대해 열정적으로 설명했음에도 불구하고, 에이탄은 이를 거절하면서 신설 대대를 정보국에서 분리하여 그에 대해 이미 잘 알고 있고 적극 지지하고 있는 유능한 우리 심초니^{Uri Simchoni} 준장이 지휘하는 보병 및 낙하산부대 예하에 두는 것에는 동의했다. 베처는 사예렛 마트칼과 분리되면 사예렛 마트칼의 예비역으로만 구성된 새 대대가 피해를 입을까 걱정했지만, 에이탄은 모든 계급의 사예렛 마트칼 장병들이 현역을 떠나는 즉시 하나도 빠짐없이 베처의 신설 부대에 배치될 것이라고 하며 그를 안심시켰다. 에이탄은 약속을 지켰으며, 여기에 더해 새로운 대대가 징집병 모집 경쟁에 참여할 수 있도록 허용함으로써 샬닥을 예비군에서 현역 부대로 전환시켰다.³⁴ 이로 인해 샬닥은 징집병 모집에서 가장 뛰어난 인재를 뽑기 위한 치열한 경쟁에 뛰어들게 되었다. 다시 에이탄이 도움을 주었다. 에이탄은 비행 교관인 아들 요람^{Yoram}과 상의한 후 공군 조종사 과정에서 탈락한 모든 생도들을 베처에게 보내 면접을 볼 것을 지시했다.

베처의 첫 번째 훈련 과정은 22개월의 추가 복무 기간과 자율적 수행에 중점을 둔다는 점에서 사예렛 마트칼과 비슷했지만, 신병들이 훈련 방법, 전술, 필수 교육에 대해 자신만의 아이디어를 제시하도록 하면서 곧 훈련 과정이 달라지기 시작했다. 2021년 현재 샬닥의 훈련 기간은 1년 8개월이며, 의무 복무 기간 32개월 외에 추가 복무 기간은

64개월로, 모든 대원이 장교 양성 과정을 거치며 대학 학위를 취득하기 위해 공부하는 기간까지 포함하면 총 8년에 달한다. 각 훈련이 끝날 때마다 병사들은 요구 사항이 있으면 제안해줄 것을 요청받는데, 그것이 장비와 관련된 제안이면, 베처의 관심사였던 부대 자체의 무기 장비 개발 부서가 그 요구 사항을 충족하는 무기와 장비를 개발하기 위해 노력한다. 개발자들은 예비역에서 소집된 민간인이었지만, 자신들의 임무가 매우 흥미로워서 대부분 의무 복무 기간인 30일이 아닌 50여 일 동안 근무했으며, 장교와 부사관 등 지휘관들은 80일 동안 근무하기도 했다.

베처는 아르난의 사례를 따라 종종 직접 제작한 새로운 장비와 우선적인 작전 임무를 수행하기 위한 맞춤형 전술을 결합해 얻은 부대의 최신 능력을 시연하기 위해 총참모장과 참모 장교들에게 참석을 요청했다. 이것이 총참모부에 최신 정보를 알려주고, 샬닥의 발전을 위한 자금을 확보할 수 있는 길이었다.[35] 샬닥은 '공군 임무 수행 대대Battalion for Air Force Task'라고 불렸지만, 제5대 부대장이 샬닥의 지위를 지상군 소속인 사예렛 마트칼과 해군 소속인 샤예테트 13처럼 공군 특공대로 격상하기로 결정하기 전까지 오랫동안 공식적으로 지상군 소속으로 남아 있었다. 1980년대 중반에 이르러서야 공군 특수부대로서 자리매김할 수 있었다.[36]

굉장히 인상적인 전투로 유명한 해군의 샤예테트 13과 사예렛 마트칼에 비해, 샬닥은 대중에게 거의 노출되지 않았고, 참전용사들도 책이나 기사를 쓰거나 인터뷰에 응하지 않았다. 1996년 4월 11일에 시작된 헤즈볼라에 대한 이스라엘의 반격 작전 당시, 헤즈볼라의 작전 본부를 성공적으로 습격한 것을 제외하면, 가장 잘 알려진 샬닥의 업적은 1999년 5월 24일 샬닥의 현역과 예비군 수백 명이 아디스 아바바

^{Addis Ababa}로 날아가 유혈 내전으로 위험에 처한 유대인들을 대피시킨 솔로몬^{Solomon} 작전에서 대규모 역할을 수행한 것이었다.[37] 36시간 동안 샬닥이 공항 전체와 도로 접근, 항공기 운항 등을 보호하는 동안, 이스라엘의 항공기가 왕복하면서 1만 4,000명 이상의 유대인을 에티오피아에서 이스라엘로 대피시켰다.[38] 알려진 또 다른 작전은 2006년 제2차 레바논 전쟁 중 8월 1일 밤 200여 명의 샬닥과 사예렛 마트칼 특공대가 헤즈볼라 본거지 깊숙이 들어가 바알벡^{Baalbek}에서 수행한 샤프 앤 스무스^{Sharp and Smooth} 작전*이다.[39] 이 작전의 목표는 이스라엘 정보기관이 발견한 대규모 무기 저장고였다. 이 작전으로 19명의 헤즈볼라 전사가 사살되었으며, 이스라엘 측 사상자는 확인되지 않았다.

바알벡^{Baalbek} 작전**은 여전히 베일에 싸여 있지만, 2007년 9월 6일 시리아의 데이르 에즈조르^{Deir ez-Zor} 지역의 알 키바르^{Al Kibar}(일명 다이르 알주르^{Dair Alzour})에 있는, 북한이 공급한 원자로 단지를 이스라엘이 F-16 전투기와 F-15 전투기로 파괴한 사건은 잘 알려져 있다. 샬닥의 역할이 모호한 이유는 어느 언론 보도에서는 항공 발사 미사일을 목표물로 유도하는 데 레이저 지시기를 사용했다고 언급하는 반면, 또 다른 보도에서는 후속 공격이 필요한지의 여부를 결정하는 데 실제로 중요하지만, 다중 스펙트럼 정찰 사진***의 가용성을 고려할 때, 지상에서 수행하기 어려운 '피해 평가'를 언급하기 때문이었다.[40]

비밀리에 진행되었음에도 불구하고, 사예렛 마트칼을 보완하기 위해

---

* 샤프 앤 스무스 작전: 2006년 레바논 전쟁 중에 이스라엘 방위군이 헤즈볼라 본부로 사용되던 알베크시의 병원과 도시 인근을 급습한 작전이다. 습격의 정확한 목적은 기밀로 유지되고 있다. 바알벡 작전이라고도 불린다.

** 바알벡 작전: 샤프 앤 스무스(Sharp and Smooth) 작전의 다른 명칭이다.

*** 다중 스펙트럼 정찰 사진: 특정 파장의 빛을 감지하는 센서를 사용하여 지구 표면의 이미지를 캡처한 것을 말한다.

그 못지않게 뛰어난 특공대대를 조직·운용하고자 했던 베처의 꿈은 이뤄졌다는 것은 명백하다. 오랜 세월이 지난 지금도 각 부대가 여전히 창설자의 흔적을 간직하고 있다는 것은 주목할 만하다. 정보장교 아르난의 부대는 여전히 정보를 수집하는 기발한 새로운 방법에 초점을 맞

●●● 2022년 샬닥 부대원들이 훈련하고 있다. 유혈 내전으로 위험에 처한 아디스 아바바의 유대인들을 대피시킨 솔로몬 작전과 북한이 공급한 시리아의 원자로 단지를 이스라엘이 F-16 전투기와 F-15 전투기로 파괴한 바알벡 작전 정도가 알려져 있을 뿐 샬닥은 대중에게 거의 노출되어 있지 않다. 그러나 기술 전문가인 베처의 부대인 샬닥은 새로운 무기를 새로운 방식으로 사용하고, 심지어 새로운 개념의 무기를 사용해 이스라엘에서 멀리 떨어진 곳에서 작전을 수행하고 있다. 〈출처: WIKIMEDIA COMMONS | Public Domain〉

추고 있는 반면, 기술 전문가인 베처의 부대는 새로운 무기를 새로운 방식으로 사용하고, 심지어 새로운 개념의 무기를 사용해 이스라엘에서 멀리 떨어진 곳에서 작전을 수행하고 있다.

기갑부대의
남다른 창의성

독립전쟁 이후 수많은 전쟁을 치러오는 과정에서 이스라엘 방위군의 보병과 공군
이 많은 전투를 수행해왔지만, 전장을 지배해온 것은 기갑부대였다. 이스라엘 방위
군의 기갑부대는 전차 한 대 없이 창설되었지만, 많은 역경을 겪으며 세계 최강의
기갑부대 중 하나로 성장했다. 특히 국제적 제재 속에서 기갑 전력을 키워온 이스
라엘 방위군은 주어진 여건에서 끊임없는 기술 개발을 통해 기갑 전력을 개선해왔
으며, 기갑부대 특성에 맞는 규율과 기술적 전문성을 강화해왔다. 특히 서독 과학자
의 도움을 받아 개발한 반응장갑은 또 하나의 기술적 승리였다.

실제 전쟁에서 대부분의 전투를 수행한 것은 정예 부대로 구성된 보병과 공군이었다. 그러나 1956년 시나이 전역에서부터 1967년 6월 전쟁(제3차 중동전쟁 혹은 6일 전쟁), 1973년 10월 전쟁(제4차 중동전쟁 혹은 욤 키푸르 전쟁), 그리고 1982년 레바논 전쟁에 이르기까지 이스라엘의 전쟁을 주도한 것은 기갑부대였다. 레바논 전쟁은 이스라엘 방위군이 군단급 지휘관인 아비그도르 벤-갈^{Avigdor Ben-Gal} 소장의 지휘 아래 1,000대 이상의 전차를 전장에 투입한 최초이자 유일한 사례이다. 하지만 1948년 창설 이후 1967년 전쟁이 끝날 때까지 이스라엘 기갑부대는 중고 전차로 버텨야 했다. 미국에서 최신형 M60A1 패튼^{Patton} 전차를 도입한 후에도 구형 모델을 모두 교체할 여력이 없었다. 그래서 고철이나 중고 장비를 구입해 개조하고 업그레이드하는 것이 일상이 되었다.

1948년 초 당시만 해도 제2차 세계대전의 전차전에서 전쟁의 결정적인 승자는 기갑부대라고 여겨졌다. 이것은 이스라엘인들에게 문제가 아닐 수 없었다. 남쪽에서 침입해온 이집트군은 강력한 셔먼^{Sherman} 전차를 보유하고 있었다. 요르단 등 서쪽으로 침공하는 아랍 군단은 마몬-헤링턴^{Marmon-Herrington} 마크^{Mark} IV 장갑차와 다임러^{Daimler} 장갑차를 보유하고 있었는데, 이 차량들은 구경이 크지는 않았지만 충분히 위력적인 2파운드(40mm) 주포를 장착했다. 시리아군은 37mm 주포를 장착한 르노^{Renault} 35 경전차를, 심지어 시리아에서 온 오합지졸인 아랍 해방군도 캐나다 오터^{Otter} 장갑차를 보유하고 있었다. 반면, 이스라엘 방위군에는 처음에는 제대로 된 주포로 무장한 기갑차량이 전혀 없었고, 포탑 없이 철판으로 부분적으로 보호된 민간 트럭만 있었으며, 대전차 무기도 거의 없었다.

이처럼 열악한 상황에서도 폴란드에서 태어나 제정 러시아군에서 훈장을 받은 베테랑이자 전 팔마흐 사령관이었던 이츠하크 사데^{Yitzhak Sadeh}는 기어코 제8기갑여단의 창설을 포기하지 않았다. 사데가 창설한 제

●●● 1948년 초 당시만 해도 이스라엘 방위군에는 제대로 된 주포로 무장한 기갑차량이 전혀 없었고, 포탑 없이 철판으로 부분적으로 보호된 민간 트럭만 있었으며, 대전차 무기도 거의 없었다. 이처럼 열악한 상황에서도 폴란드에서 태어나 제정 러시아군에서 훈장을 받은 베테랑이자 전 팔마흐 사령관이었던 이츠하크 사데(사진 앞 왼쪽)는 기어코 제8기갑여단의 창설을 포기하지 않았다. 〈출처: WIKI-MEDIA COMMONS | CC BY-SA 4.0〉

8기갑여단은 보편적인 여단의 편제인 전차 100여 대를 보유한 3개 대대가 아니라 겨우 2개 대대로 편성되었는데, 하나는 기관총이 장착된 지붕이 없는 지프를 주로 보유한 제89전차대대(지휘관 모셰 다얀은 장갑에 의존하는 대신, 빠른 속도로 치고 나갈 계획이었다)였고, 다른 하나는 겨우 몇 대의 전차를 가지고도 아주 야심이 넘쳤던 제82전차대대였다. 도박꾼들이 즐겨 쓰는, 손잡이가 진주로 장식된 리볼버까지 차단하는 영국과 미국의 엄중한 무기 금수 조치로 인해 유럽의 잉여 군수물자 창고에 있는 수천 대의 전차를 수입할 수 있는 가능성은 전혀 없었다.

그 대신 장갑차량들을 확보하기 위한 노력이 필사적으로 전개되었다.

가장 먼저 확보한 것은 철수하는 영국군 기지에서 도난당한 37mm 주포가 장착된 GMC 장갑차 1대였다. 그 GMC 장갑차는 통상 빠르게 철수하는 군대가 남겨둔 것과는 달리 온전한 상태였으며, 탄약도 가득 실려 있었다. 나머지는 엔진이 없거나, 녹슬었거나, 아니면 둘 다인 다른 종류의 장갑차들로, 주포가 작동하지 않고 많은 부품이 없는 상태였다.[1] 그럼에도 불구하고 제82전차대대가 장비를 갖추기 위해 쓸만한 물건을 찾던 중 발견한 이 장갑차들 역시 쓸 만한 것이 못 되었다. 제82전차대대는 간신히 37mm 주포를 장착한 아주 낡고 장갑이 매우 얇은 프랑스제 호치키스[Hotchkiss] H-39 전차 10대와 유대인에게 공감하고 있던 용감한 영국 병사 2명이 훔친, 상태 좋은 영국 크롬웰[Cromwell] 중中전차 2대, 그리고 복원된 M4 셔먼 전차 1대를 찾아냈다.[2] 이탈리아에서 105mm 곡사포로 무장한 32대의 개조된 셔먼 전차가 난파선처럼 버려진 채 발견되어 '트랙터'라는 이름으로 이스라엘로 밀반입되었지만, 이 셔먼 전차들로도 할 수 있는 일은 많지 않았다. 빈약한 13대 전차 중 10대가 경전차였던 제8기갑여단은 특히 전차가 하루나 이틀만 작동해도 큰 고장이 나서 계속 작동시키는 것이 불가능했기 때문에 기갑부대의 강력한 물리적 충격 효과를 제대로 발휘할 수 없었다. 게다가 여러 국가의 군대에서 훈련받은 승무원들도 히브리어로 거의 소통이 안 돼 전차들을 올바로 운용할 수가 없었다.[3]

그럼에도 불구하고 나름대로 소기의 성과를 거둔 이스라엘 방위군은 또 다른 이름만 여단일 뿐인 제7기갑여단을 창설했다. 제7기갑여단은 앞쪽에는 조향용 바퀴가 달려 있고 뒤쪽에는 궤도형 현수장치가 달린 특이한 하이브리드 차량인 M-3 반궤도 차량으로 편성되어, 전차 1대 없는 부대로서 소박하게 출발했지만, 훗날 큰 명성을 얻게 된다. 미군도 제2차 세계대전 당시 상부 방호장치는 없어도 부분적으로나마 궤도를 갖추고 있어 소형 화기에는 대항할 수 있는 이 기묘한 차량을 5만 3,000대나 제작해서 기계화부대에 신속히 공급한 바 있다.

첫 번째 전쟁의 극심한 압박 속에서 매우 빠르게 성장한 이스라엘 방위군은 1948년 말에는 트럭과 지프 대형으로 느리게 움직이는 적을 제압하고, 장갑차 몇 대와 전차 몇 대만 있으면 도로 차단과 철조망으로 얽힌 장애물을 돌파할 수 있는 기동 전술을 익혔다. 이 모든 것은 매우 위험했지만, 이집트군을 국경과 시나이 반도 너머로 몰아내 아랍 군단의 진격을 저지하고, 시리아인들을 국경으로 되돌려보내며, 이라크 군을 본국으로 돌아가도록 설득하는 데는 충분히 효과적이었다. 한 가지 달성하지 못한 것은 기갑차량의 승무원을 훈련시켜 기갑차량을 안전하게 운용하고 필요에 따라 야전 정비를 통해 가동 상태를 유지하고 명령에 따라 잘 훈련된 전술을 실행해 즉시 전투 협조battle coordination가 가능한 전문성을 적절히 갖춘 장교와 병사들을 육성하는 것이었다.

따라서 1949년 전쟁이 끝난 후, 몇 개의 막사에서 몇 명의 장교로 구성된 이스라엘 방위군의 신생 기갑부대는 전차 승무원들을 개별적으로 훈련시킨 다음, 전차팀의 일부로서 전차 3대로 구성된 전차소대, 전차 9대로 구성된 전차중대, 그리고 대대로 발전시켜나갔다. 이들은 주로 미 육군 야전 교범을 사용했는데, 미 육군 야전 교범의 큰 장점은 영어를 모르는 많은 사람들의 이해를 돕기 위해 풍부한 삽화를 넣었다는 것이었다. 전차 포수는 포병부대에서 복무한 이민자들의 가르침에 따라 전차포와 같은 기능을 하는 평사 탄도의 고속 대전차포에는 익숙했지만, 기갑차량이 충분하지 않아서 기동 연습은 제대로 이루어지지 않았다. 또한 일부 장교들은 기병 훈련이 기갑 훈련으로 전환된 8월, 프랑스 소무르Saumur 소재 기병학교École de Cavalerie를 방문해 보병을 트럭이나, 더 나아가 여러 대의 전차와 반궤도차량으로 이동시키는 방법을 배웠으며, 프랑스 육군의 보병-기갑 제병협동 특수임무부대인 수 그룹망 블랑데^{Sous Groupement Blindée}***를 구성하는 방법을 배웠다.[4]

젊은 기갑부대 장교들은 배우고자 하는 열정이 있었으며, 20년간 전문화 교육 과정을 거치면서 시행착오를 겪으며 배움으로써 뛰어난 기갑부대로 거듭나 1967년 전쟁에서 공군과 함께 승리했으며, 모든 단계에서 우수한 훈련을 통해 수적 열세를 극복했다. 초기의 극심한 장비 부족이 소중한 유산을 남겼다는 사실이 서서히 드러나기 시작했다. 이스라엘 방위군의 병기부대와 기갑 장교들은 사용 설명서와 수리 부속이 완비된 새 전차, 기타 모든 장비 등이 완벽한 상태에 도달할 때까지 수동적으로 기다리지 않고, 엔지니어, 기술자, 작업자와 함께 모든 것을 스스로 해결해야 했다. 전투가 멈추고 더 이상 기갑전투차량처럼 보이는 모든 것을 실전에 투입할 필요가 없어지자, 병기부대는 고철이나 잉여품으로 매각된 낡은 전차와 기타 장갑차를 수리 · 개조 · 재조립해 균질한 성능의 장갑차를 확보하는 방법을 점차 터득해나갔다.

이 모든 노력에는 보너스가 따랐다. 훨씬 더 부유한 국가의 군대에서는 20년 후 다음 모델이 나올 때까지 어떤 모델이든 개량하지 않고 그대로 사용했지만, 지속적인 무기 금수 조치와 빈곤으로 제한을 받았던 이스라엘 방위군은 제조업체 측의 느린 일정에 구애받지 않고 업그레이드가 가능하면 즉시 자유롭게 업그레이드를 진행했다. 모두 현지에서 개조한 중고 전차였기 때문에 즉흥적이고 창의적인 기술력이 없었다면, 1967년 6월, 이스라엘 방위군은 단 1대의 신형 전차도 보유하

***   원문에는 'Sous Groupement Blindée'로 표현했으나, 'Sous-Groupement de Brigade Blindée'를 잘못 쓴 것으로 판단되며, 기갑여단 편성 방법 중의 하나로서 여단 이하의 규모를 지칭한다.

지 못한 상태에서 괄목할 만한 승리를 거둘 수 없었을 것이다. 미국은 1950년대와 1960년대에 M48과 M60 패튼 전차를 생산했지만, 1947년에 발효한 금수 조치가 지속되면서 이스라엘에는 판매하지 않았다.

유대인의 재력과 로비 활동에 관한 이야기가 많이 있었지만, 석유 회사와 미 국무부에 있는 아랍 지지자들의 로비가 훨씬 더 강력했다. 1955년 이집트, 시리아, 이라크 군대에 소련제 전차가 대량으로 공급되기 시작한 이후에도 미국의 대이스라엘 전차 판매 금수 조치는 변함없이 지속되었다. 1960년대 아랍권 국가들은 필요한 모든 수리 부속과 함께 새로 도착한 소련제 T-54B 및 T-55 전차 수백 대와 전투원 및 정비사 교육을 위한 기술자와 교관 팀을 제공받았다. 패튼 전차가 이스라엘 방위군에 인도된 이유는 서독군이 신형 레오파드^Leopard 전차를 도입하면서 가솔린 엔진과 90mm 주포를 장착한 구형 M48A1 패튼 전차가 쓸모없게 되었기 때문이었다. 미국의 동의 아래, 150대의 M48A1 패튼 전차와 M48A2 패튼 전차가 이스라엘에 판매될 예정이었다. 그러나 독일이 아랍의 압력으로 판매를 취소하기 전까지 40대만 도착했다. 그제서야 미국은 중동에 도착한 소련제 전차를 고려해 아직 도착하지 않았던 110대의 M48A1 패튼 전차를 이스라엘 방위군에게 공급하고, 100대의 M48A2 패튼 전차를 추가로 지원하는 데 동의했다. 이스라엘은 250대의 모든 전차를 대폭 업그레이드해 가솔린 엔진을 더 안전하고 강력하며 연료 효율이 높은 디젤 엔진으로 교체하고 105mm 주포를 장착하는 등 대대적인 개량을 계획했다. 그러나 1967년 6월 전쟁이 발발했을 때는 프로젝트가 거의 시작되지 않은 상태였기 때문에 이스라엘 방위군은 업그레이드된 전차 중 일부만 보유한 상태에서 구형 전차를 가지고 싸웠다.[5] 그러나 이스라엘 방위군의 패튼 전차의 가장 큰 문제점은 전차의 수가 너무 적다는 것이었다. 250대의 전차가 적의 눈길을 끌 만한 전력이기는 했지만, 아랍 연합군은 그보다 훨씬 많은 전차를 보유하고 있었다.

영국도 전차를 생산했는데, 미국과 달리 영국은 1950년대 초부터 몇 대의 중고 전차를 판매하기로 합의한 후 그 이상을 판매하여 1967년 6월 전쟁 당시 이스라엘 방위군은 총 250대의 전차를 보유했으며, 이후 더 많은 물량을 인도받거나 다른 군대에서 구매 또는 노획해서 1970년까지 총 660여 대의 전차를 보유하게 되었다.[6] 그러나 구매 중인 센추리온Centurion 전차는 제2차 세계대전 당시 설계되었던 모델이었다. 당시 표준이었던 105mm 전차포보다 성능이 현저히 떨어지는 84mm 주포와 가솔린 연료의 위험성을 가지고 있는 롤스로이스Rolls Royce 항공 엔진이 장착되어 있었다. 반면 센추리온 전차의 장갑은 매우 우수했고, 포탑 안정화 장치가 있어 기동간 사격의 정확도가 향상되었기 때문에 이스라엘 방위군이 도입할 만한 가치가 있었다.

정비창의 병기 장교와 정비 요원들은 구형 84mm 주포를 세계 표준이 된 영국군의 L7 전차포 설계를 기반으로 이스라엘 현지에서 생산한 105mm 전차포로 교체하고, 이론상으로는 항공기용이지만 실제로는 경차량용인 12.7mm 구경 50 기관총을 장착할 수 있도록 포탑 큐폴라 링cupola ring을 개조하는 작업에 착수했다. 하지만 50톤 전차를 움직일 수 있을 만큼 강력한 디젤 엔진은 너무 비쌌기 때문에 엔진은 나중에야 디젤 엔진으로 교체될 수 있었다. 1967년과 1973년에 배치된 센추리온 전차에는 이미 105mm 주포가 장착되어 있었지만, 엔진의 교체는 1970년대 중반이 되어서야 가능해져 수백 대의 전차를 업그레이드하는 데는 많은 시간이 소요되었다.

1973년 10월 6일 밤, 시리아의 기갑부대가 적외선 야간 투시 장비를 활용해 골란 고원을 공격하는 동안 포병이 발사하는 조명탄과 백색광 탐조등에 의존한 이스라엘군은 기술적·전술적으로 불리한 입장에 처해 있었다. 이스라엘 방위군의 센추리온 전차에 야간 감시 장비가 추가되지 않은 것은 전략적으로 불리한 결과를 초래할 수 있는 심각한 누락 사항이었다.[7] 수년 동안 또 다른 전쟁이 일어나지 않을 것이라고 예상한 이스라엘 방위군은 없는 것보다는 낫지만, 기능이 제한적인 기존의 적외선 야간 감시 장비에 돈을 낭비하지 않고 곧 등장할 훨씬 더 나은 미광 증폭 기술을 기다리기로 결정했었다.

1967년 6월 전쟁 당시, 250여 대의 패튼 전차와 293대의 센추리온 전차를 운용했기 때문에 이스라엘 방위군 기갑부대와 모든 지상군은 소련제 전차로 강력하게 무장한 이집트 및 시리아군에 맞서 매우 힘든 시간을 보냈을 것이다. 6월 5일 전쟁이 시작되었을 때 이집트군만 해도 시나이 지역에 900여 대의 소련제 전차가 시나이 반도에 전진 배치되었고, 이집트 내에는 더 많은 전차가 예비로 확보되어 있었다. 게다가 불과 6일 후 전쟁이 끝났을 때 이스라엘 방위군은 개량되지 않은 M48A1 패튼 전차 200대와 센추리온 전차 44대를 보유한 요르단군과 300여 대의 소련제 전차(그리고 갈릴리Galilee 포격에 사용된 제2차 세계대전 당시의 독일 4호 전차Panzer IV 일부)를 보유한 시리아군과도 싸워야 했다. 심지어 이라크도 100대의 전차를 보유한 보병사단을 요르단 국경으로 보냈다.

1967년 당시 이스라엘군의 기갑부대는 수적으로 열세했을지는 몰라도 실제로 적에게 크게 뒤지지 않았다. 엔진, 주포, 포탑이 없거나 작동하지 않는 구형 전차를 완벽하게 작동하는 전투차량으로 개조하면서 어렵게 얻은 전문 기술을 미국산 구형 M4 셔먼 전차에 최대한 적용해 장갑과 신형 주포를 전투에 최적화시키고 뛰어난 훈련과 전술을 적용했기 때문이다. 그러나 금수 조치로 인해 모든 것이 열악했던 이스라

●●● 1967년 6월 5일 6일 전쟁 당시 시나이 사막으로 진격하는 이스라엘 방위군 제14여단의 전차들. 이스라엘 방위군이 열세하지 않았던 이유는 엔진, 주포, 포탑이 없거나 작동하지 않는 구형 전차도 완벽하게 작동하는 전투차량으로 개조할 수 있는 힘들게 습득한 귀중한 전문 지식이 충분히 활용되었기 때문이었다. 이 기술은 특히 미국산 구형 M4 셔먼 전차에 적용되어, 강화된 방어력과 개조된 새로운 포에 뛰어난 훈련과 전술이 더해져 전투에 충분히 대응할 수 있었다. 〈출처: WIKIMEDIA COMMONS | CC BY-SA 3.0〉

엘 방위군에게 다행스러웠던 점은 셔먼 전차가 1942년 2월부터 1945년 7월까지 4만 9,234대가 생산되어 수적으로 많았으며 널리 보급되어 있었기 때문에 어떠한 금수 조치로도 이스라엘 방위군이 많은 수의 셔먼 전차를 확보하는 것을 막을 수 없다는 것이었다. 이스라엘 방위군의 일부 셔먼 전차는 실제로 프랑스에서 주포가 업그레이드된 상태로 수입된 것도 있었고, 필리핀을 비롯한 전 세계의 폐차장에서 수입된 것도 있었지만, 대부분은 유럽의 나토군이 미국의 새로운 군사 지원 프로그램에 따라 패튼 전차를 공급받을 때 고철 가격에 팔려나간 것들이었다.

병기부대의 전차 정비 요원들은 이 모든 출처를 통해 확보한 전차들을 정비하여 제대로 작동하는 전차들을 일괄적으로 묶어 이스라엘 방위군에게 공급했는데, 이는 전차들을 양호한 상태로 유지하고 승무원들이 합리적이고 효율적으로 훈련할 수 있을 만큼 충분한 수량이었다. 이스라엘 방위군은 기존의 모든 유형의 셔먼 전차를 보유하고 있었으므로 다양한 형태의 셔먼 전차를 전면적으로 표준화하려면 엄청난 비용이 소요되었을 것이다. 76mm 주포를 장착한 셔먼 M1, 76mm 주포와 개선된 HVSS^{Horizontal Volute Spring System} 현수장치를 장착한 슈퍼 셔먼^{Super Sherman} M1, 미국산 75mm 주포를 장착한 셔먼 M3, 105mm 곡사포를 장착한 셔먼 M4, 이스라엘에서 업그레이드된 수백 대의 전차에 프랑스 AMX 13 경전차에서 가져온 75mm 주포를 장착한 셔먼 M50, 디젤 엔진을 탑재한 셔먼 M50 커밍스^{Cummings}, 마지막으로 프랑스 105mm(F1) 포의 미완성 버전인 셔먼 M51 등이 바로 그것이었다.

1967년 전쟁에서 500여 대의 패튼 전차와 센추리온 전차는 업그레이드된 M-50/M-51 셔먼 360대와 구형 셔먼 145대로 보충되었다.[8] 또한 1967년 이스라엘 방위군은 160대의 프랑스 AMX-13 전차도 사용했다. 속도는 빠르지만, 장갑이 매우 얇은 이 전차는 1956년에 처음 도입되었는데, 당시 이스라엘에 판매될 수 있는 유일한 신형 전차였기 때문이었다. 1967년 이집트군이 사용하던 더 무거운 소련제 전차에 대항할 수 없다는 것이 증명되어, 이스라엘 방위군은 전쟁이 끝난 후 이 전차들을 서둘러 폐기했다. 개량형 셔먼 전차 수백 대는 1973년 시리아군의 T-55 전차와 이집트군의 T-62 전차에 맞선 전투를 성공적으로 치렀다. 이스라엘 방위군은 센추리온 전차와 패튼 전차를 충분히 확보한 1970년대에 이르러서야 셔먼 전차 전량을 마침내 교체할 수 있었다.

즉흥적인 사고방식은 자주포와 전투공병차량^{combat engineering vehicle}의 생산으로 성과를 거두었는데, 전투공병차량은 필수적이었지만, 이스라엘 방위군은 새로 생산된 차량이 있더라도 그것을 구매할 여유가 없었다. 이스라엘 방위군은 갈수록 노후화가 심했지만 여전히 유용했던 셔먼 전차의 차체와 장갑, 추진력에 의존하는 새로운 종류의 장갑전투차량을 설계하고 생산했다.[9]

1967년 전쟁을 치르는 동안, 이스라엘 방위군은 요르단군의 센추리온 전차 44대 중 30대와 200대의 M48 패튼 전차 중 100대를 노획해 전차 수를 늘릴 수 있었지만, 훨씬 더 큰 수확은 이집트군으로부터 노획한 소련제 T-54와 T-55 전차였다. 이스라엘은 처음에 이들 중 상당수를 개조하지 않고 티란^{Tiran}-1 전차와 티란-2 전차로 개칭해 별다른 고민 없이 사용했다. 그러나 1973년에 티란-1 전차와 티란-2 전차의 외형을 바꿔 우군간 피해를 줄이기 위해 센추리온 전차와 M60 패튼 전차에 장착된 것과 동일한 105mm 주포, 구경 30 브라우닝^{Browning}공축 기관총을 장착하고 수납함을 추가하는 등의 개조가 이루어졌다. 1970년대 후반과 1980년대에는 폭발형 반응장갑과 컴퓨터화된 사격통제장치로 다시 업그레이드되었다. 이스라엘 방위군이 더 이상 사용하지 않기로 결정한 이후, 수백 대의 티란 1·2 전차는 포탑을 제거하고 차체를 대폭 개조해 메르카바^{Merkava} 전차의 수동장갑^{passive armor} 기술을 추가한 아크자리트^{Achzarit} 중병력수송차량으로 개조되었다.

1967년 전쟁으로 인해 미국의 무기 금수 조치는 종료되었지만, 여전히 모든 구매는 개별적으로 승인을 받아야 했으며, 일부는 거부되기도 했다. 이스라엘 방위군은 1971년 150대의 신형 M60A1 전차를 정식으로 구매했고, 이후 M60과 M60A1을 추가로 구매했는데, 이 모든 패튼 전차는 1973년 전쟁에서 매우 유용했다. 그러나 이 전차들도 원래의 전차장 포탑을 현지 디자인으로 교체하고 기타 사소한 것을 포함해 현지에서 약간의 변경을 거쳤다.[*] 1973년 전쟁이 끝난 후 이스라엘 방위군과 아랍군이 군비 경쟁을 벌이면서 수백 대를 추가로 구매했다. 1980년대부터는 새롭고 더 강력한 엔진, 컴퓨터화된 사격통제장치, 대규모 장갑 추가, 이스라엘 방위군의 메르카바 전차 기술을 적용한 새로운 강철 궤도 등 대대적인 업그레이드가 이루어졌다. 중고 센추리온 전차도 1973년 전쟁이 끝난 후 대량으로 조달되어 비슷하게 업그레이드되었지만, 1990년대에 들어서면서 점진적으로 퇴역했다.

한편, 1969년 영국은 이스라엘과 공동으로 개발한 치프텐^{Chieftain} 전차에 대한 납품을 부당하게 거부했다. 영국의 배신에 반발해 이스라엘 방위군의 '미스터 전차'라고 불린 이스라엘 탈^{Israel Tal} 소장은 민간은 물론 군 상부까지 설득해 이스라엘 고유의 전차인 메르카바의 개발에 착수했다. 메르카바 전차의 개발은 20년간 다른 나라에서 생산한 장갑차를 개조하는 작업을 통해 축적된 금속 가공 및 설계 기술, 복합 장갑 생산에 대한 심도 있는 전문 지식이 있었기에 가능했다. 메르카바 전차

---

* 이스라엘군은 전장 감시 및 관측을 위해 전차장용 포탑을 개방한 채 전투를 수행해야 했으므로 전차 승무원 중에서 전차장의 피해가 많이 발생했으며, 이를 개선하기 위해 전차장용 포탑의 절반만을 개방하여 사주 관측이 가능한 전차장용 포탑을 개발하여 적용했다.

●●● 1969년 영국이 이스라엘과 공동으로 개발한 치프텐 전차에 대한 납품을 부당하게 거부하자, 영국의 배신에 반발해 이스라엘 방위군의 '미스터 전차'라고 불린 이스라엘 탈 소장은 민간은 물론 군 상부까지 설득해 이스라엘 고유의 전차인 메르카바의 개발에 착수했다. 메르카바 전차의 개발은 20년간 다른 나라에서 생산한 장갑차를 개조하는 작업을 통해 축적된 금속 가공 및 설계 기술, 복합 장갑 생산에 대한 심도 있는 전문 지식이 있었기에 가능했다. 메르카바 전차 개발의 독특한 점은 베테랑 기갑 장교인 탈 장군 한 사람이 절대적으로 설계를 주도했다는 점이다. 〈출처: WIKIMEDIA COMMONS | CC BY-SA 3.0〉

개발의 독특한 점은 베테랑 기갑 장교인 탈 장군 한 사람이 절대적으로 설계를 주도했다는 점이다. 하나 또는 몇 개의 위원회가 아닌 한 개인이 주요 무기 시스템의 개념 설정, 설계, 개발 등 전 과정을 통제하고 주도했던 거의 유일한 사례로 손꼽힌다. 이 과정에서 메르카바 전차는 어떤 위원회도 받아들일 수 없는 과감한 선택들을 통합해 구현했다. 그러나 그의 동료와 상사들이 탈의 선택을 받아들인 것은 이스라엘 방위군이 자체적으로 다른 전투용 전차의 설계와 제작을 제안하기 전에 그가 이 모든 것을 해냈기 때문이었다.

탈의 혁명: 규율, 사격술, 그리고 주도성

이스라엘 탈은 같은 세대의 다른 이스라엘 방위군 장교들과 마찬가지로 17세에 제2차 세계대전 중 영국군 자원병으로 군 생활을 시작했다. 1945년 귀국한 그는 독립전쟁이 시작되기 전에 하가나의 비밀 장교 underground officers 과정을 수료하고 보병부대를 지휘하다가 기갑 장교가 되었고, 1964년 11월 1일 기갑부대장으로 급부상했다.

이틀 후 북부의 시리아군과 교전을 벌이기 위해 이스라엘 방위군의 전차가 파견되었다. 골란 고지를 장악한 시리아군은 이스라엘 영토의 북동쪽 모퉁이에 있는 텔 단Tel Dan 바로 북쪽과 계곡을 지배하는 텔 아자지아트Tel Azzaziat 고지 두 곳에서 내려다보이는 위치에 있는 국영 수자원 운반 공사 현장*에 포격을 가할 수 있었다. 징집병들을 훈련시킨 상비군

---

* 이스라엘의 국영 수자원 운반 공사: 1964년에 완공된 이스라엘 최대의 수자원 프로젝트로서, 주요 목적은 북쪽의 갈릴리 호수에서 인구밀도가 높은 중심부와 건조한 남쪽으로 물을 옮기고 물의 효율적인 사용과 국가의 물 공급을 조절하기 위한 것이다. 길이는 약 130km(81마일), 시간당 최대 72,000㎥의 물이 캐리어를 통해 흐를 수 있다.

의 제7기갑여단은 시리아의 포격을 잠재우기 위해 센추리온 1개 중대를 보냈다. 그러나 약 200발의 포탄을 발사했음에도 불구하고 별다른 피해를 입히지 못했다. 일부 장교들은 새로 도입된 센추리온 전차를 비난했지만, 탈은 자체적으로 사후 분석한 결과, 이스라엘 전차가 너무 가까이 배치되어 있었고, 잘못된 탄약을 사용했으며, 포 조준이 제대로 이루어지지 않았다는 사실을 발견했다.

탈은 다음 전투에서 자신이 선호하는 방법을 직접 시연하며 자신의 센추리온 전차로 시리아군 전차 2대를 파괴했다. 그 후, 탈의 병사들은 몇 달 동안 전차 포술을 꾸준히 개선해 시리아군의 전차와 물 이송 설비를 처음으로 2km의 사거리에서 명중시켰는데, 이 정도 사거리라면 기갑 작전에서는 괜찮은 편이었지만, 정지 포격에서는 뛰어난 것은 아니었다. 그러나 시리아군이 전투에서 거의 명중시킬 수 없는 거리인 6km 떨어진 지역으로 철수하자, 탈의 대원들은 결국 더 많은 명중을 기록하며 공격을 계속했고, 1965년 8월 12일 시리아군이 코라짐^{Korazim}에서 철수한 후에도 외부 망원경으로 조준한 포물선형 간접 사격으로 당시로서는 놀라운 사거리인 11km 떨어진 표적을 명중시켰다. 이로써 탈은 센추리온 전차의 L7 105mm 주포에 대한 비판을 잠재우고 자신이 지휘하는 부대에서 최고의 사수 중 한 명이라는 명성을 얻었으며, 주포 중 하나를 직접 조작함으로써 전장에서 리더십의 모범을 보여주었다.

탈은 가장 기본적인 것부터 시작하며 세계적인 명성을 얻는 기갑 전문가가 되었다. 기갑부대장으로 임명되었을 때 이미 대령이었던 그는 운용 중인 다섯 가지 전차의 정비와 수리의 모든 측면을 숙지하기 위해 전차 수리창에서 정비 요원으로 일했다.[10] 1956년 이후 기갑군단이 확장되면서 기술정비 업무에 대한 잘못된 규율로 인해 기계 고장이 증가하는 등 품질 저하를 겪게 되었다. 탈은 전차 운용과 정비에 대한 세세하고 확고한 규칙을 정립하는 전방위적인 규율 캠페인을 추진했다. 그는 군대의 약식 행위와 편안한 전우애를 부대의 기술정비 업무의 규율 부족과 연관이 있다고 보았다. 그러나 탈은 규율의 부족을 이스라엘인들의 생활에서 변할 수 없는 사실로 받아들이지 않고, 기갑부대에 복장, 경례, 훈련에 대한 공식적인 규율을 도입하기 위한 캠페인을 벌였다. 또한 탈은 군화를 올바르게 묶고 장교들의 군복은 상의와 하의가 일치해야 한다고 주장했다. 다시 말해, 그는 자신의 기갑 장교와 병사들이 다른 이스라엘 방위군의 지상군에서 여전히 분위기를 주도하는 헝클어진 머리의 게릴라 부대와는 달리, 너무 엉성한 군인처럼 보이지 않기를 원했다.

  동료, 상사, 그리고 점점 더 많은 부하들이 탈의 아이디어를 받아들인 것은 그의 아이디어가 더 심오한 철학적 접근에서 비롯되었다는 것을 깨달았기 때문이다. 이는 이스라엘의 주변 환경이 전차 운용에 적합한 국가이기 때문에 요구되는 효율성을 달성할 수만 있다면 전차가 전쟁에서 승리하는 결정적 무기가 될 수 있다는 계산에서 출발한 것이었다.[11] 그러나 이를 위해서는 전차 승무원과 전차 정비 요원들을 무질서한 보병과 차별화시켜야 했으며, 특히 이스라엘 방위군이 소집 · 유지 · 운용해야 하는 매우 다양한 전차 모델을 고려할 때, 기술적 능력의 전제 조건으로 기갑부대를 안정적으로 훈련된 군대로 만들어야만 했다.

  전차는 복잡하고 취약하기 때문에 승무원의 운용 역량에 따라 많은 부분이 좌우된다. 따라서 승무원은 기계를 다루는 고도의 기술을 갖추고 있어야 한다. 이런 이유로 보병은 여전히 징집병에 의존하지만, 대부분의 군대에서 전차 승무원은 직업 전문가로 구성된다. 하지만 이스라엘 방위군의 기갑부대는 징집병이나 예비군으로 구성될 수밖에 없었기 때문에, 탈은 부대 내에 고도의 전문화 과정을 도입하고 운용 순서와 방법에 대한 엄격한 규율 통제를 시행하는 것을 해결책으로 삼았다. 이는 이스라엘 방위군에서 유일한 해결책은 처음부터 필요한 것이 무엇인지를 연구하고 이해하는 것이 아니라, 정해진 작업 절차를 엄격하게 따르는 것임을 의미했다. 이것은 적응력과 독창성을 중시하는 이스라엘 방위군의 정신을 정면으로 위배하는 것이었기 때문에, 탈의 방식과 엄격한 명령, 제한 등은 예비역들이 불만을 쏟아냈던 것처럼 군대 안팎에 긴장을 불러일으켰다.

하지만 전차 승무원들이 즉흥적인 해결책을 내놓는 대신, 결함을 확실하게 수리하고, 전차를 철저히 정비하며, 고장이 잦았던 장비들이 정확한 지침에 따라 성공적으로 작동하는 등 공식적인 규율을 통해 기술 기강이 개선되는 것을 모두가 확인할 수 있었다. 이러한 가시적인 성공을 바탕으로 탈은 같은 생각을 가진 장교들의 지지를 확보했고, 이들의 지원을 받아 더 많은 기술 교육과 함께 더 많은 혁신을 도입하고 모든 전차에 대한 상세한 정비 일지를 포함한 각 장비 품목에 대한 엄격한 검사 시스템을 도입했다. 1967년 예비군들이 동원되었을 때, 부대 창고에 대기 중인 전차들은 완벽한 작동 상태로 작전에 투입될 준비가 되어 있었으며, 개인용, 소대용, 중대용 등 모든 하급 제대의 장비도 깔끔하게 보관되고 잘 관리되고 있었다.

1967년의 전투는 탈이 강조한 규율과 기술적 전문성이 기갑 장교들의 지휘 통제권과 전술적 민첩성을 약화시키지 않는다는 것을 보여주었다. 개량된 셔먼 전차와 장갑이 얇은 AMX-13 경전차를 운용하는 부대는 더 나은 소련제 전차와 맞서 싸울 수 있었고, 센추리온 전차와 패튼 전차는 대규모 적군을 물리치고 모든 전선에서 빠르게 전진했다.[12]

독일 과학자가 이스라엘 전차를 구하다: 반응장갑

적의 대전차 무기에 대한 탈의 해답은 뛰어난 장사정포와 중장갑 전차였다. 그는 보병이 대전차 무기를 공격하는 대전차 무기에 대한 일반적인 대응 방식은 초목이 우거지고 건물이 밀집된 유럽에서 단거리 교전을 벌일 때는 적합하지만, 대전차 무기가 보병 무기를 쉽게 압도하고 노출된 보병이 대전차 무기에 충분히 근접할 수 없는 탁 트인 사막에서는 효과가 없을 것이라고 주장했다. 이에 대한 해결책은 이스라엘의 우수한 포술과 두꺼운 장갑을 갖춘 전차에게 유리하도록 매우 먼 거리에서 대전차 무기와 교전하는 것이었다.

1967년 6월의 전투에서 탈의 견해가 입증되었다. 6월 10일까지 모든 전선에서 승리를 거두면서 탈이 강조한 높은 수준의 정비와 개인 기술 훈련 덕분에 이스라엘 기갑부대가 예상을 뛰어넘는 성과를 거둔 것이 분명했다.[13] 그러나 1973년 10월 전쟁에서 이러한 기술적 성과가 다시 입증되었지만, 적은 1967년보다 몇 배 더 밀집되고 기술적으로 더 발전된 대전차 화망火網이라는 새로운 위협을 만들어냈다. 초기의 반전에도 불구하고 이스라엘군은 전차가 전투를 주도하면서 아랍군을 다시 물리쳤지만, 그 대가로 훨씬 더 큰 희생을 치러야 했다. 적은 이스라엘 방위군의 장거리 포술에 대해 장거리 유도 미사일로 대응했으며, 소총과 기관총을 사용한 근접 공격을 로켓발사기RPG로 방어했기 때문에 이스라엘 방위군은 전차 1대가 파괴당할 때마다 많은 인명 피해를 감수해야 했다. 더 나은 방호력을 갖춘 신형 전차는 해외에서 구매할 수 없었고, 메르카바 전차는 아직 개발 중이었다. 개발이 완료되더라도 구형 전차를 대체할 수 있을 만큼의 메르카바 전차를 생산하려면 수년이 걸릴 것이었다. 따라서 이스라엘 방위군은 새로운 기술 혁신을 통해 기존 무기의 방어력을 향상시켜야만 했다.

폭발 과학 분야의 전문가인 서독의 실험 물리학자* 만프레트 헬트 Manfred Held는 선구자인 프란츠 루돌프 토마넥Franz Rudolph Thomanek과 발터 트링크스Walter Trinks의 뒤를 이어 대전차 무기와 석유 시추 같은 민간 폭발물 응용 분야에 사용되는 성형작약shaped charge** 개발했다.[14] 헬트는 X선 분광법과 고속 플래시 사진을 사용해 나노초*** 단위의 효과를 측정하고 시각화했으며, 폭발 효과에 대한 타고난 직관력도 활용했다. 헬트는 전문 지식과 새로운 측정 방법, 수백 편의 과학 논문에서 자신의 개념을 명확하게 설명하는 능력으로 이 분야 최고의 전문가가 되었다.[15] 파편에 견딜 수 있는 장갑판 앞으로 날아오는 탄약을 파괴하기 위한 폭발형 반응장갑Explosive Reactive Armor 아이디어는 1949년 소련 철강 과학 연구소Soviet Scientific Research Institute of Steel에서 탄생했지만, 1944~1945년 성형작약탄의 원리를 이용한 대전차 무기가 실전에서 운용 가치가 대단하지 않다고 본 소련군은 이를 활용하지 않았다.

헬트는 1967년부터 1969년까지 서독 정부를 대표해 이스라엘 방위군의 전장을 방문했고, 1973년 10월 욤 키푸르 전쟁 직후에 돌아와 성형작약탄에 피격된 수많은 아랍 및 이스라엘 전차를 조사했다. 이 방문을 통해 헬트는 반응장갑에 대한 영감을 얻었고 이스라엘에서 우정을 쌓았다. 그의 새로운 아이디어는 성형작약탄이나 다른 폭발물에 충격을 받으면 폭발하는 가벼운 강판 상자에 폭발물을 넣는 것이었다. 폭

---

* 실험 물리학자: 과학적 방법을 사용하여 물리적 세계를 조사하고 이해하는 과학자로, 물질, 에너지, 공간 및 시간의 본질에 대한 새로운 발견을 하기 위해 실험을 수행하고, 데이터를 분석하고, 그 결과를 해석한다.

** 성형작약: 폭발물 에너지의 효과를 집중시키기 위해 먼로 효과를 이용하는 폭발 폭약.

*** 나노초: 10억분의 1초를 나타내는 단위.

●●● 1982년 레바논 전쟁에 투입된 패튼 전차. 1982년 6월 6일부터 25일까지 전투에 투입된 1,025대의 전차 중 22%인 총 203대의 전차가 공격을 받았으나 폭발형 반응장갑을 적용하여 대부분의 공격을 저지했다. 〈출처: WIKIMEDIA COMMONS | CC BY-SA 3.0〉

발물에 충격을 받으면 외부 강판이 바깥쪽으로 튀어나와 성형작약탄을 반대 방향으로 밀어내므로 폭발물의 제트류 또는 탄두 라이너^{warhead's liner}의 폭발로 형성된 관통자가 폭발형 반응장갑을 관통하려면 이동해야만 하는 거리가 늘어날 수밖에 없었다. 전차에 이것을 설치하면 이러한 상쇄 효과로 인해 고폭탄 제트류가 전차의 강철 장갑에 도달할 때쯤이면 운동 에너지의 상당 부분이 소진되어 장갑을 관통하지 못하게 된다.

탈은 개인적으로 헬트와 이스라엘 산업계 간의 관계를 공고히 다졌다. 1973년 전투에서 아랍 측은 소련제 AT-3 새거^{Sagger} 대전차 유도 미사일과 RPG-7과 같은 대전차 로켓의 개별 사거리 제한이 무의미할 정도로 매우 많은 수량을 보유하고 있었다. 대전차 무기에 대한 일반 강철 장갑의 치명적인 취약성을 경험한 탈은 헬트의 발명품을 열렬히 받아들여 이스라엘 산업계와 연계해 폭발형 반응장갑의 생산에 돌입했다. 1973년 대전차 미사일의 위협을 쉽게 무시한 것 때문에 악평에 시달리고 있었던 탈에게는 개인적 구원이기도 했는데, 이제 그는 다시 한 번 대전차 미사일의 위협을 무력화할 수 있게 되었다. 그 결과, 1978년 초부터 이스라엘 방위군의 기갑부대가 최초로 폭발형 반응장갑을 대량으로 실전 배치하게 되었다.[16]

전차는 가벼운 모듈식 폭발형 반응장갑에 잘 맞았는데, 이 모듈식 폭발형 반응장갑은 각각 전차의 차체와 포탑의 주요 위치에 볼트를 용접해 고정했다. 게다가 전투 중 충돌하거나 폭발하는 폭발형 반응장갑은 현장 수리 요원들이 개별적으로 교체할 수 있었다. 대부분의 현역 또는 예비군 부대의 최전방 전차에는 폭발형 반응장갑 장착을 위한 부품이 설치되어 있었지만, 폭발형 반응장갑 모듈 자체는 그 존재를 감추기 위해 별도로 보관되어 있었다.

1982년의 레바논 전쟁, 즉 갈릴리 평화^{Peace for Galilee} 작전에서는 폭발형 반응장갑을 장착한 이스라엘 방위군의 전차가 처음으로 대량으로 배치되어 많은 이스라엘 전차 승무원의 목숨을 구했다. 시리아군의 전차파괴조와 팔레스타인 게릴라들은 처음 4일간 대전차 미사일로 60여 대의 이스라엘 방위군 전차를 공격했다.[17] 1982년 6월 6일부터 25일까지 전투에 투입된 1,025대의 전차 중 22%인 총 203대의 전차가 공격을 받았다.[18] 그러나 폭발형 반응장갑은 대부분의 공격을 저지했다.[19] 처음에 시리아 특공대가 공격한 60대의 이스라엘 방위군 전차 중 2대만 파괴되었고, 나머지 전차는 반복 공격에도 불구하고 계속 작동했다. 대전차 무기는 203대의 전차 중 108대만 관통하고 52대만 파괴하는 등 관통률이 50%에 그쳤다.[20] 전쟁 중 시리아군에게 포획된 폭발형 반응장갑이 장착된 전차 3대가 곧바로 소련으로 보내졌고, 소련은 곧 이 기술을 역설계하고 복제하여 자체 폭발형 반응장갑인 콘탁트[Kontakt]-5를 생산했다.[21] 이와 더불어 소련군은 폭발형 반응장갑을 극복하기 위해 탠덤[Tandem] 탄두로 구성된 대전차 로켓도 도입했다.

메르카바 전차가
특별한 이유

메르카바 전차는 "엔진은 차체 후방에 있어야 한다"는 고정관념을 깨뜨리고 전장에
서 수집된 경험과 세밀한 기술적 분석을 통해 이스라엘만의 독창성을 발휘해 엔진
을 차체 전방에 설치한 걸작품이다. 이스라엘 방위군은 여러 차례의 전쟁을 치르면
서 수집된 다양한 자료를 분석해 엔진의 차체 전방 배치, 방호력 중심의 전차 설계,
차체 후방 접근문의 설치, 제2차 레바논 전쟁을 통해 체득한 능동방호체계의 채택,
기동성과 화력의 개선, 전차 차체를 활용한 중장갑차의 개발 등 다양한 혁신을 이
뤄냈다. 이 중심에는 메르카바 전차의 아버지라고 불리는 탈 장군이 있었다.

1950년대 후반, 영국은 매우 무거운 장갑과 강력한 120mm 강선포를 장착한 새로운 전차인 치프텐 전차를 개발하기 시작했다. 1960년대 중반, 영국은 이스라엘이 구형 센추리온 전차를 구매하고 최근의 지속적인 전투 경험을 바탕으로 차기 모델인 치프텐의 개발을 지원한다면 이를 이스라엘 방위군에게 공급하겠다고 제안했다.[1] 예를 들어, 시리아군이 요르단으로 흐르는 바니아스^Banias 강을 우회하려 했을 때 이스라엘 방위군은 센추리온 전차에 장착한 105mm 주포로 최대 5,000m 거리에서 시리아의 불도저를 훼손하는 것은 물론, 심지어 파괴할 수도 있었다. 하지만 그렇게 높은 고도에서는 중력의 영향 때문에 전차포의 무게가 반동 시스템에 비해 너무 커서 전차포가 반동 이후에 제 자리로 돌아오지 못한다는 사실을 깨달았다. 이 문제는 치프텐 전차에서 정식으로 수정되었다.

마침내 공장에서 갓 생산된 강력한 신형 전차를 받을 수 있다는 기대감에 열광한 이스라엘 방위군의 기갑 장교들은 영국과 협력하기 위해 최선을 다했다. 영국은 귀중하기 짝이 없는 치프텐 전차 시제품 2대를 엔지니어들과 함께 이스라엘 방위군이 제공한 비밀시험기지로 보내주었다. 이스라엘 방위군의 전차 엔지니어들은 영국에 있는 개발 부서에 합류했고, 이스라엘 방위군의 이스라엘 기갑부대장 탈은 매달 영국으로 날아가 조력을 다했다. 영국은 이스라엘 방위군의 자금을 원했지만—센추리온 전차 지불 대금을 치프텐 전차 개발에 투입했다—, 자국의 전차 전력이 심하게 낙후된 상황을 극복하기 위해서 무엇보다 그들이 필요로 한 것은 이스라엘 방위군의 최근 전투 경험이었다. 게다가 이스라엘은 영국이 독일과의 경쟁을 뚫고 이란에 치프텐을 판매할 수 있도록 도왔고, 탈은 이를 위해 이란의 기갑학교를 방문하기도 했다.

그러나 영국인들이 이스라엘 방위군에게 치프텐 전차를 실제로 판매하기로 결정한 것은 아니었다. 영국은 이스라엘에 알리지 않은 채, 비밀리에 정부 협의회에서 이 문제를 논의했다. 이스라엘은 계속해서 비밀을 공유하며 전차를 개선하기 위해 노력했지만, 결국 영국은 무아마르 카다피^{Muammar Gaddafi} 대령의 리비아와 같은 아랍 국가에만 판매하기로 결정했고, 요르단군은 실제로 이 전차를 받았다.[2] 1969년 영국이 시제품의 반환을 요구하며 궁극적으로 가식에 종지부를 찍자, 이스라엘 방위군의 공동 개발자는 이스라엘 고유 전차인 메르카바(채리엇^{Chariot}) 개발에 착수하여, 1978년에 그 첫 번째 버전이 운용되기 시작했다. 이후 개량을 거듭하면서 메르카바 전차는 이스라엘 방위군만을 위한 전투용 전차가 되었다.

영국은 배신에 이어, 센추리온 전차의 판매를 보호하기 위해 이스라엘에 대한 전차 판매를 거부하라고 미국 정부에 압력을 동시에 가했다. 그 당시, 아랍 군대에는 소련제 첨단 T-62 전차가 대량으로 도입되었지만, 이스라엘 방위군은 이에 대응할 만한 새로운 무기가 없는 더욱 절망적인 상황에 직면했다.[3] 이때 미국은 기발한 해결책을 제시했다. 서독군이 신형 레오파드 전차를 전력화하면 발생하게 될 잉여 물자인 M48 패튼 전차를 이전받아 영국제 L7 105mm 주포를 달고 미국에서 제작한 AVDS-1790 디젤 엔진을 장착하는 것이었다. 개조 작업은 나토 첫해의 미군 군사 지원 프로그램을 계승한 이탈리아의 라 스페치아^{La Spezia}에 있는 오토 멜라라^{Oto Melara} 전차 조립 라인에서 수행할 예정이었다.

탈은 4개국이 수행하고 있는 이 작업 과정을 감독하고 이미 드러나고 있는 여러 기술적 난제에 대한 해결책을 찾는 임무를 맡았다. 비밀리에 전환된 설비를 감독하기 위해 이탈리아로 파견된 그는 이탈리아 회사와 공장 관계자들이 정부가 설립하기로 합의한 생산 라인 건설에 반대한다는 사실을 알게 되었다. (라 스페치아에서는 공산당이 지배적인 위치에 있었고, 1967년 이후 소련의 반이스라엘 캠페인에 동참하고 있었다. 따라서 오토 멜라라와 같은 국영 기업은 노동 거부를 이유로 직원을 해고할 수 없었다.) 이 와중에 독일에서 처음으로 전차를 수송하던 기차가 알프스 산맥의 폭설로 인해 멈춰서는 바람에 방수포 아래 있는 전차의 윤곽이 드러나면서 언론에 대대적으로 보도되었고, 이것은 외교적 스캔들로 이어졌다.

1969년 탈은 하임 바르 레브$^{Haim\ Bar\ Lev}$ 이스라엘 방위군 총참모장과 심각한 의견 불일치로 현역에서 은퇴하기로 결심했다. 1972년 현역으로 복귀해 1973년 전쟁이 끝날 때까지 다비드 엘라자르 이스라엘 방위군 총참모장의 휘하에서 부총참모장으로 근무했으나, 1974년 3월 모셰 다얀 국방장관과의 전략 논쟁으로 인해 다시 사임했다. 그럼에도 불구하고 탈은 이스라엘 국방부 산하 전차사업국인 만탁^{Mantak}(Minhelet HaTank의 약자로, 국방부 전차 관리 프로그램의 명칭)의 책임자가 되어 이스라엘 방위군의 전차 개발을 이끄는 리더십을 계속 발휘했다. 첫 사임 후 군 출신 민간인으로서 치프텐 전차와 M48 전차 업그레이드 실패 사태를 겪으면서 탈은 이스라엘이 자체 전차를 생산할 때가 되었다고 판단했다.[4] 이 결정을 내리기 전, 탈은 국방부의 재정 고문인 핀카스 주스만$^{Pinkhas\ Zusman}$과 병기 엔지니어인 이스라엘 틸란$^{Israel\ Tilan}$을 고문으로 임명해 프로젝트의 재정적 가치와 기술적 달성 가능성에 대한 평가를 수행했다. 두 고문 모두 이스라엘 전차의 개발이 실현 가능하며, 투자 가치가 있다는 결론을 내렸다. 이 프로젝트에 대한 소식을 들은 미국 정부는 M60 패튼 전차의 공급 거부를 철회했지만, 1970년 8월 다얀과 핀카스 사피르$^{Pinkhas\ Sapir}$ 재무장관의 승인을 받자 탈은 더 나은 성과를 낼 수 있다고 확신했다. 이에 따라 탈은 이스라엘에 전차 산업을 일으킬 수 있는 권한을 부여받았다.

●●● 1979년, 탈의 메르카바 전차 개발 프로젝트가 승인된 지 9년 만에 전투에 투입할 수 있는 전차가 완성되었는데, 이는 당시 최단기로 진행되었던 다른 국가의 신형 전차 개발 프로그램 기간의 절반 정도 밖에 되지 않았다. 이처럼 개발 기간을 단축할 수 있었던 비결은 프로젝트에 대한 모든 권한이 탈 한 사람에게만 집중되어 있었다는 것이다. 탈은 작은 부품을 시험 전 15분 동안 설계하고 3주 만에 시험용 배치를 위한 50대의 전차를 생산했다고 말했다. 사진은 1980년 2월 21일 메르카바 전차를 생산하는 타스 산업단지(Taas Industry Complex)를 방문한 이스라엘 탈(앞줄 가운데)과 메나헴 베긴(Menachem Begin) 총리(앞줄 오른쪽)의 모습이다. 〈출처: WIKIMEDIA COMMONS | CC BY-SA 4.0〉

 치프텐 전차 프로젝트의 팀원들은 탈의 단독 지휘 하에 개발 중인 메르카바 전차 프로젝트에 즉시 투입되었다. 탈은 다얀에게만 보고하면 되었는데, 다른 곳에서는 상상도 할 수 없을 정도로 권한이 탈 한 사람에게만 집중되어 있었다. 게다가 국방부의 조달, 법무, 재무 부서가 해결해줄 것이기 때문에 탈은 자금 조달에 신경 쓸 필요가 없었다.[5] 1979년, 탈의 프로젝트가 승인된 지 9년 만에 전투에 투입할 수 있는 전차가 완성되었는데, 이 개발 기간은 당시 최단기로 진행되었던 다른 국가의 신형 전차 개발 프로그램 기간의 절반 정도밖에 되지 않았다. 개발 기간을 단축할 수 있었던 비결은 프로젝트에 대한 모든 권한이 탈 한 사람에게만 집중되어 있었다는 것이다. 탈은 작은 부품을 시험 전 15분 동안 설계하고 3주 만에 시험용 배치를 위한 50대의 전차를 생산했다고 말했다.[6]

전체 직원은 약 150명의 엔지니어로 구성되었는데, 그중 일부는 국방부 전차 개발 프로그램Mantak 담당 부서에서, 일부는 이스라엘 방위군의 기술 설계 부서에서 근무했다. 탈은 모든 세부 사항에 대해 관여하고 최종 결정권을 가진 유일한 사람이었다. 예를 들어, 탈의 계획 중 하나는 엔진과 변속기transmission(파워팩power pack)의 평균 고장 간격MTBF, Mean Time Between Failure*을 미국 제조업체가 제시하는 400시간보다 더 길게 늘리는 것이었는데, 실제로 이스라엘 방위군의 평균 고장 간격은 300시간에 불과했다. 탈은 엔진이 예상대로 작동하지 않는 이유를 알아내기 위해 열역학 분야의 연구에 뛰어들었다. 그는 수석 엔지니어인 샬롬 코렌Shalom Koren에게 기갑부대에서 가장 오래된 엔진을 가져와 분해하도록 했다. 이는 매우 이례적인 일이었지만, 탈은 1970년 당시로서는 큰 금액인 30만 달러의 손실로 잠재적으로 수백만 달러를 절약할 수 있다고 설명했다. 결국 탈은 성능 저하의 원인을 밝혀내고 평균 고장 간격을 300시간에서 1,000시간으로 늘리기 위해 엔진 설계에 대한 30가지 수정 사항을 제안했다. 탈은 모든 정보를 제조업체에 제공하고 그 대가로 엔진 설계도에 대한 무제한 접근 권한을 정당하게 제공받았다.

---

* 평균 고장 간격: 고장 복구에서 다음 고장 시점까지의 평균 시간을 말한다. 즉 연속 가동할 수 있는 시간의 평균값이다. MTBF 수치가 클수록 안정적인 시스템이라 할 수 있다.

보호 우선

메르카바 전차가 다른 주력 전차와 달랐던 이유는 전차란 어떠해야 하는지에 대한 탈의 개념이 달랐기 때문이다. 이러한 개념은 전술적·기술적 고려에서 비롯된 것이었다.

앞서 설명한 바와 같이, 탈은 전차가 전투를 주도하고 보병은 그 뒤를 따라다니며 소탕하는 역할만을 해야 한다고 생각했다. 그는 전차부대가 방어력이 약한 기계화보병과 느린 포병을 대전차 무기로부터 보호하기 위해 그들보다 먼저 앞으로 나가려는 것을 자제하고 그들과 긴밀히 협력해야 한다는 거의 보편적인 합의에 반대했다. 1973년 10월 전쟁 초기 대전차 무기로 무장한 이집트군 보병이 이스라엘 방위군 전차를 상대로 큰 성공을 거두자, 이에 대한 이스라엘 방위군의 보편적인 대응은 적의 보병과 대전차 무기로부터 전차를 보호하기 위해 배치된 보병을 보강하는 것이었다. 그러나 탈은 1973년 10월 6일부터 9일까지 수적으로 열세였던 이스라엘 방위군이 전차 손실을 많이 입었다는 것은 오해의 소지가 있다고 단호하게 말했다. 전쟁 기간 중에 파손된 전차를 조사한 결과, 대전차 무기가 아닌 적 전차에 의한 피해가 대부분이었다. 1973년 전쟁 초기의 문제는 전차를 주력 병기로 선택한데 있었던 것이 아니라, 기술과 전술을 잘못 적용한 데서 초래된 것이었다. 해결책 중 하나는 장거리 대전차 무기에 대응하는 기술과 전술을 개선하는 것이었고, 또 다른 하나는 앞서 살펴본 것처럼 보병의 대전차 무기에 대한 구형 전차의 방호력을 개선하는 것이었다.

탈은 전차가 기동성, 방호력, 화력 사이에서 균형 잡힌 타협점을 찾아야 한다는 기존의 관념을 거부했다. 그는 적의 포격을 뚫고 전장을 가로질러 이동할 수 있는 방호력을 우선시해야 한다고 주장했다. 방호

●●● 메르카바 전차의 고유한 특징은 모든 구성 요소가 승무원 보호를 더욱 강화하고 지정된 기능을 수행하도록 설계되어 엔진이 다른 모든 전차처럼 뒤쪽이 아니라 앞쪽에 있어서 승무원을 보호한다는 점이다. 이는 탈이 전차보다는 승무원 보호를 최우선 순위로 여기고 메르카바 전차를 설계했기 때문이다. 〈출처: WIKIMEDIA COMMONS | CC BY-SA 3.0〉

력이 충분하지 않은 전차는 기계적으로 아무리 빨라도 적의 포격을 받으면 움직일 수 없으므로 방호력이 곧 기동성이라는 것이었다. 그뿐만 아니라, 방호력은 화력을 증가킨다. 방호력은 전차가 적에게 가까이 다가갈 수 있게 해줌으로써 무기의 효율성을 높여주기 때문이다.

탈은 전차가 승무원과 전차 자체, 이 두 가지 시스템으로 구성되어 있는데, 승무원이 전차 자체보다 더 중요하기 때문에 승무원을 보호하는 것이 모든 전차 설계의 최우선 순위가 되어야 한다고 주장했다. 탈의 메르카바 전차 설계에서 승무원 보호 장비가 메르카바 전차 무게의 약 75%를 차지한 반면, 전통적인 전차 설계에서는 그 비율이 50~55%에 불과하다. 메르카바 전차의 고유한 특징은 모든 구성 요소가 승무원 보호를 더욱 강화하고 지정된 기능을 수행하도록 설계되어 엔진이 다른 모든 전차처럼 뒤쪽이 아닌 앞쪽에 있어서 승무원을 보호한다는 점이다. 이러한 배치에는 몇 가지 단점이 있었다. 엔진에서 나오는 열과 배기 가스로 인해 전차의 전방 열 신호와 열기로 인한 아지랑이가 증가해 사수의 조준을 방해할 수 있었다. 또한 전차의 균형 중심이 앞으로 이동해 가파른 경사면을 오를 때 지면 접지력은 향상되지만, 참호 횡단 능력이 떨어지고, 전차의 전체 높이가 높아야 엔진 위로 포가 충분히 내려갈 수 있었다. 하지만 탈이 생각하기에 중요한 점은 엔진이 승무원을 보호한다는 것이었다. 또한 엔진을 앞에 배치하면 승무원과 부상자를 대피시킬 수 있는 차체 후방에 출입구를 추가할 수 있었고, 상부 출입구와 달리, 전차의 동체 전체가 적으로부터 승무원을 숨길 수 있었다. 이를 위해서는 엔진 냉각 시스템을 개선하는 등 다양한 방법으로 단점을 보완해야만 했다

이러한 재개념화*가 바로 메르카바 전차가 다른 전차와 다른 차별점이다. 메르카바 전차는 타협이 아닌 보호를 최우선으로 고려한 설계이다. 또한 메르카바 전차는 1948년부터 전차병들이 직접 체득한 전투 경험을 바탕으로 설계한 유일한 전차이며, 전차전에 대한 탈의 철저한 탄도학 연구를 통해 얻은 경험을 종합한 결과물이기도 하다. 모든 전쟁

---

* 재개념화: 1970년대 중반부터 일부 교육과정 학자들을 중심으로 이전의 것과는 전혀 다른 관점에서 접근해 근본적으로 방향을 재정립하자는 다학문적 움직임에 붙여진 포괄적이고도 추상적인 명칭이다.

에서 승리한 이스라엘 방위군은 탈이 언급한 것처럼 "전장과 그 잔해들이 우리 곁에 남아 있다"라는 추가적인 이점이 있었다.[7] 그의 서류 캐비닛은 전차포의 피탄彼彈에 대해 면밀히 연구한 보고서로 가득 차 있었는데, 각 관통 사례는 면밀하게 촬영하고 측정한 후 정확히 어떤 일이 발생했는지, 어느 범위에서 발생했는지 설명하는 평가 보고서가 함께 첨부되어 있었다. 탈이 다양한 전투에서 손상된 500여 대의 전차를 조사한 결과, 엔진실이 관통되면 전차가 즉시 움직이지 못하는 경우가 2%에 불과한 반면, 승무원실이 관통되면 전차가 즉시 움직이지 못하는 경우가 100%에 달한다는 사실을 발견하고 나서 그는 비정상적인 엔진의 위치를 생각해내게 되었다.

최적의 전차에 대한 탈의 아이디어는 많은 비판을 받았다. 그러나 1982년 레바논 전쟁에서 메르카바 전차가 상대 전차보다 훨씬 저렴한 비용으로 운용 가능한 최전선의 전차로서 성공적이라는 평가를 받으면서 비판은 줄어들었다.[8] 작전상, 전투에서 탈의 방어 우선 접근방식은 대담한 전술을 가능하게 하고 인명을 구할 수 있다는 점을 확실히 입증했다. 메르카바 전차가 정면 공격을 당해 회복할 수 없을 정도의 피해를 입은 경우에도 전차 승무원들은 후방에서 무사히 탈출할 수 있었다. 또한 메르카바 전차는 로켓 발사기[RPG]의 사격에 노출된 보병에게 이동식 방호막을 제공한다는 점도 주목을 받았다.

1982년 전투 이후 많은 기갑부대 장교들이 메르카바 부대로의 전출을 원했고, 일부 부모들은 자녀의 전출을 요청하기도 했다. 이로 인해 탈과 라파엘 에이탄Rafael Eitan 총참모장 사이에 긴장이 조성되었는데, 에이탄은 메르카바 전차가 다른 이스라엘 방위군의 전차보다 방호력이 결코 낮지 않다고 공개적으로 선언하기를 원했던 반면, 탈은 메르카바 전차의 기술로 나머지 다른 전차들도 업그레이드해야 한다고 제안

했기 때문이었다. 최초로 업그레이드된 M60 패튼 전차(메가흐^{Magach} 7)*
가 1980년대 후반에 준비되었다. 센추리온 전차는 추가 중량을 감당할
수 없었기 때문에 점차 단계적으로 퇴역했다. 1990년에 도입된 메르카
바 Mk 3 전차의 경우, 새로운 장갑뿐 아니라 장갑 모듈이 부착된 새로
운 개념의 전차 상부구조가 개발되었다. 장갑 모듈은 개선된 장갑 기술
이 개발될 때마다 새로운 모듈로 교체할 수 있었다. 이렇게 하면 전차
를 새로 만들지 않고도 전차의 장갑을 항상 업그레이드할 수 있었다.[9]

수동방호에서 능동방호로

메르카바 Mk 4는 탈이 1989년 국방부 장관의 특별 기갑 고문직에
서 물러난 후 개발된 최초의 메르카바 모델이었다. 그러나 2010년 사
망할 때까지 그는 이 프로젝트에 비공식적으로 참여했다. 1999년부
터 개발되어 2004년부터 생산에 들어간 메르카바 Mk 4 전차는 '탈릭
^{Talik}** 이후', 최초로 설계된 전차로, 2006년 제2차 레바논 전쟁에 투입
된 1개 전차여단(410여단)에 편성되었다. 탈은 메르카바 전차를 설계할
때, 그는 주로 적 전차에 대한 방어를 염두에 두었다(일반의 생각과는 달
리 1973년 10월 전쟁에서 손상된 대부분의 이스라엘 전차는 적 전차의 공격에
의한 것이었다). 그러나 메르카바 Mk 4 전차는 다른 위협, 즉 오늘날의
비정규적인 전장에서 흔히 볼 수 있는 대전차 유도 미사일과 급조폭발
물에 대응하도록 특별히 고안된 최초의 전차였다.

---

* 메가흐 7 전차: 1980년대 후반에 처음 개량된 이래, 지금도 꾸준한 성능개량이 이루어지고 있으며,
전시에 동원되는 예비사단의 주력 장비로 편성·관리되고 있다.

** 탈릭: 탈 장군의 애칭.

메르카바 전차가 1978년 최초로 전력화된 이후, 40년 동안 이스라엘의 전략 환경은 극적인 변화를 겪었다. 이집트와 요르단은 모두 1979년과 1994년에 평화협정을 체결했으며, 1967년과 1973년처럼 시나이 사막에서 대규모 전차전이 일어날 가능성은 현저히 줄어들었다. 사담 후세인^{Saddam Hussein}은 이집트를 대신해 반이스라엘 연합의 아랍 지도자가 되기를 희망했지만, 이라크군은 1991년 미국과의 전쟁에서 대패한 후 2003년에 해체되었다. 이스라엘 방위군이 마지막으로 적 전차와 교전한 것은 1982년 갈릴리 평화 작전에서 시리아군을 상대로 한 것이었지만, 이집트가 이스라엘과의 분쟁을 포기하자, 시리아는 독자적으로 전쟁을 시작할 수 없었으며, 2011년부터 시리아군은 내전의 수렁에 빠져들었다.

아랍 국가들의 위협이 줄어들면서 이스라엘은 남은 위협인 팔레스타인 하마스의 테러리스트와 헤즈볼라의 게릴라 공격에 초점을 맞추게 되었다. 따라서 이스라엘 방위군 내부의 많은 사람은 이스라엘 방위군의 지상군 내부 구성을 기갑 및 기계화보병에서 정밀무기의 지원을 받는 경보병으로 바꿔야 한다고 주장했다. 이러한 주장이 우세해지면서 포병과 기갑부대의 수가 크게 줄어들어 이스라엘 방위군의 전차 보유 대수는 대폭 감소했고, 메르카바 Mk 3 전차보다 오래된 전차는 모두 폐기되었으며, 메르카바 Mk 4 전차의 생산 중단도 논의되었다.[10]

그러나 헤즈볼라와 하마스는 게릴라전과 저강도 테러에서 중강도 정규전을 수행할 수준으로 군사력을 강화했다. 그들은 레바논의 산악 지역과 가자 지구의 밀집한 도시 지역 등 유리한 지형에 자리잡고 대전차 무기로 이스라엘 후방의 민간인과 중무장한 보병을 공격하고, 자신들의 로켓 공격을 차단하려는 이스라엘 방위군을 방해하기 위해 장사정 포병 운용에 집중했다. 이로 인해 중강도 전쟁이 연이어 발생하자,

이스라엘 방위군은 기갑 및 기계화부대를 투입할 수밖에 없었고, 이를 통해 '전차의 필요성 종식end of the need for tanks' 이론의 허구성이 드러났다. 2006년의 제2차 레바논 전쟁과 2008~2009년간 가자 지구의 캐스트 리드Cast Lead 작전 및 2014년의 프로텍티브 엣지Protective Edge 작전에서 메르카바 Mk 3 및 메르카바 Mk 4 전차는 5km 이상에서 적 전차를 타격하고 1m 이상의 장갑판을 관통할 수 있는 최신의 러시아제 코르넷Kornet을 비롯한 다양한 대전차 유도 미사일ATGM과 로켓 발사기로 무장한 보병부대에 맞서 운용되었다. 또한 적들은 자신을 향해 전진하는 전차, 박격포 및 기타 무기를 아래에서 폭발시키기 위해 거대한 매립형 급조폭발물을 사용했다. 적에게 이스라엘 방위군의 전차를 파괴하는 것은 전투에서 성공했다는 심리적 상징이 되었다. 이스라엘 방위군은 원거리 포격전이거나 기껏해야 대게릴라 작전 형태의 경보병 전투일 것이라는 가정 하에 제2차 레바논 전쟁에 참가했다. 어느 이스라엘 방위군 낙하산부대장의 말을 인용하자면, "팔레스타인 테러리스트를 체포하기 위해 레바논에 들어갔지만, 정규군과 충돌했다."[11] 실제 충돌은 전술적 실패와 더 많은 사상자가 발생하는 결과를 가져왔다.

헤즈볼라 부대가 레바논의 산악 지형을 교묘하게 이용해 위치를 은폐하고 많은 이스라엘 전차를 성공적으로 매복공격했던 제2차 레바논 전쟁의 쓰라린 경험을 통해 이스라엘 방위군의 기동력이 심각하게 방해받고 있다는 사실을 깨닫게 되었다. 레바논에서 전투가 벌어진 34일 동안, 헤즈볼라는 잘 훈련된 대전차 보병 600명을 배치했다. 이스라엘 방위군은 250대의 전차를 가지고 레바논에 진입했는데, 이 중 50대가 피격당하고 22대가 관통당했으며 3대는 수리할 수가 없었다.[12]

레바논의 와디 알-후제이르Wadi al-Hujeir 전투로 알려진 와디 살루키Wadi Saluki 전투에서 제401여단 소속 메르카바 Mk 4 전차 24대로 구성된 부대가 타이바^{Tayyiba}에서 서쪽으로 진격했다. 부대가 가파른 계곡으로 내려가자, 후방을 포함한 사방에서 기습 공격을 받았다. 헤즈볼라는 미리 매복하면서 몇 km 떨어진 언덕 정상의 은폐된 위치에서 미사일을 안전하게 발사하고 있었다. 코르넷 대전차 미사일이 전차를 공격해, 전차 11대가 피격되었고, 몇 대는 화염에 휩싸였다. 다른 전투에서 또 다른 6대의 메르카바 Mk 4 전차가 추가로 피격되었다. 총 6대의 메르카바 Mk 4 전차가 관통당했고, 7대가 무력화되었는데, 그중 5대는 현장에서 수리하고 2대는 견인해야 했으며, 나머지 4대는 표면적인 손상만 입은 채 전투를 계속했다. 제401여단은 이 전쟁에서 총 12명의 병사를 잃었는데, 그중 8명이 공격해 들어가던 전차의 승무원들이었다. 전쟁 중 전차부대의 전술적 행동에 대한 사후 조사 결과에 따르면, 일부 피격은 잘못된 전술 때문이었다. 오랫동안 훈련을 소홀히 한 탓이었다. 연막 사용이나 엄폐용 지형지물의 활용과 같은 기본적인 전투 기술이 최근 몇 해 동안 훈련 부족으로 인해 저하되었던 것이다.[13]

전술이 개선되면 피격 횟수가 줄어들 수도 있지만, 장갑을 관통하는 비율은 줄어들지 않을 것이다. 대전차 탄두의 개선에도 불구하고 2006년의 전차 관통 비율은 1982년의 47%에서 44%로 낮아졌고, 파괴 비율도 23%에서 6%로 여전히 감소했다. 그럼에도 이스라엘 방위군의 기갑부대는 이 결과를 그대로 받아들일 수 없다고 판단했다.[14] 이스라엘 방위군의 기갑부대는 전차와 대전차 미사일의 균형을 다시 전차에 유리하게 돌려놓기로 결정했다. 중량 제한과 기존 기술을 고려할 때, 더 수동적이거나 반응성이 높은 장갑은 실행 가능한 해결책이 아니었기 때문에 기술적 돌파구를 마련해야 했다. 결국 그 해답은 트로피^{Trophy}[이스라엘 방위군의 명칭은 메일 루아크$^{Me'il\ Rooakh}$(윈드브레이커 ^{Windbreaker})]로 알려진 능동방호체계$^{Active\ Protection\ System}$가 될 것이다.[15]

사실 트로피의 역사는 1973년 10월 전쟁에서 시작되었다. 당시 이스라엘 방위군 사상자의 50% 이상이 다양한 대전차 탄약에 피격된 전차 승무원이었다. 이 전쟁의 트라우마로 인해 당시 이스라엘 방위군의 무기 개발 부서인 이프타흐^{Yiftakh}는 전에는 생각지도 못했던, 날아오는 포탄이나 탄두를 감지하여 어떻게든 타격할 수 있는 기갑전투차량^{AFV,} $^{Armored\ Fighting\ Vehicles}$용 능동방호체계 개발에 착수하게 되었다.

첫 번째 프로토타입은 사르탄^{Sartan}(게^{Crab})이었고, 그 다음은 아크라부트^{Akrabut}(전갈^{scorpion}의 일종)이었다. 그러나 두 프로젝트는 1988년 메르카바와 아크차리트^{Achzarit}＊ 신형 병력수송차량이 충분한 수동방어 능력을 갖춘 것으로 판단되어 중단되었다.[16] 러시아는 유사한 해법을 연구하던 중 능동방호체계인 드로즈드^{Drozd}(1981년 처음 도입)와 아레나^{Arena}(1997년)를 전차에 장착했다. 그러나 이 능동방호체계들은 기술적인 문제가 있어서 제한된 수량만 구매해 사용했다. 최초로 성공한 능동방호체계인 트로피^{Trophy}는 이스라엘 최고의 미사일 개발자인 이프타흐^{Yiftakh}가 과거에 개발한 프로토타입을 기반으로 라파엘사가 개발한 것이었다.[17]

라파엘사는 두 가지 중요한 문제를 해결했다. 하나는 방어체계가 완전히 자율적이어야 한다는 것이었다. 즉, 전원을 켜기만 하면 자동으로 작동해야 했고, 러시아 방어체계의 주요 문제인 전차 안팎의 부수적인 아군 피해를 방지해야 했다. 2005년 라파엘사는 트로피의 첫 번째 프로토타입을 선보였다.[18] 제2차 레바논 전쟁에서 헤즈볼라가 성공적으로 대전차 전술을 수행하자, 그로 인해 개발은 곧 가속화되었다.[19] 트로피는 4개의 소형 레이더 센서로 구성된 네트워크를 통해 보호 대상인

＊ 아크차리트: T-55 전차 차체에 기반한 병력 중수송 차량.

전차 주변의 360도를 커버한다. 이 레이더는 메르카바 Mk 4 전차의 전장 관리 시스템과 통합되어 전차를 향해 발사되는 미사일이나 발사체를 즉각적으로 감지할 수 있다. 코르넷-E와 같은 대전차 유도미사일 ATGM은 레이저 빔을 사용해 표적을 추적하기 때문에 레이저 탐지 시스템을 장착하면 적 미사일이나 발사체가 발사되기 전에 위협의 위치를 파악할 수 있으며, 미사일이 비행하는 동안에도 승무원에게 발사 원점의 위치를 알려주기 때문에 교전하여 위협을 제압하거나 완전히 제거할 수 있다.

네트워크 중심의 연결을 통해 표적의 위치를 다른 무기체계와 플랫폼으로 전송해 즉각적인 반격을 개시할 수도 있다. 트로피 능동방호체계의 요격 메커니즘은 적 미사일이 전차에서 지정된 거리에 도달하면 활성화되어 여러 개의 폭발성 발사체가 날아오는 미사일을 향해 날아간다. 회전식 받침대에 장착된 이 장치는 위협 물체가 날아오는 방향으로 회전해 반고체형Gel type 파편으로 채워진 탄체를 투사해 미사일을 파괴한다. 이 하드킬hard-kill 대응책은 운동에너지탄kinetic rounds을 제외한 모든 유형의 대전차 유도미사일ATGM, 대전차 로켓, 대전차 고폭탄에 효과적이다.

첫 번째 테스트는 2009년에 실시되었는데, 이스라엘 방위군은 트로피 능동방호체계의 작전 운용 적합을 선언했다. 얼마 지나지 않아 와디 살루키 전투에서 큰 손실을 입었던 제401여단의 전차에 트로피 능동방호체계를 장착하기 시작했다.[20] 2011년 3월, 트로피 능동방호체계는 처음으로 작전에 투입되어 전차를 겨냥한 RPG-7 대전차 로켓을 성공적으로 요격했다.[21] 그달 말, 트로피 능동방호체계는 전차 승무원에게 다가오는 발사체를 경고함으로써 다시 한 번 성공을 입증했다. 이번에는 RPG-7 대전차 로켓이 전차를 명중시키지 못할 것이라는 계산에

●●● 2014년 7월 20일 프로텍티브 엣지(Protective Edge) 작전에 투입된 트로피 능동방호체계를 갖춘 메르카바 Mk 4 전차. 2014년 7월 8일~8월 26일에 수행된 가자 지구의 프로텍티브 엣지 작전에서 트로피 능동방호체계가 장착된 전차는 단 한 차례도 피격되지 않았고 오경보도 없었다. 현재 구성된 트로피 능동방호체계에는 레이더와 4개의 레이더 안테나, 컴퓨터 시스템, 요격 시스템 등이 포함되어 있다. 〈출처: WIKIMEDIA COMMONS | CC BY-SA 2.0〉

따라 위협 물체를 요격하지 않았다.[22] 이러한 성공 이후, 제401여단은 트로피 능동방호체계를 공식적으로 채택하고 전차에 장착했다.[23] 2014년 제7기갑여단은 구형 메르카바 Mk 2 전차를 이미 트로피 능동방호체계가 장착된 메르카바 Mk 4 전차로 교체하는 2년간의 교체 작업에 착수했다.[24]

2014년 7월 8일~8월 26일에 수행된 가자 지구의 프로텍티브 엣지 Protective Edge 작전에서 트로피 능동방호체계는 지금까지 가장 강도 높은 테스트를 거쳤다. 이 작전에는 505대의 메르카바 전차가 참가했으며, 66대의 메르카바 전차는 이스라엘로 향하는 하마스의 공격을 차단하기 위해 방어하는 보병과 함께 국경을 따라 배치되었다. 439대의 메르카바 전차는 가자 지구로 진입하는 보병과 전투공병부대를 호위해 가자 지구 내부에서 이스라엘로 이어지는 공격용 터널, 무기저장고와 적 전투부대를 찾아서 파괴했다. 이들은 정확도가 떨어지는 포격 대신, 직접적인 근거리 사격 지원을 제공하고, 수색하는 보병을 엄호하며, 때로는 병력, 사상자, 보급품을 운반하는 역할을 수행했다.[25]

하마스는 메르카바 전차를 막아낼 수 있다는 것을 증명하는 데 중점을 뒀는데, 이는 작전적 의미와 상징적 의미를 모두 지니고 있었다. 하마스는 러시아제 대전차 미사일인 콘쿠르Konkur(AT-5 스팬드럴Spandrel), 파곳Fagot(AT-4 스피곳Spigot), 코르넷(AT-14 스프리건Spriggan) 등 최고의 대전차 무기를 갖춘 전문화된 대전차부대를 편성했다. 이를 통해 하마스는 장거리에서 이스라엘군 전차와 대전차 미사일로 교전하는 동시에, 소규모 대전차부대를 파견해서 대전차 로켓으로 근접전을 벌이는 다각적인 전술을 채택했다. 또한 하마스는 메르카바 전차 대열에 급조폭발물과 지뢰를 사용해 모든 대전차 무기를 사용할 수 있는 준비된 매복 지역으로 유인했다.

밀집된 지역에서 3주 이상 진행된 고위험 기동작전 기간 중에 트로피 능동방호체계가 장착된 전차는 단 한 차례도 피격되지 않았고 오경보도 없었다고 한다.[26] 한번은 중대장의 전차가 약 3.5km 거리에서 코르넷 대전차 미사일의 표적이 된 적이 있었다. "우리는 전차가 표적이 된 것을 알고 있었지만, 시스템은 마법처럼 작동했습니다. 트로피 덕분에 위협은 무력화되었습니다. 모든 것이 자동으로 이루어졌습니다."[27] 가자 지구의 모든 메르카바 전차에 트로피 능동방호체계가 장착된 것은 아니었기 때문에 다른 전차들은 수동장갑과 좋은 전술로 대응해야 했다. 일부 전차 지휘관과 승무원이 전차 밖에서 소형 무기 사격이나 폭발물 파편에 맞아 사망했지만, 전차를 관통하는 대전차 무기에 의해 사망하거나 부상을 입은 전차 지휘관이나 승무원은 단 한 명도 없었다.

현재 구성된 트로피 능동방호체계에는 레이더와 4개의 레이더 안테나, 컴퓨터 시스템, 요격 시스템 등이 포함되어 있다. 작전 중에 트로피 능동방호체계는 제일 먼저 전차 주변을 탐지해 잠재적인 위협체를 추적한다. 플랫폼을 타격할 수 있는 위협이 감지되면 수많은 작은 금속 파편들이 들어 있는 요격탄을 발사해 다가오는 위협체를 차단한다. 이 트로피 능동방호체계는 360도 범위를 커버하고 근거리에서 위협에 대응할 수 있을 만큼 빠르며 이동 중에도 완벽하게 작동한다.[28] 현재 트로피는 러시아제 코르넷과 RPG-29 뱀파이어^{Vampir}와 같은 탠덤^{tandem} 탄두* 시스템에 대한 유일한 효과적인 대응책으로 간주되고 있으며, 정지 상태이든 이동 중이든 다양한 방향에서 날아오는 여러 위협체에 동

---

* 탠덤 탄두: 2개 이상의 폭발 탄두가 있는 폭발장치 또는 발사체로서, 장갑차량의 반응장갑이나 강력한 구조물을 관통하기 위한 기술적 해결책이다.

●●● 트로피와 동시에 개발된 또 다른 능동방호체계인 "강철 주먹"이라는 뜻을 가진 아이언 피스트는 설치된 레이더 센서를 통해 다가오는 위협체를 감지하지만, 수동 적외선 감지기를 옵션으로 장착할 수도 있다. 위협체가 다가오면 폭발성 요격체가 해당 위협체를 향해 발사된다. 아이언 피스트의 요격체는 위협체 바로 근처에서 폭발해 위협체를 파괴하거나 굴절시켜 불안정하게 만들지만 위협체의 탄두를 폭발시키지는 않는다. 이는 아이언 피스트가 폭발물의 폭풍효과만을 이용하기 때문에 가능하다. 요격체의 외피는 가연성 물질로 만들어져 폭발 시 파편이 발생하지 않아 부수적인 피해를 최소화할 수 있다. 아이언 피스트 능동방호체계는 모듈식으로 설계되어 경트럭부터 중장갑전투차량까지 다양한 플랫폼에 설치할 수 있다. 〈출처: WIKIMEDIA COMMONS | CC BY-SA 3.0〉

시 대응할 수 있다. 트로피의 성공에 힘입어 현재 중형 및 경장갑차량에 사용할 수 있는 다양한 트로피 버전도 개발되고 있다.[29]

트로피와 동시에 개발된 또 다른 능동방호체계는 "강철 주먹"이라는 뜻을 가진 아이언 피스트Iron Fist(이스라엘 방위군 공식 명칭은 헤츠 도르반

^{Hetz Dorban}, 영어로는 Porcupine Arrow로 고슴도치 바늘이라는 의미를 지님)
이다. 아이언 피스트 능동방호체계는 설치된 레이더 센서를 통해 다가
오는 위협체를 감지하지만, 수동 적외선 감지기를 옵션으로 장착할 수
도 있다. 위협체가 다가오면 폭발성 요격체*가 해당 위협체를 향해 발
사된다. 아이언 피스트의 요격체는 위협체 바로 근처에서 폭발해 위협
체를 파괴하거나 굴절시켜 불안정하게 만들지만 위협체의 탄두를 폭
발시키지는 않는다. 이는 아이언 피스트가 폭발물의 폭풍효과^{blast effect}**
만을 이용하기 때문에 가능하다. 요격체의 외피는 가연성 물질로 만들
어져 폭발 시 파편이 발생하지 않아 부수적인 피해를 최소화할 수 있
다.[30] 아이언 피스트 능동방호체계는 모듈식으로 설계되어 경트럭부터
중장갑전투차량까지 다양한 플랫폼에 설치할 수 있다. 아이언 피스트
능동방호체계는 로켓 발사기, 대전차 미사일, 대전차고폭탄^{HEAT}, 운동
에너지탄^{APFSDS} 등 다양한 위협체에 대한 테스트를 성공적으로 마치고,
2009년 6월에 중보병전투차량인 나메르^{Namer}***에 설치하기 위한 승
인을 받았다.[31]

2014년 12월에는 트로피 능동방호체계와 아이언 피스트 능동방호
체계의 기술을 결합한 차세대 능동방호체계 개발 계획이 발표되었다.[32]
넓은 지역에 퍼지는 금속 파편으로 요격하는 트로피 능동방호체계의
방식과 달리, 이스라엘 밀리터리 인더스트리^{IMI, Israel Military Industries}(이하
IMI로 표기)의 요격체는 미사일을 발사하는 방식이다. 2016년 6월 미

---

* 요격체는 파편 비산식 대응탄, 다중 성형작약탄, 폭압식 대응탄, 지향성 폭압식 대응탄 등 다양한 방
식이 있는데, 여기서는 일반적인 표현으로 요격체라는 용어로 번역했다.

** 폭풍효과: 폭발물의 폭발 시 폭발 압력에 의한 구조물 및 인원에 대한 파괴나 손상을 일으키는 효과.

*** 나메르 중장갑차량: 메르카바 Mk 4 전차 차체에 기반한 보병수송용 중장갑차량으로, 2008년 전
력화되었다.

육군은 경전차 및 중형 장갑차를 보호하기 위해 아이언 피스트 라이트^Iron Fist Light 형상을 선택했는데, 이는 경량화된 시스템, 충격 없이 요격 미사일을 발사할 수 있는 능력, 저렴한 비용 때문에 내려진 결정이었다.[33] 2018년 6월 미 육군은 M1 에이브럼스^Abrams 전차를 보호하기 위해 이스라엘과 약 2억 달러 규모의 트로피 능동방호체계 구매 계약을 체결했다고 발표했다.[34] 2021년 6월 영국 육군도 148대의 챌린저^Challenger 3 전차 전체에 트로피 능동방호체계를 장착하기 했다.[35]

기동성

메르카바에 대한 반복되는 비판 중 하나는 무게에 비해 엔진이 상대적으로 약해 가속과 최고속도 모두 전반적으로 느리다는 것이었다. 탈의 개념은 달랐다. 이스라엘의 전형적인 전장에서 흔히 볼 수 있는 바위가 많은 지형을 횡단할 때 최고속도는 엔진 출력보다는 승무원의 편안함에 따라 결정되었다. 바위 위를 빠르게 주행하는 것은 승무원에게 끔찍한 경험이지만, 현수장치^suspension system*의 품질 덕분에 그 끔찍함은 견딜 수 있는 수준으로 줄어들었다. 메르카바 전차의 개선된 스프링 기반 현수장치는 비슷한 지형에서 다른 전차보다 부드러운 승차감을 제공해 승무원들이 더 빠르게 주행할 수 있게 해주었다. 언덕이 많은 지형에서 또 다른 중요한 요소는 가파른 경사를 오를 수 있는 능력인데, 이는 부분적으로 지면의 접지력에 달려 있다. 메르카바 전차는 전방에 배치된 엔진과 강철 트랙 설계로 접지력이 향상되어 다른 전차가 접근할 수

---

* 현수장치: 차량 따위의 차대(車臺) 프레임에 차바퀴를 고정하여 노면의 진동이 직접 차체에 닿지 않도록 하는 완충장치로, 현가장치라고도 한다.

없는 산등성이를 오르고 지형을 횡단할 수 있었다. 1982년 레바논 전장에서는 다른 모델의 전차가 도달할 수 없는 지점에 미리 도착해 시리아군의 T-62 부대를 격파한 사례도 있다.

이후 메르카바 전차의 후속 모델이 출시되면서 장갑이 두꺼워짐에 따라 늘어난 무게를 보완하기 위해 더 강력한 엔진을 탑재했다. 메르카바 Mk 1에는 콘티넨탈Continental사의 750마력 AVDS-1790 파워팩이, 메르카바 Mk 2에는 같은 엔진의 900마력 버전이, 메르카바 Mk 3에는 새로운 현지 생산 변속기가 장착된 1,200마력 엔진이, 메르카바 Mk 4에는 1,500마력 엔진 버전이 탑재되었다.

화력

메르카바 Mk 1과 Mk 2 전차에는 현지에서 생산된 영국제 105mm 주포가, 메르카바 Mk 3 전차와 메르카바 Mk 4 전차에는 현지에서 설계된 120mm 주포가 탑재되었다. 모든 모델에는 지속적으로 성능개량이 되고 개조된 컴퓨터 사격통제 시스템이 탑재되었다. 메르카바 Mk 4 전차에는 사수가 특정 표적을 조준하고 사격하는 동시에 전차 지휘관이 전장을 더 넓게 볼 수 있는 이중 관측 및 조준 시스템이 포함되어 있다.[36] 메르카바 Mk 4 전차는 또한 도시 지역에서의 작전을 위해 더 나은 잠망경과 전방위 TV 카메라가 장착되어 있다.

이러한 점진적인 변화 외에도 메르카바 Mk 4 전차는 데이터 처리에 새로운 인공지능 기술을 적용한 결과, 눈에 보이는 위협과 보이지 않는 위협에 대한 지휘통제 및 상황 인식 기능이 완전히 최신화, 더 정확히 말하면 최첨단화되었다. 그 결과 지형, 아군의 위치, 알려진 적군의 위치, 개별 표적에 대한 데이터가 지속적으로 제공되어 전체 승무원의 상황 인식이 크게 향상되었으며, 아군 간 오인 사격의 피해를 최소화하면서 전차 간에 신속하고 효율적으로 사격을 할당할 수 있게 되었다.[37] 2011년까지 차야드Tsayad(디지털 지상군의 히브리어 약어) 600 시스템은 모든 기동부대를 이스라엘 방위군의 최고사령부와 연결했고, 이후 차야드 680으로 업그레이드되었다.[38]

2014년 가자 지구의 프로텍티브 엣지 작전에서 데이터 시스템의 유용성이 입증되었다. 전차가 화면 데이터를 통해 적의 위치를 통보받았다. 그런 다음, 전차가 제 위치를 잡자, 시스템의 지시에 따라 자동으로 포신이 표적에 고정되고 발사 준비를 마쳤다. 이전에는 전투기나 공격용 헬리콥터에만 이런 기능이 있었지만, 이제는 메르카바 전차에 모두 탑재되었다.[39]

적의 사격에서 생존할 수 있는 능력 덕분에 메르카바 전차 승무원들은 건물, 민간인, 적 전투원이 뒤섞인 혼란스러운 환경에서 표적과 비표적을 더 잘 식별하고 사격의 정확도를 높일 수 있었다. 프로텍티브 엣지 작전에 참가한 505대의 메르카바 전차는 M339 다목적 전차탄을 포함해 2만 2,269발을 발사했다. 전차 화력의 또 다른 요소인 포탄의 경우, 처음에는 자체 개발해 점진적으로 개량한 장갑관통용 헤츠Hetz(화살Arrow) 운동에너지탄과 대전차 및 대인 기능을 결합해 현지에서 생산한 이중목적 고폭탄(105mm용 할룰Halul과 120mm용 할룰란Halulan)으로 시작되었다. 이는 계속 개량되어 어울리지 않게 현지 꽃의 이름을 딴 대인용 포탄인 라케펫Rakefet, 칼라니트Kalanit, 하차브Hatzav가 연이어 등장했다. 헤츠Hetz, 할룰Halul, 할룰란Halulan이 자체 개발된 기존 포탄의 파생품에 지나지 않았다면, 라케펫, 칼라니트, 하차브는 휴대용 대전차 무기의 정확도, 사거리, 관통력이 향상되고 대부분의 전투가 벌어지는 전장이 개방된 지형에서 건물이 밀집한 지형으로 바뀌면서 등장한 새로운

개념의 포탄이었다.[40]

1980년대부터 현지 생산업체인 IMI는 엄폐물 뒤에 숨어 있는 대전차부대를 겨냥해 특별히 설계된 105mm 라케펫(APAM-MP-T M117/1)을 개발하기 시작했다. 이 포탄은 엄폐물 위로 날아가 목표물 위에서 6개의 자탄을 발사하도록 설계되었다. 2006년의 제2차 레바논 전쟁에서 이 포탄은 다양한 목표물에 효과적인 것으로 입증되었다. 2009년에는 칼라니트탄(APAM-MP-T, M329)이 배치되었다.[41] 칼라니트탄은 국가가 (훨씬 부유하고 발전된 나라에서는 이용할 수 없는) 각 주민의 출생부터 전체 건강에 관한 데이터베이스를 포함한 일상생활의 모든 측면을 위한 컴퓨터 기술에 몰두함으로써 비롯된 한 가지 중요한 변화를 선보였다. 칼라니트탄의 경우는 이미 약실에 장전된 상태에서 디지털 방식으로 업데이트된 표적의 데이터를 획득할 수 있다.

이것은 2006년의 제2차 레바논 전쟁과 2008~2009년 가자 지구에서 진행된 캐스트 리드Cast Lead 작전에서 얻은 교훈을 바탕으로 기갑전투차량의 가장 큰 문제인 이동 중 정확하고 신속한 사격을 해결하기 위해 개발된 혁신이었다.[42] 포탄의 컴퓨터에 표적의 사거리를 수동으로 입력하는 방식은 포탄이 장전된 상태에서 기동하는 것이 거의 불가능하다는 것을 의미했다. 포탄에 내장된 새로운 통신 시스템을 통해 전차는 포탄을 장전한 채로 주행할 수 있고 갑작스러운 표적 출현에 더욱 신속하게 대응할 수 있게 되었다.[43]

제2차 레바논 전쟁 이후에도 이스라엘 기갑부대의 무기는 주로 여전히 보이지 않는 적 전차와 싸우기 위해 설계되었다. 여전히 많은 전차에 할룰란*이 장착되어 있었다.[44] 이 성형작약 탄두는 폭발의 대부분을

---

* 할룰란: 120mm 전차포용 이중목적고폭탄.

좁은 분사구에 집중시켜 장갑을 관통하기 때문에 비슷한 크기의 다른 폭발성 포탄에 비해 대인 효과가 제한적이다. 표적이 건물 내부에 있는 경우, 이러한 포탄은 건물의 외벽에서 폭발하기 때문에) 대부분의 대인용 폭발과 파편이 건물 외부에서 약화되어 실내에 있는 적에게 미치는 영향은 상당히 최소화된다.[45]

그러나 2011년에 두 번째로 혁신적인 포탄인 하차브(120mm HE-MP-T, M339)가 도시 전투용으로 도입되었다. 이 포탄에는 첫 번째 탄두가 벽을 관통하고 두 번째 탄두가 내부에서 폭발하는 탠덤 탄두가 장착되어 있다. 하차브가 도입된 것은 2014년 프로텍티브 엣지 작전에서였다. 기갑부대는 전차 승무원들에게 500발의 포탄을 공급했고, 전차 승무원들은 이 중 450여 발을 발사해 그 효과를 확인했다. 기갑부대 포술 책임자인 바라크 아스라프[Barak Asraf] 소령은 하차브탄이 "칼라니트탄보다 치사율은 3배, 가격은 절반 수준"이라고 보고했다.[46] 그 후로 이스라엘 방위군은 이 이중목적 포탄을 대량으로 구매했다.

중장갑 장갑차

1973년 10월 전쟁에 대한 대부분의 논의는 전차에 대한 보병 대전차 무기들의 개선된 효과에 초점을 맞추었다. 그러나 소련 전문가들은 이 무기들이 훨씬 더 얇은 장갑차(APC-BTR), 보병전투차량(IFV-BMP)에 미치는 효과를 이 무기들의 주요한 위협으로 여겼다. 라파엘의 연구원인 단 로갈[Dan Rogal]도 비슷한 결론에 도달해 장갑차가 파괴될 경우, 발생할 수 있는 사상자의 수와 장갑차가 전차와 함께 또는 전차 근처에서 이동해야 한다는 점을 감안할 때, 전차보다 두꺼운 장갑을 장착한 차세대 장갑차가 필요하다고 제안했다. 1982년 전쟁을 통해 그의 주장이 옳다는 것을 확신하게 된 이스라엘 방위군은 중장갑 병력수송차량을 제작하기 시작했다. 대부분의 병력수송차량은 엔진이 앞쪽에 있고 출입구가 뒤쪽에 있으므로 메르카바 전차 차체를 새로운 병력수송차량으로 활용할 수 있었다. 하지만 당시의 생산 능력으로는 메르카바 전차와 메르카바 병력수송차량을 모두 제작할 수 없었다. 해결책은 구형 전차를 가져와 포탑을 제거해 무게를 줄인 후, 메르카바 장갑 기술로 차체를 강화한 다음 보병분대가 탑승할 수 있도록 차체를 개조하는 것이었다. 가장 먼저 개조된 전차는 나그마샷Nagmashot으로 이름이 바뀐 센추리온 전차였다. 이후 후속 모델인 메르카바 전차에 사용된 새로운 장갑으로 전차를 지속적으로 업그레이드했다. 이후 노획한 T-55 전차가 퇴역하면서 이 전차들도 개조되어 아크자리트Achzarit가 탄생했다. 그러나 이러한 개량형 전차에는 여러 가지 한계가 있었다. 특히 업그레이드된 대전차 무기에 대응하기 위해 더 무거운 장갑으로 지속적으로 업그레이드하는 데 한계가 있었기 때문에 메르카바 병력수송차량인 나메르를 선호하게 되었다. 나메르의 주요 전술적 장점은 이전에는 메르카바 전차만이 작전할 수 있었던 치명적인 전장 지역을 보병이 빠르고 비교적 안전하게 통과할 수 있어 이스라엘 방위군이 더 효과적으로 전투를 수행할 수 있다는 것이었다.

나메르를 제작하기로 최종적으로 결정한 것은 2006년 제2차 레바논 전쟁 이후였으며, 2009년에 그 첫 차량이 배치되었다. 대부분의 분쟁이 게릴라와 테러리스트를 상대로 했기 때문에 이러한 차량에 대한 예산적 고려와 필요성 논쟁으로 인해 2014년 7월 19~23일에 가자 지구에서 발생한 악명 높은 슈자이야Shuja'iyya 전투 때까지도 인수가 지연되었다. 단 1대의 M-113 장갑차에 탄 7명의 이스라엘군 병사가 한꺼번에 사망한 이 사건은 대중의 공분을 불러일으켰고, 불충분한 방호체계

●●● 2012년 8월 골란 고원에서 훈련하고 있는 골라니 여단의 나메르 중장갑보병수송차. 병사들이 업그레이드된 대전차 무기에 대응하기 위해 더 무거운 장갑으로 지속적으로 업그레이드하는 데 한계가 있었기 때문에 메르카바 병력수송차량인 나메르를 선호하게 되었다. 나메르의 주요 전술적 장점은 이전에는 메르카바 전차만이 작전할 수 있었던 치명적인 전장 지역을 보병이 빠르고 비교적 안전하게 통과할 수 있어 이스라엘 방위군이 더 효과적으로 전투를 수행할 수 있다는 것이었다. 〈출처: WIKI-MEDIA COMMONS | CC BY—SA 3.0〉

가 어떤 결과를 초래하는지 보여주는 끔찍한 사례로 남았다.[47] 이스라엘 국방부는 사후 조사의 일환으로 나메르가 이미 세계에서 가장 방호력이 뛰어난 보병전투차량이지만, 새로 도입되는 모든 신형 나메르 중장갑차량의 생산 속도를 배가하는 동시에, 새로운 방호체계를 장착해서 전력화할 것이라고 발표했다.[48]

혁신
16

8200부대와
81부대

이스라엘과 이스라엘 방위군 혁신의 중심에는 "불가능은 없다"라는 핵심 이념으로 무장된 8200부대가 있다. 8200부대는 독립전쟁 과정에서 창설되어 여러 차례 변화를 거쳐 오늘에 이르고 있다. 처음에는 도청부대로 출발했으나, 암호해독, 신호정보, 사이버 대응 등 다양한 역할이 추가되었으며, 여전히 많은 부분이 베일에 싸여 있다. 8200부대 이외에도 자폐증을 앓는 자원으로 구성되어 고도의 집중력을 발휘하는 9900부대, 맞춤형 혁신에 집중하고 있는 81부대 등이 있다. 특히 8200부대는 이스라엘의 IT 산업계를 선도하는 부대로 널리 알려져 있다.

1993년 이스라엘 방위군 정보부대인 8200부대의 베테랑인 20대 초반의 젊은 이스라엘 청년 길 슈웨드^{Gil Shwed}, 마리우스 나흐트^{Marius Nacht}, 슐로모 그라메르^{Shlomo Kramer}, 이 세 사람은 모두 스타트업인 체크 포인트 소프트웨어 테크놀로지스^{Check Point Software Technologies Ltd.}를 설립했다. 이 회사의 주요 제품인 방화벽^{Firewall}-1은 수신 인터넷 트래픽에 대한 보안 필터였다. 이 보안 필터는 8200부대의 통신망을 보호하면서 적대세력의 통신망을 뚫어야 했던 슈웨드^{Shwed}의 임무에서 직접 비롯된 것이었다. 창업 3년 만에 40%의 시장점유율로 전 세계 방화벽 시장의 선두 주자가 된 체크 포인트는 계속 성장해 2021년에는 시장 가치가 162억 달러에 이르렀다.

여러 해에 걸쳐 8200부대 출신의 다른 많은 동료들도 기업들을 설립했다. 2013년에 이들을 소개한 한 언론 보도는 "지구상 최고의 기술 학교는 이스라엘 지상군 8200부대"라고 조명한 적이 있었는데, 이는 8200부대가 급성장하기 전의 일이었다.[1] 2013년 조사에 따르면, 이스라엘의 모든 하이테크 산업 종사자의 10%가 8200부대에서 복무했다고 응답했다.[2] 그리고 오늘날 이스라엘의 가장 큰 하이테크 기업 중 하나인 나이스^{NICE}, 베린트^{Verint}, 컴버스^{Comverse}, 체크 포인트 등은 모두 이 부대 출신이 창업한 회사이다.

그러나 현재 이스라엘 방위군에서 가장 많은 정보를 제공하는 정보 부대인 8200부대는 신호 정보^{SIGINT}, 암호해독, 사이버전, 사이버 보안을 아우르는 기능을 수행하지만, 기업가적 기술자를 교육하기 위해 설립된 것은 아니다.[3] 8200부대의 기본 임무는 국경이 매우 좁고 공격을 흡수할 수 있는 지리적 깊이가 없는 데가가 예비군 동원에 의존하는 이스라엘의 정부와 군에게 사전에 위협을 알리는 것이다. 따라서 이스라엘은 적의 도발 징후에 대한 사전 경고는 물론, 이미 존재하고 있거

●●● 이스라엘 방위군 정보부대인 8200부대는 "지구상 최고의 기술학교"라는 평가를 받고 있을 정도로 이스라엘의 모든 하이테크 산업 종사자의 10%가 8200부대 출신일 뿐만 아니라, 오늘날 이스라엘의 가장 큰 하이테크 기업인 나이스, 베린트, 컴버스, 체크 포인트 등은 모두 8200부대 출신이 창업한 회사이다. 현재 이스라엘 방위군에서 가장 많은 정보를 제공하는 정보부대인 8200부대는 신호 정보, 암호해독, 사이버전, 사이버 보안을 아우르는 기능을 수행하고 있다. 위 사진은 골란 고원 아비탈(Avital)산에 있는 8200부대 기지의 모습이다. 〈출처: WIKIMEDIA COMMONS | CC BY-SA 3.0〉

나 아주 가까운 거리에서 빈번하게 일어나고 있는 크고 작은 적의 위협이나 주목할 만한 가치가 있다고 판단되면 이란에서 수천 해리 혹은 그 두 배 거리 떨어진 남아시아의 지하드Jihad 위협을 예방하고 필요한 경우에는 선제공격을 하기 위해 정보에 대한 의존도가 매우 높다. 이처럼 적의 위협이 끊임없이 계속되는 상황에서 이스라엘의 최고 인적 자원이 이스라엘 방위군 정보부대, 특히 신뢰할 수 없는 정보로 가득 찬 세상에서 가장 확실한 정보를 제공하는 신호 정보의 핵심 기능을 수행

하는 8200부대에 집중되는 것은 당연하다고 할 수 있다.

모든 것은 예비군 중심의 체계인 이스라엘 방위군이 국가 방위를 위해 예비군을 동원하기 위해서는 사전에 정보를 확보해야 한다는 특별한 정보 요구에서 시작되었다. 수년에 걸쳐 이스라엘이 직면한 위협은 국경을 넘나드는 침투부터 이라크, 시리아, 이란과 같은 적대국의 핵 프로그램에 이르기까지 다양한 형태로 진화하며 변모해왔다. 8200부대는 이에 따라 주어진 임무의 우선순위가 달라졌지만, 초기 계획 수립부터 실행에 이르는 모든 과정에 걸쳐 이스라엘 방위군의 특수작전에 늘 참여해왔다. 8200부대의 활동에 대해서는 수년 동안 공개적으로 드러난 다음 내용을 통해 어느 정도 파악할 수 있다.

1967년 6월 나세르Nasser–후세인Hussein 전화 통화 도청. 8200부대는 1967년 6월 6일 요르단 후세인 국왕과 이집트 가말 압델 나세르 대통령 간의 정치적으로 매우 중요한 통화를 도청했다.[4] 요르단과 이집트 양국의 공군이 전멸한 다음날이었다. 이 통화에서 나세르는 후세인에게 전날의 공습에는 이스라엘 공군의 항공기뿐만 아니라, 영국과 미국 항공기들도 참여했다고 발표할 것을 제안했다. 이에 따라 6월 7일 아침 아랍 언론은 이집트와 요르단 비행장에 대한 이스라엘의 공습에 미국과 영국 항공기도 참여했다고 발표했다. 이로 인해 여러 아랍국가에 있는 미국과 영국 대사관에 대한 대규모 공격이 발생했으며, 일부 지역에서는 다른 나라의 외국인과 남아 있던 유대인들도 공격받았다고 보도했다.

8200부대가 통화를 도청해 정보를 전달했기 때문에 미국 정부는 누가 책임자인지를 즉시 파악하고 그에 따라 대응했다. 나세르의 통화를 계속 엿듣고 싶어하는 군사정보 전문가들의 많은 불만에도 불구하고 전화 통화 내용을 공개한 것은 이스라엘 국방장관 모셰 다얀이었다. 다얀의 최우선 과제는 누가 근거 없는 비난을 초래한 가짜 정보를 조작했는지 미국 정부에 정확히 알리는 것이었다.

1976년 7월 4일 엔테베Entebbe 작전. 7월 4일 전날 밤, 4대의 C-130 허큘리스Hercules 수송기가 우간다의 통치자인 이디 아민Idi Amin의 비호 아래, 독일과 팔레스타인 테러리스트들이 억류하고 있던 인질 102명을 구출하기 위해 이스라엘에서 우간다로 날아갔다. C-130 수송기에는 아랍어, 러시아어, 영어, 우간다의 공용어인 스와힐리Swahili어를 구사할 줄 아는 8200부대의 장병 20명도 탑승했다. 그들은 지상의 우간다 육군 통신을 감청한 것은 물론, 모든 공중 이동을 모니터링했다. 그들은 쉽게 압도당할 수 있는 소규모 병력으로서 가질 수밖에 없었던 취약성을 대폭 줄임으로써 작전에서 중추적인 역할을 했던 것이다.[5]

2017년 7월 호주에서 발생한 여객기 테러 음모 저지. 8200부대는 시드니Sydney에서 아부다비Abu Dhabi로 향하는 에티하드Etihad 항공편을 폭파하려는 이라크-레반트 이슬람국가ISIS 테러리스트들 간의 통신을 감청했다. 이스라엘이 호주 당국에 전달한 정보에 의해 시드니에서 2명의 용의자인 레바논계 호주인 형제 49세의 칼레드 카야트Khaled Khayat와 29세의 마흐무드 카야트Mahmoud Khayat가 체포되었고, 이들은 테러 공격을 준비 또는 계획한 혐의로 기소되어 장기 징역형의 유죄 판결을 받았다. 피터 더튼Peter Dutton 호주 내무부 장관은 인터뷰에서 이스라엘이 이 음모를 밝혀내는 데 "직접" 관여했으며 "에티하드 항공편이 공중에서 폭발, 수백 명이 목숨을 잃을 수 있었기 때문에 이스라엘 측이 제공한 지원에 대해 매우 감사하게 생각한다"라고 말했다.[6]

스턱스넷Stuxnet. 2010년 이란의 나탄즈Natanz 우라늄 235 분리 시설을 파괴한 컴퓨터 웜worm*의 존재가 드러났고, 이 컴퓨터 웜의 정체가 스턱스넷으로 밝혀졌다. 에드워드 스노든Edward Snowden이 미국 국가안보국NSA, National Security Agency 문서를 유출하면서 스턱스넷은 이스라엘과 미국이 공동 개발한 것으로 드러났다.[7] 8200부대는 사이버전을 담당하는 유일한 조직이기 때문에 8200부대와 스턱스넷의 연관성은 즉각적으로 드러났다.[8] 이 공격은 우라늄 분리 원심분리기를 원격으로 제어하고 모니터링하는 지멘스Siemens SCADA 체계를 공격 대상으로 삼았다. 스턱스

---

* 웜: 네트워크를 통해 스스로 복제하고 전파되는 악성 코드의 일종.

넷은 원심분리기를 모니터링하는 소프트웨어를 교란시켜 원심분리기가 과속·과열·연소되도록 함으로써 이란의 핵 프로그램을 방해했다. 또한 스턱스넷은 원심분리기 운영자에게 모든 것이 정상적으로 작동하고 있다는 잘못된 정보를 전송해 자신의 활동을 위장했다. 운영자가 오작동을 알아차렸더라도 스턱스넷은 운영자가 접근하여 문제를 해결할 수 없도록 차단했을 정도로 정교했다.[9]

플레이머^{Flamer}. 8200부대에 의한 이란에 대한 또 다른 사이버 공격은 멀웨어^{malware}* 플레이머^{Flamer} 또는 플레임^{Flame}과 관련이 있다. 모스크바에 본사를 둔 카스퍼스키 랩^{Kaspersky Lab}은 이 멀웨어를 발견했는데, 코드가 지금까지 발견한 멀웨어보다 100배나 길기 때문에 플레이머를 완전히 이해하지 못했다고 인정했다.[10] 부다페스트 기술경제대학^{Budapest University of Technology}은 이 멀웨어를 "우리가 앞서 실무에서 한 번도 만난 적이 없는 가장 정교한 멀웨어이며, 지금까지 발견된 멀웨어 중 가장 복잡한 멀웨어가 틀림없다"라고 언급했다.[11]

플레이머 멀웨어는 트로이 목마, 악성 웜, 바이러스의 속성을 모두 가지고 있다. 이 멀웨어는 마이크로소프트 윈도우스^{Microsoft Windows} 운영체제에서 실행되며 공격자가 감염된 컴퓨터에서 정보를 수집할 수 있게 해준다. 플레이머는 비디오 및 오디오 녹음, 화면 촬영, 키보드 활동 기록, 컴퓨터 설정 변경 등의 다양한 정보에 접근한다.[12] 이 악성 코드는 이란 컴퓨터에서 정보를 수집했을 뿐만 아니라, 실제 피해를 입히기도 했다. 예를 들어, 2012년 4월 이란의 석유 터미널을 교란시켜 몇 주

---

* 멀웨어: 악성(malinous)과 소프트웨어(software)의 합성어로, 사용자의 이익에 반해 시스템을 파괴하거나 정보를 변조·유출하는 등 악의적인 작업을 하도록 만들어진 소프트웨어이다.

동안 가동을 중단시킨 적이 있다.[13] 부다페스트 기술경제대학은 플레머가 발견되었을 때 이미 5년 동안 활동한 것으로 추정했다.[14] 멀웨어가 밝혀진 후, 플레이머의 주요 관심 지역이 중동이라는 것이 밝혀졌다.[15] 이란 외에 이 멀웨어로 피해를 입은 국가는 시리아, 레바논, 사우디아라비아, 수단과 팔레스타인 자치정부였다. 이 멀웨어는 노출된 지 일주일 만에 자폭하기 시작했고, 이로 인해 처음 추정했던 것보다 훨씬 더 광범위하게 확산되었을 가능성이 제기되었다.[16]

이란의 국가 컴퓨터 긴급 대응팀인 마허MAHER에 따르면, 플레이머와 스턱스넷은 몇 가지 공통된 속성을 공유하고 있기 때문에 두 악성 코드 사이에 연관성이 있다고 한다. 마허는 플레이머가 43개의 안티바이러스 프로그램을 우회하여 심각한 정보 손실을 일으켰다고 확인했다.[17] 여러 소식통에 따르면, 플레이머는 스턱스넷과 마찬가지로 사이버 공격작전을 담당하는 8200부대와 연관되어 있다고 한다.[18]

"바이러스"라는 단어가 의학적인 의미로만 사용되던 시절에 시작된 8200부대는 이스라엘 건국 이전부터 시작된 끈질긴 노력이 현재까지 이어져 오늘날 8200부대라는 이름으로 불리게 되었다. 8200부대의 원래 명칭은 신-멤Shin-Mem 2였는데, 신-멤 2는 하가나의 정보 조직인 SHY—셰루트 예디오트Sherut Yediot(Information Services)의 약자—의 통신 정보 부서의 뒤를 이은 조직이었다. SHY는 원래 주로 인적 정보를 수집했지만, 일부 신호 정보 역량을 확보해 결국 8200부대로 발전했다.[19] SHY의 수장인 에브라임 데켈Ephraim Dekel의 주장에 따라 텔아비브의 벤 예후다Ben-Yehuda 거리에 첫 번째 수집 안테나가 설치되었다.[20] 안테나의 표적은 인근에 있는 영국 경찰서였다. 신호가 수집되자마자 영국이 전송을 암호화하고 있다는 사실이 즉시 밝혀졌고, 이에 따라 신호정보부대에도 암호해독팀이 필요했다. 당시의 암호해독팀은 비공식적인 방식으로 즉각 편성되어 작동하기 시작했다. 첫 번째 안테나를 구입한 후, SHY의 신호 정보 부서는 매우 빠르게 영국 경찰의 74개 무선 라디오 방송국을 감청해 영국의 위임통치에 맞서 싸우는 하가나에 많은 정보를 제공했다. 이를 통해 지하 훈련 과정과 소량의 숨겨진 무기 은닉처를 경찰의 급습으로부터 보호할 수 있었다.[21] SHY는 영국 경찰 외에도 외국 영사, 언론인, 경쟁 관계에 있던 2개의 유사 유대인 준군사 조직인 이르군과 작지만 위험한 레히^{Lehin}(영국에서는 스턴 갱^{Stern Gang}이라고 알려짐)의 구성원 등 대의에 적대적인 것으로 보이는 모든 사람을 도청했다. 이로 인해 신호 정보 수집 표적의 수가 급격히 늘어났다.[22]

1948년 전쟁이 발발하자, 전쟁을 위해 모든 돈과 총을 쏠 수 있는 사람이 필요했기 때문에 SHY의 신호 정보 부서를 해체하기로 결정했다. 그러나 이 부서의 설립자이자 책임자였던 모르데하이 알모그^{Mordechai Almog}는 초기 이스라엘 정보에 신호 정보가 매우 중요하다고 주장했고, 다른 부서원들의 도움을 받아 직접 자금을 계속 조달하기로 결정했다. 1952년, 이스라엘 방위군의 초대 군사정보국장이었던 이세르 베에리^{Isser Be'eri}는 신호 정보 부서가 아무런 법적 승인 없이 활동해왔다는 사실을 알게 되었다. 그는 이 부서를 이스라엘 방위군 산하의 신-멤 2, 즉 셰루테이 모디인^{Sherutey Modi'in 2}(Intelligence Services 2)의 약자로 공식적으로 재창설하기로 결정했다. 자파^{Jafa}에 있는 첫 번째 본부에는 막사뿐만 아니라, 암호해독팀을 위한 기술실험실과 사무실도 포함되어 있었다. 1953년 부대와 본부가 성장하면서 텔아비브 북쪽의 라맛 하샤론^{Ramat Hasharon}으로 이전했고, 오늘날까지도 그곳에 남아 있다.[23] 이 부대의 요원들은 처음에는 주로 아랍국가, 대부분 이라크 출신의 유대인으로 구성되었으며, 이들은 아랍어 지식을 활용해 이스라엘 국가 안보에 큰

도움이 되는 중요한 정보를 생산할 수 있었다.[24]

초창기 신-멤 2의 목표는 아랍 군대의 통신망에서 신호 정보를 수집하고 전자 모니터링 및 암호해독을 통해 무기와 레이더에 대한 정보를 획득하는 것이었다. 그러나 부대가 국경에 안테나를 설치한 후에도 이스라엘-이집트 국경과 나일강 삼각주 사이에는 상당한 거리가 떨어져 있었다. 지리적으로 이격된 거리를 좁히고 부대의 탐지 범위를 확대하기 위해 항공 정보 부서가 신설되었는데, 처음에는 가장 저렴한 플랫폼인 DC-3 다코타Dakota 기종과 잉여 대공 열기구를 구입했다. 대공 열기구는 1970년대에 새 열기구로 교체되어 새로운 항공기가 도착할 때까지 30년 동안 계속 사용되었다.[25] 이 글을 쓰고 있는 오늘날에도 8200부대는 걸프스트림Gulfstream 제트기를 비롯한 다양한 항공기를 보유하고 있다.

1980년대와 1990년대에 전 세계는 무선전화 혁명을 경험했고, 8200부대는 디지털 신호 처리 분야의 선구자가 되어 무선전화에 대한 모니터링을 개선하는 자체 신호 수신기를 개발했다.[26] 현재 임무는 고전적인 신호 정보 수집에서 무선전화 및 유선 전화 네트워크, 전술 군사 네트워크, 무기체계, 레이더의 모니터링과 추적에 이르기까지 다양하다. 이전과 마찬가지로 8200부대는 감청한 정보를 해독해야 하므로 정보 보안과 암호화가 급속도로 발전함에 따라 암호 연구의 군비 경쟁에 휘말리게 되었다.

다른 곳과 마찬가지로 이스라엘에서도 사이버전은 해전, 공중전, 지상전과 함께 현재에도 진행 중이다.[27] 이에 따라 8200부대의 전체 자원에 대한 압박이 가중되고 있는데, 특히 이스라엘 방위군의 오픈 소스 정보OSINT 부대인 하차브Hatzav가 8200부대의 예하에 배치되면서 더욱더 그렇다. 하차브의 자료는 요청하면 얻을 수 있지만, 이를 활용하려

●●● 바빌론 기지의 벙커에서 근무하고 있는 8200부대원들(이 사진은 1969~1979년 사이에 촬영된 것으로 추정된다). 현재 8200부대의 임무는 고전적인 신호 정보 수집부터 무선전화 및 유선 전화 네트워크, 전술 군사 네트워크, 무기체계, 레이더의 모니터링과 추적에 이르기까지 다양하다. 〈출처: WIKIMEDIA COMMONS | CC BY-SA 3.0〉

면 언어적 상황 인식은 물론, 언어적 처리 기술이 필요하다.[28]

그러나 8200부대는 지금까지 전투 조직으로 남아 있어서, 부대에 속한 모든 남녀 병사는 다른 일을 하기 전에 약간의 무기 훈련[weapons training]을 받는다. 게다가 8200부대는 적진 후방에서 정보를 수집하도록 훈련받은 자체 전투부대를 보유하고 있다.[29] 오늘날 8200부대는 이스라엘 방위군에서 가장 큰 부대이다.[30] 8200부대의 병력은 약 6,000명 수준으로 추정된다.[31] 이 정도 규모임에도 불구하고 동종 부대에 비해 여전히 작아서, 영국의 GCHQ*나 미국의 거대한 NSA**에 비해 질적으로는 뛰어나지만, 수적으로는 GCHQ와 NSA의 상대가 되지 않는다.[32] 8200부대는 NSA 및 GCHQ와 많은 협력을 하지만, 모든 문제에 대해 협력하는 것은 아니고, 공동의 위협에 대해서만 공동 대응하는 것으로 알려져 있다.[33]

8200부대에 관해서는 많은 것들이 여전히 비밀로 유지되고 있다. 이스라엘 방위군의 가장 중요한 장교 중 한 명인 8200부대 사령관(준장)의 이름은 절대 공개되지 않으며, 부대 구조도 상황에 따라 바뀌기는 하지만—이스라엘 방위군의 유연성plasticity도 지속되고 있다— 철저하게 비밀로 유지되고 있다. 알려진 바에 따르면, 8200부대에는 3개의 센터가 있다.

정보 센터는 수집·분석·지리별·국가별·기능별 부서와 부문을 갖춘 가장 큰 규모의 조직으로, 국경에 있는 부대를 포함한 부대의 모든 기지와 주둔지를 담당한다. 2010년 프랑스의 월간지《르몽드 디플로마티크Le Monde Diplomatique》는 8200부대의 기지 한 곳을 공개했는데, 전세계 신호 수집을 위한 30개의 안테나와 위성접시를 갖추고 있는 네게브 사막에 있는 서부 기지였다.[34] 기술 센터는 연구실과 작업장을 갖춘 8200부대의 필수적인 조직이다. "장비가 발전할수록 실시간으로 신뢰할 수 있는 정보를 제공할 수 있는 능력이 향상됩니다." 8200부대는 자체에서 장비를 개발하고 다른 사람의 장비를 개조하며, 무선전화를 비

---

* GCHQ(Government Communications Headquarters): 영국 정부와 군대에 신호 정보 및 정보 보증(IA)을 제공하는 정보 및 보안 조직이다.

** NSA(National Security Agency): DNI(Director of National Intelligence)의 권한 아래 있는 국방부 예하의 정보기관으로서, 신호 정보 분야의 국내외 정보 수집과 방첩 등을 전담할 목적으로 신호 정보와 데이터에 관한 글로벌 모니터링, 수집 및 처리를 담당하고 있다.

롯한 기타 첨단 기술과 사이버 산업의 발전에 공헌하기 위해 노력하고 있다.[35] 암호해독 센터는 SHY의 암호해독팀에서 발전한 조직으로, 전신인 SHY의 암호해독팀과 마찬가지로 8200부대의 다른 직원들도 접근이 제한된 비밀 조직 중에도 가장 비밀스러운 조직이다. 암호화의 확산으로 인해 암호해독 센터는 고도로 발전된 인공지능 기법으로만 극복할 수 있는 엄청난 양의 암호해독 문제에 직면해 있다. 8200부대 장병들은 항상 엄격한 보안 허가 절차를 거쳐야 했지만, 1973년 '노래하는 정보장교' 사건이 발생하기 전까지는 다른 이스라엘 방위군 기밀에 대한 접근이 제한되지 않았다.

불운의 주인공은 이스라엘과 시리아 국경의 헤르몬Hermon산에 배치된 8200부대의 젊은 장교 아모스 레빈베르그Amos Levinberg였다. 욤 키푸르 전쟁이 발발한 1973년 10월 6일, 레빈베르그의 근무지는 시리아군에 의해 점령되었고, 그는 13명의 병사와 함께 포로로 잡혔다. 포로가 된 레빈베르그는 "이스라엘이 패전했고, 골다 메이어Golda Meir 총리와 모셰 다얀 국방장관은 자살했으며, 전 국민이 몰살당했다"라는 시리아군의 말에 속아넘어갔다. 사진을 찍듯 정확한 기억력을 타고난 레빈베르그는 자신이 알고 있는 모든 것을 시리아 측에 알려주었다.[36] 그는 모든 암호명, 지도, 사무실 배치, 심지어 여러 이스라엘 방위군의 장교들의 자동차 번호를 수백 개나 기억하고 있었다.[37] 포로 교환을 통해 이스라엘로 돌아온 그는 모든 것을 자백했다. 대규모 개선 조치가 필요했지만, 그는 기소되지 않았다. 이 사건 이후, 8200부대 내에는 물론, 이스라엘 방위군 전체에서 각자의 재량에 맡기던 이전의 무조건적인 신뢰 대신에 보안 강화를 위한 구획화가 시작되었다. 레빈버그는 자신의 업무와 무관한 정보를 포함해 너무 많은 것을 알고 있었던 것이 분명했다. 이제는 다른 곳과 마찬가지로 8200부대의 정보 접근 권한은 각자의 책임 영역과 일치하도록 조정되었다.

8200부대에 소속된 많은 전기, 전자, 소프트웨어 분야의 엔지니어들은 다른 전문가들과 함께 민간 학술 기관에서 군인 신분으로 학위를 취득했지만, 군의 자금 지원을 받았기 때문에 의무복무가 뒤따른다. 학업을 추구하는 신병Atuda Academit(영어로 Academic Reserve)은 다른 신병들과 마찬가지로 18세부터 입대하지만, 이후 이스라엘 방위군에서 비용을 지원받아 학업을 이어간다.[38] 학업을 추구하지 않는 엔지니어들은 8200부대에서 스스로 이학사 학위를 마친 병사들을 호칭하는 아카데미 회원Academizator으로 알려져 있다. 다른 이스라엘 방위군 부대와 달리, 8200부대는 지원자를 받지 않고, 고등학교와 다른 교육기관 학생들을 모니터링하며 시험 선발 과정에 초청할 사람을 선택한다. 이 과정에서 8200부대는 이스라엘 방위군의 다른 모든 부대보다 우선권을 갖는다.*

보도에 따르면, 페르시아어를 구사하는 병사들은 설령 비행 훈련이나 탈피오트 프로그램 자격을 갖췄다고 하더라도 8200부대에 우선 배정**되며, 8200부대는 인력 선발과 관련해 우선적 권리를 가진다. 그러나 8200부대는 예비 선발자들에게 적성 검사와 프로필 순위가 56점 만점에 53점 이상, 즉 전체 신병의 상위 10% 안에 들어야 하는 표준화된 요건을 적용한다. 일반 시험을 통과한 소수의 신입생은 기술적 잠재력을 테스트하는 또 다른 시험에 응시해야 하며, 고득점자들만이 기술 센터에 배정된다. 그런 다음 인지 및 사회성 테스트와 인터뷰, 마지막

---

* 이스라엘은 주요 부대의 인원 선발 우선권 때문에 여러 기관이 경쟁하고 있으며, 탈피오트 제도를 도입할 당시에도 서로 우선권을 주장하여 인재 선발권 문제로 분쟁이 있었음. 여기서는 8200부대가 우선권이 있다고 기술하고 있으나, 탈피오트 제도 운영자는 자신들에게 우선권이 있다고 주장하고 있다.

** 탈피오트 프로그램을 처음 시작하는 과정에서 8200부대와 인재 선발의 우선권 문제로 충돌해 갈등이 표출되었으나, 타협에 의해 8200부대가 우선권을 갖게 되었다고 알려지고 있다.

으로 보안 승인 절차를 거친다. 그리고 나서야 8200부대원으로서 따뜻한 환영을 받게 된다.

이후 정보부대의 훈련 캠프에서 기본적인 보병 전투 훈련과 함께 훈련이 시작된다. 그런 다음 각기 다른 전문 과정이 시작되며, 이 기간 동안 병사들은 아침 8시부터 밤 10시까지의 강도 높은 시간표에 따라 대부분의 시간을 공부에 할애한다. 한 졸업생은 "고등학교를 졸업하자마자 8200부대에 입대했습니다. 부대에서 보낸 몇 달간이 고등학교에서 몇 년 동안 거쳤던 그 어떤 학습과정보다 더 치열했다고 장담할 수 있습니다."[39] 이 과정이 끝나면 병사들은 8200부대의 여러 기지에서 지정된 보직으로 배치된다.

대체 가능한 현장 훈련on-the-job training 과정은 기본 보병 훈련을 마치면 즉시 배치되는 병사들을 위한 것이다. 이 병사들은 먼저 학업을 위해 파견되거나 작전 부서에 배치되어 완전한 자격을 갖추게 된다. 학습에는 아랍어, 페르시아어 및 기타 관심 있는 언어 등의 어학 교육이 포함될 수 있다. 8200부대의 플래그 프로그램Flag Program도 예비군 과정이다. 이 프로그램은 메시지를 모니터링하고 번역하는 부대의 네트워크 정보 장교를 양성한다.

8200부대에 관심 있는 이스라엘 고등학생들은 선발될 가능성을 높이기 위해서 8200부대가 당면한 우선 과제를 해독하기 위해 열심히 노력한다. 희귀한 중동 언어를 구사할 수 있는 학생은 별다른 어려움 없이 소집될 수 있으며, 특히 수학, 물리학, 컴퓨터 과학 등 성적이 우수한 학생도 마찬가지로 학교에서 열심히 공부하도록 하는 강력한 인센티브이다. 선발 과정은 몇 달에 걸쳐 진행되며 불합격으로 끝날 수도 있지만, 항공 아카데미와 최상위 특수 작전 부대에 동시 지원이 허용된다.

8200부대의 핵심 이념은 '불가능은 없다'이다. 8200부대의 문화는 일반 군대라기보다는 활력이 넘치는 첨단 스타트업에 가깝다. 8200부대의 지휘관들은 이 점을 잘 알고 있으며, 병사의 야망을 억제하지 않고 장려하기 위해 최선을 다한다. 따라서 8200부대의 규율 환경은 느슨할 수밖에 없고, 병사와 장교 사이의 구분은 많은 이스라엘 방위군 부대에서처럼 눈에 띄지 않을 뿐만 아니라 거의 존재하지 않는다. 8200부대의 정보 센터에서 5년 동안 복무한 전직 G 중위는 이 부대의 환경을 자유롭고 수용적인 분위기로 정의하며, 이스라엘 방위군의 다른 부대에서 복무하는 것과는 전혀 다른 경험이었다고 말했다.[40]

　게다가 8200부대 장교들은 자신들의 지휘관에게까지 확장되는 개방형 정책을 따른다. 어떤 사안에 대해 더 높은 수준의 관심이 필요하다고 판단되는 신병을 포함한 모든 부대원들은 누구나 공식적인 지휘 계통을 존중하지 않고 지휘관을 포함한 상급 장교의 집무실 문을 두드리거나 그에 준하는 통신 장치를 사용해 자유롭게 의견을 제시할 수 있다. 이 정책은 포괄적인 자유 의사의 존중liberality이 아닌 신중함에서 비롯된 것이다.

　1973년 10월 전쟁은 진주만Pearl Harbor 작전 또는 바르바로사Barbarossa 작전*과 같이 엄청난 정보의 실패로부터 시작되었는데, 적의 막대한 병력 증강을 눈치채지 못한 처절한 오인에서 비롯된 것이었다. 당시 이스라엘 방위군의 정보 책임자들은 예비군을 동원할 수 있도록 전쟁의 조기 경보를 발령하는 가장 중요한 임무를 수행하는 데 실패했다. 그들은 이집트와 시리아가 전쟁을 준비하고 있다는 가장 강력한 징후를 감지했지만, 이를 제대로 설명하지 못했다. 왜냐하면 이집트인들은 이스라엘의 공군력 우위에 대항할 수단을 확보할 희망이 없고, 공군력 없이

---

* 바르바로사 작전: 1941년 나치 독일의 소련 침공 작전의 암호명이다.

는 전쟁에서 이길 수 없다는 것을 알기 때문에, 그리고 마지막으로 이길 수 없는 전쟁은 시작하지 않을 것이라는 편견에 사로잡혀 있었기 때문이었다.

이스라엘 방위군 수뇌부는 이집트가 1967년 시나이 지역을 상실한 이후, 이집트를 곤경에서 구해줄 국제사회의 반응을 끌어내기 위해 당장의 결과가 군사적 패배라 할지라도 전쟁을 일으킬 수 있다는 가능성을 간과했다. 최종 결과가 이집트인들에게는 패배였고 시리아인들에게는 더 큰 패배였다고 해서 준비되지 않은 전쟁으로 인한 비용과 손실이 줄어들지는 않았다. 부주의가 아니라 지나친 지적 오만에서 비롯된 1973년의 정보 실패는 반세기가 지났지만, 여전히 이스라엘 정보기관의 결정적인 실책에서 비롯된 사건으로 남아있다. 전후 조사 결과, 군사정보국의 중령 한 명이 전면전이 임박했다는 설득력 있는 증거를 수집했지만, 상급자가 동의하지 않아 상부에 보고할 수 없었다는 사실이 밝혀졌다.

8200부대의 개방적인 환경은 2003년 1월에 발생한 일련의 사건에서도 드러났다. 8200부대 장교 "A"는 "양심적 반대"를 이유로 서안 지구에서 작전 대상의 소재에 대한 정보 제공을 거부했다. 8200부대는 총참모부로부터 특정 표적에 대한 첩보 수집 명령을 받았고, A 장교는 이 임무를 담당했다. 작전 당일, 이 장교는 관련 첩보를 군사정보국 연구 부서에 전달해야 했지만, 목표물을 공격하면 비무장 민간인이 다칠 수 있다는 이유로 첩보 제공을 거부했다. 연구 부서는 A 장교로부터 필요한 정보를 얻을 수 없었기 때문에 8200부대 사령관에게 직접 연락했고, 사령관은 A 장교에게 직접 정보를 제공하라고 명령했다. 직접 명령을 수령한 후에도 A 장교는 25분 동안 더 거부했고, 다른 장교가 작전실에 도착해 필요한 정보를 제공했다.[41] 결국 부수적 피해 가능성에 대한 A 장교의 평가가 받아들여져 작전은 실행되지 않았다. 그는 불복

●●● 이스라엘의 시나이 반도 점령 당시 시나이 반도에 있는 8200부대 기지에서 레이더 설치 작업을 하고 있는 8200부대원들. 도청부대로 출발한 8200부대는 암호해독, 신호 정보 수집, 사이버 대응 등 다양한 역할이 추가되었으며, 여전히 많은 부분이 베일에 싸여 있다. 〈출처: WIKIMEDIA COMMONS | CC BY-SA 3.0〉

종에도 불구하고 올바른 판단을 내렸다는 칭찬을 받았지만, 동시에 필요한 정보를 실시간으로 제공하지 않았다는 비난을 받기도 했다. 이 에피소드를 통해 이 부대는 장교들이 모든 일에 상식적인 판단을 하도록 장려하고 있음을 알 수 있다.

많은 것 중에서 작은 것 하나라도 더 알아내기 위해 며칠 동안 자신을 몰아붙여야 하는 병사들의 마음을 자극하고 부담을 덜어주기 위해 부대는 다양한 분야의 강연, 세미나 및 교양 프로그램을 마련하여 일상에서 벗어난 즐거운 시간을 마련하고 있다.[42] 이러한 과외 활동은 병사와 장교 모두를 위한 것으로, 모두가 유대감을 형성할 수 있도록 한다. 이러한 활동의 사례로, 부대 병사들이 군 업무와 관련이 있든 없든 관심 있는 분야를 선택해 동료들에게 강연을 제공함으로써 다른 관심 분야로 진출할 수 있는 창구를 열어주는 테드 톡스TED Talks 프로젝트가 있다. 이 프로젝트

는 8200부대에서 큰 성공을 거두었으며, 한 젊은 중위는 강의에서 영
감을 얻은 아이디어를 군 업무에 적용했다고 발표하기도 했다.[43]

8200부대의 또 다른 독특한 프로젝트는 'SOOT-SIGINT Outside
the Box'이다. 최근의 상향식 이니셔티브인 SOOT는 사실 '해커톤*'
이다. 약 30명의 병사와 장교가 참여하며, 개방형 브레인스토밍을 통
해 해결하기 어려운 현실적 과제를 해결하는 것을 목표로 한다. 때로는
여러 부서 간의 업무 분담과 같은 행정적인 문제도 제기된다. 각 세션
마다 병사들은 몇 주 동안 휴가를 내 문제를 최대한 심도 있게 연구한
후, 다시 모여 가능한 해결책을 모색한다.[44]

다른 엘리트 부대: '멀리 보기'와 9900부대

나다브 로텐베르그^{Nadav Rotenberg}는 스포츠와 야외 활동을 좋아하고, 많
은 친구와 사랑하는 여자친구와 시간을 보내는 것을 좋아하는 활기차
고 에너지 넘치는 전형적인 이스라엘 청소년이었다. 입대할 때가 되자,
그는 제35낙하산여단 202대대에 자원해 복무했다. 2011년 11월 7일,
그의 부대는 가자 지구 국경에서 무장세력과 교전을 벌였다. 이어진 전
투에서 나다브는 전사했다.[45] 얼마 후 나다브의 아버지 드로르^{Dror}는 여
러 동료를 만났다. 그들은 나다브를 추모할 방법을 찾고 있었다. 남성
들은 아들과 딸에 관한 이야기를 나누었다. 한 아버지는 자폐증**을 앓

＊ 해커톤: 해킹hacking과 마라톤maraton의 합성어로서, 사람들이 24시간 또는 48시간과 같은 비
교적 짧은 시간 동안 빠르고 협업적인 엔지니어링에 참여하는 이벤트이다.

＊＊ 자폐증: 의사소통과 상호작용에 대한 이해, 감각 지각 및 감각통합능력 등에 장애가 있는 상태로
서, 레오 캐너Leo Kanner가 발견했다고 해서 캐너 증후군Kanner Syndrome이라고도 하는데, 다만
아스퍼거 증후군과 구분하기 위한 목적이 아니라면 캐너 증후군이란 명칭은 잘 쓰이지 않는다.

고 있는 두 아들에 대해 솔직하게 이야기했다. 그의 이야기를 들은 전직 모사드 장교였던 탈 바르디^{Tal Vardi}는 이스라엘 방위군과 함께 이 문제를 해결하기로 결심했다.

자폐증은 점점 증가하는 추세에 있으며 적어도 자폐증에 대한 인식은 높아지고 있다. 미국 질병통제예방센터가 2018년 4월에 발표한 연구에 따르면, 미국 아동 59명 중 1명이 자폐 스펙트럼을 앓고 있는데, 이는 2년 전보다 15%, 14년 전보다 150% 증가한 수치이다. 전체적으로 약 350만 명의 미국인이 자폐 스펙트럼 장애^{ASD}*를 앓고 있다. 이러한 현상은 미국에만 국한된 것이 아니라 전 세계적으로 비슷한 비율로 나타나고 있다. 20대 초반의 자폐증 환자 중 약 42%는 일을 해본 적이 없으며, 일을 하더라도 저임금을 받고 있다.[46] 자폐증을 가진 이스라엘 청년의 경우, 또래와 달리 병역이 면제되어 대부분의 이스라엘 청년이 가질 수 있는 중요한 경험의 기회를 거부당하기 때문에 좌절감은 더욱 가중된다.

이스라엘 방위군은 사회와 국가의 더 큰 이익을 위해 군사적 목적이 아닌 임무를 수행하는 오랜 전통을 가지고 있다. 하지만 탈 바르디는 자폐증 신병을 모집하는 데 드는 막대한 비용을 정당화해 줄 명분을 찾아야 했다. 그는 자신의 전문 분야인 정보학에서 그 해답을 찾았다.

오늘날 우리가 직면한 핵심 과제는 데이터를 수집하고 생산하는 기술적인 능력의 발전 속도에 비해 홍수처럼 쏟아지는 정보를 선별, 처리해 실제로 유용할 수 있는 의미 있는 지식으로 전환하는 인간 역량의 격차가 점점 커지고 있다는 것이다. 바로 이 부분에서 일부 자폐성 장

---

* 자폐 스펙트럼 장애: 초기 아동기부터 상호 교환적인 사회적 의사소통과 사회적 상호작용에 지속적인 손상을 보이는 한편 행동 패턴, 관심사 및 활동의 범위가 한정되고 반복적인 것이 특징인 신경 발달 장애의 한 범주이다.

애인은 뚜렷한 우위를 점할 수 있다. 아직 과학적으로 밝혀지지 않았으나, 이들의 뇌는 다르게 연결되어 있어 특정 작업을 더 효과적으로 수행할 수 있는 것으로 보인다. 특히 단일 항목에 상대적으로 오랜 시간 동안 집중할 수 있고, 많은 양의 정보를 접하면서도 아주 작은 차이를 집어내야 하는 반복적인 작업, 즉 다른 사람들은 금방 지칠 수 있는 작업을 잘 해낼 수 있다.

바르디는 친구이자 동료이며, 당시 모사드 책임자였던 타미르 파르도[Tamir Pardo]에게 전화를 걸어 연구자 및 이스라엘 방위군의 장교들과 함께 자폐 증세가 있는 군 입대 연령층의 이스라엘인이 유용하게 활용될 수 있는지 알아보기 위한 회의를 주선했다. 바르디와 파르도가 처음 이 문제를 조사하기 시작했을 때, 모사드의 다른 동료인 모사드 기술팀의 책임자이자 물리학자인 레오라 살리[Leora Sali]가 먼저 이 문제를 연구했다는 사실을 알게 되었다. 자폐 스펙트럼을 가진 아들을 둔 살리는 일부 이스라엘 방위군 요원들을 설득해 소규모 연구팀을 구성하고 자폐인의 특수 능력을 어떻게 활용할 수 있을지 연구했다. 바르디는 살리와 손을 잡았지만, 연구를 진행하는 대신 파일럿 프로그램[pilot program]* 을 해보자는 다른 방법을 제안했다. 2012년에 로임 라초크[Roim Rachok]** 파일럿 프로그램이 정식으로 시작되었다.[47]

연구팀은 9900부대가 가장 적합하다고 판단했다. 9900부대는 위성과 항공기로부터 지리 데이터를 포함한 시각 정보를 수집하고, 전장의 병력과 고위 지휘관들을 위해 시각 정보를 매핑하고, 해석하는 일을 담당한다. 9900부대의 주요 업무는 같은 주제에 대한 방대한 양의 사진

---

* 파일럿 프로그램: 개편에 앞서 새로운 아이디어를 갖고 만든 시험용 프로그램이다.

** 로임 라초크: "우리는 멀리 내다본다(We See Far)"라는 뜻이다.

●●● 위성과 항공기로부터 지리 데이터를 포함한 시각 정보를 수집하고, 전장의 병력과 고위 지휘관들을 위해 시각 정보를 매핑하고, 해석하는 일을 담당하는 9900부대는 사물에 몇 시간 동안 강박적으로 집중하고, 사소한 세부 사항에 대한 뛰어난 기억력을 보이는 자폐증 환자를 선발해 업무의 효율성을 높이며 그들을 건강한 시민으로 양성하는 기능도 수행하고 있다. 〈출처: WIKIMEDIA COMMONS | CC BY-SA 3.0〉

을 대조하면서 작은 흙더미가 움직였거나 언뜻 보기에는 그 어디에도 연결되지 않는 것처럼 보이는 새로운 비포장 도로와 같은 아주 작은 변화를 감지하는 것이다. 밀집된 도시 환경에서는 이러한 변화를 해독하기가 더욱 어렵다.

자폐증 환자는 같은 사물에 몇 시간 동안 강박적으로 집중하고, 사소한 세부 사항에 대한 뛰어난 기억력을 보이는 경우가 흔하다. 따라서 사진들을 대조해야주 작은 변화도 감지할 수 있기를 기대했다.[48] 2015년부터~2019년까지 이스라엘 방위군 총참모장을 역임한 가디 아이젠코트[Gadi Eisenkot]가 9900부대 방문 중에 자폐증 병사 하나의 책상에 멈춰 서자, 그는 매우 자랑스러워하며 항공 사진에서 발견한 중요한 것을 보여줬다.* 아이젠코트는 사진을 가까이서 바라보며 "그게 어디서 보일까?"라고 물었다. "여기입니다, 너무나 선명합니다." 병사가 컴퓨터 화면을 가리키며 총참모장에게 말했다. 아이젠코트[Eisenkot]는 아무리 노력해도 이상한 점을 발견할 수 없었다.[49]

군 생활에 적응할 수 있는 사람을 선발하는 방법에는 여러 가지 장벽이 있었다. 외부인의 조작에 더 취약할 수 있다는 것을 알면서 그들을 어떻게 군사 기밀에 노출시킬 수 있을까? 정답은 없었지만, 바르디와 살리는 앞서 나갔다. 이 프로그램은 지원자들이 기본적인 사회성 기술[social skills]**을 배우고 군 복무에 대비할 수 있는 학문적인 주제들을 공부하는 민간 대학의 3개월 과정으로 시작된다. 지원자들의 수준은 높은 편이다. 매년 약 100명의 지원자 중 약 80%가 합격한다. 고고학, 언어, 음악 등 다양한 주제에 대해 높은 수준의 전문 지식을 보유한 지원자가 많다. 프로그램이 끝나면 자격을 갖춘 지원자들은 9900부대에 입대하여 분석가로서 자격을 갖추기 위한 특별 교육을 받는다.

효과는 즉시 나타났다. 2014년 가자 지구에서 실시된 '프로텍티브

---

* 역자 자신도 2015년에 군사정보국을 방문하여 9900부대의 운영 실태를 직접 확인한 바 있다.

** 사회성 기술: 인간관계 및 주어진 사회 환경에서 균형과 조화를 유지하는 데 필요한 기술이다.

엣지 작전'이 시작되기 전, 자폐 장애^{ASD} 병사들은 수만 장의 항공사진을 비교해 폭발물, 지뢰, 땅굴 등 하마스와 이슬람 지하드의 잠재적 테러 활동 징후를 찾아내는 임무를 맡게 되었다. 지휘관들은 이 작업에 1년 반이 걸릴 것으로 예상했지만 3개월 만에 결과가 나왔고, 현장에 투입된 부대는 그 조사 결과를 활용할 수 있었다.[50] 실제로 일반 병사들과 달리 이들은 과로할 수 있기 때문에 몇 시간 후에는 작업을 중단하라는 지시를 내려야 했다. 9900부대의 자폐 장애 병사들은 근무하는 동안 이어폰을 착용하고 음악을 들으며 주의를 분산시킬 수 있는 모든 요소를 배제한다.[51]

이 프로그램은 여러 가지 목적으로 진행되고 있다. 자폐 스펙트럼을 가진 신병들도 여느 다른 젊은이들처럼 군 복무의 기회를 부여함으로써 소속감과 정상인이라는 의식을 심어주며, 취업 시장으로의 진입을 도와준다. 동시에 그들을 통해 매우 귀중한 정보를 획득해 내고 있다. 게다가 이들이 배운 기술은 많은 하이테크 기업에서 직접적 적용이 가능하다. 인텔^{Intel}과 이베이^{eBay}의 이스라엘 법인들이 이 프로그램을 거친 젊은이들을 채용한 최초의 기업이었다.[52] 이스라엘 이외의 다른 국가의 대기업들도 이 프로그램에 주목하고 있다. 마이크로소프트의 최고 접근성 책임자^{CAO, Chief Accessibility Officer}인 제니 레이-플루리^{Jenny Lay-Flurrie}는 "이 프로그램은 아직 활용되지 않은 인재 풀입니다"라고 말했다.[53]

현재 이 프로그램은 공군을 비롯한 이스라엘 방위군의 다른 부서에도 적용되고 있다. 하지만 이스라엘 방위군은 이전에도 이 길을 걸어온 적이 있다. 엘리트 과정인 탈피오트 프로그램의 도입을 추진했던 라파엘 에이탄 총참모장은 이번에는 소외계층을 위한 또 다른 지속적인 프로그램을 시작했다. 이 프로그램의 공식 명칭은 히브리어로 '특별한 도움이 필요한 사람들을 위한 센터'의 약자인 MAKAM이지만, 라파엘 에

이탄의 별명에서 따온 "라풀 보이즈The Raful Boys"라는 비공식 명칭으로 더 널리 알려져 있다. 이 프로그램은 불우한 가정환경에서 자란 군인, 그 중에서도 경미한 범죄로 전과가 있거나 학교를 중퇴해서 군 복무를 면제받거나 군 복무에서 아예 제외된 젊은이들을 대상으로 하고 있다.

이스라엘 방위군 역사상 가장 강인한 장교 중 한 명으로 꼽히는 에 이탄은 프로그램을 시작하기가 무섭게 쏟아지는 거센 비판을 극복해 냈고, 1981년 첫 신병들이 입대해 그들 자신을 위해 특별히 고안된 3개월간의 기본 훈련 프로그램에 등록했다.[54] 훈련장은 상징적인 의미를 지니고 있다. 세제라Sejera 농장이라고도 알려진 하바트 하쇼메르Havat Hashomer*는 1907년 오스만 제국의 통치하에 설립된 최초의 시오니스트 자위 조직인 바르-지오라Bar-Giora가 있던 곳이었다. 2년 후 바르지 오라는 성장해 매우 선별적인 소규모 엘리트 조직인 하쇼메르(경비대 The Guard)라고 알려지게 되었다. 하쇼메르는 다비드 벤구리온조차도 회원으로 받아들이지 않았으며, 그는 이를 결코 잊지도 않았고, 용서하지 않았다. 1920년 전국적인 조직이 필요하게 되자, 하쇼메르는 하가나로 통합되었고, 이 조직은 나중에 이스라엘 방위군이 되었다.

분대장으로부터 중대장에 이르는 부대의 지휘관들은 모두 고도로 숙련되고 세심하게 선발된 여군들로, 이스라엘 방위군이 일반적으로 훈련병들을 위해 가장 먼저 선택하는 사람들이다. 지휘관 선발은 매우 까다로운 과정이며, 선발된 지휘관들은 병사들의 특별한 심리적 요구를 해결할 수 있는 강인함과 세심함의 보기 드문 조합을 보유한 인물들이다. 전체 프로그램의 책임자인 중령은 일반적으로 낙하산 부대나 골라니 여단과 같은 전투부대에서 수년간 근무한 경험이 있는 장교이며, 이

---

* 하바트 하쇼메르: 경비대 농장이란 의미이다.

직책은 상당히 권위 있는 자리로 여겨진다. 이 프로그램에는 기본 전투 훈련 과정에 역사 및 지리 수업과 같은 고등학교 수준의 교육 콘텐츠와 개인 심리 및 정서적 지원이 추가로 포함된다. 젊은 지휘관들은 전체 과정을 모니터링하는 심리학자와 사회 복지사의 지원과 조언을 받는다.

40년간의 시행착오 끝에 이 프로그램은 성공적인 것으로 평가받고 있다. 매년 1,000~1,500명의 군인이 참여하며, 이 중 85%가 성공적으로 과정을 수료하고 다양한 직책의 이스라엘 방위군 대열에 합류한다. 많은 사람이 트럭 운전사, 중장비 운전사, 요리사 등의 직종에서 제대 후 생계를 유지할 수 있도록 훈련받으며, 매년 약 15%가 전투 부대에 입대한다.[55] 징집 복무를 마친 병사들은 당연히 예비군으로 더 오랫동안 활동함으로써 잠재적 비행 청소년들을 숙련된 병사로 배출한다는 매우 단순한 논리로도 이 프로그램을 정당화한다. 일부는 진급해 장교가 되기도 하고, 그들은 다른 지원자들에게 귀감이 되기도 한다.[56] 이 프로그램은 이스라엘 시민사회에 대해 더 큰 의미를 갖는데, 끝없는 범죄와 감옥의 악순환 속에서 평생을 보낼 가능성이 큰 수백 명의 청소년들이 매년 법을 준수하는 생산적인 시민으로 변모하고 있다.[57]

다른 종류의 혁신

코로나-19 발생 이후, 전 세계의 다른 군대와 마찬가지로 이스라엘 방위군도 국가적 대응에 동참하고 있다. 이스라엘 방위군이 다른 군대보다 더 많은 일을 할 수 있었던 것은 광범위한 예비군 기반 덕분이다. 예를 들어, 실제로 이스라엘의 의료 체계에서 누구도 요구하지 않았지만, 야전 병원 등에서 국민에게 광범위한 도움을 주는 등 곧 그들의 역할이 더욱 중요해졌다. 2020년 3월 이스라엘에서 코로나-19가 급속도로 확산하기 시작하자 신속하게 통제 조치가 시행되었고, 5월에는 팬데믹이 통제되는 것처럼 보였다. 그러나 6월과 7월에 두 번째 발병이 발생했고, 3월의 조치만으로는 충분하지 않다는 것이 분명해졌다. 2020년 8월이 되자 과제의 규모가 명확해졌다. 민방위 조직인 이스라엘 방위군 예하의 국토방위사령부*는 신속하게 국가 지휘 본부인 알론Allon 본부를 구성하고 이끌도록 요청받았다.[58] 알론 본부는 이스라엘 방위군의 국토방위사령부가 지휘하지만, 보건부, 국방부 등 민간 조직과 지방 당국의 노력을 조정한다. 알론 본부에 근무하는 2,000명의 병사는 전선사령부, 의무단, 컴퓨터 통신국, 정보국 소속으로 구성되어 있으며, 대부분은 다양한 민간 전문성을 갖춘 예비역이다.

본부의 임무는 당연히 전염병 확산의 사슬을 끊는 것이었다. 이를 위해 본부는 전국 연구소의 관리를 담당하는 테스트 센터, 보건부의 검체 채취 능력을 높이고 실험실로 검체를 신속하게 전달하는 샘플링 및 운송 센터, 역학 조사에 전문성을 갖춘 예비군 300명으로 구성된 엘라 부대, 회복 및 격리 호텔 관리를 담당하는 검역 센터 등 4개 센터로 구성되었다.[59] 알론 본부는 8200부대와 이스라엘 방위군의 컴퓨터통신국이 개발한 공통 데이터 플랫폼을 사용해 모든 국민을 등록하는 이스라엘의 4개 비영리 건강 유지 기관Kupat Holim의 데이터를 통합하고, 기존 질환과 관계없이 모든 신청자를 수용해야 한다. 4개 기관 중 하나에 등록하는 것은 법적으로 의무 사항이며, 알론Allon 본부와 협력하는 다른 기관으로는 보건부, 이스라엘의 응급 의료 서비스인 마겐 다비드 아돔Magen David Adom, 기타 기관 및 부처 등이 있다.[60]

---

* 국토방위사령부: 유사시 국내에서 우리의 민방위와 같은 역할을 수행하는 정부 조직이다.

이스라엘 방위군의 R&D 조직이며, '아이언 돔'으로 유명한 국방연구개발관리국^{MaFat}은 단순한 운영 역할에 만족하지 않고 다니엘 골드 박사의 지휘 아래 가장 잘할 수 있는 일인 혁신에 착수했다. 국방연구개발관리국은 야심찬 조직이다.[61] 이스라엘 내부 보안국, 샤박^{Shabak} 직원, 소프트웨어 회사 매트릭스의 전문가들이 개발한 앱인 마젠^{Magen}(방패^{Shield})은 휴대폰의 위치 데이터와 역학 조사 데이터를 연계해 감염자가 근처에 있을 경우, 사용자에게 경고한다. 따라서 환자와 접촉한 사람들을 신속하게 격리할 수 있도록 도와준다.

또 다른 팀은 병원 병동 내부에서 코로나 환자가 발견돼 병동 전체가 폐쇄될 수 있는 문제에 대응하기 위해 '인도르^{Indor}'라는 소프트웨어를 개발했다. 이 새로운 기술은 블루투스 신호, 무선 인터넷 네트워크 등을 통해 병동 내 환자 옆을 지나간 사람을 감지해 가까이 다가온 사람만 격리할 수 있도록 하는 첨단 모니터링 시스템을 제공한다. 또 다른 도구는 인공지능 도구를 사용해 건강 관리 기관과 보건부의 데이터베이스에 연결해 확산의 초기 징후를 식별하고 지역 발병을 조기에 억제해 바이러스 확산에 대한 명확한 그림을 제공하며, 의사 결정권자에게 실시간으로 개발 상황의 통제 지도를 제공하는 통합 소프트웨어이다.

모니터링 및 경고 조치와 병행해 다양한 소독제 개발에도 힘썼다. 한 가지 개발품은 모든 물체의 표면 간 바이러스 전파를 방지하고 소독제가 포함된 장갑이다. 이 장갑은 많은 사람이 사용하는 고무장갑이 박테리아가 신체와 접촉하는 것을 방지하지만, 그 사람이 만지는 다음 표면으로의 전염을 막지는 못한다는 사실에 대한 대응이다.

또 환자 식별 방안도 개발하고 있다. 감염 환자를 가려내기 위해 전기 광학 수단을 쓰거나 호흡 테스트를 통해 실험실 외부에서 바이러스를 탐지하는 방법, 또한 냄새로 감염된 사람을 식별하려는 또 다른 시

도도 이뤄지고 있다. 이 같은 성격의 노력에 힘을 함께 보태는 파트너는 81부대이다.[62]

81부대

이스라엘 방위군은 몇 년마다 탈피오트, 비행학교, 아투다^{Atuda}*, 8200부대 등 유능한 징집병 선발을 위한 치열한 경쟁 속에서 81부대 지원자들을 유치하기 위해 여태껏 비밀로 해왔던 이 부대에 대한 비밀의 베일을 벗기고 있다. 2020년 말, 코로나-19 팬데믹 속에서 8200부대의 자매부대라 할 수 있는 81부대가 모습을 드러냈다.

8200부대가 혁신을 대량 생산하는 곳이라면 81부대는 맞춤형 혁신에 전념하는 부티크^{boutique}**형 연구개발 기관이다. 원래는 8번 지점(Anaf 8)으로 알려졌고, 또 432번으로 불리다가 결국 81부대로 이름이 바뀌었는데, 문제 해결사로 여겨지는 다양한 분야의 엔지니어와 대부분 탈피오트 프로그램 출신으로 구성된 과학자들이 근무하고 있다. 이들의 임무는 주로 이스라엘 방위군의 정보뿐만 아니라 다른 성격의 명령에도 맞춤형 해법을 제공하는 것이다. 이들의 장점은 실리콘 밸리에서 말하는 '가치 제안'인 신속한 제공 능력이다. 몇 년에 걸쳐 진행 상황을 평가하는 다른 R&D 작업과 달리, 81부대는 해법을 가동하는 데 걸리는 시간이 길어야 몇 달, 때로는 몇 주에 불과하다. 주어진 도전이

---

* 아투다: 고등학교 졸업생이 군 복무 전에 징집을 연기하고 대학에 다닐 수 있도록 하는 이스라엘 방위군의 프로그램이며, 학업을 마친 후에는 군대에 입대해 학업을 통해 습득한 전문 지식에 맞는 직위를 맡게 된다.

** 부티크: 원래 '작은 상점'이란 뜻의 프랑스어이지만, 금융, 법률 등의 영역에서는 특정 업무를 수행하는 소수의 전문가 집단을 일컫는다.

●●● 이스라엘 방위군(IDF)의 독립 기관인 군사정보국 특수작전 부서의 비밀 기술 부대인 81부대 사령관으로 알려진 하임 야리(Haim Yaari, 1915~1986)는 하가나의 비밀 기관인 샤이(Shai)의 전 사령관이자 모사드(Mossad)의 창립자 중 한 명이다. 〈출처: WIKIMEDIA COMMONS | CC BY-SA 4.0〉

'미션 임파서블' 스타일의 어려운 문제라고 하더라도 언제든지 해결할 준비가 되어 있다. 이 부서의 접근 방식은 전무후무한 성격의 도전에 직면하게 되면, 아무리 비효율적인 해결방법이라고 하더라도 실질적 가치만 가진다면, 어떤 대가를 치르더라도 해결 방안을 찾아낸다는 것을 의미한다.

이 부대의 설립자 중 한 명인 아브라함 아르난은 사예렛 마트칼을 설립한 인물로, 그의 목적은 필요한 임시 장비를 신속하게 제공하는 것이었다. 아르난은 "지식, 열망, 헌신이 불가능을 가능하게 할 것이다"라는 부대의 모토^{motto}를 세웠다. 초기의 성공 중 하나는 모든 휴대폰에 카메라가 장착되기 수십 년 전, 현장 요원들이 사용하던 초창기 모토로라 휴대폰에 눈에 보이지 않는 작은 카메라를 추가한 것이었다. 또 다른 성공은 최초의 드론이 등장하기 전에 원격 조종하는 장난감용 항공기에 카메라를 부착한 것이었다. 수년 동안 이 부대는 이스라엘 안보상을 37회나 수상했는데, 이는 규모가 몇 배나 큰 8200부대보다 몇 배나 더 많다. 실제로 이스라엘 방위군의 어떤 부대도 이보다 더 많은 상을 받은 적이 없다.

최근 몇 년 동안 81부대의 초점이 사이버 작전으로 옮겨졌다가 다시 자율 지능 기계로 진화할 수 있는 인공지능 애플리케이션으로 전환되었다. 81부대 전역자들이 창업한 스타트업의 수가 놀랍도록 많다는 점도 81부대의 또 다른 차별점이다. "우리는 진정한 스타트업 인큐베이터"라고 그들은 자랑하곤 한다. 이스라엘 경제지 《칼칼리스트^{Calcalist}》의 2021년 조사에 따르면, 2003년부터 2010년까지 약 100명의 81부대 병사와 장교가 50개의 스타트업을 창업해 약 40억 달러의 자금을 유치하고 시가 총액이 무려 100억 달러에 달하는 것으로 나타났다.[63]

81부대는 군대 규율을 따르지 않고, 병사들은 제복을 거의 입지 않으며, 지휘관들은 자신의 이름으로 불린다. 이스라엘 방위군, 특히 8200부대와 같은 부대의 경우나 그보다 훨씬 작은 81부대의 경우, 군을 떠나 높은 수익성을 보장하는 사업을 도모할 기회가 있다는 사실은 부대 인력 유지에 심각한 문제를 일으키기도 하지만, 흥미진진하고 매력적인 도전과 이를 성취했을 때 개개인이 만끽할 수 있는 만족감만으로도 유능한 인재들은 군에서 계속 근무하려고 하는 것 같다.

결 론

1982년 9월 베이루트에서 이스라엘 측과 접촉하기로 했던 미 해병 장교 2명은 헝클어진 머리에 너덜너덜한 군복을 입은 젊은이들의 모습을 보고 경악했다.[1] 아군 간의 총기 교전 사고를 피하기 위해 각 순찰대가 서로 멀리 떨어져서 이스라엘 지휘관과의 공식적인 만남을 주선하는 것이 그들의 임무였다. 미 해병 장교들은 이스라엘을 돕기 위해서가 아니라 그들의 출발을 앞당기기 위해 방문했던 것이며, 그러기 위해서 미 해병은 실제로 현장을 자신들의 눈으로 직접 확인해야 했다.[2] 미 해병 장교들은 만나기로 되어 있던 대령에게 안내해줄 하급 장교를 찾아냈다. 그는 중위 견장 대신 어깨에 희미한 표식을 달고 벽에 등을 기대고 바닥에 앉아 있었으며, 주변 병사들처럼 거친 머리에 면도도 하지 않은 채, 통조림 캔 따개를 포크 삼아 배급받은 통조림 캔에 든 고기를 퍼먹고 있었다.

내면의 규율은 외적 모습에서 시작된다고 배워왔던 깔끔하고 단정한 미 해병대원들은 이스라엘 방위군이 150km 거리를 맹렬히 진격하면서 아군 사상자가 몇 명밖에 발생하지 않았다는 사실을 알면서도 순식간에 그들에 대한 모든 존경심이 사라졌다.[3] 그러나 다음에 일어난 일을 보고 그들의 생각은 바뀌었다. 지저분한 모습의 장교가 폭발 소리를 듣자마자 반사적으로 재빨리 통조림 캔을 버리고는 무기를 들고 주위를 훑어보자, 더 지저분한 다른 병사들도 즉시 그와 함께 움직이며 잘 훈련된 대형을 만들어 사방을 관찰하고 무기를 들고 발사할 준비를 마쳤기 때문이었다.

이것이 이스라엘 군대와 전 세계의 다른 군대 사이에서 가장 쉽게 드러나는 차이점이다. 이스라엘 군대는 외모와 행동에 있어 확실히 더 자유롭지만 이는 개인의 선호 때문만은 아니다. 외국의 수도에 주둔하는 소수의 군인, 공항 훈련팀, 외국 방문객을 공식적으로 맞이하는 총참모장을 제외하고는 정복이 지급되지 않기 때문에 장교들이 정복을 입은 모습을 볼 수 없다. 훈련 일정에서 경례와 줄 맞춰 걷는 행군 연습에 시간을 별도로 할애하지 않는다. 또 다른 차이점은 이스라엘 방위군이 단순히 기존의 것을 업데이트하고 개선하는 점진적 혁신뿐만 아니라, 일련의 새로운 거시적 혁신을 통해 다양한 면에서 지속적으로 놀랄 만한 혁신을 이루어냈다는 것이다. 이스라엘 방위군은 세계 유일한 단일군 체제로서 조직상의 혁신은 물론, 1982년의 공습처럼 세계 최초의 컴퓨터 지휘에 기반한 군사행동을 통해 작전적 혁신도 일궈냈으며, 극도로 빈한했던 창군 초기의 가브리엘 대함 미사일에서부터 훗날 개발한 보이지 않는 전차용 능동방어 장갑에 이르기까지 기술적 혁신도 보여주었다.

격식을 차리지 않는 행위, 다 해진 누더기 같은 유니폼, 거시적 혁신은 서로 연관이 있는 것일까? 이 세 가지가 더 깊은 동일 현상에서 비롯된 일면들일까? 한 이스라엘 방위군의 예비역 장교가 들려주는 다음의 일화는 이에 대한 한 가지 대답을 제시해준다.

1982년 말, 제가 속한 예비군 대대는… 의무 복무 연령 제한을 넘긴, 여러 국가에서 온 이민자들로 구성된 신병 중대로 보강되었습니다. 이들은 예비군 부대에 배치되기 전에 몇 주간의 기본 훈련만 받은 상태였습니다.

그들 중 상당수는 이미 출신 국가의 군대에서 복무한 경험이 있었습니다. 저는 그들에게 군대 경험에 대해 질문하기 시작했습니다. 그들은 모두 이스라엘 방위군만큼 지저분하고 무질서한 군대는 경험해보지 못했다고 입을 모아 말했습니다. 저는 농담 삼아 이렇게 대답했습니다. "그래서 우리가 전쟁에서 이기는 겁니다. 전쟁은 무질서한 난장판이고, 우리는 항상 그런 상황에 대처하는 법을 배우기 때문이죠."

우리 모두 웃었지만, 로디지아Rhodesia에서 이민 온 병사만은 웃지 않았다. 그는 이스라엘로 건너오기 전, 남아프리카공화국에서 로디지아로 이주해 이미 두 나라 군대에서 모두 복무한 이력을 갖고 있었다.

"사실, 그건 웃을 일이 아니에요. 당신 말은 일리가 있어요. 저는 나미비아Namibia 전쟁이 시작되었을 때 남아공 군대에서 복무했는데, 평시 규정과 생활 방식에서 전시 상황에 적응하는 데 반 년이 걸렸습니다. 예를 들어, 처음에는 어딘가에서 야영할 때마다 우리는 깃발과 흰 돌로 우리의 위치를 표시하는 등 규칙에 따라 캠프를 만들었습니다. 우리가 실제로 적이 우리를 찾는 것을 돕고 있다는 사실을 깨닫고 이를 중단하기까지는 몇 달이 걸렸습니다. 다른 나라 군대도 말이 안 되는 이런 짓을 하고 있지요…"[4]

이스라엘 방위군이 그토록 끊임없이 혁신을 거듭할 수 있었던 근본적인 이유는 필요한 자원이 있어서가 아니라 없었기 때문이다. 공식적인 조직을 갖추기도 전에 전쟁 중에 탄생하여 이후 임기응변식으로 조직을 형성해나간 이스라엘 방위군은 회복력은 뛰어나지만, 변화에 저항할 만큼 완고한 군사 조직으로 구성되어 있지 않았다. 또한 발생하는 모든 문제에 대해 쉽게 해결책을 제시할 수 있는 풍부한 자금도 없었다. 이 두 가지의 결핍은 그 자체로 어떤 것도 보장해주지 않았지만, 필요는 발명의 어머니이기도 하면서 동시에 장애가 될 수도 있기 때문에 닫힐 수도 있었던 혁신의 문을 열어주었다. 그 결과, 앞서 살펴본 바와 같이 새로운 아이디어를 가진 개인이라면 누구라도 설사 개인적 친분이 없더라도 이스라엘 방위군 장교에게 말하면 다른 어떤 나라보다 자신의 아이디어를 소개할 수 있는 공청회 기회를 얻을 가능성이 훨씬 더 높다. 이는 해당 분야에 대한 자격증이 없거나 전문성을 인정받은 적 없는 개인들도 마찬가지이다.

전쟁이 강력한 혁신을 불러온다는 것은 의심의 여지가 없지만, 전쟁 중에 긴급한 임무에 몰두하는 군 조직이 미래에 결과를 가져올 수도 있고 그렇지 않을 수도 있는데 진행 중인 전쟁에 긴급하게 필요한 관심과 자원을 다른 곳으로 돌리게 만드는 혁신 제안을 포함한 방해 요소에 저항하는 것은 당연하다. 이스라엘의 경우, 비록 적의 수가 줄어들기는 했지만, 단기간의 고강도 전투보다 훨씬 더 긴 시간 지속되는 저강도 전투를 건국 이전부터 오늘날까지 오랫동안 치르고 있다. 따라서 전쟁 중인 다른 군대와 마찬가지로 이스라엘 방위군에는 자신의 임무를 수행할 뿐만 아니라, 매번 직면하는 문제에 대해 자신만의 해결책을 마련해 적을 이기기 위해 노력하는 사람들이 많이 있다. 지형에 적합하지 않는 군화부터 당면한 상황에 대해 기존 전술보다 더 나은 전술, 가용 병력을 더 잘 활용하는 새로운 작전 방법, 새로운 종류의 군부대, 또는 오늘날의 기술을 더 잘 활용하는 새로운 센서, 체계 또는 무기 구성에 이르기까지 다양하다.

일기, 전쟁회고록, 보관된 기술제안서 등에서 알 수 있듯이 전 세계 많은 군대의 병사, 장교, 참모총장뿐만 아니라 창의적인 사고방식을 가진 많은 과학자, 엔지니어, 민간인 참관인들도 이러한 생각을 했다.[5] 이스라엘 방위군은 새로운 것에 대해 열린 자세를 유지해왔기 때문에 1948년 이후 그들의 역사는 잘 짜여진 개발 계획의 순조로운 이행보다는 일련의 갑작스러운 혁신이 주를 이룬 것이 특징이다.

최근 몇 년 동안, 이스라엘 방위군은 내부적으로 변화할 준비가 되어 있고, 이례적으로 외부의 제안을 기꺼이 검토하는가 하면, 혁신 자체를 목적으로 하는 군부대를 설립하는 등 혁신을 추구하기 위해 더욱 발전해왔다. 81부대처럼 처음부터 기술에 초점을 맞춘 부대가 있는가 하면, 5101특공대 샬닥의 경우처럼 하나부터 열까지 전부 전투병력이지만 새로운 기술 옵션에 특히 주의를 기울이는 부대도 있고, 뛰어난 징집병의 재능을 활용하기 위해 특별히 조직한 프로그램인 탈피오트와 8200부대처럼 제 역할을 수행하기 위해 끊임없이 혁신해야 하는 부대도 있다.

국방부 내에서 혁신을 촉진해야 할 필요성을 오랫동안 인식해온 미국에서는 혁신가로서의 자격이 입증된 고위급 장교가 이끄는 조직이 잇달아 설립되었다. 1983년 3월 23일에 발표되어 1984년에 설립된 전략방위구상기구SDIO, Strategic Defense Initiative Organization는 핵으로 무장한 대륙간탄도미사일과 잠수함 발사 탄도미사일에 대비한 혁신적인 우주 기반 및 기타 방어체계를 개발하는 것이 목적이었다. 전략방위구상기구는 지상 기반 탄도탄 방어 레이더와 1957년부터 다양한 구성(센티널

Sentinel, 세이프가드Safeguard)으로 개발된 로켓 추진 요격체를 대체할 수 있는 더 나은 대안을 찾는 것이 목표였으나, 충분히 만족할 만한 성과를 거두지 못했다. 초대 소장은 제임스 앨런 에이브러햄슨James Alan Abrahamson 공군 중장으로, 과거 나사NASA 우주왕복선 프로그램을 맡았던 만큼 이 임무에 적임자였다. 최근의 또 다른 사례로 2018년 6월 미 육군의 새로운 하위 부서로 발표된 합동인공지능센터JAIC, Joint Artificial Intelligence Center 와 초대 소장으로 임명된 존 N. T. 새너핸John N. T. Shanahan을 들 수 있다. 새너한은 2017년에 "국방부 전체에서 인공지능 전선에 불을 붙이는 길잡이 역할을 할 시범 프로젝트"로 정의된 메이븐Maven* 프로젝트를 감독했기 때문에, 2018년 12월에 출범한 합동인공지능센터의 소장직을 맡기에 매우 적합한 인물이었다.[6]

제임스 앨런 에이브러햄슨과 존 N. T. 새너핸 장군의 리더십과 기술적 본능에 대한 해당 시점의 평가는 매우 긍정적이었으며, 이후에도 의견이 일치하고 있다. 그러나 그들의 자질만으로 그들이 이끄는 조직의 계급적이고 상명하복적인 구조를 바꿀 수는 없었다. 미 국방부를 구성하는 핵심 조직으로서 그렇지 않을 수 없었다.

전략방위구상기구와 합동인공지능센터가 추진한 것과 같은 거시적 혁신을 추구하는 이스라엘 방위군의 조직들은 그 규모가 매우 작고 극히 일부 자원만 이용할 수 있지만, 20대 초반의 징집병이 감독하는 10대 징집병이 대부분이고, 30대의 경력 장교는 거의 없으며, 약간 나이든 지휘관이 기껏해야 한두 명 눈에 띄기는 하지만, 그들 스스로 자유로운 의사소통장려정책을 고수한다는 점에서 근본적인 차이가 있다.

---

* 메이븐 프로젝트: 드론 영상에서 사람과 물체를 구별하기 위해 기계 학습 및 엔지니어링 기능을 사용하기 위해 미 국방부가 추진한 프로젝트로 알려져 있다.

이제는 상투적인 표현이 되어버린 '스타트업 분위기를 포함해 그 어떤 것도 이스라엘 방위군의 창의성을 보장해주지는 않지만, 이 모든 것은 혁신의 가장 명백한 장애물인, 새로운 것에 대한 오래된 것의 권위를 제거하는 데 하나같이 효과를 발휘했던 것이다. 1948년, 모든 이들이 다소 구식이라 할지라도 강건하게 구축된 군대를 더 필요로 했던 시절부터 '타불라 라사tabula rasa'*에 토대를 두고 시작한 이스라엘 방위군은 이러한 강점을 잘 숨기고 있었다. 그들은 오늘날에도 이 강점을 여전히 잘 간직하고 있다.

＊ 타불라 라사: 아무것도 씌어 있지 않은 종이', 즉 백지(白紙)라는 의미로 감각적인 경험을 하기 이전의 마음 상태를 가리킨다.

저자주(著者註)

저자 서문

1. 'Tzavah Ha'Haganah le Israel'은 말 그대로 "이스라엘 방어를 위한 군대"이며, 자할(Zahal)은 일상적인 약어이다.

2. 1973년 10월 6~9일 골란 고원에서 벌어진 제7기갑여단 전투는 1993년 6월 14일 미 육군 야전 교범 FM 100-5, 6-20, 6-21, 6-22항에 명시적 모델로 인용되었다.

3. 1973년 이스라엘 방위군 최초의 원격조종 무인항공기인 타디란 매스티프(Tadiran Mastif)가 첫 비행을 한 후 곧바로 작전에 투입되었지만, 1991년 걸프전까지 미국이 운용한 무인항공기는 이스라엘에서 수입한 것밖에 없었다.

4. 1968년 10월 31일, 나일강을 가로지르는 나그 함마디(Nag Hammadi) 다리와 변전소, 케나(Qena)에 있는 두 번째 다리가 공격 대상이 되었다. Elizar Cohen, Israel's Best Defense(New York: Crown, 1993), 366-373.

5. 소련은 1955년 최초로 대함 미사일(소련 : KSShch Shchuka, 나토 : SS-N-1 Scrubber)을 배치했고, 이어서 나토는 사실상 소형 제트기인 스틱스(Styx)로 보고한 테르밋-15를 배치했다. 그러나 1969년에 작전 배치된 가브리엘(Gabriel)은 시 스키밍(sea skimming) 기종으로 스틱스보다 요격에 훨씬 덜 취약했다.

6. 최초의 장갑차 능동방호체계는 아프가니스탄에서 콤플렉스(Komplex) 1030M-01로 실전 배치된 소련의 드로즈드(Drozd)였다.

7. 예를 들어, 서방에서 반응장갑 개념을 창안한 독일 엔지니어 만프레트 헬트

(Manfred Held)가 있으며, 그는 세계적으로 인정받는 폭발물 전문 지식에도 불구하고 모국인 독일에서 아무런 지원을 받지 못했지만, 곧바로 이스라엘 방위군의 기갑 부장으로 발탁되었다.

혁신 1 | 포화 속에서 군대를 육성하다

1. 스위스와 핀란드는 공교롭게도 확고한 독립국가로 예비군 중심의 군대를 보유하고 있으며, 징집병의 복무 기간이 1년 미만이기 때문에 현역 비중은 이스라엘 방위군보다 훨씬 적었다.

2. Jehuda L. Wallach, El hadegel: Hakamat tsava amami tokh kedei lehima: Hatsava hafederali be'artsot habrit bemilhemet ha'ezrahim vetsahal bemilhemet ha'atsma'ut-mehkar mashveh (Tel Aviv: Ma'arachot, 1997), 50.

3. National Defense Act (R.S.C.,1985, c N-5), https://laws-lois.justice.gc.ca/eng/acts/n-5/page-3.htm.

4. Canadian Forces Dress Instructions (Ottawa: Department of National Defense, 2011), 5-1-2.

5. 여전히 별도의 병과는 아니지만, 현재는 "항공 및 우주 병과", Zroa HaAvir Ve-Hahalal로 불린다.

6. 당시 이스라엘 방위군 수석 과학자였던 수학자 아리 드보레츠키(Aryeh Dvoretzky)는 유인 항공기 대신 안정화된 비디오 카메라를 장착한 무선조종 소형 항공기를 이용해 이집트의 대공 미사일 포대를 촬영하자고 제안했다. 1970년 6월 에드워드 러트웍(Edward Luttwak)이 이 아이디어를 가져왔다.

7. 1923년에 결성된 참모총장위원회는 작전을 조율할 멀티서비스 G-3가 없어 말뿐인 조직에 불과했으며, 1936년 전신인 국방조정부는 직원도 없고 예산도 없었으며, 비효율적이었다.

8. The Goldwater-Nichols Department of Defense Reorganization Act of October 4, 1986.

9. 붉은 군대의 노래는 열렬히 불렸지만, 그 지휘체계는 알려지지 않았다.

10. 나중에 소련 모델로 전환된 이집트와 이라크 군대에서와 같다. Michael J. Eisenstadt and Kenneth M. Pollack, "Armies of Snow and Armies of Sand: The Impact of Soviet Military Doctrine on Arab Militaries", Emily Goldman

and Leslie Eliason, The Diffusion of Military Technology and Ideas(Palo Alto, CA: Stanford University Press, 2003).

11. 팔마흐(Palmach)는 1941년 영국이 특공대와 정찰대 역할을 수행하기 위해 장비와 훈련을 갖추고 설립한 조직으로, 1942년 말 롬멜이 패배한 후 영국은 이 부대를 해체하려 했다. 팔마흐는 이스라엘 키부침(kibbutzim)을 위한 자원봉사 농업 지원 단체로 위장해 지하로 잠입했다. 훈련은 영국군이 원래 가르쳤던 대로 비밀리에 계속되었지만, 자원은 줄어들었다.

12. Ken Jefery, The Secret History of MI6 (New York: Penguin Press, 2010), 689-697.

13. 전투에서 영국 장교들의 주도적인 역할이 런던에서 스캔들이 되자, 그들은 공개적으로 철수했지만 즉시 조용히 돌아왔다. The Spectator, "The Arab Legion, by One of Its Officers", June 18, 1948, 6.

14. Gerald M. Pops, "Marshall, The Recognition of Israel", http://marshall-foundation.org/library/wp-ntent/uploads/sites/16/2015/01/Israel_Pops.pdf.

15. 국무부 부하 직원들과 달리, 마셜은 유대인의 미국 이민을 선호했다.

16. CIA는 유대인의 저항이 2년 이상 지속될 수 없을 것으로 예상했다. "The Consequences of the Partition of Palestine", SECRET 28 November 1, 1947, https://www.jewishvirtuallibrary.org/cia-report-on-the-consequences-of-partition.

17. 크게 과소평가된 인물인 에후드 아브리엘(Ehud Avriel)(일명 Georg Überall)은 서른 살의 나이에 프라하로 파견되어 1948년 3월 10일에 항복할 때까지 얀 가리그 마사리크(Jan Garrigue Masaryk) 외무장관의 지원을 받아 무기를 구입했다. 유대인에 대한 스탈린의 열의가 부족했던 것은 반反영국 우선주의 때문이었고, 마사리크(Masaryk)가 살해되고 공산주의자들이 체코슬로바키아를 점령한 후에도 판매는 계속되었다.

18. 생산에 남아 있던 메서슈미트(Messerschmit) Bf-109의 엔진 개조. 원래 엔진이 고장이 나자 Jumo-211F 엔진으로 교체해 착륙 사고를 일으켰다. 그럼에도 불구하고 이스라엘 방위군의 첫 다섯 번의 공중전 승리는 바로 이 Avia S-199로 이루어졌다.

19. https://blog.nli.org.il/en/hoi_egypt_tel-aviv/.

20. 라트룬(Latrun)에 있는 이스라엘 방위군 기갑부대 박물관 설명 및 사진 참조. https://yadlashiryon.com/armored-corps/armored-corps-ever-since/armored-corps-establishment.

21. 모셰 다얀(Moshe Dayan)은 1956년 시나이(Sinai) 전역 당시, 이스라엘 방위군 총참모장과, 1967년과 1973년 전쟁에서 국방부 장관을 역임했으며, 1977년부터 1979년까지 외무부 장관으로 안와르 사다트(Anwar Sadat)의 이스라엘 방문을 이끌어낸 비밀 협상을 지휘했다.

22. "국방연구개발관리국"은 민간 국방부와 제복을 입은 이스라엘 방위군의 합동 기관인 MaFat의 약칭이다.

혁신 2 | 결핍이 어떻게 혁신을 촉진하는가

1. "항공 부대"인 헤일 아비르(Heyl Avir)는 이제 공식적으로 "항공 및 우주 부대"인 즈로아 하아비르 베하할랄(Zro'a HaAvir VeHahalal)이 되었다. 별도의 군이 아닌 '부대'로서 여전히 이스라엘 방위군 전체를 지원하고 있으며, 이스라엘 방위군 총참모부의 지휘를 받는다.

2. https://www.historynet.com/spitfire-vs-spitfire-aerial-combat-israels-war-independence.htm에서 영국 공군 데릭 오코너(Derek O'Connor) 예비역 대령의 공개 계정 참조.

3. 톨코브스키(Tolkowsky)는 독립전쟁에 참전했다가 퇴역한 후, 1951년 재입대했다. 그는 1956년 시나이 전역 당시 공군사령관을 역임했다.

4. Jefrey L. Ethell, Mustang: A Documentary History of the P-51 (London:Jane's Publishing, 1981).

5. 미코얀(Mikoyan)과 구레비치(Gurevich)는 다른 소련 설계자들보다 독일에서 탈취한 기술을 활용하는 데 뛰어났으며, MiG-15(한국의 F-86보다 빠름)에 이어 MiG-17, 레이더를 장착한 MiG-19, 그리고 전 세계적으로 성공한 MiG-21로 미국을 놀라게 했다.

6. 독일 BMW-003에서 파생된 투만스키(Tumansky) R-11 축류 엔진을 장착한 독일 최고의 비(非)수평 날개 기술을 적용해 약 60년 동안 사용되었다.

7. 쉬드-우스트 항공사(Sud-Ouest Aviation)의 보투르(Vautour) II 경폭격기. 이스라엘 공군은 더 나은 폭격기가 필요했지만, 1967년까지 31대를 마지못해 구매

했다.

8. 바이츠만(Weizman)은 독립전쟁 당시 공군의 에이스였으며, 1966년 이스라엘 방위군 부총참모장, 1977~1980년 국방부 장관, 1996~2000년 이스라엘 대통령을 역임했다. Ezer Weizman, On Eagles' Wings(New York: Macmillan, 1977) 참조.

9. 독일 BMW 003의 또 다른 파생형인 추력 13,200lbf의 아타르(Atar) 09B 애프터버닝 터보제트. DEFA 30mm 대포도 마찬가지로 독일 마우저(Mauser)에서 파생되었다.

10. Ze'ev Lakhish and Meir Amitai, ed. Asor lo shaket: Prakim betoldot heyl ha'avir bashanim 1956-1967 (Tel Aviv: Ministry of Defense, 1995).

11. 다소(Dassault)는 미라주(Mirage) III의 세계적인 성공을 재현하지 못했다.

12. 이스라엘에서 개발되고 합작 투자에 의해 생산된 F-35 헬멧 장착 디스플레이 하위 체계.

혁신 3 | 젊은 장교단

1. Shabtai Tevet, Moshe Dayan: The Soldier, the Man, the Legend (Tel Aviv: Schocken, 1971), 415.

2. Martin Van Creveld, Moshe Dayan (London: Weidenfeld & Nicholson, 2004), 97.

3. Amiram Bareket, "Batsava mitkonenim: Anshei keva yetsu lepensiya begil 42?" Globes, May 19, 2015, http://www.globes.co.il/news/article.aspx?did=1001037877.

4. Edward N. Luttwak, Reinventing Innovation: Simple Theories, Complicated Remedies", unpublished manuscript.

5. 1925년 6월 4일, 더글러스 헤이그(Douglas Haig)가 왕립 보훈 외과의사 연례 회의에서 한 연설, https://quoteinvestigator.com/2012/11/30/horse-in-war.

6. 10 USC 526: 현재 고위급 장군/제독 652명, 4성 장군 20명, 3성 장군 68명, 2성 장군 144명으로 한도가 정해져 있으며, 나머지는 준장 또는 예비역 제독이지만 복수 복무 합동사령부에는 추가 고위급 장교가 허용된다.

7. 내륙국(1879년 이후) 볼리비아 해군에는 4성 제독이 여러 명 있다.

8. 민간이 주도하는 국방부에 각 군의 참모총장과 본부가 펜타곤에 모여 있는 것과 마찬가지로 하키리아(HaKirya)에도 있다.

9. 미국 체제 하에서 모든 군대는 인도 태평양, 중동(중부사령부), 유럽, 중남미(남부사령부) 등 각 지역 사령관이 지휘하며, 합참의장은 국방부 장관의 수석 보좌관으로 최고 통수권자인 대통령을 보좌한다. 총참모장의 이스라엘 상대는 총리가 아니라 내각 전체이다.

10. 이스라엘 전략가들은 위협의 세 가지 고리를 정의한다. 첫 번째 고리- 이스라엘과 국경을 맞대고 있는 적대 국가(예: 시리아), 두 번째 고리- 이스라엘과 국경을 맞대고 있는 다른 국가(예: 이라크), 세 번째 고리- 두 번째 고리 국가를 넘어선 모든 적대 국가(예: 이란).

11. 에드워드 러트웍은 영국군이 침을 뱉고 닦아 반짝이는 군화, '황동 장식'의 금속 디테일, '백색 도료' 미백 벨트 등을 고집하면서 의도한 비공식성이 무너졌다고 회고했다.

12. 훨씬 작은 규모의 네덜란드 군대(현역 약 4만 1,000명, 예비역 6,000명)에는 2021년 기준 4성 장군 1명, 3성 장군 8명, 2성 및 1성 장교 60여 명이 있었다. Professor Colonel Ret, Frans Osinga, Dutch Military Academy, private correspondence, April 27, 2021.

13. 강력한 부사관 집단이 부족한 외국 군대는 미국의 역량 평가에서 통상 하향 조정되며, 젊은 장교를 전투 지도자로 양성하는 군대의 경우, 실수로 평가가 잘못되기도 한다.

14. 따라서 이스라엘 방위군 군인과 팔레스타인 민간인 사이에 매일 같이 벌어지는 사건은 교묘하게 편집된 비디오 클립에 등장했다(돌을 던지는 사람들이 미리 TV 카메라를 소환).

15. Todd South, "Extended Training Here to Stay for Infantry and Armor Soldiers" Armytimes.com, 2020.10.15.

16. Daniel Kahneman, "The Sveriges Riksbank Prize in Economic Sciences in Memory of Alfred Nobel 2002: Biographical" http://www.nobelprize.org/nobel_prizes/economic-sciences/laureates/2002/kahneman-bio.html.

17. 대략 월 200달러에 해당하며, 전투병의 경우 그 두 배에 해당. 국내에 부모가 없

는 이민자 병사는 휴가 시 숙식비를 지급받는다. 도리 핀카스(Dori Pinkas) 예비역 중령, 전 수석 교관, 2016년 3월 15일 텔아비브의 바하드 에하드(Ba'had Ehad)에서 인터뷰.

18. OCS Branch Descriptions, Fort Benning Maneuver Center of Excellence, January 9, 2018.

19. Kenneth R. Tatum and Assoc., "Leadership and Ethics across the Continuum of Learning", Air and Space PowerJournal, Winter 2019, 43.

20. 다른 서비스, 지부 또는 부대에서 먼저 복무한 후 비행학교를 시작하지 않은 경우: 이스라엘 공군사령부, http://www.iaf.org.il/4428-45785-he/IAF.aspx 참조.

혁신 4 │ 아래로부터의 혁신

1. 저명한 군사 역사가인 마틴 반 크레벨드(Martin Van Creveld)의 평결 참고. "역사적으로 볼 때, 군대를 자동화로 만들지 않고, 상부에서 모든 것을 통제하려 하지 않으며, 하급 지휘관에게 상당한 재량권을 허용한 군대가 가장 성공적이었다." Martin Van Creveld, Command in War (Cambridge, MA: Harvard University Press, 1985), 273.

2. 임무 명령과 이니셔티브 문화에 대해서는 에이탄 샤미르(Eitan Shamir) 참조, Transforming Command: The Pursuit of Mission Command in the US, British and Israeli Armies(Palo Alto, CA: Stanford University Press, 2011).

3. 후진국 군대의 장교들은 실패로 인한 경력상의 위험을 두려워해 주도권을 잡는 것을 꺼려했다. 예를 들어, 2018년 3월 터키가 아프린Afrin에 개입한 작전[작전명 : 제틴 달리 하렉카티(Zeytin Dalı Harekâtı)]에서 진격 부대는 압도적인 포병 지원을 받았지만, 하향식 통제 하에 경직된 세트피스 작전을 수행한 것으로 드러났다.

4. 하가나 박물관 웹사이트 참조. http://www.irgon-haganah.co.il/info/hi_show.aspx?id=21814.

5. 은퇴한 판사 엘리야후 위노그라드(Eliyahu Winograd)가 이끄는 "위노 그라드 위원회(The Winograd Commission)". https://online.wsj.com/public/resources/documents/winogradreport-04302007.pdf 참조.

6. Martin Van Creveld, Israel's War with Hezbollah Was Not A Failure", Jewish Daily Forward, January 30, 2008.

7. Dan Senor and Saul Singer, Start-Up Nation: The Story of Israel's Economic Miracle (New York: McClelland & Stewart, 2009), 67-83.

8. Nir Barkat, "Tsava vehitek", Ma'ariv, September 18, 2000.

9. 이러한 사고방식은 수십 년이 지난 후에도 변함이 없었는데, 2019년 방문한 에드워드 러트웍은 또 다른 하드웨어 제안을 통해 며칠 만에 개념 개발 계약을 체결했다.

10. Moshe Dayan, Yoman Vietnam (Tel Aviv: Dvir Co. Ltd, 1977), 62-63. 1967년 6월 전쟁 발발 하루 전, 아바 에반 외무장관은 로버트 맥나마라 국방장관이 보낸 "베트남 상황에 대해 가장 균형 잡힌 보고서를 제공한 다얀에게 매우 감사하고 개인적으로 존경한다"라는 메시지를 낭독했다. Moshe Dayan: Avney derekh (Avney derekh) (Tel Aviv: Dvir Co. Ltd, 1977), 427.

11. Moshe Dayan, Breakthrough: A Personal Account of the Egypt-Israel Peace Negotiations (London: Weidenfeld and Nicolson, 1981), 169-170.

12. 1979년 라파엘 에이탄(Rafael Eitan, 1978-1983) 총참모장이 히브리대 물리학 교수인 펠릭스 도탄(Felix Dothan)과 사울 야치브(Shaul Yatziv)의 제안으로 시작. '탈피오트' 또는 '성채'는 Song of Songs 4장 4절에 나오는 말로, 성채의 위엄과 성취의 높이를 묘사했다.

13. 이 부대는 비밀에 부쳐져 있지만, 이스라엘 방위군은 웹사이트를 통해 기본적인 정보를 제공하고 있다.

14. 이 원칙은 프로이센의 폰 몰트케(von Moltke) 원수로부터 기인하는 경우가 많다. 그의 장교 중 한 명이 명령을 따랐을 뿐이라고 변명하자 폰 몰트케는 이렇게 대답했다: "폐하께서 자네를 장교로 임명한 것은 자네가 명령을 따르지 말아야 할 때를 알 것이라 믿었기 때문이야." Trevor N. Dupuy, A Genius for War: The German Army and General Staff, 1807-1945 (Englewood Clifs, NJ : Prentice-Hall, 1977), 116.

15. Richard A. Gabriel, Operation Peace for Galilee: The Israeli-PLO War in Lebanon(New York: Hill & Wang, 1984), 102.

16. Doron Avital, Logika bife'ula(Or Yehuda, Israel: Kinnert, Zmora Bitan, Dvir Publishing House, 2012), 56-58. 아비탈(Avital)은 2016년 비공개 회의에서 저자들에게도 이 이야기를 자세히 들려주었다.

17. 일반 참모부 정찰부대 또는 269부대는 원래 적진 뒤에서 정보를 수집하기 위해 설립되었다. 아비탈(Avital)은 중령으로 전역한 후 컬럼비아 대학교에서 철학 박사

학위를 취득하고 벤처 캐피털 회사의 파트너가 되었으며, 이스라엘 의회인 크네세트(Knesset) 의원으로 선출되었다.

혁신 5 | 예비군 혁신가들

1. www.archives.mod.gov.il/pages/exhibitions/bengurion/bigImages/hakamat_tzahal.jp .

2. Dov Tamari, Ha'uma hehamusha: Aliyata vesh'ki'ata shel tofa'at hamiluim beyisrael (Moshav Ben Shemen, Israel: Modan Publishing House and Ma'arachot, 2012), 59-214.

3. 저자 에드워드 러트웍이 사용해봤지만, 그 강력한 스프링은 거의 불가능할 정도로 힘들었다.

4. UPI Archive, Arab Nations Attack Israel, 1948년 5월 15일, https://www.upi.com/Archives/1948/05/15/Arab-nations-Attack-Israel/6118818754330/.

5. 최근의 삭감 이후에도 핀란드 군대는 2016년 기준 약 2만 4,000명의 현역과 23만 명의 예비군으로 구성되어 있다.

6. 마람(Maram)(나중에 Mamram)은 컴퓨팅 및 정보체계 센터(Merkaz Mahshevim UMa'arahot Media)의 약자로, 모든 이스라엘 방위군의 데이터 처리를 제공했다. Alexander Speiser, Mamram-mador hafala, Association for the Commemoration of the Fallen Soldiers of the IDF Signal Corps (Israel: Yehud Monson, 2020), 60-85.

혁신 6 | 남다른 군산복합체

1. F-35의 주요 첨단 기술인 헬멧 장착 디스플레이 체계를 포함한 독점 기술을 보유한 민간 소유의 엘빗 시스템즈(Elbit Systems)와 다양한 국영 기업을 포함한다.

2. 에이탄 샤미르(Eitan Shamir)에게 말한 대로.

3. 일본의 경우 항공모함 금기로 인한 왜곡이 극심하다. 이즈모(Izumo)급 함정은 실제로는 배수량 2만 7,000톤의 상당한 크기의 항공모함이지만, 국제 분류는 DDH로, 일부 항공 능력을 갖춘 구축함을 의미하며, 일본어로 고에이칸(goeikan)은 단순히 "호위"라는 의미로 더 축소되어 있다.

4. 주요 무기체계의 구성품은 가능한 한 많은 의회 지역구, 특히 군사위원회 또는 세출위원회의 국방 소위원회 소속 하원 또는 상원 의원의 지역구에서 의도적으로 구매하기 때문에 거의 모든 대규모 군사 구매는 "자국산" 구매이다.

5. 국방부 웹사이트(http://www.mod.gov.il/Departments/Pages/Research_and_Development_Agency_Mafaat.aspx)에서 MaFat에 대한 정보를 확인할 것!

6. Uzi Eilam, Keshet Eilam (Tel Aviv: Miskal, Yedioth Aharonoth, Chemed Books, 2009), 153-162.

7. Eilam, Keshet Eilam, 354-370.

8. 켄터키주 포트 녹스(Knox)의 패튼 박물관에 있는 갑옷 형제단(armor fraternity)의 높은 사원에는 펠레드(Peled)의 사진이 패튼, 에르빈 롬멜(Erwin Rommel), 크레이튼 에이브럼스(Creighton Abrams), 게오르기 주코프(Georgy Zhukov), 이스라엘 탈(Israel Tal)의 사진과 함께 전시되어 있다.

9. Eilam, Keshet Eilam, 374-378.

혁신 7 | 신속 개발: 미사일고속정부터 아이언 돔까지

1. 이 프로젝트의 자금은 미국의 지원에 의존했다. John F. Golan, Lavi: The United States, Israel, and a Controversial Fighter Jet (Lincoln: University of Nebraska Press, Potomac Books, 2016).

2. Uzi Eilam, Keshet Eilam (Tel Aviv: Miskal, Yedioth Aharonoth, Chemed Books, 2009), 371.

3. Shlomo Erell, Lefanekha hayam (Tel Aviv: Ministry of Defense, 1998), 217-218.

4. 벤-눈(Ben-Nun)(1924-1994)은 이스라엘의 수중 특공대 창설자이다. 1948년 10월 22일, 그는 폭발물을 장착한 보트를 몰고 이집트 해군의 기함인 1,400톤급 슬로프 엘 아미르 파루크(sloop El Amir Farouq) 호를 침몰시킨 후 뛰어내렸다. 1956년에는 구축함 호위대 사령관으로 이집트 구축함을 나포했으며, 1966년 퇴역한 그는 1967년 골란고원에서 자원병으로 참전했다. 요하이 벤-눈(Yohai Ben-Nun) 해양 및 담수 연구 재단에서 그를 기념하고 있다.

5. Luciano Garibaldi and Gaspare Di Sclafani, L'incredibile vicenda di Fio-

renzo Capriotti eroe della Decima ed eroe di Israele, Cos affondammo la Valiant, 1st ed. (Turin: Edizioni Lindau, 2010).

6. Mike Eldar, Shayetet 13: Sipuro shel hakomando hayami (Tel Aviv: Ma' ariv Book Guild, 1993), 109-162.

7. Avner Shur, Aviram Halevi, Tal Bashan, Ha'esh vehademama: Sipuro shel Yohai Bin-Nun, meyased shayetet 13 (Ben Shemen, Israel: Keter Press 2017), 218.

8. 브레멘(Bremen)의 뤼르센(Lürssen) 조선소의 원래 목조 선체 재규어 보트에 대한 설명. Shlomo Erell, Lefanekha hayam (Tel Aviv: Ministry of Defense, 1998), 217.

9. Shur, Halevi,Bashan, Ha'esh vehademama, 221, 225.

10. 한 명은 철십자 훈장을 수상한 현 독일 해군 정보국장 오토 크레츠머(Otto Kretzmer) 였고, 다른 한 명은 전시 잠수함 계획가인 가블러(Gabler) 교수였다. 프로젝트의 수석 엔지니어였던 하임 샤할(Haim Shahal)은 독일인 동료가 나치 친위대에 있었다고 믿었다.

11. 즉, 완전한 외교 관계이다. 이스라엘 총리 다비드 벤구리온(David Ben-Gurion)과 독일연방공화국(FRG) 총리 콘라트 아데나워(Konrad Adenauer)는 1952년 배상 협정에 서명했고, 1960년 비밀 협정에 따라 독일은 어뢰정 1200만 달러를 포함해 6000만 달러 상당의 무기를 제공하기로 합의했다.

12. Shur, Halevi, Bashan, Ha'esh vehademama, 226.

13. Shur, Halevi, Bashan, Ha'esh vehademama, 226-227.

14. 그는 프랑스의 동기에 대해 솔직했다.: "M. Maurice Schumann: Notre politique a abouti au regain de notre influence dans le monde arabe" Le Monde, January 14, 1970.

15. Mike Eldar, Ha'oyev vehayam (Tel Aviv: Ministry of Defense, 1998), 170-182; Moshe Imbar, Shayetet 3: Sfinot hatilim beheyl hayam (Tel Aviv: Ministry of Defense, 2005), 32-33.

16. Shlomo Erell, Lefanekha hayam (Tel Aviv: Ministry of Defense, 1998), 312-313; Imbar, Shayetet 3, 36-37; Eldar, Ha'oyev vehayam, 191-199.

17. Uzi Rubin, "Israel's Air and Missile Defense During the 2014 Gaza War",

BESA Center for Strategic Studies, Mideast Security and Policy Studies No. 111, February 2015, 18.

18. Ulrike Putz, "Graveyard Shift for IslamicJihad: A Visit to a Gaza Rocket Factory", Spiegel Online International, January 29, 2008, http://www.spiegel.de/international/world/graveyard-shift-for-islamic-jihad-a-visit-to-a-gaza-rocket-factory-a-531578.html.

19. Theodore A. Postol, "An Explanation ofthe Evidence ofWeaknesses in the Iron Dome Defense System", MIT Technology Review, July 15, 2014, 분리된 로켓 탄두가 여전히 폭발하기 때문에 아이언 돔 체계가 불완전하다고 묘사하는 보험 손해배상 청구서를 인용했다. 즉, 아이언 돔은 공격을 무효화시킬 수는 없지만, 분리된 탄두가 폭발하더라도 인명과 재산을 보호하기 위해 피해를 대체할 수 있다는 것이다.

20. Michael Gilmore, Director of Operational Test and Evaluation, US Department of Defense, as cited in Bill Sweetman, "Not Combat Ready", "Aviation Week and Space Technology, February 15, 2016, 34.

21. Carmel Liberman, "Mefaked heyl ha'avir: Anahnu harishonim le-hishtamesh ba-F35 bemivtsa hetkefi", Bamachane' Journal, May 22, 2018.

22. 처음부터 오버헤드 합성 개구면 레이더는 기체가 지형을 가리기 때문에 그 아래에 있는 스텔스기의 윤곽을 드러낼 수 있었다.

23. Reuven Pedatzur, "Ma kara lekipat barzel" Ha'aretz, August 28, 2013, https://www.haaretz.co.il/opinions/.premium-1.2107807.

24. Avi Kober, "Iron Dome: Has Euphoria Been Justified?", BESA Center Perspectives Paper No. 199, February 25, 2013.

25. 대니 골드(Danny Gold) 박사는 공군에서 복무한 후 무기 개발 부서에서 근무했다. 아이언 돔 체계를 개발한 후 그는 준장으로 전역하고 MaFat의 책임자가 되었다.

26. BBC 뉴스, Q&A: Gaza Conflict,January 18, 2009, http://news.bbc.co.uk/2/hi/middle_east/7818022.stm.

27. Uzi Rubin, "Kosher histagluta shel ma'arekhet habitahon beyisrael leshinuyim mahap'khani'im basviva ha'estrategit: Hahagana ha'aktivit kemi-kreh bohan" (PhD thesis, Bar-Ilan University, 2018), 161-172.

28. "Mesirut, tsiyonut vekhama halakim mi-Toys R Us: Re'ayon im hatse-vet hamovil shel kipat barzel shekol haverav bogrei hatekhniyon, al sod hahatslaha shel haproyekt", The Expert News,July 9, 2014, http://tracks. roojoom.com/r/12638#/trek?page=1; Ilan Kfir와 Danny Dor, Kipat barzel veha'anashim she'asu et habilti ye'uman (Or-Yehudah, Israel: Kineret Zmura-Bitan, 2014), 130.

29. "Hahmtzot shel Yisrael", Ynet, April 15, 2018, https://www.ynet.co.il/articles/0,7340,L-5227361,00.html#autoplay.

30. 준장으로 전역한 우지 루빈(Uzi Rubin) 박사, interview, Tel Aviv, 2016년 5월 9일. 그는 이스라엘의 미사일 방어 기관인 민헬레 추마(Minhelet Chuma)(1991-1999)를 설립하고 이끌며 애로우(Arrow) 미사일 방어체계를 감독했으며, 1996년 이스라엘 국방상을 수상했다. 이 책의 모든 인터뷰는 에이탄 샤미르(Eitan Shamir)가 진행했다.

31. 이스라엘 공군은 실제로 이 체계를 승인한 적이 없다. 우지 루빈(Uzi Rubin), "아이언 돔 대 그라드(Grad) 로켓, 전면전을 위한 드레스 리허설(Dress Rehears-al)", BESA 관점 논문 173호, 2012년 7월 3일, https://besacenter.org/perspec-tives-papers/iron-dome-vs-grad-rocketsa-dress-rehearsal-for-an-all-out-war/.

32. A., MaFat의 선임 아이언 돔 개발자, 인터뷰, 텔아비브, 2016. 6. 15.

33. 우지 루빈(Uzi Rubin), 인터뷰.

34. MaFat의 선임 개발자, 저자와의 개인 이메일 교신, 2016년 8월 15일.

35. Avigdor Zonnenshain과 Shuki Stauber, Mehakonkord lekipat barzel: Nihul ma'arakhot tekhnologiyot bame'ah ha-21 (Haifa, Israel: The Tech-nion Institute for Research & Development, 2014), 92-94.

36. Zonnenshain and Stauber, Mehakonkord lekipat barzel, 89.

37. Zonnenshain and Stauber, Mehakonkord lekipat barzel, 95-96.

38. "Mesirut, tsiyonut vekhama halakim", 124, 125.

39. Kfir and Dor, Kipat barzel, 126, 143.

40. "Mesirut, tsiyonut vekhama halakim".

41. Zonnenshain and Stauber, Mehakonkord lekipat barzel, 97.

42. Zonnenshain and Stauber, Mehakonkord lekipat barzel, 97-99.

43. 불타는 이스라엘, IDF 웹사이트, https://www.idf.il/en/articles/defense-and-security/israel-under-fire/.

44. Duah mevaker hamedina, Mukhanut lizman herum-tahalikh kabalat lefitu'ah ul'hitstaydut bema'arakhot lehagana aktivit keneged raketot karka-karka (RKK); duah shanti 51alef 2009 [Readiness for Emergency, Annual Report No. 51A 2009, The State Comptroller & Ombudsman of Israel]], 85, https://www.mevaker.gov.il/he/Reports/Report_335/ReportFiles/fullre-port_2.pdf.

45. Duah mevaker hamedina, Mukhanut lizman herum, 93.

46. 에드워드 러트웍은 버크(Burke)가 당시 이름을 밝히지 않은 혁신적인 싱크 탱크에 영감을 주었을 때 그를 알고 있었다.

47. 심각한 결함이 있었음: 텔러(Teller)의 W-47 탄두에는 신뢰할 수 없는 발사 메커니즘이 있었고, A2 미사일은 작동이 늦었다. 하지만 버크와 라본(Raborn)은 발사하지 않는 대신, 그들은 수정 노력을 주도하여 1961년 말까지 A2 버전이 준비되었고 W-47은 성공적으로 개조되었다.

48. Judah Hari Gross, "US Army Receives 1st of 2 Iron Dome Batteries, but Future Unclear," Times of Israel, September 30, 2020. During Operation Protective Edge, Iron Dome interceptors executed 735 successful interceptions: Ben Hartman ", 50 Days of Israel's Gaza Operation, 'Protective Edge' by the Numbers," Jerusalem Post, August 28, 2014.

혁신 8 | 혁신가로서의 이스라엘 여군

1. 노르웨이는 2015년에 그 뒤를 이었지만, 실제로 입대하는 연령층은 6분의 1에 불과했다. Ode Inge Botillen, "Universal Conscription in Norway", Norwegian Armed Forces, Defense Staff Norway, https://www.defmin.fi/files/3825/BOTILLE_2017-06-12_Universal_Conscription_in_Norway.pdf

2. 많은 사례 중 한 가지가 벨라 비즈켈레티(Béla Vizkelety)의 "에거성 공성전(Siege of Eger Castle)"의 중심 장면이다.

3. The first armor instructor was Racheli Bar-Ziv: see Shaul Nagr, "Mahzor rishon shel madrikhot shiryon," Shiryon 37 (March 2011): 62-64.

4. Avishai Katz, Hayalei shokolad (Tel Aviv: Carmel Press, 2011).

5. 미국의 명문 고등학교와 명문 대학을 졸업한 후 전차 사격 교관으로 복무하기 위해 훈련을 받은 한 지원자는 이스라엘 방위군의 훈련 기법이 "완전히 다른 차원으로 더 효과적"이라고 말했다. 저자 중 한 명과의 개인적인 대화.

6. Yael Luttwak, former tank gunnery instructor, IDF Armored Corps, interview, Tel Aviv, 2016.

7. 이스라엘 방위군에는 유지보수 및 행정 업무를 담당하는 경력 부사관도 있지만, 대부분 젊은 징집병에게 의존해야 한다.

8. Aryeh Hashavya, 『Tsahal beheylo: Heyl hashiryon』 (Tel Aviv: Revivim Press, 1981), 196.

9. Or Heler, "Arayot hayarden: Tsahal yakim g'dud hadash babika", Hadshot 13, November 14, 2014.

10. Chen Kutz Bar, "Na lehakir: ElinorJoseph, lohemet arviya betsahal," NRG Online,February 6, 2010, https://www.makorrishon.co.il/nrg/online/1/ART2/050/556.html.

혁신 9 | 군사교리와 혁신

1. Mifleget poalei eretz Israel(이스라엘 땅 노동자들의 당)의 약자. 노동조합, 협동조합, 대부분의 집단 정착촌을 포함한 독립 이전 유대인 정치, 정책, 제도를 지배했으며, 독립 이후 1977년까지 이스라엘의 집권당이었다.

2. Achdut Haavoda, "Labor Unity," merged into the Marxist-Zionist, pro-Soviet Mapam in 1948.

3. 에첼(ETZEL)이라고도 하며, 이르군 츠바이 레우미(Irgun tzvayi leumi)의 약자로 "국가 군사조직"이란 의미.

4. 반면, 야시르 아라파트(Yasir Arafat)는 팔레스타인 자치정부를 장악하고도 자신의 당파 민병대를 해체하지 않았고, 다른 당파 민병대는 계속 존속했으며, 통일된 군대는 나타나지 않았음. 팔레스타인 자치정부의 공식 보안 조직은 오늘날까지 모두

파타(Fatah) 당에 의해 통제되고 있다.

5. N. Edward N. Luttwak and Daniel Horowitz, The Israeli Army (London: Allen Lane, 1975), 74.

6. Eitan Shamir, Transforming Command: The Pursuit of Mission Command in the US, British and Israeli Armies (Stanford, CA: Stanford University Press, 2011), 84-85.

7. 나흐숀(Nachshon) 작전과 이후 라트룬(Latrun) 전투에서 18세 미만의 전사자 25명이 전투 중 사망했다.

8. 1921년, 사데(Sadeh)는 예루살렘에서 신흥 하가나 민병대를 지휘했다. 1937년, 영국에서 월급을 받는 유대인 정착촌 경찰의 사령관으로 근무하던 그는 하가나 최초로 제대로 훈련받은 군대인 FO'SH, Plugot Sadeh(야전 중대)를 창설했다. 1941년에는 팔마흐의 창설자가 되어 1945년 하가나 부대장으로 승진할 때까지 팔마흐(Palmach)의 수장을 맡았으며, 1948년 그는 전차 3대로 기갑여단을 창설했다.

9. 윈게이트(Wingate)에 대한 다소 모순적인 전기가 몇 가지 있다. Peter Mead, "Orde Wingate and the Official Historians", Journal of Contemporary History 14, no. 1 (Jan. 1979): 55-82. 이스라엘의 윈게이트 협회, 이스라엘 국립 체육 및 스포츠 센터와 기타 다른 지역에서 그를 추모하고 있다.

10. Moshe Dayan, Avney derekh: Otobiografiya (Tel Aviv: Edanim Publishers, 1976), 104.

11. Ezer Weizmann, Al kanfei nesharim (Tel Aviv: Ma'ariv, 1975), 101.

12. Yehuda Slutsky, Sefer toldot hahagana: Mehagana lema'avak (Tel Aviv: Ma'arachot, 1959), 2: 230-231.

13. Yigal Shefy, Sikat mem-mem: Hamahshava hatsva'it bakursim lek'tsinim bahagana (Tel Aviv: Ministry of Defense, 1991), 32.

14. 요세프 아비다르(Yosef Avidar)(1906-1995)는 러시아 태생으로 19세에 하가나(Haganah)에 입대해 아얄론(Ayalon) 연구소(하가나의 비밀 탄약 공장)의 설립자이자, 1948-1949년 병참단장을 거쳐 북부사령부 사령관, 중앙사령부 사령관을 역임했다. 전역 후 그는 소련 대사를 거쳐 아르헨티나 대사가 되었다.

15. Shefy, Sikat mem-mem, 56-57.

16. Anita Shapira, Yigal Allon: Aviv heldo-biografiya (Tel Aviv: HaKibbutz

HaMeuchad, 2004), 141.

17. Dori Pinkas, "Mekorot Hamtakal Bt'shal" (MA Thesis, Bar-Ilan University, 2006), 43.

18. Zehava Ostfeld, Tsava nolad (Tel Aviv: Ministry of Defense, 1994), 560.

19. Mordechai Naor, Laskov (Jerusalem: Keter, 1988), 177-178. 하임 라스코프(Haim Laskov)는 1958년부터 1961년까지 이스라엘 방위군 총참모장을 지냈다.

20. Yitzhak Rabin, Pinkas sherut (Tel Aviv: Sifriyat Ma'ariv, 1979), 1: 94.

21. Aryeh J. S. Nusacher, Sweet Irony: The German Origins of Israel Maneuver Warfare Doctrine (MA Thesis, Royal Military College, Canada, 1996).

22. Eric Hammel, Six Days in June: How Israel Won the 1967 Arab-Israeli War (New York: Scribner, 1992), 24; Haim Bar Lev, "Defusey lohamat shiryon: Beshuley hatimrun," Ma'arachot 130 (August 1960): 1315; and Uri Ben Ari, "Nua nua! Sof." Hama'avak al derekh hashiryon, (Tel Aviv: Ma'arachot 1998), 50, 102104, 114.

23. Martin L. Van Creveld, The Sword and the Olive: A Critical History ofthe Israeli Defense Forces (New York: Public Afairs, 1998), 159.

24. BG Julian Thompson, "Foreword," in Martin L. Van Creveld, Moshe Dayan (London: Weidenfeld and Nicolson, 2004), 11.

25. 세계 최초의 전투 수중작전 부대인 Decima Flottiglia Motoscafi Armati Siluranti, 일명 X^a MAS.

26. 그럼에도 불구하고 샤예테트(Shayetet) 13은 2009년 죽을 때까지 피오렌조 카프리오티(Fiorenzo Capriotti)와 접촉을 유지했다. Mike Eldar, Shayetet 13: Sipuro shel hakomando hayami (Tel Aviv: Ma'ariv Book Guild, 1993), 138 -152. Also see Capriotti's own Diario di un fascista alla corte di Gerusalemme, privately published distributed by Alto Mare Blu, https://www.altomareblu.com/diario-di-un-fascista-alla-corte-di-gerusalemme-fiorenzo-capriotti/.

27. Motty Basuk, "Haramatkal Eisenkot metakhnen mahapekha benihul

taktsiv tsahal," The Marker, April 16, 2015; Editorial, "Kol ma sheratsitem lada'at al tarsh Gideon," IDF Online, July 26, 2015.

28. 한 예로, 2019년 에드워드 러트웍은 이스라엘 방위군 훈련 현장을 방문해 많은 용기와 기술이 필요한 심각한 전술적 문제를 해결하는 과정을 지켜보았다. 그는 더 안전한 하드웨어 기반 개조 솔루션을 호위 장교에게 전달했다. 얼마 지나지 않아 해당 지부 담당 메니저가 그의 호텔을 찾아왔고, 3일 만에 개념 개발 계약이 체결되었으며, 몇 달 만에 엔지니어링 작업이 진행되었다.

혁신 10 │ 1967년 공중전 승리에서 1973년 공중전 실패로

1. As of October 29, 1956: sixteen Gloster Meteors, twenty-two Dassault Ouragans, and sixteen Dassault Myst re IVAs. Yizthak Shtigman, Me'atsmaut lekadesh: Heyl ha'avir bashanim 1949-1956 (Tel Aviv: The IAF History Branch, 1990), 322.

2. 비행 사고에서 제안된 기술: 트레이너가 고전압 전선을 절단하여 정전을 일으켰다. Avigdor Shachan, Kanfei hanitsahon: Letoldot heyl ha'avir vemahal (Tel Aviv: Ministry of Defense, 1966), 236, 239; Shtigman, Me'atsmaut lekadesh, 199-201.

3. 이스라엘 공군은 1968년 미국산 전투기인 A-4 스카이호크(Skyhawk)를 처음으로 도입했다.

4. C-47 스카이트레인(Skytrain)/다코타(Dakota) 10대와 N-2501 IS 노라틀라스(Noratlas) 3대. 제35 낙하산여단 890 대대에 대해서는 Ehud Yonay, Air Supremacy (Tel Aviv: Keter Publishing, 1999), 126-127; Shtigman, Me'atsmaut lekadesh, 195-199; Shachan, Kanfei hanitsahon, 236.

5. Yonay, Air Supremacy, 184. 전체 수치에는 미라주(Mirage) III CJ 65대, 쉬페르 미스테르(Super Mystère) B.2 35대, 보투르(Vautour) IIA/B/N 21대, 미스테르(Mystère) IVA 33대, 1세대 우라강(Ouragan) 51대가 포함되었음. Ze'ev Lakhish & Meir Amitai, ed., Asor lo shaket: Prakim betoldot heyl ha'avir bashanim 1956-1967 (Tel Aviv: Ministry of Defense, 1995), 436.

6. Merav Halprin and Aharon Lapidot, Halifat lahats (Tel Aviv: MoD/Keter, 2000), 43.

7. 이집트는 전투기 299대(MiG-21 102대, MiG-19 28대, MiG-17과 MiG-15 96대, 수호이 SU-7 16대), 폭격기 57대(Tu-16 30대, IL-28 27대), 수송기 58대(IL-14와 AN-12), 헬기 37대(미-6/4대)를 보유했으며 시리아는 MiG-21 61대, MiG-17 및 MiG-15 35대, IL-28 폭격기 2대, IL-14 수송기 5대, Mi-6/Mi-4 헬기 10대를, 요르단은 호커 헌터(Hawker Hunter) 전투기 24대와 C-47 7대를, 이라크는 MiG-21 32대, MiG-17 및 MiG-15 30대, 호커 헌터(Hawker Hunter) 48대, IL-28 및 Tu-16 폭격기 11대와 10대를 보유하고 있었다. Lakhish and Amitai, Asor lo shaket, 438-439.

8. In Sinai: Al-Arish, Bir Gifgafa, Bir Tmade, Jabal Libni; on the Suez Canal: Fayid, Kibrit, Abu-Swer; in the Delta: Inshas, Cairo-West, Cairo-international, Beni Suef, Helwan, Mansoura; in distant areas: Al-Minya, Luxor, Guardaqa, Bilbays, and Ras Banas. Danny Shalom, Kera'am beyom bahir (Baavir: Aviation Publications, 2002), 221-462.

9. 시리아 공군 기지는 다마스쿠스의 알 두메이르(Al-Dumayr), 마르즈 루하일 (Marj Ruhayyil), 사이칼(Sayqal), 티야스(Tiyas)(T4라고도 함)에 있었다. Shalom, Kera'am beyom bahir, 473-518.

10. Yonay, Air Supremacy, 184.

11. IAF Headquarters, 50 lemilhemet sheshet hayamim (Tel Aviv, 2017), 235.

12. 모티 하바쿠크(Moti Havakuk) 중령, 이스라엘 공군 수석 역사학자, 이메일 대화, 2018년 5월 12일; Lakhish and Amitai, Asor lo shaket, 68.

13. Lakhish and Amitai, Asor lo shaket, 68.

14. 평판이 좋은 역사가들조차도 두렌달(Durendal)로 계속 오인했다. Michael B. Oren, Six Days of War: June 1967 and the Making of the Modern Middle East (New York: Oxford University Press, 2002), 174.

15. BG (Ret.) Yeshayahu ("Shaike") Bareket, interview, Tel Aviv, March 15, 2016.

16. 파괴된 주요 항공기는 MiG-21 90대, MiG-19 20대, MiG-17 75대, Tu-16 중형 폭격기 30대, IL-28 경폭격기 27대, 수호이-7 전폭기 12대였다.

17. 저자인 에드워드 러트웍은 갈릴리 북부 전선에서 포격을 받았지만, 적 항공기를 보지 못한 수혜자였다.

18. 1969년 9월 23일 알프레드 프라우엔크네흐트(Alfred Frauenknecht)가 빈터투어(Winterthur)의 술처(Sulzer) 공장에서 아타르(Atar) 9C 설계도를 훔친 혐의로 체포된 후, 1969년 10월 7일 스위스는 이스라엘 군사 무관 즈비 알론(Zvi Alon) 대령을 추방했다.

19. 1976년 브엘셰바(Be'er Sheva)에 공군 기술학교가 추가로 설립되었다.

20. IAF Headquarters, 50 lemilhemet sheshet hayamim, 235.

21. IAF Headquarters, 50 lemilhemet sheshet hayamim, 278.

22. Defense Technical Information Center, Technical Report AFFDL-TR-77-115 (December 1977), http://www.dtic.mil/dtic/tr/fulltext/u2/c016682.pdf.

23. 영어로 된 가장 좋은 기록은 Oren, Six Days of War, 171. 소련 최초의 대공 미사일인 S-25 베르쿠트(Berkut)는 수출되지 않았다.

24. Chris Hobso, Vietnam Air Losses, United States Air Force, Navy and Marine Corps Fixed-Wing Aircraft Losses in Southeast Asia 1961–1973 (Hinckley, UK: Midland Publishing, 2001), 270, 271.

25. 4대의 항공기가 작전 사고로 손실되었다. IAF Headquarters, 50 lemilhemet sheshet hayamim, 281-286.

26. Edward N. Luttwak, Strategy: The Logic of War and Peace (Cambridge, MA: Harvard University Press, 2003), 238.

27. 소련에 대한 정보에는 특히 비밀리에 행해진 탈스탈린화 연설이 포함되었다. Matitiahu Mayzel, "Israeli Intelligence and the Leakage of Khrushchev's 'Secret Speech'", Journal of Israeli History 32, no. 2 (September 2013): 257-283. On Operation Diamond (Mivtza Yahalom) see Ian Black and Benny Morris, Israel's Secret Wars: A History of Israel's Intelligence Services (New York: Grove Press, 2007), 206-209.

28. Jeffrey T. Richelson, ed., "Area 51 Secret Aircraft and Soviet MIGs," National Security Archive, https://nsarchive.gwu.edu/briefing-book/intelligence/2013-10-29/area-51-file-secret-aircraft-soviet-migs.

29. 이는 에드워드 러트웍이 1990년 이라크에 대한 사막의 폭풍 작전 계획을 수립하면서 당시 미 공군 참모총장 메릴 맥피크(Merrill A. McPeak) 장군의 인스턴트

선더(Instant Thunder) 공격 계획의 컨설턴트로 일했던 경험이기도 했다. 정보기관은 일반적인 사항만 제시하는 반면 계획자들은 정확한 조준점이 필요했기 때문이었다. 여러 공군 병사들이 이라크의 항공기 대피소를 건설한 외국 계약업체를 인터뷰하는 등 즉흥적으로 작업을 수행했다.

30. 예샤야후(Yeshayahu)("Shaike") 바레켓(Bareket)은 공군 전투기조종사, 비행학교 교관, 편대장, 공군 정보국장을 지냈으며 1973년 8월 워싱턴 DC에서 공군 차석 무관으로 근무하게 되었다. Yonay, Air Supremacy, 188; Liat Bloombergerand Tali Ben-Yosef, "2 tayasot, 50 shana," IAF Magazine, 166(2005)

31. Yeshayahu Bareket, interview, May 20, 2016, Tel Aviv.

32. 조종사 수와 비행기 수에 대한 중복성이 없었기 때문에 거의 모든 조종사가 두 번째 출격, 일부는 세 번째 출격을 해야 했다. 모티 하바쿠크(Moti Havakuk), 이스라엘 공군 수석 역사학자, 이메일 서신, 2018년 3월 27일.

33. Aviem Sella, interview, Herzliya, Israel, August 6, 2016. 그의 화려한 공군 경력은 폴라드(Pollard) 간첩 사건에 우발적으로 연루되면서 중단되었다.

34. David Ivry, "Keytsad hishmadnu et ma'arakh hataka bemilhemet shlom hagalil" (Fisher Institute for the Study of Strategy, Air, and Space, Publication, 36, n,d), 9.

35. 2K12 Kub; NATO reporting name: SA-6 Gainful.

36. Martin Van Creveld, The Age of Airpower (New York: Public Afairs, 2011), 230.

37. 1991년 체코슬로바키아를 방문한 아비엠 셀라(Aviem Sella)(1982년 헤일 아비르 사령관)는 1982년 모스크바에서 복무했던 한 체코 장군을 만났다. 그는 레바논에서 벌어진 공중전을 통해 소련군에게 서방의 기술이 우월하다는 것을 배웠다고 말했다. Rebecca Grant, "Bekaa Valley War", Air Force Magazine 85 (June 2002): 58-62; Lior Schlein and Noam Ophir, "Shisha yamim", IAF Magazine 145호 (June 2002).

38. Ivry, "Keytsad hishmadnu", 230.

39. Meir Finkel, "Pituah hama'aneh letiley hakarka-avir uletkifat sdot te'ufa mimil-hemet hahatasha lemilhemet yom hakippurim", Yesodot 3 (2021): 30.

40. David Ivry, "Hashmadat ma'arakh hataka bemilhemet shlom hagalil", Maarchot 413 (2007): 71; Van Creveld, Age of Airpower, 229.

41. Danny Shalom, Ruah refa'im me'al kahir: Heyl ha'avir bemilhemet hahatasha 1967-1970 (Rishon-LeZion, Israel: Ba'avir Aviation and Space Publishing), 1: 98-101.

42. Shalom, Ruah refa'im me'al kahir, 1: 411-412, 415-420.

43. Arie Avneri, Ha'mahalumah (Tel Aviv: Revivim and Yediot Aharonot, 1983), 18-27.

44. Avinoam Miseznivkov, "Hapalat Piper 033", Sky-High.co.il, January 11, 2021,https://sky-high.co.il/2021/01/11/%d7%94%d7%a4%d7%9c%d7%aa-%d7%a4%d7%99%d7%99%d7%a4%d7%a8-033/; Ze'ev Schif, Knafayim me'al Suez (Haifa: Shikmona Publishing, 1970), 184.

45. Danny Shalom, Ruah refa'im me'al kahir (Rishon-LeZion, Israel: Ba'avir Aviation and Space Publishing, 2007), 2: 1126.

46. Schif, Knafayim me'al Suez, 49-51.

47. Shalom, Ruah refa'im me'al kahir, 1: 567, 570.

48. "Rooster 53": 12월 26일 21시, A-4 스카이호크(Skyhawk)와 F-4 팬텀 (Phantom)이 이집트 지상군을 공격해 레이더 시설에 매우 가까이 착륙한 나할 (Nahal) 낙하산부대와 사예렛 마트칼(Sayeret Matkal) 특공대를 태운 SA-321 쉬 페르 프를롱(Super Frelon) 헬기 3대의 소음을 가렸다. 12월 27일 02시까지 레이 더 부품은 두 대의 CH-53 헬기에 의해 분해되어 반환되었다.

49. Dima Adamsky, Mivtsa Kavkaz (Tel Aviv: Ma'arachot, 2006); Isabell Ginor and Gideon Remez,: The USSR's Military Intervention in the Egyptian-Israeli Conflict 1967-1973 (New York: Oxford University Press, 2017).

50. 재발 방지를 위해 더 이상 건물은 표적이 되지 않았고, 카이로 주변의 SAM 기지 만 공격했다.

51. Danny Shalom, Ruah refa'im me'al kahir, 2: 853-854.

52. Shalom, Ruah refa'im me'al kahir, 1: 546.

53. Shalom, Ruah refa'im me'al kahir, 1: 551.

54. Shalom, Ruah refa'im me'al kahir, 2: 855.

55. Shalom, Ruah refa'im me'al kahir, 2: 859-860.

56. Shalom, Ruah refa'im me'al kahir, 1: 224-227.

57. Shalom, Ruah refa'im me'al kahir, 2: 944, 953, 980-984.

58. Shalom, Ruah refa'im me'al kahir, 2: 970.

59. Shalom, Ruah refa'im me'al kahir, 2: 1002.

60. Shalom, Ruah refa'im me'al kahir, 2: 999; Yoav Gelber, Hahatasha: Hamilhama shenish'k'ha (Modiin: Zmora Bitan, Dvir -Publishing House, 2017), 461.

61. Shalom, Ruah refa'im me'al kahir, 2: 1111.

62. Shmuel Gordon, 『Shloshim sha'ot beoktober』(Tel Aviv: Ma'ariv Books, 2008), 154-155.

63. Gordon, Shloshim sha'ot beoktober, 267.

64. Shimon Golan, Milhama beyom hakippurim: Kabalat hahahlatot bapi-kud ha'elyon bemilhemet yom hakippurim (Moshav Ben-Shemen, Israel: Modan Publishing House and Ministry of Defense, 2013), 374, 375, 378-379.

65. Golan, Milhama beyom hakippurim, 300.

66. Gordon, Shloshim sha'ot beoktober, 316.

67. Gordon, Shloshim sha'ot beoktober, 345.

68. Gordon, Shloshim sha'ot beoktober, 342.

69. 아프가니스탄이나 이라크에서 적들이 공격할 때까지 정체를 드러내지 않거나 원격으로 폭발물을 터뜨리는 등 저대비 행동 방식을 채택한 적들에게 우월한 공군력이 압도당한 것은 최근 전쟁에서 미국이 겪은 경험이었다. 이스라엘의 경우, 1982년 레바논 전쟁이 끝나고 나서야 그런 단계에 이르렀다.

70. Elchanan Oren, Toldot milhemet yom hakippurim, Vol. 2 (Tel Aviv: IDF History Department, 2004), Maps Section, Map 41.

71. Oren, Toldot, 2: 529-530.

72. Oren, Toldot, 1: 531.

73. Oren, Toldot, 2: 6.

혁신 11 | 기술 도약으로 회복된 공군력

1. Arie Avneri, Ha'mahalumah (Tel Aviv: Revivim and Yediot Aharonot, 1983), 18.

2. Eitan Shamir interview with BG (Ret.) Israeli Air Force, Aviem Sella, Herzliya, Israel, August 6, 2016.

3. Shmuel Gordon, Shloshim sha'ot be'oktober (Tel Aviv: Ma'ariv Books, 2008), 426.

4. Gil Shani, "Yored mahashamayim", IAF Magazine Online, October 25, 2004, http://www.iaf.org.il/1424-22879-he/IAF.aspx.

5. Gordon, 『Shloshim sha'ot be'oktober』, 428-431.

6. MQM-105 아퀼라 무인항공기는 1985년 9월 149개 성능 사양 중 21개 항목에서 불합격해 생산이 중단됐을 때 이미 유용한 능력을 입증한 상태였다. (정의상) 현존하는 사용자가 없는 거시적 혁신을 막는 흔한 방법은 아니었다.

7. 방공부대의 표적 드론으로 개조된 파이어비(Firebee)(이스라엘 공군의 Shadmit)가 사용되었다.

8. "Hatelem hegiu letayeset hactbamio", IAF, http://www.iaf.org.il/3626-4953-he/IAF.aspx.

9. 테크니온(Technion)을 졸업한 아브라함 카렘(Abraham Karem)은 미국으로 이주해 알바트로스(Albatross)와 앰버(Amber)를 거쳐 프레데터(Predator) 설계로 '드론의 아버지'가 되었고, 이후 파산을 겪은 후 제너럴 아토믹스(General Atomics)에 인수되어 재탄생했다.

10. 돕스터(Dobster)는 IAI에서 계속 근무하며 미국용 무인항공기 파이오니어 (Pioneer)와 헌터(Hunter), 널리 수출된 무장 디코이 하피(Harpy), 기타 무인항 공기 등을 개발했다. Eyal Birnberg, "Kesher ayin", IAF, http://iaf.co.il/Shared/ Library/Controller.aspx?lang=HE&docID=18389&docfolderID=1102&lobby ID=50.

11. Shani, "Yored mahashamayim".

12. Shani, "Yored mahashamayim".

13. "Tayeset hamalatim harishona", IAF, http://www.iaf.org.il/4968-33518-he/IAF.aspx http://www.iaf.org.il/4968-33518-he/IAF.aspx.

14. 9K33 Osa or Romb; NATO reporting name SA-8 Gecko.

15. David Eshel, "New Tactics Yield Solid Victory in Gaza", Aviation Week & Space Technology, May 11, 2009.

16. David A. Fulghum and Robert Wall, "Israel Starts Reexamining Military Missions and Technology", Aviation Week & Space Technology, 2006년 8월 20일, https://web.archive.org/web/20061218215607/http://www.aviation-now.com/avnow/news/channel_awst_story.jsp?id=news%2Faw082106p2. xml; "Israel sets combat drones against missile launchers in Gaza", World Tribune, May 8, 2007, http://www.worldtribune.com/worldtribune/07/ front2454229.238888889.html.

17. Amnon Barzilay, "Ta′asiyat avirit pit′ha matos lelo tayas lehashmadat tilim balisti′im", Globes, August 6, 2006.

18. On gliding decoys see Meir Finkel, "Binyan hako'ah lemivtsa 'artsav 19' (19731982)," IDF Journal Bein Ha'Ktavim, no. 2021(2021): 105; and Martin Van Creveld, The Age of Airpower (New York: Public Affairs, 2011), 230.

19. "Katbam hadash leheyl ha′avir: ha′kokhav′ hamivtsaℸ", IAF, November 10, 2015, http://www.iaf.org.il/4427-45608-he/IAF.aspx.

20. On gliding decoys see Meir Finkel, "Binyan hako'ah lemivtsa 'artsav 19' (19731982)," IDF Journal Bein Ha'Ktavim, no. 2021 (2021): 105; and Martin Van Creveld, The Age of Airpower (New York: Public Affairs, 2011), 230.

21. Gordon, Shloshim sha'ot be'oktober, 427.

22. Finkel, "Binyan hako'ah", 106-109.

23. David Ivry, "Hashmadat ma'arakh hataka bemilhemet shlom hagall", Maarchot 413 (2007): 71.

24. Gordon, Shloshim sha'ot be'oktober, 428.

25. Finkel, "Binyan hako'ah", 106-109.

26. Finkel, "Binyan hako'ah", 110-111.

27. Gordon, Shloshim sha'ot be'oktober, 282.

28. 에이탄 샤미르(Eitan Shamir), 이스라엘 공군 예비역 대령과의 인터뷰, 아비엠 셀라(Aviem Sella), Herzliya, Israel, 2016년 8월 6일.

29. Gordon, Shloshim sha'ot be'oktober, 91-92.

30. Finkel, "Binyan hako'ah", 94.

31. Ivry, "Hashmadat ma'arakh hataka", 70.

32. Finkel, "Binyan hako'ah", 94.

33. Ivry, "Destroying the Syrian SAM array", 69.

34. 에이탄 샤미르(Eitan Shamir), 이스라엘 공군 예비역 대령과의 인터뷰, 아비엠 셀라(Aviem Sella), Herzliya, Israel, 2016년 8월 6일.

35. Gordon, Shloshim sha'ot be'oktober, 458; Ivry, "Hashmadat ma'arakh hataka", 70.

36. 셀라(Sella), 저자와의 인터뷰.

37. Ivry, "Hashmadat ma'arakh hataka", 71; Van Creveld, Age of Airpower, 230.

38. Uri Milstein, "Efekt ha'artsav: Kakh hishmida yisrael et tiliey hasurim ve' et hadoktrina hasoviyetit", Ma'ariv, June 4, 2016.

39. Michael Bar Zohar and Nissim Mishal, No Mission is Impossible (New York: Harper Collins, 2015), 201.

40. Finkel, "Binyan hako'ah", 109.

41. Avneri, Ha'mahalumah, 6061.

42. Finkel, "Binyan hako'ah", 98.

43. Finkel, "Binyan hako'ah", 101.

44. 1년 전인 1981년 6월 7일, 국제연합군이 오페라 작전으로 이라크의 오시라크 원자로를 파괴할 때 셸라는 작전 책임자였다.

45. Finkel, "Binyan hako'ah", 112-113.

46. 크라우스(Kraus)와 그의 세 팀원 암논 요게(Amnon Yoge), 이즈하크 벤 이스라엘(Izhak Ben Israel), 즈비 라피도트(Zvi Lapidot)는 권위 있는 이스라엘 국방상을 수상했다.

혁신 12 | 엘리트 부대: 우수한 군대의 양산 모델

1. Boaz Zalmanovitz, "Hakamat kohot meyuhadim belohama nemukhat atsimut", Ma'arachot, no. 369 (February 2000): 32-35.

2. For a practitioner's study of Israel's military geography see Yigal Allon, Masakh shelhol (Tel Aviv: Hakibutz Hameuchad, 1959), 52-82.

3. Shimon Peres, Hashalav haba (Tel Aviv: Am Hasefer, 1965), 9-15.

4. Yehuda Wallach, Atlas Carta letoldot medinat yisrael-shanim rishonot 1940-1948 (Jerusalem: Carta, 1978), 113.

5. Ze'ev Drory, Israel's Reprisal Policy, 1953-1956: The Dynamic of Military Retaliation(London: Frank Cass, 2005), 65.

6. Drory, Israel's Reprisal Policy.

7. Shimon Golan, Hot BorderCold War(Tel Aviv: Ma'arachot Publisher, 2008), 308.

8. Drory, Israel's Reprisal Policy, 96-101.

9. Moshe Dayan, Avney derekh (Tel Aviv: Idanim & Dvir, 1976), 159.

10. 이스라엘 방위군에는 드루즈Druze와 서카시안(Circassian) 자원 봉사자들로

구성된 "소수자 부대"가 있었으나 1956년 드루즈 지도자들은 유대인들과 동등한 입장에서 남성 징병을 선택했다.

11. 1월 28~29일 드루즈(Druze) 마을에 대한 두 번째 공격 시도도 실패했다. Drory, Israel's Reprisal Policy, 101.

12. Drory, Israel's Reprisal Policy, 100.

13. Michael Bar Zoha and Eitan Haver, Sefer hatsanhanim (Tel Aviv: A' Levin-Epstein Publishers, 1969), 60.

14. Shabtai Teveth, Moshe Dayan: Biografia (Moshe Dayan: A Biography) (Tel Aviv: Shocken, 1971), 384.

15. 1951년 징집병의 62.1%가 1948년 이후 이민자였다. Drory, Israel's Reprisal Policy, 85.

16. Bar Zohar and Haver, Sefer hatsanhanim, 63.

17. 다얀(Dayan)은 1952년 남부군 사령부 사령관 시절, 사예렛(Sayeret) 30을 창설하려 했으나, 잘 되지 않았고 곧 해체되었다. Uri Milstein, Milhmot hatsanhanim (Tel Aviv: Ramdor, 1968), 13.

18. 아리엘 샤론(Ariel Sharon)은 1973년 7월 은퇴하기 전까지 낙하산여단장과 남부사령부 사령관을 지냈다. 그해 10월 복직하여 수에즈 운하를 건너는 제143기갑사단을 지휘했다. 1982년 레바논 전쟁 당시 국방부 장관을 역임한 그는 이후 총리를 지냈다.

19. Teveth, Moshe Dayan, 366.

20. 101부대: 101부대는 찰스 오르드 윈게이트의 에티오피아 전역 중 게릴라 부대였다. Simon Anglim, Orde Wingate and the British Army: 1922-1944 (London: Routledge, 2015), 124.

21. Benny Morris, Milhmot hagvul shel yisrael 1949-1956(Tel Aviv: Am Oved/Afikim Library, 1996), 411-413.

22. 미브차 쇼샤나(Mivtza Shoshana)는 이틀 전인 1953년 10월 12일 오빠, 어머니와 함께 살해된 쇼샤나 카니아스Shoshana Kanias의 이름을 따서 명명되었다. Efraim Lapid, "Ha'shoshana' shema'adifim lishko'ah," IsraelDefense, October 14, 2014, https://www.israeldefense.co.il/content/%D7%94%D7%A9%D7%95%D7%A9%D7%A0%D7%94-%D7%A9%D7%9E%D7%A2%D7%93%D7%99

%D7%A4%D7%99%D7%9D-%D7%9C%D7%A9%D7%9B%D7%95%D7%97-
%E2%80%93-%D7%A4%D7%A2%D7%95%D7%9C%D7%AA-
%D7%A7%D7%99%D7%91%D7%99%D7%94

23. Dayan, Avney derekh, 115.

24. Morris, Israel's Border Wars, 291, 448.

25. 미래의 장군 모르데하이 구르(Mordechai Gur)는 D 중대에서 젊은 대위 시절에 대한 이야기를 출판했다. The Story of a Paratroopers Company (Tel Aviv: Ministry of Defense, 1977).

26. 1954년 4월 7일 후산(Husan) 전투, 5월 9일 키르벳 일린(Khirbet Ilin) 전투, 5월 27일 키르벳 짐바(Khirbet Jimba) 전투, 6월 28일 아자운(Azzoun) 전투, 8월 1일 제닌(Jenin) 인근 전투, 8월 13일 시크 마드쿠르(Shiekh Madhkur) 전투(모두 요르단), 1954년 4월 3일 가자지구 인근 전투, 8월 15일 비레스 사카(Bires Saka) 전투(가자 지구 내).

27. Milstein, Milhmot hatsanhanim; Arie Avnery, Pshitot hatagmul(Tel Aviv: Sifriat Hamachon, 1966); Bar Zohar and Haver, Sefer hatsanhanim

28. Operation Eye for an Eye, on July 10, 1954, against an Egyptian fort in Gaza.

29. Bar Zohar and Haver, Sefer hatsanhanim, 89-90.

30. 1982년 6월, A. 벤-갈(Ben-Gal)과 우리 심초니(Uri Simchoni) 소장, 요시 벤 하난(Yossi Ben Hanan) 준장, 메이어 다간(Meir Dagan) 소령(훗날 모사드 수장)은 에드워드 러트웍(Edward Luttwak)과 2명의 하사와 함께 레바논의 이스라엘 전선에서 50km 떨어진 비블로스(Byblos)(Jbeil)까지 북쪽으로 이동한 후, 관찰을 위해 동쪽으로 30km 더 이동하여 시리아군의 권총 사거리 안에 들어왔다.

31. Yotam Amitai and Tamar Barash, "Yehidot meyuhadot betsahal ba'avar uvahoveh: Nitu'ah metahim tsavi'im-hevrati'im", Ma'arachot no. 411 (February 2007): 15-22.

32. Ilan Kfir and Ben Kaspit, Ehud Barak: Hayal mispar 1 (Tel Aviv: Alpaha Tikshoret, 1998), 39-47, 147-152, 246.

33. "Hativat hakomando shel tsahal yotset laderekh", Mako, December 27, 2015, https://www.mako.co.il/news-military/security-q4_2015/Article-

42880b14824e151004.htm

34. Keren Hellerman, "Ma meyuhad bayehidot hameyuhadot", Between the Arenas 3 (2007): 21-29.

35. Idan Soncino, "Esh mitahat la'adama: Kakh yehidot haHIR mitamnot belohama tat-karka'it," Mako, July 7, 2012, https://www.mako.co.il/pzm-magazine/Article-a7f54f1dbb49831006.htm.

36. Amos Harel and Gili Cohen, "Bli tokhniyot, imunim vetsiyd: Kakh hit-moded tsahal im haminharot", Ha'aretz, October 17, 2014.

37. Yoav Limor, "Anshey harefa'im", Israel Today, August 20, 2020.

38. Arnon Schwartzman, "Shinuy be'itur halohamim leyehidat tsahal heha-dasha: 'He kan kedey lehisha'er'", Mako, May 5, 2021, https://www.mako.co.il/pzm-soldiers/Article-64cc39064bb2971027.htm.

39. Tal Ram Lev, "Rahfan lekhol mem-mem vehafalat esh mehira yoter: Kakh year'eh he'atid shel kohot hayabasha", Ma'ariv Online, March 18, 2021, https://www.maariv.co.il/news/military/Article-828550.

혁신 13 | 기업가정신과 특수부대

1. Judy Baumel, "Tzava'ato shel Uri Ilan", Iyunim Be'Tkumot Israel 15 (2005): 209-238, https://in.bgu.ac.il/bgi/iyunim/15/judy.pdf.

2. Lior Brichta, Eyal Ben-Ari, "Organizational Entrepreneurship and Special Forces: The First Israeli Helicopter Squadron and the General StafRecon-naissance Unit (Sayeret Matkal)", in Special Operations Forces in the 21st Century: Perspectives from the Social Sciences,Jessica ed. Glicken Turnley, Kobi Michael, and Eyal Ben-Ari (Abingdon, UK: Routledge, Cass Military Studies, 2017), 213-214.

3. Avner Shor, Hotseh gvulot: Sayeret matkal umeyasda, Avraham Arnan (Modi'in, Israel: Kineret Zamor Bitan Dvir Publishing, 2008), 76-77.

4. Shor, Hotseh gvulo, 90-92. Amnon Jackont, Meir Amit: Ha'ish vehamosad(Tel Aviv: Yediot Books Publishing, 2012), 94.

5. Lior Brichta, Razi Efron, Pinhas Yehezkeally, Yehidat 101: Ee al saf haka'os(Be'er Sheva: DNA T.E.C.I., 2012).

6. Shor, Hotseh gvulo, 97-101.

7. Brichta, Efron, and Yehezkeally, Yehidat 101, 22-23; Shor, Hotseh gvulo, 102-103.

8. Shor, Hotseh gvulo, 106-107.

9. Shor, Hotseh gvulo, 121-123.

10. Shor, Hotseh gvulo, 108-118. Moshe Zonder, Sayaret Matkal (Jerusalem: Keter Publishing House), 24.

11. Shor, Hotseh gvulo, 118-119.

12. 제2차 세계대전 당시 유대인 여단에서 복무했던 하임 라스코프(Haim Laskov)는 다얀 이후 1958년 총참모장에 올랐다.

13. Shor, Hotseh gvulo, 112. Uri Yarom, Kanaf renanim (Tel Aviv: Ministry of Defense, 2001), 224 .

14. Hanoch Bartov, Dado-48 shana ve'od 20 yom (Tel Aviv: Sifriyat Ma'ariv, 1978), 77.

15. "요청"에 대해서는 Uri Ben-Ari, "Nua nua! Sof", Hama'avak al derekh hashiryon (Tel Aviv: Ma'arachot, 1998); Shor, Hotseh gvulo, 114-116; Zonder, Sayaret Matkal, 24-25.

16. Yigal Shefy, Hatra'a bemivhan (Tel Aviv: Ma'arachot, 2008), 71.

17. Shor, Hotseh gvulo, 131.

18. Shor, Hotseh gvulo, 135.

19. Ofer Drori, "Mivtsa'ey haluts vashrakrak", http://www.gvura.org/343185-; Yosef Castel, Hayay-Yoske Castel (My Life-Yoske Castel) (Tek Aviv: Yoske Castel, 2010), 88-89.

20. Amos Gilboa, Mar modi'in: Areleh, alufAharon Yariv, rosh aman (Tel Aviv: Miskal Yediot Books, 2013), 111-115. Shor, Hotseh gvulo, 181-186.

21. Shor, Hotseh gvulo, 203. Gilboa, Mar modi'in, 111.

22. Brichta and Ben-Ari, "Organizational Entrepreneurship".

23. Yizhak Shteigmann, "The Introduction of Helicopters into the Israeli Air Force 19481958", Cathedra for the History of Eretz Israel and Its Yishuv 53 (1989): 131-148.

24. Meir Amitai, Ad 124: Tayeset hamesokim (Tel Aviv: Zamora Bitan Publishing, 1990), 24-25.

25. Yarom, Kanaf renanim, 153.

26. Brichta and Ben-Ari, "Organizational Entrepreneurship", 219.

27. Shor, Hotseh gvulo, 212.

28. Shor, Hotseh gvulo, 215. 1967년 아르난은 "선을 행하고자 하는 사람들의 명령"이라는 비영리 단체인 Amutat Misdar Dorshei Hatov를 설립해 사회사업을 위해 참전용사들을 모집했다.

29. Amir Oren, "Mi natan et hapkuda", Ha'aretz, April 8, 2012. Also see Avner Shor, Tsevet Itamar [Team Itamar]: Sayeret Matkal, the People, the Operations, the Atmo-sphere (Jerusalem: Keter Publishing, 2003), 65-72; and Zonder, Sayaret Matkal, 67.

30. 베처(Betzer)는 1964년부터 1986년까지 이스라엘 방위군에서 복무했으며, 낙하산여단에서 근무하다가 Sayeret Matkal로 옮겼다. Muki Betzer, Lohem hashay (Jerusalem: Keter Books Ltd., 2015), 345-365.

31. 아담(Adam)은 1982년 6월 10일 베이루트 남쪽 다무르(Damour) 인근에서 포격을 피해 비워지지 않은 건물로 피신하던 중 사망한 이스라엘 방위군 최고위급 장교였다. Betzer, Lohem hashay, 345-365.

32. 이프타흐 스펙터(Yiftach Spector)는 은퇴 후 자동 표적 인식에 관한 연구에 영감을 얻어 수상 경력에 빛나는 소설 Ram uvarur (Rishon Le'Tzion, Israel: Miskal Yediot Ahronot, 2008)를 출간하고 평화 운동가로 활동했다.

33. Spector, Ram uvarur, 288. 라파엘 "라풀" 에이탄(Rafael "Raful" Eitan) 소장은 1978년 총참모부 부총참모장이 되어 1983년까지 근무했다. Spector, Ram uvarur, 290-291.

34. Spector, Ram uvarur, 287-289.

35. Spector, Ram uvarur, 358.

36. Avichai Becker, "Ptsatsat testosterone", Ha'aretz, August 13, 1999.

37. 부대 지휘관인 갈 히르시(Gal Hirsh) 준장(예비역)에 의해 밝혀졌다. 히르시와 샬닥(Shaldag)은 훈장을 받았다. Gal Hirsh, Sipur milhama sipur ahava (Tel Aviv: Miskal Yedioth Ahro-noth and Chemed Books, 2009), 113-123.

38. Shai Levy, "Hakomando ha'aviri: Hamivtsa'im hagdolim shel yehidat shaldag", Mako, November 7, 2012, https://www.mako.co.il/pzm-maga-zine/army-stories/Article-2e8e84ed23ada31006.htm.

39. Ofer Shelach, Yoav Limor, Shvuyim bil'vanon (Tel Aviv: Miskal Yedioth Ahronoth and Chemed Books, 2009), 249-250 .

40. Yossi Melman, Dan Raviv, "Hashmadat hakur hasuri: Hasipur shelo su-par", Ha'aretz, August 3, 2012.

혁신 14 | 기갑부대의 남다른 창의성

1. David Eshel, Chariots of the Desert: The Story of the Israeli Armoured Corps(London: Brassey, 1989), 5.

2. 영국군 병사 마이크 플래너건(Mike Flanagan)과 해리 맥도날드(Harry Mc-Donald)는 하이파(Haifa)에서 약 100km 떨어진 하가나 은신처까지 전차를 몰고 갔다. 두 사람은 이스라엘에 남았고, 플래내건의 손자는 기갑부대의 소령이 되었다. Avi Eliyahu, "Sipuro hamadhim shel hatank harishon betsahal", Mako, June 2, 2014, at: https://www.mako.co.il/pzm-units/armored-corps/Article-0c5a3f9195c5641006.htm; Shabtai Teveth, The Tanks of Tammuz (London: Weidenfeld & Nicolson, 1969). There may have been a second Sherman. Yehuda Wallach, "Hitpathut hamah'shava hashiryonit betsahal", Ma'arachot, no. 197 (1961): 15.

3. Teveth, Tanks of Tammuz, 41.

4. Eshel, Chariots of the Desert, 25.

5. 결국 이스라엘 방위군은 네 가지 종류의 M48 패튼 전차를 운용했다. 가솔린 엔진과 90mm 주포를 장착한 고유 모델인 Magach 1, Magach 2: M48A2/E48A, Magach 3: 이스라엘에서 105mm L7A1 주포, 우르단Urdan 반구형 지휘관 큐폴라, 새로운 통신장비, AVDS-1790-2A 750마력 디젤 엔진을 탑재하도록 개조한 Magach 4, 그리고 최종 업그레이드 모델인 Magach 5는 AVDS-1790-2D와 변속기를 업그레이드했다.

6. 1970년 5월 14일, S. L. 에거튼S. L. Egerton의 회의록, TNA, FCO 17/1303.

7. 1945년 소련이 탈취한 독일 기술을 바탕으로 설계했지만, 서방에서는 거의 무시되다시피 했던 헬멧 장착형 디스플레이는 동독의 MiG-29가 서방의 손에 넘어갔을 때에도 미 공군에 의해 간과되었다. 그러나 공군 전문가들은 이를 매우 진지하게 받아들여 현재 F-35의 주요 장점으로 발전시킨 설계를 개발했다.

8. 에드워드 러트윅은 1967년 6월 9일 골란 고원으로 향하는 셔먼 대대를 목격했다.

9. 이동식 포병 사격용 솔탐(Soltam) 155mm 자주포를 장착한 L-33 로엠(Ro'em), M4A4 셔먼(Sherman) 선체 뒤쪽에 프랑스제 155mm 곡사포를 장착한 M-50, 더 무거운 단거리 사격용 막마트(Makmat) 160mm 박격포, 무거운 240mm 로켓 36발을 장착한 MAR-240 이동식 발사대, 290mm 지대지 로켓 4발을 장착한 MAR-290 이동식 발사대 등 다양한 장비가 동원되었다. 원래 셔먼 차체에 구급차 앰부전차(Ambutank), 27미터까지 상승 가능한 관측 포드가 장착된 에얄 셔먼(Eyal Sherman), 셔먼 M-51의 선체에 AGM-45 슈라이크(Shrike) 대방사 미사일을 장착한 킬숀(Kilshon), 셔먼 모라그(Sherman Morag) 지뢰 소탕 차량, HVSS를 장착한 M4A1의 트레일 블레이저(Gordon) 복구/엔지니어링 차량이 있다.

10. 탈(Tal)은 기갑부대 사령관 시절, 시리아 전차와의 포격전에서 전차포수(부하 중 한 명의 지휘 아래)로 복무한 적이 있으며, 시리아 전차 한 대를 파괴했지만, 자신의 전차도 피해를 입었다.

11. Teveth, Tanks of Tammuz, 60.

12. 전투 중량이 34~36톤인 셔먼 전차 차체는 고속 L.7 A1의 반동을 흡수할 수 없었다. 52톤급 센추리온(Centurion)에 장착된 105mm 주포. 업그레이드된 이스라엘의 셔먼 M50에는 AMX-13 75mm 주포가, 셔먼 M51에는 성형 작약탄을 발사하는 프랑스 중속(800m/s) 105mm 주포가 장착되었지만, 일부 부대에는 여전히 구형 76mm 고속포 또는 원래 75mm 주포가 장착된 셔먼도 있었다.

13. Teveth, Tanks of Tammuz, 55-57, 63-67, 71-73.

14. 1933년생인 헬트Held는 1959년 뮌헨공과대학교에서 물리화학(자외선 분광학) 박사 학위를 받았다. 전후 독일 전차 연구소인 메서슈미트-뵐코브-블룸(Messerschmidt-Boelkow-Blohm)에서 발화, 폭발, 파편화, 실린더 팽창, 관통 및 금속 가속에 관한 연구를 수행했다. Florian Bouvenot, "The Legacy of Manfred Held with Critique" (Monterey, CA: Naval Post-Graduate School, 2011), 2-5; Norbert Eisenreich, "Manfred Held, A Life Devoted to Explosive Science," Propellants, Explosives, Pyrotechnics41, no./1 (2016): 7.

15. "Dr. Manfred Held Memorial Presentation: A Celebration", National Defense Industrial Association, http://www.dtic.mil/ndia/2011ballistics/DrManfredheldMemorial.pdf.

16. 1982년 전쟁이 끝난 후 폭발형 반응장갑(ERA) 박스가 수출되었을 때, 탈이 권리를 확보했기 때문에 헬트는 상당한 로열티를 받았다.

17. Tom Cooper, Yaser el-Abed, "Syrian Tank Hunters in Lebanon, 1982,", ACIG, The Middle East Data Base, September 23, 2003, https://web.archive.org/web/20080321015417/http://www.acig.org/artman/publish/article_279.shtml.9.

18. Soeren Suenkler, Marsh Gelbart, IDF Armored Vehicles: Tracked Armour of the Modern Israeli Defense Forces (IDF) (Erlangen: Tankograd Publishing, Verlag Jochen Vollert, 2006), 10.

19. David Eshel, "Did Merkava Challenge its Match?", Armor 11, 1 (January-February 2006): 44-46.

20. Hanan Greenberg, "Why Did the Armored Corps Fail in Lebanon 2006", Ynet News, August 30, 2006; Suenkler, Gelbart, "IDF Armored Vehicles".

21. Shaul Nagar, "Prof. Manfred Held shepite'ah shiryon re'aktivi halakh le'olamo", Yad LaShiryon.com, February 17, 2011.

혁신 15 | 메르카바가 특별한 이유

1. S. C. Smith, "Centurions and Chieftains: Tank Sales and British policy towards Israel in the Aftermath ofthe Six Day War", Contemporary British History 28, 2호 (2014): 219-239.

2. Smith, "Centurions and Chieftains", 5.

3. Saul Bronfeld, "Albion habogdanit: Hatik", Shiryon, no. 37 (March 2011): 2631, https://yadlashiryon.com/wp-content/uploads/2017/02/%D7%92%D7%9C%D7%99%D7%95%D7%9F-%D7%9E%D7%A1%D7%A4%D7%A8-37-1.pdf

4. Israel Tal, interview with Mordechai Bar-On and Pinchas Ginosar, Iyonim Betkomat Yisrael, Ben Gurion University, Vol. 10, 2000, 66, http://in.bgu.ac.il/bgiyunim/10/2.pdf.

5. 이 프로젝트는 마샤(Masha) 병기부대(Merkaz Shikum veAkhzaka), "수리 및 정비 센터")의 시설을 메르카바의 조립 라인으로 개조했다.

6. Tal, interview with Bar-On and Ginosar, 72.

7. 1973년 10월 전쟁 첫 4일 동안, 시나이 전선에서 약 200대의 이스라엘 전차가 손상되었고, 전쟁 마지막 날 수에즈 전투에서 소수의 전차가 손실되었으며, 1982년 술탄 야쿱(Sultan Ya'akub) 전투에서 손상된 3대의 M48 패튼 전차가 적의 수중에 남아 있었다. 1982년 손실된 전차들은 반응 장갑판을 장착하고 소련으로 보내졌고, 소련은 이를 역설계하여 복제품을 만들었다. 이후 모든 러시아 전차에는 이스라엘의 기술이 점진적으로 개선된 버전이 탑재되었다.

8. Tal, interview with Bar-On and Ginosar, 78.

9. 탈(Tal) 인터뷰에 근거함. Patrick Wright, Tank (New York: Penguin Books, 2003), 323-366 .

10. "Kol ma sheratsita lada'at al hatokhnit harav-shntatit Gideon", IDF, July 26, 2015, http://www.idf.il/1133-22449-he/Dover.aspx. 1985년 이후 전차 는 75%, 항공기는 50%, 무인항공기는 400% 감소했다. Amir Rapaport, "The New Multi-Year Plan of the IDF and the Agreement with Iran", Israel Defense, September 9, 2015. 1989년부터 2015년까지 현역 기갑여단의 수는 6개에서 4개로, 예비 여단의 수는 18개에서 8개로 줄었다. 이스라엘 방위군에 남아 있던 M-60, Centurion, Merkava Mk1, Mk2는 모두 퇴역했고, Merkava Mk3, Mk4는 약 1,500대만 남아 전투에 투입되고 있다.

11. 2006년 10월 대대장과 대담을 나눈 에아도 헤흐트(Eado Hecht) 박사가 제공.

12. Nicholas Blanford, Warriors of God: Inside Hezbollah's Thirty-Year Struggle against Israel (New York: Random House, 2011), 406-407; "Hip-

agut usridut tankim bemilhmot yisrael", Shiryon, no. 24 (October 2006): 55, https://yadlashiryon.com/wp-content/uploads/2017/02/%D7%92%D7%9C%D7%99%D7%95%D7%9F-%D7%9E%D7%A1%D7%A4%D7%A8-24-1.pdf.

13. Col. Benny Michaelson, "Hashiryon bemilhemet levanon hashniya", Shiryon, no. 30 (12월 2008): 26-33, esp. 33.

14. Hanan Greenberg, "Why Did the Armored Corps Fail in Lebanon 2006", Ynet News, August 30, 2006; Soeren Suenkler and Marsh Gelbart, "IDF Armored Vehicles", Tracked Armour of the Modern Israeli Defense Forces (Erlangen: Tankograd Publishing, VerlagJochen Vollert, 2006).

15. Trophy System (ASPRO: Armored Shield Protection-Active).

16. Nadav Paz, "Hashorashim shel hamigun letankim-me'il ru'ah", Israel Defense,https://tinyurl.com/kh2vrmo.

17. Paz, "Hashorashim"; Yiftach Klinman, "Me'il ru'ah-neshek hahakhra'a", Ma'arachot, no. 450 (2013): 72-73.

18. "Rafael and Elta Unveil the Trophy Active Protection System", Rafael Advanced Defense Systems Ltd., http://www.Rafael.co.il/Marketing/192-964-en/Marketing.aspx.

19. Paz, "Hashorashim."

20. Amir Buchbut, "Me'il ru'ah shel tsahal hofekh mivtsa'i lehagana al tankim", NRG,August 6, 2009.

21. "Trophy System Thwarts Missile Fired at IDF Tank", IDF, https://www.idfblog.com/blog/2011/03/01/windbreaker-thwarts-missile-fired-at-idf-tank/.

22. Ron Ben Yishai, Elior Levi, "Muganim im me'il ru'ah: Zuha til sheshugar al tank", Ynet, March 20, 2011, https://www.ynet.co.il/articles/0,7340,L-4044859,00.html.

23. Florit Shoychat, "Hativa shlema im me'il ru'ah: Bemilhama nuchal lehagi'a yoter amok veyoter rahok", IDF, http://www.idf.il/1133-16373-he/Dover.aspx

24. Or Heller, "Hativa 7 kalta et tank hamerkava siman 4", Israel Defense, October 28, 2014, https://tinyurl.com/ms7xn5q.

25. Michael B. Kim, "The Uncertain Role of the Tank in Modern War: Lessons from the Israeli Experience in Hybrid Warfar" (Land Warfare Paper No. 109, Institute of Land Warfare, Association of US Army, Arlington, VA, July 2016), 15.

26. Amir Buchbut, "Hitsil 15 tankim: Kipat barzel shel hashiryon be' aza", Walla News, June 6, 2014; Yossi Yehoshua, "Shuvam shel hatankim, hahatslaha shel me'il ru'ah", Ynet July 27, 2014, https://www.ynet.co.il/articles/0,7340,L-4550567,00.html.

27. Barbara Opall-Rome, "Israel to Equip Troop Carriers with Trophy APS", Defense News, January 28, 2016.

28. "Trophy", Rafael Advanced Defense Systems Ltd., http://www.Rafael.co.il/Marketing/281-963-en/Marketing.aspx

29. "Trophy", Rafael Advanced Defense Systems Ltd.

30. "Iron Fist Active Protection System(APS)", Defense Update, https://defense-update.com/products/i/iron-fist.htm.

31."IDF Approves Acquisition of IMI's Iron Fist Active Protection Systems for Namer AIFVs", Defense Update, http://defense-update.com/features/2009/june/idf_aps_090609.html.

32. "Rafael Proposes its Trophy Active Protection System to U.S. Army", Army Recognition, http://www.armyrecognition.com/october_2014_global_defense_security_news_uk/Rafael_proposes_its_trophy_active_protection_system_to_u.s._army.html.

33. Yaakov Lappin, "US Army Selects Israel Military Industries for APC Active Protection System", Jerusalem Post, June 7, 2016.

34. Judah Ari Gross, "US Army Inks $193 Million Deal to Buy Israeli Tank Defense System", Times of Israel, June 26, 2018, https://www.timesofisrael.com/us-army-inks-193-million-deal-to-buy-israeli-tank-defense-system/.

35. Colton Jones, "British Army Selects Israel's Trophy Active Protection System for Its New Tanks", Defense Blogs, June 27, 2021, https://defence-blog.com/british-army-selects-israels-trophy-active-protection-system-for-its-new-tanks/.

36. Meirav Ankori, "Pagaz hakalanit shel hata'asiya hatsva'it yikanes leshimush mivtsa'i betsahal", Globus, July 28, 2009, https://www.globes.co.il/news/article.aspx?did=1000484790; "120mm APAM-MP-T, M329 Cartridge", IMI Systems.

37. Daniela Bokor, "Proyekt tsva yabasha digitali memshikh lehoshit yadayim", IDF, https://www.idf.il/1133-11523-he/Dover.aspx.

38. "Hahatsav yahalif et hahalulan", Israel Defense, http://bit.ly/2mHIa4N.

39. Amir Bar Shalom, "Hidushey TAAS betsuk Eitan", New Tech Military Magazine,http://bit.ly/2l8OYft.

40. Rafi Rubin, "Kalanit: Pagaz 120 mm rav-shimushi vehadshani", Shiryon, no. 37 (March 2011), http://www.yadlashiryon.com/show_item.asp?levelId = 64566&itemId = 2578&itemType = 0).

41. "120mm APAM-MP-T, M329 Cartridge", IMI Systems.

42. Yuval Azulai, "Na lehakir: Ma'arkhot hahagana hamitkadmot beyoter betsahal", Globes, 7 August 2014.

43. "Hakalanit porahat", Fresh, http://www.fresh.co.il/vBulletin/showthread.php?t=475282&highlig; "120mm M329 APAM-MP-T Tank Cartridge," IDI, http://www.imi-israel.com/vault/documents/120mm%20m329%20apam-t_nt-001_draft_0034.pdf.

44. Nir Segal, "Heyl hashiryon hisel lemala me-500 mehablim", Mako, August 28, 2014.

45. Yehali Sa'ar, "Kalanit baderekh el hativot hashiryon", Fresh, http://www.fresh.co.il/vBulletin/showthread.php?t =475282&highlig post3786292; "Hatzav Will Replace the Halulan", Israel Defense, November 23, 2011.

46. Shay Levi, "Lo mashirim sikun: Hahimush hehadash shel heyl hashiryon", Mako, September 23, 2014.

47. Gili Cohen, "Tahkir tsahal: NAGMASH hayaley golani haya taku'a ka' asher safagesh", Ha'aretz, July 21, 2014, https://www.haaretz.co.il/news/politics/2014-07-21/ty-article/.premium/0000017f-e230-d75c-a7ff -feb-de6a10000.

48. "Bekarov: Gam Hanamerim yetsuydu beme'il ru'ah", Ministry of Defense, http://www.mod.gov.il/Defence-and-Security/articles/Pages/31.1.16.aspx.

혁신 16 | 8200부대와 81부대

1. Geoffrey Ingersoll, "The Best Tech School on Earth Is Israeli Army Unit 8200", Business Insider, August 13, 2013.

2. Or Hirshaoga, "Profil hahitek hayisraeli: Bahur tsa'ir yotseh yehidat tsahal tekh+nologit o lohemet veboger universita", The Marker, March 10, 2013.

3. "Yehidat 8200", IDF, http://bit.ly/2oCsfIW.

4. "Hasiha hasodit shel Nasser veHussein", Israel Intelligence Heritage and Commemo-ration Center, http://malam.cet.ac.il/ShowItem.aspx?ItemID=b0351703-4eed-45ee-b3b4-bba7d56d6ef3&lang = HEB.

5. Nir Dvori, "Biladi: Hakolot meEntebbe neh'safim", Mako, June 16, 2016, https://www.mako.co.il/news-channel2/Channel-2-Newscast-q2_2016/Article-bd44a8ae94a5551004.htm.

6. "Israel Foiled Plane Terror Plot in Australia", BBC News, February 22, 2018, https://www.bbc.com/news/world-australia-43149722.

7. "Snowden Der Spiegel Interview", Der Spiegel, http://web.archive.org/web/20130708030634/http://cryptome.org/2013/07/snowden-spiegel-13-0707-en.htm.

8. 사이버 보안은 이스라엘 방위군의 다른 조직에서 담당하고 있다.

9. Oded Yaron, "Hokrey bitahon: Stuxnet pa'il me'az 2007", Ha'aretz, February 26, 2013.

10. Dudi Cohen, "Iran moda: Harbeh meyda avad, yesh kesher leStuxnet",

Calcalist, May 29, 2012.

11. "A Complex Malware for Targeted Attacks", Laboratory of Cryptography and System Security, https://www.crysys.hu/skywiper/skywiper.pdf.

12. Cohen, "Iran moda".

13. Oded Yaron, "Iran moda: Havirus ganav me'itanu harbeh meyda veshibesh yetsu haneft", Ha'aretz, May 30, 2012.

14. Cohen, "Iran moda".

15. "복잡한 멀웨어".

16. Ehud Keinan, "Yotsrey virus lehava gormim lo lehitabed", Ynet, June 8, 2012, https://www.ynet.co.il/articles/0,7340,L-4239985,00.html.

17. Cohen, "Iran moda".

18. See Amir Rapaport, "Hashin bet be'idan hasiber: Mabat mebifnim", Israel Defense,April 11, 2014.

19. Michael Danieli, "8200: Hakiru et hayehida hamesuveget hakhi gdola betsahal", Mako, September 12, 2011, https://www.mako.co.il/pzm-units/intelligence/Article-8547b921354f031006.htm.

20. Danieli, "8200".

21. Danieli, "8200".

22. Danieli, "8200".

23 "Unit 8200", Israel Intelligence Heritage and Commemoration Center, http://malam.cet.ac.il/ShowItem.aspx?ItemID   =e44c41b1-5961-40ec-b8bd-9acaa6d2f6d1&lang=HEB.

24. Chief NCO M., interview, Herzliya, June 9, 2016. 직책은 기밀이므로 인터뷰에서는 이름을 밝힐 수 없다.

25. "Unit 8200", Israel Intelligence Heritage and Commemoration Center.

26. "Unit 8200", Israel Intelligence Heritage and Commemoration Center.

27. Israel Parliamentarian Sub-Committee on Military Preparedness and General Scrutiny, "IDF Readiness for War, HUZBIT-63-458", Jerusalem, 2020.

28. "Yehidat 8200", IDF.

29. Yochai Ofer, "Lohamey 8200 hosfim: Kakh hisalnu mehablim betsuk Eitan", NRG, October 8, 2014, https://www.makorrishon.co.il/nrg/online/1/ART2/630/560.html.

30. Assaf Gilad and Meir Orbach, "8200 pinat emek silicon: Hayehida hagdola betsahal lomedet la'avod kemo start-up", Calcalist, July 1, 2012, https://www.calcalist.co.il/internet/articles/0,7340,L-3575727,00.html.

31. Interview with officers in Unit 8200.

32. Shay Levi, "Ekh po'elet sokhnut harigul hagdola ba'olam?", Mako, October 20, 2013, https://www.mako.co.il/pzm-magazine/foreign-forces/Article-f2f62ba54690241006.htm.

33. Ran Dagoni, "Sarvaney 8200 me'amtim te'anot Snowden al shituf pe'ula im haNSA", Globes, September 17, 2014, https://www.globes.co.il/news/article.aspx?did=1000972370.

34. Nicky Hager, "Israel's Omniscient Ears", Le Monde Diplomatique, September 2010.

35. 8200부대의 장교 및 부사관들과의 인터뷰 내용에서 발췌.

36. Mordechai Naor, "Hamehdal hakaful bemutsav haHermon", Ha'aretz, September 16, 2013, https://www.haaretz.co.il/literature/study/ 2013-09-16/ty-article/.premium/0000017f-f153-da6f-a77f-f95fddec0000.

37. Amnon Lord, "K'tsin hamodi'in shel haresehet hashara: Amru li shemedinat yisrael kvar lo kayemet", NRG, November 1, 2013.

38. 상비군을 보강하는 예비군을 일컫는 용어는 밀루임으로 "채워 넣다"라는 뜻이다.

39. Interviews with serving Unit 8200 officers and NCOs.

40. Interviews with serving Unit 8200 officers and NCOs.

41. Amos Harel, "Be-8200 meshabhim hasarvan al musariyut akh mev-
akrim hitnah+aguto", Haaretz, January 30, 2003, https://www.haaretz.co.il/
misc/2003-01-30/ty-article/0000017f-e104-d75c-a7ff -fd8d9e4c0000.

42. Lieutenant Colonel Uri, "Lachtzuv ma'yim mh'asela: shinuy vehishtanut
bmanga+noney ha'mup byisreal", Between the Poles: Power Building-Part
2 7 (2016): 41-59.

43. Interviews with serving 8200 officers.

44. Uri, "Lachtzuv ma'yim mh'asela".

45. From the Ministry of Defense memorial website for fallen soldiers, Iz-
kor: https://www.izkor.gov.il.

46. David Kushner, "The Israeli Army's 'Roim Rachok' Program Is Bigger
Than the Military", Esquire, April 2, 2019.

47. 히브리어로 로임 라초크(Roim Rachok)는 "멀리 내다보다" 또는 "미래를 내다
보다"라는 두 가지 의미를 가질 수 있다.

48. Rotem Abrutzky, "Hayalim al hakeshet" (the Hebrew can mean "on the
spectrum"), Israel's Public TV Ka'an 11, February 16, 2016.

49. Lieutenant General Gadi Eisenkot, former IDF chief of staff, interview,
Tel Aviv, March 2021.

50. Abrutzky, "Hayalim al hakeshet".

51. Abrutzky, "Hayalim al hakeshet".

52. See the Roim Rachok program Facebook site: https://www.facebook.
com/Roim Rachok/

53. Kushner, "The Israeli Army's 'Roim Rachok' Program Is Bigger Than the
Military".

54. Anshil Pepper, "Ne'arey Raful: Haproyekt hakhi hevrati shel tsahal ho-
geg 30", Ha'aretz, August 28, 2010, https://www.haaretz.co.il/misc/2010-
08-27/ty-article/0000017f-e2f8-d75c-a7ff-fefd2cea0000.

55. Michal Yaakov Yitzchaki, "Miposhe'a lelohem: Hamahapakh shel Lior",

Israel Today,April 6, 2020, https://www.israelhayom.co.il/article/749351.

56. 2007년부터는 프로그램 졸업생들이 전투 부대에 입대할 수 있도록 집중적인 노력을 기울였다. 2007년에는 총 27명의 군인이 전투 부대에 입대했고, 2008년에는 그 수가 두 배로, 이듬해에는 세 배로 늘어났다. 2009년에는 이 프로그램의 첫 졸업생이 전투 병과 장교로 임관했다. Hanan Greenberg, "Hahazon hitgashem: Ktsin kravi rishon mina'arey Raful", Ynet, February 27, 2009, https://www.ynet.co.il/articles/0,7340,L-3677915,00.html. See additional exampl es from more recent years in Korin Elbaz, "Hana'ar im tikim plili'im hafakh lekatsin mitztayen", Ynet, October 13, 2017, https://www.yediot.co.il/articles/0,7340,L-5027777,00.html.

57. Lilach Lev Ari, Michal Razer, Noa Ben Yosef-Azoulay, Rinat Adler, "Meniduy vesikun lehakhala veshiluv: Bogrey tokhniyot meyuhadot betsahal mishtalvim ba'ezrahut", Mifgash: Journal of Social-Educational Work 24, no. 43 (June 2016), 59-85.

58. 이스라엘 국방부 참조. https://www.mod.gov.il/Society_Economy/articles/Pages/25.8.20.aspx

59. "Kakh mifkedet Alon ozeret likto'a et sharsheret hahadbaka", IDF, April 27, 2021.

60. 쿠팟 홀림(Kupat Holim)(질병 기금). 이스라엘 국민은 이 전면적인 공공 서비스 외에도 민간 의료 보험에 가입하여 의료 보장 범위를 늘릴 수 있ek. 2020년 이스라엘의 의료 체계는 세계에서 세 번째로 효율적인 것으로 평가되었다. "Asia Trounces U.S. in Health-Efficiency Index Amid Pandemic", Bloomberg.com,December 18, 2020; and Yoav Zeiton, "Mifkedet haCorona betsahal hehela lifol: Habdika vektiyat hahadbaka tokh 36 sha'ot," Calcalist, August 4, 2020, https://www.calcalist.co.il/local/articles/0,7340,L-3843423,00.html.

61. Nir Dvori, "Sayeret Corona: Hapituhim hayisraeli'im shel hatsevet hameyuhad yenats'hu et hanagif?", March 23, 2020, N12 News, https://www.mako.co.il/news-military/2020_q1/Article-c3a8c3be3a60171026.htm.

62. Hanan Greenwood, "Hayehida hamesuveget sheshinta et hatmuna", Israel Today,April 2, 2021; Ori Berkowitz, "Kakh yehidat modi'in mesuveget guysa lelhilahem bingif haCorona," Globes, April 17, 2020.

63. Sophie Shulman, "Yehida ktana, mapats gadol", Calcalist, January 7,

2021, https://newmedia.calcalist.co.il/magazine-07-01-21/m01.html.

결론

1. 에드워드 러트웍, 개인적 회상(사진 포함), Lebanon, 1982.

2. Secretary of Defense Caspar W. Weinberger was unequivocal: "We want ··· Israeli forces completely out of Beirut··· There are still far too many foreign forces in Lebanon-Syrians, Israelis···": "An Interview with Caspar Weinberger", Wash+ington Post, September 26, 1982, https://www.washingtonpost.com/archive/opinions/1982/09/26/an-interview-with-caspar-weinberger/48e7fd8d-9063-4e55-920a-0493f8415341/.

3. 기갑부대장 이스라엘 탈(Israel Tal) 소장은 미 해병대의 의견에 동의했을 것이다.

4. Dr. (Lt. Col. Ret.) Eado Hecht, personal communication, Tel Aviv, 2016.

5. 전후 영국 왕립 발명가 포상위원회는 1919년 기관총 사격에 견딜 수 있도록 장갑을 씌우고 철조망을 부수고 참호 위를 주행할 수 있는 궤도를 갖춘 전투 차량에 대해 1912년 전쟁청에 접수된 제안이 1916년부터 실제로 생산된 전차보다 우월하다고 판단했다. 이 서류는 읽히지 않은 채 제출되었다. Gray E. Dwyer, "Story of the Tanks", The West Australian (Perth WA), August 11, 1924.

6. Gregory C. Allen, "Project Maven Brings AI to the Fight against ISIS", Bulletin of the Atomic Scientists, December 21, 2017; Ethan Baron, "Google Backs Off from Pentagon Project after Uproar: Report", Military.com, June 3, 2018.

감사의 글

에드워드 러트웍$^{Edward\ Luttwak}$: 1973년 10월 이스라엘 방위군 정보부의 지리적 범위를 확장하기 위해 나를 고용하고 시나이 전선에 도달할 수 있도록 허락해주신 알루파하론 야리브$^{AlufAharon\ Yariv}$ 소장, 특수작전부대 설계에 참여하도록 초대해준 우리 심초니$^{Uri\ Simchoni}$ 소장, 메르카바 전차 개발을 모니터링할 수 있게 해준 이스라엘 탈$^{Israel\ Tal}$ 소장, 레바논 최북단에서의 '슈퍼맨^{superman}' 작전에 저를 초대해준 아비도르 벤-갈$^{Avigdor\ Ben-Gal}$ 소장, 기동전술과 제가 제안한 작전 수준 개념을 미군 교리에 도입하는 것을 토의하도록 초대해준 미 육군 훈련교리사령부, 그리고 무엇보다도 『중국의 부상과 전략의 논리$^{The\ Rise\ of\ China\ viz\ the\ Logic\ of\ Strategy}$』라는 제목으로 출간된 저서를 포함해 많은 지정학적 연구를 지원하고 "혁신의 재창조$^{Reinventing\ Innovation}$"라는 기술 프로젝트에 자금을 지원하는 위험을 감수한 미 국방부 국방장관실 총괄평가실$^{Office\ of\ Net\ Assessment}$에 감사를 표하고 싶다.

에이탄 샤미르$^{Eitan\ Shamir}$: 저는 역사를 만든 이스라엘 공군사령관 (1953-1958) 단 톨코브스키$^{Dan\ Tolkowsky}$ 소장, 예사야후 바레켓^{Yeshayahu}

Bareke 준장, 우지 루빈[Uzi Rubin] 준장, 아비암 셀라[Aviam Sela] 준장 등 이스라엘 방위군의 고위 장교들과 인터뷰할 수 있는 영광을 누렸으며, 이스라엘 공군 역사가인 모티 하바쿠크[Moti Havakuk] 중령이 가장 큰 도움을 주었다.

   이 책이 탄생하기까지 다양한 능력으로 이스라엘 방위군에서 활동한 라이히만 대학교[Reichman University] 외교전략대학 학생들, 많은 통찰력을 제공한 이스라엘 방위군 지휘참모대학의 에도 헤흐트[Eado Hecht], 라이히만 대학교의 디마 아담스키[Dima Adamsky]의 도움을 받았다. 베긴-사다트[Begin-Sadat] 전략연구센터[BESA]의 후임 이사인 에프라임 인바르[Efraim Inbar]와 에프라임 카르쉬[Efraim Karsh]는 지원과 유용한 조언을 제공했다. 바-일란 대학교[Bar-Ilan University] 대학원생인 엘라드 에를리히[Elad Erlich]가 이스라엘 방위군의 연구 및 개발에 대한 상세한 지식을 제공했다.

   마지막으로, 검토 과정에서 원고를 지도하고 그 과정에서 많은 유용한 제안을 해준 하버드 대학교 출판부의[Harvard University Press]의 편집자 캐슬린 맥더모트[Kathleen McDermott]에게 감사의 말씀을 전하고 싶다.

한국국방안보포럼(KODEF)은 21세기 국방정론을 발전시키고 국가안보에 대한 미래 전략적 대안을 제시하기 위해 뜻있는 군·정치·언론·법조·경제·문화 마니아 집단이 만든 사단법인입니다. 온·오프라인을 통해 국방정책을 논의하고, 국방정책에 관한 조사·연구·자문·지원 활동을 하고 있으며, 국방 관련 단체 및 기관과 공조하여 국방 교육 자료를 개발하고 안보의식을 고양하는 사업을 하고 있습니다. http://www.kodef.net

이스라엘의 군사혁신

이스라엘 방위군을 정예 강군으로 만든 군사혁신 16

초판 1쇄 인쇄 | 2024년 5월 8일
초판 1쇄 발행 | 2024년 5월 13일

지은이 | 에드워드 러트웍 · 에이탄 샤미르
옮긴이 | 정홍용
펴낸이 | 김세영

펴낸곳 | 도서출판 플래닛미디어
주소 | 04044 서울시 마포구 양화로6길 9-14, 102호
전화 | 02-3143-3366
팩스 | 02-3143-3360
블로그 | http://blog.naver.com/planetmedia7
이메일 | webmaster@planetmedia.co.kr
출판등록 | 2005년 9월 12일 제313-2005-000197호

ISBN | 979-11-87822-83-7 03390

＊ 이 책에 있는 이미지들은 원서에는 없으나 한국어판 편집 시 내용에 맞게 추가한 것임을 밝힙니다.